大物理学者

パルメニデスからハイゼンベルクまで

カール・フリードリヒ・フォン・ヴァイツゼカー
山辺　建 訳

法政大学出版局

Carl Friedrich von Weizsäcker
GROSSE PHYSIKER
Von Aristoteles bis Werner Heisenberg

By arrangement through
Meike Marx Literary Agency, Japan

凡例

一　本書は、Carl Friedrich von Weizsäcker, *GROSSE PHYSIKER – Von Aristoteles bis Werner Heisenberg*, Carl Hanser Verlag, 1999 の全訳である。
　副題は、日本語版では「パルメニデスからハイゼンベルクまで」とした。

二　原文のイタリック体は、書名は『　』に入れ（一部、》《のそれも含む）、その他は傍点を付した。原文の引用符および強調に使われている》《、〉〈は、「　」に入れた。

三　訳者による括弧の使用。訳語の補足、注は、〔　〕に入れて示し、一部のテクニカル・ターム、強調、特殊な言葉を、〈　〉に入れた。

四　原文の（　）［　］、……および——は、そのまま訳文中でも用いた。ただし、〔　〕内の（　）は訳者による。

五　引用文は、邦訳書がある場合、そこでの該当頁を示したが、訳文はすべて山辺による。

目次

緒　論　自然の統一──物理学の統一

物理学の統一ということを、われわれはどう理解しているのであろうか。いささか茶化した物言いではあるが、科学社会学的な課題とでも言えそうな問いで始めることを許していただきたい。きょうのこの学会のような集まりが、押し寄せる専門家たちでごった返しているさまを目の当たりにする人は、科学の統一など美しい空文でしかないのではないか、と自問するのではあるまいか。そこで、知識社会学者たちに次の課題を呈してみよう。すなわち、優れた物理学者を n 人挙げなさい、ただしその際、これらの物理学者の誰も同僚の専門領域を真に理解し尽くしていてはならないものとする。この場合、n をどこまで大きくすることができるであろうか。おそらく百年前にはまだ、n はまず文句無しに1だったであろう。すなわち、優れた物理学者なら普通はみな物理学全体を理解していたのである。わたしが若かった頃なら、$n=5$ と見積もるかもしれない。今日では、n は決して小さくはない二桁の数となるのではあるまいか。

それにもかかわらず、物理学はその歴史においてかつてなかったほどの大きな実在的かつ概念的な統一を成し遂げてきた、とわたしは主張したい。第二に、物理学を完全に概念的に統一することは、有限な課題であり、しかも、もし人類の方が先に物質的あるいは精神的に自滅してしまっていないなら、この課題は、歴史の中でいつの日にか解決されるであろう、それのみか、その時点は近くまで来ているのかもしれないとも推測したい。第三に、物理学の概念的統一がなされるとき、ある意味では、物理学は完成されているであろう、と想定するが、他方では、それは完成されえないものと見なしたい。この見解表明をもって、第四に、必要な限定もすでに暗示されている。つまり、その概念的統一という意味では実現するかもしれない物理学の完成は、認識を目指す人類の精神的な道の完成を意味するものでないのみか、単に完成可能性をすら決して意味するものではないのである。

わたしはきょうの講演で、これら四つのテーゼの簡潔な解説を、三つの章立てで試みたい。すなわち、

1 統一へと向かっている物理学の歴史的展開、
2 哲学的課題としての物理学の統一、
3 われわれの時代において物理学の統一を描出する試みのための作業プログラム。

1 統一へと向かっている物理学の歴史的展開

知識社会学的には、物理学は統一から多性へと展開（entwickeln）しているとの印象を受けざるをえない。わたしの第一の主張は逆に、物理学は多性から統一へと展開していると言っているかのようである。もっと好く言えば、物理学は統一から多性を経て統一へと展開していると言いたい。ただし、こう言った場合、統一という概念は始めと終わりとでは異なる意味で用いられている。始めにあるのは構想の統一である。そのあとに多数の経験がくる。そしてそれら経験の理解の扉を開いてゆくのがこの構想である。否、この構想があって初めて計画的かつ実験的にこれらの経験を可能とするのである。経験が媒介する洞察は遡って構想を修正する。当初の構想に危機が生じる。この局面では、統一は全く失われてしまうように見える。

しかし終わりには、獲得された数多くの経験をいまや細部で制御している、ある新たな構想が立てられる。この新しい構想を物理学者たちは言葉の真面目な意味で、理論と名付けている。なおハイゼンベルクは、この代わりに〈完結した理論〉と言うのを常としていた。理論は、多性以前の計画の統一ではもはやなく、多性の中で自らの真価を実証した概念の統一なのである。

このような展開は、われわれが知っているように物理学の歴史で繰り返しあったことである。すなわち、古典力学、電磁力学、特殊相対性理論、量子力学に思いを馳せてみよう。そして、素粒子物理学についても同じように展開してゆくと期待されている。ただしその際、先に存在していた諸理論は後からくるものによって再修正される。しかし先にあったものも本来は覆されるのではなく、ある妥当領域に限定されるのである。初期構想と最終理論の概念図式は、ほぼ次のように記述できるかもしれない。すなわち、古い完結した理論、例えば古典力学は、ある一定の経験領域をそれなりの仕方で記述している。この経験領域には、人が後に学ぶことになるように、限界がある。しかし、当該理論がこの経験領域に関する物理学の最後の言葉である間は、物理学はまさにこれらの限界を知ることはない。つまり、理論は自らの限界を認識することはない。まさにこのゆえにこそ、完結した理論は同時に、はるかに広範な経験領域の開拓のための初期構想となりもするのである。その後この完結した理論は、その後に経験する領域のどこかで、自分がもっている概念では捉えきることのできない限界に突き当たる。構想のこの危機の中からいつの時か、新しい完結した理論、例えば特殊相対性理論が生まれてくる。いまやこの新しい理論は古い理論を一個の極限ケースとして含んでおり、まさにそのことによって、古い理論の、利用できるそのつどの厳密な限界を示す。すなわち、新しい理論にして初めて、古い理論の限界を知るのである。その一方ではしかし、新しい理論も、さらにその先の経験に対しては、再び自らの限界をかすかに感じとってはいるものの、それを明確に記述することはできない一個の初期構想なのである。

以上は、今日では物理学者たちの方法論的反省の共有財産となっている。それも、わたしが、いわば脚注として、いわゆる科学論はこれらの構造の記述に必要となるはずの概念をいまだ展開しきってはいないのではないかとの推定を表明しておきたいと思っているとしても、である。さてしかし、ここでわたしは、物理学者たちの共通見解を超えてゆく。わたしの四つのテーゼは、物理学全体はその本質からして、ある唯一の完結した理論となることを目指している、という主張に約めることができる。この主張が正しいとすると、その場合、四つのテーゼすべてが実際に意味をもつことになるはずである。すなわち、⑴物理学は今日、以前よりこの概念的統一に近づいてきている。なぜなら、物理学はこの完結した形態にかなり近いところにきているから。⑵この形態の達成は一つの有限な課題である。⑶従来の語義で物理学と名付けられるような、より包括的な完結した理論は、この形態の彼方にもはや存在しないであろう。⑷完結しているとはいえ、この物理学にも適用限界が幾つかあるであろう。ただし物理学としてのそれ自身にはそれらの適用限界を単に予感できるのみで、〔具体的に〕示すことはできない。

これらの一般的テーゼに具体的な内容を満たしてみよう。そのような内容が、物理学の統一を基礎づけうると期待される諸概念である。

われわれの世紀〔二十世紀〕が、化学を含めた物理学の概念的統一を達成した限りでは、この統一のための構成的概念と見てよいものに、おそらく原子の概念があるであろう。しかしその際、この概念が経てきた意味の変遷を理解しておくことはきわめて重要である。

原子についてわれわれが抱いている表象の創始者としては、ギリシャの哲学者レウキッポスとデモクリトスが挙げられる。彼らの哲学に従うと、二つのものが与えられている。すなわち、充実体〔プレーレス〕

と空虚〔ケノン〕とである。空虚を、さしあたりわれわれは、空虚な空間という現代的概念と解釈してもかまわない。その場合、充実体とは、この空間の一定の部分を充たしている原子である。原子とは、ほかならぬエレア派哲学の——まさに原子論哲学者に固有な——ある転換された意味で、〈真に存在しているもの〉である。すなわち、それら原子は生成も消滅もできず、まさにそのゆえに分けることもできない。さまざまな〈立ち現われ〉(Erscheinung)の多性と変化は、原子の大きさ、形態、位置、および運動にもとづいている。

この表象の最初の本質的修正、それをしかも、もっと単純な諸原理からの演繹という意味で行なったのは、プラトンである。彼は、知覚可能な事物の最小の物体的構成部分を正多面体的(「プラトン的」)立体とし、しかもそれを構成している本質的要素はその境界面であると考えている。これら境界面は正多角形であるが、彼はこれを三角形から構成している。そして、これらの三角形の諸辺も、それら諸辺を構成する要素として、確固としたある数的関係にある。ところで数とは、一性および多性という二つの基本原理から生じてくるものである。ただしここで、本来的な原理は一性自体のみである。というのは、ある多性をわれわれが認識できるのは、その多性の中に何らかの一性を見ている限りにおいてでしかないから。

プラトンの構成的構想の個々の細部にまで立ち入る必要はない。近代物理学は別の道を進んだからである。しかしわれわれは、彼の構想の中からデモクリトスに対する重要な批判を聞き取る。すなわち、さまざまな大きさと形態の原子が存在しているのなら、否、いわゆる原子がそもそも大きさと形態をもっているのなら、なぜそれらは不可分と想定されているのか。何かが不可分であるということをわれわれが理解できるのは、そのものが全く部分をもっていない場合のみ、つまり、そのものの構造が純粋に概念的に可分性を排除している場合のみである。しかし、デモクリトス的原子によって充たされている体積には部分体積がある。つまり、原子は少なくとも概念的には部分をもっている。それなのに、これらの部分が常に一つになっているということを誰が保証しているのか。それゆえにプラトンは、彼の言う最小の物体を原子と名付けてはいない。というのは、原子（ἄτομον）とは、言葉としては何らの部分ももたないものを意味するからである。彼は最小の立体を境界づけている三角形に、例えば集合状態の変換の際には、互いに身を離したり、新たに一緒になったりさせている。そしてわたしは、彼の構成は、予め想定されている空間の中で諸物体を構築してゆくことを目標とするだけの単純なものではなく、われわれが今日、空間の構造と名付けている数学的構造自体の概念的構築をも目指していたものであった、と確信している。

近代自然科学は、経験の秩序づけにはきわめて有効であった、デモクリトスの原子概念を、幸福なる哲学的素朴さをもって引き継いだ。その後、経験に導かれて理論物理学の諸概念の先鋭化が進行してゆくにつれ、この思考モデルもまた、さらに単純な構成部分へと新たな仕方で一歩一歩分解されていった。

古典物理学の時代には、原子を精確に記述しようとする者は、古典力学に服さねばならなかった。この力学が物体の運動の一般理論だったからである。そのような一般理論であるために、この力学は四つの基本概念を必要とした。すなわち、時間、空間、物体、力である。実際、運動とは常に、時間の中で何かが変化することである。古典力学では、変化しうるものとは、空間の中における物体の位置である。古典力学は理論である。すなわち、この力学はこれらの運動が満足させている法則を記述しているということである。これらの法則に則して個々のケースでこの運動を決定しているものが、その時々に現にそこではたらいている力と呼ばれている。諸物体の差異が姿を見せるのは、物体が互いに及ぼし合っている力の差異の中と、加えられた力に対する（質量と呼ばれる定数を経由している）それら物体の反作用の差異の中においてである。そもそもどのような物体が存在しうるのか、つまり、どのような質量と力が現実に存在しているのか、あるいは存在しうるのか。この点に関して力学は何も言わない。つまり、力学の意味での物体から物理学的な現実全体を成立させる力学的世界像の構想のためには、力学は、確かにある意味で、すなわち一般的法則図式としては、すでに統一的で究極的な物理学なのである。しかし、この図式は、どのような物体が現実に存在しているかを記述する、より広い理論によってさらに満たされなければならない。このような理論は、抽象的な言い方をするなら、力と質量の演繹的理論であるはずであろう。このような理論の、目に見える形でのモデルとして提供されていたのが、ほかでもなく原子論だったのである。

古典物理学の枠組みの中では、この理論は失敗したのであって、われわれは今日、なぜそれが失敗せねばならなかったか分かってもいる、と信じることができる。最終的な基本単位としては、二つのモデルを試みることが可能であった。すなわち、延長をもつ物体と質点とである。両モデルとも、連続体〔連続的なるもの〕の古典的動力学を厳密に遂行する際に生じる超克不可能な困難で挫折することとなった。原子が延長をもつ物体であるとすると、それら原子の、物質としての本質から、すなわち原子の不加入性から原子の相互作用のさまざまな力を導き出せると期待することはできた。しかしその場合、それら原子を内部でまとめ、結びつけ、支配しているのがどの力なのかということは、分からずじまいであった。自分たちの部分の変位を互いに認めあっている原子なら、内的エネルギーを受け取ることができる。しかし、力動的連続体である原子には、熱平衡はない。それゆえ、ボルツマンが想定せざるをえなかったような絶対に硬性の原子は不当な前提を置いている（petitio principii）ように思えるし、特殊相対性理論以降われわれは、このような原子が不可能であることも知っている。原子が質点であったとしようか、その場合、問題はそのような原子の間に要請された諸力の中へと移されることとなった。これらの力が遠隔力ではなく、内的力動性を伴った場であると見ることを、十九世紀は学んだし、これらの力がそのようなものでなければならないことを、ここでも特殊相対性理論が明らかにした。プランクが認識していたように、このモデルも、今では、場の連続体動力学のゆえであるが、熱平衡にはないのである。

デモクリトス的な原子の初期構想のこの危機は、一つの新しい完結した理論、量子力学の中にその当面の解を見出した。量子力学は、最初は新しい一般力学として、すなわち、任意の物理学的客体の運動の理論として登場する。場と粒子の二元性を、この力学は確率概念を援用してある統一へと統合する。この力学は、化学が対象とする〈延長をもつ原子〉を、それら原子を点まがいの素粒子から合成することによって、内部の可能的運動状態が離散型の多様性をもつ、有限多数の自由度を備えた、系と記述する。こうすることによってこの力学は、古典的な連続体動力学の諸困難をまずは回避している。量子力学の経験的成功は空前のものである。

しかし、量子力学はさしあたり、古典力学と同じように、任意の客体についてのある一般理論であるにすぎない。つまり、量子力学は、少なくとも外見上は、そもそもいかなる客体が存在しうるのかに関する理論によって補足されねばならない。われわれは、いつの日にか素粒子論がその理論となることを期待する。量子力学が任意の客体の正しい運動理論であるなら、第二に、すべての客体が素粒子から成り立っているなら、そして第三に、素粒子論が素粒子の（質量と力の）すべての特性を統一的な法則図式から導き出すことになれば、その時には、物理学はこのことをもって実際、完成した統一に到達しているように見える。わたしが冒頭で、物理学の統一をつくりあげることは有限な課題であり、その課題の完成の時点は近いところにあるかもしれないと推定したとき、われわれの眼前で経過しているこの展開を、わたしは眼中にしていたのである。

2　哲学的問題としての物理学の統一

さてしかし、究極的であると認識されうる何らかの統一を物理学が現実に達成していない限り、史的な展開にもとづく論証は、この統一の可能性について、それがあるともないとも証明することはできない。確かに、われわれ今日の人間にとっては、素粒子論が物理学の統一を可能にしてくれるという期待がすぐに念頭に浮かんでくるかもしれない。しかし、マックス・プランクが物理学を勉強しようとして、九十年前にミュンヘン大学に入学したとき、先生のヨリーは彼に、物理学では〈新たな〉土台を据えることになるような新しい認識はもはや期待することはできない、と言った。われわれはヨリーに勝る論拠をもっているであろうか。他方では逆に、繰り返されてきた誤った予測は何を意味するのか。「はて、今夜もう四回も目が覚めたのに、朝になっていないのだから、明るくなることは決してないだろうと、わたしは推論せねばならない」と言ったあの、眠りの浅い男の考えたことは正しかったのであろうか。事が成功するともしないとも、信頼のおける仕方で予め推測し決めつけてしまうことはできない。しかしわれわれは、反省の度合いを物理学よりも一段階上げて、自然に関する理論ではなく、可能な諸理論に関するある理論を構想しようと試みることができるかもしれない。物理学が完成可能でありうるためには、物理学の理論はどのようにできていないといけないのか、そして完成不可能であると言いうるためには、どうなのか、と問うことができる。われわれがこれらの端緒の双方において困惑することになると分かるなら、それだけですでに多くのことが成し遂げられているのである。

われわれが知っている姿での物理学の概念的進歩は、〈完結した諸理論〉の順次継承である。物理学が完成可能であるのなら、これらの理論の中に最後の理論なるものが存在しているということもありえないことではない。われわれは、この最後の理論の妥当範囲にはもはや何らの限界もないと想定してよいのであろうか。しかし、かりにこの理論に限界があるとすれば、もはやこれら限界を決定する理論が存在してはいけないのであろうか。しかしもし、これら限界を決定する理論がまだ存在するとして、かりにもしその理論が物理学には属さないのなら、いずれの学に属することになるのであろうか。逆に、もし物理学が完成不可能なら、その場合、可能な完結した理論が無限に連なってゆくということなのであろうか。相対性理論、量子論、素粒子論というランクの発見を、毎世紀三つずつ、かりに百万年にわたって人類に保証するためだけにすら、ストックは足りるのであろうか。この程度の期間のためにすらストックが足りないのなら、おそらくやはりストックは有限なのであろう。

これらの疑問をさらにひねり出してみるつもりはない。これらの疑問に、さしあたってわたしは、物理学は完成可能ではあるが、ただしその妥当範囲には限界があると想定しよう。このようなジレンマの本来の効用は、われわれにとって今日道が通じていないのに解決しようとすることにではなく、われわれが忘れてしまっている〈驚くということ〉を再び教えることにある。完成可能な物理学が可能であると表象してみることも、完成不可能な物理学が可能なはずと想像してみることも、同じように困難であるのなら、そもそも物理学なるものが可能であるはずということを表象してみることも、もしかしたら考えられている以上に困難なことなのかもしれない。

実際、物理学なるものが現実に存在しているということを知らなければ、物理学なるものが可能であると予言する勇気がわれわれにあるであろうか。さまざまな〈立ち現われ〉で溢れている川を数学的構造の中へ捉えようと望んだとするなら、あのギリシャ人たちも、そしてもう一度、十七世紀のあの研究者たちも、信じられないほど大胆だったのではないであろうか。いずれの条件のもとでなら物理学は完成可能でありうるのかを理解しようと欲するのなら、われわれはまず、いずれの条件のもとでなら物理学が可能であるのか、と問うべきなのかもしれない。わたしはこの問いを二つの段階に分けて立てることにする。まず、そもそも物理学なるものが存在しうると前提して、物理学の概念的進歩が完結した諸理論の系列という姿で自らを提示しているのは、一体なぜなのか、と問うことにする。その後で初めて、物理学なるものは、そもそもいかにして可能であるのか、と問うことにする。二つの問いの一方に対してすら、わたしが全面的に答え尽くすとは皆さんは期待しておられないはずである。わたしは、問いの方向と、回答に向けての観点をいくつか示すことにする。

〈完結した理論〉とは何か。これまでわたしは、幾つかの例を挙げることしかしてこなかった。今わたしは、意識的に緩やかなままにしてある一つの定義を試みる。すなわち、完結した理論とは、小さな変更では改良することができない理論である。小さな変更とは何か、を定義することはしない。いずれにしても、ある物質定数の値の変更は小さな変更であるが、全面的に新しい概念の導入は大きな変更と言われるはずである。ある理論は、いかにすればこの際立った特性をもちうるのか。ある理論が少数の単純な要求から導き出せる場合そうなる、とわたしは推定したい。ある要求はいかなる場合に単純であるのか、これを定義することもしない。いずれにしても、その要求自体がまだ連続的に変化しうるパラメーターを含んでいるなら、単純であるとは言えないであろう。

完結した理論の古典的な一例は、特殊相対性理論である。実際、この理論は、力学と電磁力学との枠組みがひとたび明示されているときには、相対性原理と、光速の恒常性という二つの要請から結果してくる。光速は連続的に変化しうるパラメーターであるといって異を挟むべきでない。むしろ、特殊相対性理論が妥当するなら、光速はあらゆる速度の自然的計測単位なのである。物理学の公理に基づく分析は、いうまでもなく困難であるとともに、完璧に遂行されたこともまだ一度もないが、わたしが確信しているところでは、このようにして、すべての完結した理論を、出発点となる幾つかの単純な要請へと還元することとなろう。それゆえ、出発点となっているこれらの要請こそがわれわれに関わってくるものなのである。そして、それ以外は論理学の適用である。

かくしてわれわれは、第二の問いへと来ている。すなわち、そもそもいったい物理学なるものは、いかにして可能であるのか。起こっていることは多彩であるのに、少数の単純な要請の帰結になっているということは、いかにして可能なのか。

ここでは、通常、時には賞賛に値する〈思考経済の原理〉が、この問いにおいては全く助けとならないことを見ておくことがまず重要である。助けとならないことの主要な論拠は、出来事（Geschehen）の、そのつどわれわれの最も興味を惹く部分が未来の中にあるということである。過ぎ去った事象（Ereignisse）からなる、できあがった姿で実際に存在している集合は、思考経済に則して秩序づけることができるものかもしれない。しかし、物理学をもって予言することができるということを、どのように説明するのか。過去において物理学が、当時はまだ未来のことであった事象を、当時すでに過ぎ去っていた事象を根拠として、繰り返し正しく予測してきたことを、どのように説明するのか。わたしが〈経験論の無根拠性の問題〉と名付けたいと思っているこの問題を最も鋭く定式化したのは、デーヴィッド・ヒュームである。今まで毎日太陽が昇ってきていたということから、もう一度太陽が昇るであろうということは、論理的に帰結しない。このことが帰結するのは、さらに、過去に起こったことは、同じ状況のもとで再び起こるはずである、という原理が前提されている場合のみである。しかしこの原理を、われわれはどこから知っているのであろうか。ここでもまた、過去にこの原理が真なることを実証されてきたということから、この原理が未来においてもそうであるだろうということは、論理的には全く帰結しない。そこから、この原理を根拠として過去に正しく予言していた物理学者たちも、それなのに、過ぎ去った諸経験にもとづいて、当時はまだ未来のことであった経験に向けての、論理的に強制力をもつ結論を引き出すことはできなかったのである。過去から未来へと導くのは、われわれが習慣（custom）によって自分たちのものとしたある信念（belief）のみである、とヒュームは結論づけている。彼は、この信念の真なることの実証は、自然的な出来事とわれわれの思考との間の予定調和によってしか把握できない、と彼特有の知的誠実さで表明している。

しかし、予定調和といったものを定立することは、それがどこでなされるにしても、見通すことができないある構造的必然性を定立することになる、とわたしは信じている。この必然性が見えてくるようにするために、わたしは第二に、ヒュームの懐疑は、すべてが完全に表に出されているわけではないがゆえに混乱をきたしている、と主張する。例えば、ヒュームは明らかに論理学を信じている。すなわち、過去と未来との間のある論理的連関が与えられさえすれば、彼にとっては満足ということとなろう。しかし、論理学は何にもとづいているのか。論理的推論はどれも、少なくとも、ある事物、ある語、ある概念を、しばらく経っても同一のものと識別できるということを利用している。つまり、論理学を未来に適用するということは、未来においてもこうであろうということを暗黙裡に前提している。しかしこれは、ヒュームが論理的には証明不可能と認識している、出来事の中のあの恒常性の一つの特殊ケースでしかない。つまり、時間の中における論理学の妥当性自体は、論理的必然ではないように見えるのである。そもそも時間というものがあるということも、つまり例えば、未来があるだろうということも、あるいは現実に過去が記憶されているとおりのものであったということも、論理的には全く同じように必然ではないのである。

これほど極端に、一見これほど不合理な帰結にまでわたしがこの懐疑を追及するのは、なぜなのか。わたしは決してこの懐疑を論破しようなどとは試みない。絶対的懐疑を口に出して言い切ることはできない。というのは、話すということは、必ずまだ、ある信頼を前提することであるから。まさにそのゆえに、絶対的懐疑は論破不可能なのでもある。したがって、「物理学なるものがいかにして可能であるのか」という問いの意味は、この懐疑を論破するということではありえない。しかし、この問いの意味は、そもそも経験なるものが存在していると承認することでどれだけのことがすでに承認されているのか、が見えるようにすることではありうる。われわれは、世界とお互いの生活への一定の最小限の信頼の中で生きているのであって、絶対的懐疑の中で生きているのではない。わたしはあえて、生きている人は絶対的懐疑をもって疑うことはしていない、との命題を掲げたいと思う。絶対的懐疑は絶対的絶望である。この絶対的絶望に陥らぬよう救ってくれた恩恵の根拠を顕現的に問うことも、物理学の分析の中ではしない。しかしわたしは、そもそもわれわれが生き、しかもさらに生き続けていることをもって、われわれ全員がいずれにしてもすでに何を承認してきているのかは問う。明白なことだが、少なくとも時間というものがあり、その中には三つの様態が、すなわち、そのつどそのつどの現在、変更不可能な過去、および部分的には欲求に対して、部分的には推測に対して開いている未来があることを、われわれは承認しているのである。ヒューム自身も、これらの概念をもって自らの懐疑的論拠を言い表わした。そして、これらの概念を理解しない人には、彼の懐疑を理解することすらできないであろう。そもそも経験するとは、人が未来のために過去から学習することができるということであるなら、われわれは、経験というものが存在していることを承認したのである。われわれは、この学習〔されたこと〕が概念で言い表わされうるということを、つまり、全く暗中模索といった言い方ではあるが、回帰している出来事というものがあり、しかも回帰しているこの出来事を、再び識別できるさまざまな語を用いて、再び識別できる仕方で標示できるということを、承認してきたのである。

このようにしてわれわれが承認したもの全体を、かりに経験の成立、あるいは短く「経験」と名付けてみよう。つまり、この使用法では、「経験」という語は、個々の経験の集合を標示するのではなく、そもそもこれら個々の経験が存在しうるために必要な、出来事の構造を標示するのみでしかない。そうだとすると、本講演の中心的な哲学的仮説を次のように定式化することができる。すなわち、そもそもどの条件のもとでなら、この意味での経験が可能なのかを十分な思考能力をもって分析することができるほどの人であれば、これらの条件からはすでに物理学のあらゆる一般法則が結果してきていることをも示すことができねばならないであろう。この意味での演繹可能な物理学こそが、まさに推定されている統一的物理学になっているはずなのである、と。

どの仮説もがそうであるように、この仮説も、思考の一つの可能性の定式化として、証明されるべく、あるいは論破されるべく挑戦しているものとして、特別な激情や作意はなしに提出されている。この仮説をもって主張されているものは何なのか。この仮説が真であるとき、何が真であるのだろうか。

まず最初に、この仮説では、前述の意味での経験という事実はさらなる問い返しなしに承認されている。物理学が、実際の無数の個別経験を蓄積するという過程を経る道でしか存在しえなかったことも、自明なこととして承認されている。しかしわれわれは最前、いま提示されたこの物理学は少数の単純な要請から結果してくる、と推定した。さらに追加的に、これらの要請は、当該理論が包括的になってゆけばゆくほど、つまり、完結した理論の系列で順番が後になればなるほど、ますます内容は貧困になってゆくと推定するとも許されている。そこではまだ、これらの要請もまた、内容的な根拠づけを必要とするのか、と問うこともしなかった。つまり今ではわたしは、まさに物理学の最後の〈完結した理論〉の基本要請は、経験の可能性の諸条件そのもの以外の何物をももはや定式化することはしないであろう、と推定しているのである。

皆さんは、ここでわたしがカントの言葉を話していることに、ただし、カントの主張を超えて行っていることにも気づかれたであろう。前述のとおり、そうしているのは、仮説的にである。そしてそうすることが、他のあらゆる哲学における（なかでも特に、経験論哲学における）と同じように、カントの哲学でも未解決のままで残った一つの問題を、もしかして解決に近づけてゆくことになるのでは、と考えているからである。その問題とは、法則を経験というものの上に根拠づけるという問題である。わたしがカントとともに提案しているように、そもそも経験の可能性を承諾することを、われわれの物理学論の頂点に据えるとしても、それでもなお、特殊経験からある個別的法則を特殊的に導き出すことに対するヒュームの懐疑は依然として正当なままに残る。すなわち、まさにこの経験が必然的に反復されることは必然とはされていないように見えるのである。ポパーが言うところでは、一般法則なるものはすべて、経験的である〔Popper, Karl R., *Logik der Forschung*. 大内義一・森博訳『科学的発見の論理』恒星社厚生閣〕。すなわち、個別ケースに即しては、誤りであると証明できるのみで、真であると証明することは決してできない、ということである。ちなみに、精確に受け止めるなら、一般法則というものは誤りであると証明することすらできない。なぜなら、個々の経験の解釈はどれもすでに幾つかの一般法則を前提しているからである。一般法則を、そもそも経験という事実そのものと同じように信じるに値するものたらしめる道としては、わたしの見るところ、ただ一つしかない。すなわち、それら一般法則そのものがこの事実の可能性の諸条件である〔とする道である〕。このことが物理学のすべての法則に妥当するとの推定は、カントの時代には不合理と見えざるをえなかった。しかし、これらすべての法則が少数の要請から結果してくる場合には、もしかすると、これは不合理ではないのかもしれない。

この仮説の意味では、経験の可能性の諸条件が列挙可能であるなら、あるいは列挙可能であるところまでは、物理学は完成可能であるはずである。とはいえ、冒頭ですでに言っておいたように、推定されるところでは、このことをもって物理学は、別のある意味では完成不可能なままである。構造的に異なる可能的個別経験の集合は無限でありうる。このことには、物理学の一般法則は、これら一般法則を満足させる諸構造の、無限なある集合を可能的として許容しているということが対応しているであろう。そしてこれらの構造を探究し尽くせば、具体的物理学の課題領域は無限であり、おそらくは物理学的な可能的構造の段階もますます高度なものとなってゆき、このような構造の段階も無限に続いてゆくことであろう。この道は、例えば、生物学とサイバネティックスへと通じている。しかし第二に、わたしが今まで利用してきた経験という概念は、おそらくあまりに不精確であることも明らかになってゆくであろう。経験なるものは、ある意味で、例えば客体化可能な経験とわれわれが名付けているものなどには、列挙可能な諸条件があって、このことをもって、完成可能なある物理学を根拠づけてもいる一方で、この領域の彼方にはさまざまな別の仕方での経験がわれわれ人間にとってすでに道の通じたものとなっていたり、まだわれわれを待ち受けていたりといったこともあるかもしれないのである。

3　物理学の統一をつくりあげるための作業プログラム

統一的物理学は経験の可能性の諸条件から結果してくるという仮説を議論の対象とすることが実りをもたらすのは、統一的物理学の発見に向けられた発見的（ヒューリスティック）原理としてこの仮説を利用する場合のみである。このような利用は、一つのきわめて大きな企てである。それゆえ、わたしにできることは、残念ながら、できあがった成果を提示することではなく、一つの作業プログラムと、このプログラム達成への途上で自薦してきた比較的特殊な仮説をいくつか提示することのみでしかない。

経験の諸条件の頂点に立つのは、現在、未来、過去という三つの様態での時間である。物理学的言明はどれも、直接にか間接にか出来事と関係している。それら出来事が過去のことであるにしても、現在あるいは未来のことであるにしても。残念ながらまだ完結していない調査の中で、わたしは時間に関係づけられている言明の論理学と取り組んだことがある。この領域からはわたしは、一つの問題、すなわち未来に関する言明の真理値の問題を挙げるのみとする。未来についての言明に「真の」あるいは「誤った」という評価づけをすることは意味あることとは思えない。そうではなく、「可能な」、「必然の」、「不可能な」などといったいわゆる様態性、ないしは確率によるそれらの数量化を付与したいと思う。こうすることは、無媒介に確率計算の基盤の問題圏の中へと、すなわち確率概念の経験的（客観的）意味の問いへと導いてゆく。しかしきょうは、狭義の物理学には属していないこれらの問いには触れずにおく。時間的言明の論理学と、無時間的言明の通常の論理学および数学との連関についても触れない。さらにわたしは、この時間概念と、かつてすでにさまざまな機会に語ったことのある熱力学の第二法則との連関にも触れないことにする。

今日、実際に存在している、あるいは待望されている基礎的物理学理論は大ざっぱに、量子力学、素粒子論、および宇宙論と区分することができる。

任意の客体の運動の一般理論としての量子力学は、時間および客体という基本概念のみしか必要としない。すべての客体性の状態は、多彩ではあるが同形的である。つまり、どの客体の状態もヒルベルト空間を形成している。「運動」は、ここでは全く抽象的に、「状態変化」を意味している。位置空間の概念は、一般量子力学には属さない。特殊客体の標識づけがなされるのは、状態の特殊な時間依存性（つまりハミルトン演算子）によってであり、事実として実際に現われ出るハミルトン演算子が初めて、差別のある位置空間を際立たせるのである。

ここから、この区分では、実際に現われ出ている客体の理論としての素粒子物理学は、三次元的な位置空間の実在と、この理論の本来の基本法則としてのローレンツ不変ともセットになっている。さらにこの理論には、相対論的因果性の基本要請と幾つかのさらなる不変グループが加わってくる。ハイゼンベルクはその非線形スピノル理論において、ローレンツ不変およびアイソスピン不変と、因果性との上に素粒子物理学全体を基礎づけようと試みている。このプログラムはきわめて多くのものを約束しているように思われる。この種の理論には、最終的には重力も組み込まれるものと期待してよいように思われる。

最後に宇宙論は、任意の客体の理論としての量子力学と、客体の中で実際に現われ出ているタイプのものの理論としての素粒子論とに対して、現実に実在する諸客体の総体の理論ということになるであろう。その中心問題として立てられているのは、今までのところ、「世界モデル」の問い、すなわち、一般的な運動方程式の解、それもその解が「全体としての世界」として事実上実在化されているものとなっているような解を求める問いであると思われる。

さて、量子力学、素粒子論および宇宙論、これら三分野を統一的な思考の歩みにおいて根拠づけることが必要であるし、可能でもあろう、とわたしは信じたい。このような根拠づけのための端緒を、わたしは素粒子物理学に関するセッションで数学的にスケッチすることにする。ここでは、わたしに見えている限りで、この企てがわれわれに勧奨してきている哲学的根拠を幾つか挙げて締め括ることにする。

このような企ての第一歩は、量子力学の根拠づけである。この方向ではすでに、公理にもとづく一連の興味深い研究が存在している。量子力学にとって基本的であるのは、実験によって決定することが可能なオルターナティヴ〔択二〕の、あるいは物理学の言い方では、オブザーバブル〔量子論で原理的に観測可能と考えられる物理量〕の概念である。量子力学が言葉で言い表わしている諸法則は、あるオルターナティヴのあらゆる可能な結果のあらゆる可能な計測のための確率を規定している。哲学的には、オルターナティヴおよび確率という概念に含まれているものが、経験の一理論の要求に含まれているものより本質的に多いとは、わたしには思えない。理論とは概念のことであり、オルターナティヴとは概念が事象に的中しているか否かの経験的決定のことである。そして、確率とは、先刻暗示したように、未来についての可能的な知の様式である。いうまでもなく、量子論的確率法則の特殊形態は、さらなる要請を前提している。そのようなものとしては概ね次のものが必要である、とわたしは想定している。すなわち、それ以上はもはや区分することができない最後の離散型オルターナティヴの実在（すなわち、最終的にはヒルベルト空間の可分性）、非決定論、および例えば時間の均質性、状態空間の同質性、運動の可逆性といった一群の要請である。これらの要請が経験の諸条件とどう連関しあっているかについては、もはや立ち入ることはできない。ただ、これら一群の要請は、わたしの見るところでは、最終的には、概念形成の可能性ということに拠っており、いずれにしても、いかなる対称性をも全く欠いているような世界は、おそらく何らの一般概念をも認めないであろう、という注記だけはしておきたい。

わたしの見るところ、その上で二番目に、素粒子物理学と宇宙論を量子力学から導き出すことを試みるべきであろう。すなわち、まず任意の客体の運動の一般理論を導入し、その上で第二の理論を、つまり、その理論に従う場合に可能な諸客体のうちの特定のものだけが「現実に可能」となるような理論を導入してくることは、哲学的には満足を与えるものでない、とわたしには思える。与えられている唯一のもの、すなわち世界全体を、一般的な運動方程式の一個の特殊解として記述するような宇宙論も同じように満足を与えるものではない、と思われる。量子論の客体ではあっても、素粒子物理学からは排除されているようなものが、いかなる意味をもつのであろうか。そして、運動方程式の解ではあっても、世界モデルの中で実在化可能でないようなものが、いかなる意味をもつのであろうか。もし人が、力自体を客体として、すなわち結果的には場として、記述するようにとの要求を量子力学に突きつけているとするなら、素粒子物理学と宇宙論とは現実にはすでに量子力学の論理的帰結なのである、とわたしは推測している。

この場合、素粒子論は、そもそも量子力学に従って可能な諸客体の中でも最も単純な諸客体の理論から構築されうるものでなければならないであろう。そして、このような客体は同時に、本来の哲学的な意味での絶対的不可分性を備えたただ一種の原子でもあるだろう。このような客体は唯一単純な計測＝オルターナティヴ、すなわち、一つのイエス＝ノー＝決定によって定義されていることであろう。このオルターナティヴの量子力学的状態空間は、二次元の複素ベクトル空間であり、このベクトル空間は周知の仕方で三次元の実空間へと写像されうるものである。この数学的事実の中にわたしは、世界空間の三次元性の物理学的根拠を推定したい。いわゆる素粒子は、このような「原客体」の複合体として、まさにそのゆえに互いに変容しあうこともできるものとして、立ち現われるはずなのである。こうして、素粒子物理学の対称群も世界空間のトポロジーも、ともに原客体の量子力学的状態空間から結果してくるはずである。わたしがこれらの仮説を挙げるのは、この仮説をすでに正しいものとして予告するためではなく、素粒子物理学と宇宙論を量子論から導いてくることを不可能と見なす根拠がわれわれにはないことを示すためである。

パルメニデス

1　自然の統一とはどういうことか

まず、自然の統一という思想をわれわれの意識に生じさせることとなった幾つかの事実と推測を、改めて要約しておく。

頂点に立つのは法則の統一である。これは、物理学者たちが基礎理論の一般妥当性とも名付けているものの、もう一つの表現である。このような「理論」は、一定数の概念と、概念を結合したり、さらなる命題を論理的に推論させたりしうる基礎的命題とから成り立っている。その上さらに、この理論の諸概念が経験の中でどのように適用されねばならないか、そしてそのことをもってこの理論の諸命題をどのように経験に即して検証するのかも実際に十分明らかになっていなければならない。この理論が「妥当性」をもつのは、この手法がすでに知られていて、そのようにして検証された諸命題が経験と合致する場合においてのみである。これらの要求の方法論的諸問題をここで反復要約することはせず、この点に関して物理学者たちは一般に、実践上一致できているという事実を引き合いに出すだけとする。〈妥当性〉は、当該理論のすべての可能的客体に及ぶ場合、すなわち、その理論の諸概念で標示されるすべての客体に及ぶ場合、「一般的」である。ここでもさしあたっては、例えば例外や、より一般的な法則の発見などを留保しておくなら、実践上の一般性でわれわれには十分である。理論が自然の、そもそも可能なすべての客体に及んでいる場合には、「基礎的」と称することになるであろう。基礎的理論の一般妥当性とは、自然のすべての客体のために同一の法則図式が妥当することを意味する。つまり、われわれが理論の一般妥当性を「法則の統一性」と標示するのは、この意味においてである。特記しておかねばならないことは、これらの概念はすべてまだ記述するものでしかないという点である。これらの概念は、われわれの時代の物理学のおおよその自己理解を記述しているものであり、ポイントの復習となるはずのさらなる考察によって説明されるか、あるいは修正されてゆく。

このような意味での一つの基礎理論を、われわれは現に所有している。それは量子論である。基礎理論なるものには何が要求されるのか、そして量子論はいかなる範囲でそれを満たしているのか、少し詳しく説明する。

量子論は、自然の任意の客体に関係づけられているはずのものである。その上この理論は、任意の客体を特徴づけることができなければならない。この理論がこの特徴づけをするのは、任意の客体の可能的な（「形式的に可能的な」）諸状態を記述することによってである。この理論はさらに、これらの状態が時間の推移の中で自らをどう変化させうるかをも記述せねばならない。これら二つの要求は、古典物理学の思考様式にもとづいて提出されてくるはずのものである。そして量子論は、これらの要求を満たしてゆく中で、自らに特徴的な仕方で要求を補足してもいるのである。

量子論によれば、数学的な一般性をもたせて言えば、どの客体も可能的状態という同一の多彩さをもっているのであるが[1]、これらの状態はヒルベルト空間の一次元的部分空間と特徴づけることができる。量子論は、二つの客体をただ一個の客体に合成するための一般的規則をもっている。すなわち、全体客体のヒルベルト空間は部分客体のヒルベルト空間のクロネッカー積であるという規則である。状態の時間的変化についての問いは二つの問いに分かれる。観測されることなしに状態が変化するなら、この変化はヒルベルト空間のユニタリ変換に則って生じる。諸客体のうちのある一つの種（例えば、ヘリウム原子）は、その種にとって形式的に可能なものと認められるユニタリ変換によって特徴づけられていて、数学的には、その種の微分要素であるハミルトン演算子Hによって記述される。孤立客体のハミルトン演算子はその客体の内部力動性を特徴づけているとともに、そのことをもって、例えば、その客体の諸状態のうちから特定のものを特定のエネルギー固有値をもつHの固有状態として際立たせてもいる。他の客体とこの客体との間の相互作用は、これらの客体から合成された全体客体のハミルトン演算子によって記述される。そして、このハミルトン演算子は、一定の近似においては、所与の環境の中でのみ考察されている客体のハミルトン演算子へと縮小する。それに対して、その状態が観測される場合には、別の種類の状態変化が生じる。ある特定の観測が可能的観測結果として認めるのは、客体の形式的に可能な諸状態のうちのある選択肢セットのみである。そして、まさにこれらの状態こそが、環境の部分と記述されていた計測装置の影響下における当の客体のハミルトン演算子の固有状態なのである。したがって今、観測に先立って特定の状態ψが予め実際に存在していたとすると、その観測がなされた場合に、観測結果として可能な多様な状態の中からある特定の状態ϕ_nを見出す確率は、状態ψと状態ϕ_nの方向における単位ベクトルの内積の絶対値の二乗に等しい。

　必要な数学的道具立てのゆえに、量子論のこの描写は煩わしいとの印象を与えるかもしれない。概念的には、この理論はある仕方では可能な単純さの極大にすでに到達している。この理論は任意の客体、それら客体の合成、観測抜きの場合におけるそれら客体の諸状態の変化、さらに観測がなされる場合についても、一般妥当的かつ一義的な諸規則にもとづいてそれぞれの観測結果予測を、すべて特徴づけている。それにもかかわらずこの理論は、われわれはこの理論を一般妥当的と想定しているとしても、自然の全面的一性をまだ表現してはいない。

第二に、諸客体の種の統一の意味でも、自然の統一が存在する。量子論ではこの点を、種的なハミルトン演算子をともなった客体が現に存在している、と表現している。今日われわれは、客体の種はすべて、少数の種の素粒子からの合成によって、原理的には説明できると信じている。一般的確信に従うと、これは無機的自然には妥当する。そして、生きている諸有機体についても、この点は本書の根底に置かれている仮説である。素粒子の種についてはわれわれは、結局はこれをあるただ一個のみの基本的法則性へと還元できると希望しているのであるが、もしかしたら、この法則性は何らかの一原種の実在として記述するよりも、特化の一法則として記述する方がよいものなのかもしれない。

第三には、客体の全体性の意味での自然の統一について語ることが、今日の宇宙論にとって意味をもつように思われる。世界については、それこそが唯一の客体であるかのような話し方がよくされる。実際、量子論は任意の諸客体を全体客体へと合成することを認める。否、量子論は、まさに共存する一定数の客体から合成される客体の状態空間をこそ、それら諸客体の本来の状態空間と見なしているという意味では、この合成を要求してすらいる。つまり個々の客体の孤立化は、量子論にとって常に一個の近似でしかないのである。世界の中の客体の総体が、少なくとも原則的には数え上げることのできるものであるなら、その場合、量子論は、原則的には、「世界」というそれら諸客体から合成された全体客体を導入することを強いている。いうまでもなく、ここでは、目下のこの論考の一主要テーマとなるはずの、明白な概念的諸問題が成立してくる。まずは、単にこれらの問題を挙げることだけでもしておこう。かりに「世界」という客体が与えられているとして、この客体は誰にとっての客体であるのか。この客体の観測ということは、どのように表象すればよいのか。他方、「世界」という客体を導入してはならないとするなら、その場合には、諸客体が「世界の中で」一緒に存在していることを量子論的にどう記述したらよいのか。あるいは、ここでは量子論は原理的に十分ではないのか。

第四に、われわれは、自然の統一を、列挙した三つの側面のもとで経験の統一の上に根拠づけようと試みてきた。まず、経験の可能性の諸条件が話題となった。その際、「経験」は、「どの」経験も他のどの経験とも矛盾なく、しかも相互作用の織物の中で結び合わされているものと考えてよいという意味で、いつもすでに、何らかの統一と理解されていた。この統一が、カントの場合には統覚の統一という表題のもとで立ち現われていた。経験の主観性ではなく、経験の時間性を頂点に据えるというわれわれの端緒のとり方では、この統一はむしろ時間の統一として立ち現われる。時間の統一性(われわれの描出ではもちろんこれは空間を包括するものである)は、おそらく客体の全体性の問題にとっての唯一間尺の合った枠組みであろう。これら最後の考察をもって、われわれは一足飛びに古典哲学の基本問題へと深く入り込んでいる。その中でさらに歩みを進めてゆく前に、最後にサイバネティックス的な端緒を導入しなければならない。

第五に、われわれが本論表題に掲げた〈自然の統一〉には、人間と自然の統一が属している。われわれが自然の統一を見出すのは人間の経験においてであるが、その当の人間が同時に自然の部分でもある。われわれは、真理のサイバネティックスの中で人間的経験をある自然的な事象(vorgang)として記述しようと試みる。ここで成立してくる哲学的問題は明白である。もしこのプログラムが少なくとも原理的に実行可能であるなら、自然の統一は自然内部における何らかの仕方で人間の経験の統一として描出されることになる。この「何らかの仕方で」とはどういうことか。別の言い方をすれば、客体が客体であるのは主体に対してなのであるが、いまや客体のこの全体性には当の主体も属しているということである。さらに言えば、真理のサイバネティックスでは、人間の意識は確かに種的で、より高度な形態として動物的主観性よりも際立っているが、それも発生論的連続性の中においてである。物質とエネルギーを情報へと還元する試みでは、暗黙かつ曖昧にではあるとしても、すべての実体の主体性ということが前提されている。自然とは自らが精神であると知ってはいない精神である、という古典的定式がこの問題の速記的要約として、思わず口をついて出てくる。とはいえ、それでいささかなりとも理解されたことになるわけではないが。

それゆえ、次の一歩は、いまやわれわれがこの問題複合を、すでに事実上われわれがその中に浸っている古典哲学の諸思想と明示的に真正面から対決させることである。われわれは、エレア人パルメニデスの問題の真只中にいるのではないのか。ヘン・ト・パン。〈一でこそある、全体は〉。全体とは、さしあたり世界であり、「見事に丸くなっている一個の球にも比すべき」ものである。しかし、この世界は経験するということをも経験されるものをも、意識をも存在をも、全く同じように包括している。**To gar auto noein estin te kai einai.** すなわち、〈直観すると存在するは同じなのである〉。ここでわたしは、ノエインを「直観する」と訳した。それは、「思考する」の抽象的内向化を遠ざけておくためである。パルメニデスは、われわれに何を教えることができるのか。

2　補　説——哲学者をどう読むことができるか

エレア人パルメニデスに関する、あるいはプラトンの『パルメニデス＝対話』〔以下『パルメニデス』と略す」に関する今日の二次的文献に目を向ける人は、今さらながら絶望することしかできない。

パルメニデスはどれほど幼稚であったことか。彼は球形をした宇宙全体（Universum）を信じていた天文学的唯物論者であったのか。彼以後の徹底した唯物論者がそうであったように、物質も考えることができると考えていたのか。考える物質が神であるとするような汎神論者であったのか。感覚的なるものという意味での空間的なるものは見せかけでしかない、とするような唯心論者であったのか。その哲学は、意識と物質の間の、あるいは形相と質料の間の区別をまだ把握していなかったことに基づくものなのか。あるいは不定詞をともなう"esti"（「ある」）は、「人は……することができる」を意味し、したがってあの言い回しをもって、「存在しうるもの、この同じものをこそ人は考えることができる」という、現実の認識可能性を教えているだけでしかないのか。彼は、すべての運動は見せかけにすぎないと教えているのか。もしそうなら、この〈教えている〉こと自体が一つの運動であることに彼は気がついていないのか。彼はいまだ成熟していなかった論理学の犠牲者であったのか。論理学と存在論を混同しているのか。彼の貢献は、まさに厳密なる論理学といったものを求めて問うことの幕開けとなったことにこそあるのか。あるいは、そもそも彼は変遷の中の持続的なるもの、実体を見出したのか。いずれにしても彼は、一先駆者ではあるだろう。しかし、誰の先駆者であるのか。

そして、プラトンの『パルメニデス』であるが、その「前奏曲」〔第一部〕は、イデア論の降伏なのか、よりよきイデア論への途上での自己批判なのか、あるいはイデア論への予備教育なのか。そして、かりに「フーガ」〔第二部以降〕になっている仮説の中の第一仮説を取り上げてみると、それは「単に消極的」な意味をもっているだけなのか、それとも「積極的」な意味をもっているのか、または単に「積極的」な意味だけをもっているのか。あれは単純にエレア人パルメニデスの論破でしかないのか、それも品の良い趣味で彼本人に言わせる仕方での。この仮説は、一である限りのすべてのイデアについて話しているのか。プラトンの一者について話しているのか、あるいは新プラトン主義者たちの一者についてなのか。両者は同じものなのか、あるいは全く別のものなのか。あの仮説は論理学の手習いの類いなのか、冗談なのか、あるいは西洋神学の至高の段階なのか。

これらすべての意見が読者に提供されている。これほどまでも不明瞭なテクストからわれわれの問題のために何かを学べる、と期待できるのか。むしろ、問題自体にこそ注意を向けるべきではないのか。哲学する物理学者にせめてできることは、テクストから見て信頼に値する解釈と信頼に値しない解釈とを区別するための哲学的学識を入手することだけではないのか。

にもかかわらず、われわれをこれらのテクストへと追い込んでくるものは問題自体なのである。物理学とは何かという問いが、使用されている諸概念の意味の問い返しの中で、われわれを哲学へと引き入れた。アリストテレス、プラトン、パルメニデスのもとでなら、われわれはこれらの概念を源泉のところで勉強する。これらの概念をもって何が意味されえたかについて、これらの概念の発明者たち以上に優れた案内を誰ができるであろうか。ところが、プラトンの哲学は、自ら問い返しをしながら、鉄のリングから円へ、円からイデアへ、イデアから一者へ、と上昇してゆく。われわれが、彼の『パルメニデス』を跡づけつつ十分に辿ってみることができていない間は、プラトンの哲学をまだ理解しえていないということは、体系的には明らかである。そうすることができなくても、われわれ自身の哲学を彼のものよりよく理解できている、と望みうるであろうか。

さて、両哲学者の解釈として提供されている諸文献を、上のような自省をもってもう一度通読してみると、そのつど大ざっぱな言い方になるが、当該の二次的文献の作者が自ら哲学してゆく中でそれ以上問うことをもはやなしえなかった当の限界といったようなものが説明原理として提供されていると言ってよいことに気づく。ただ、テクストがこれらの解釈と全面的に接合することは決してないので、そのような場合には、その哲学者が言うはずであったと解釈者が見ている意見からの逸脱は、その哲学者の、以前の発展段階に由来するとすることで把握できるようにされる。自明のことだが、今これらのテクストに目を向けるとき、これらテクスト解釈が難破したところで、われわれも全く同じように難破することになる。つまり、われわれの解釈とて全く同じように、われわれ自身の哲学的限界を容赦なく露呈することとなるのである。この事態に向けて心構えをしてゆく中で、講読のための方法的原理を二、三整備しておくことができる。

まず類的には、一般化され、単純化された言い方をすれば、〈主張されていることは真である〉という原理には沿ってゆくべきであろう。この原理は、プラトンがその登場人物に言わせている主張のどれについても、その解釈の中で理解するなら当該主張がプラトン自身の見解によれば真であるような解釈が存在している、とのプラトン解釈の文献学的原理として、先行する論考〔斎藤義一・河井徳治訳『自然の統一』法政大学出版局、IV「古典哲学に寄せて」、第五章「パルメニデスと灰色雁」〕の中で、はるかに特殊な意味においてではあるが、〔すでに〕導入されていた。この原理は、誇張し過ぎてはならないとしても、実り豊かな原理ではあるかもしれない。いずれにしても、これは哲学者プラトンの文筆活動のスタイルを特徴づけるものではある。今われわれは、プラトンの対話篇の登場人物の発言ではなく、哲学者たち自身の意見を理解しようとしている。彼らを理解することができず、彼らは誤っているとわれわれが見なすところでは、いまや発見的原理が、彼らの言っていることは正しい、と告げているのである。わたしがある哲学者に反対しなければならない場合は、わたしが彼をまだ理解してはいないのであるし、わたしが彼を理解していない場合には、わたしが真理をまだ理解してはいない。彼が見た真理をわたしが見るまでは、彼の真理を超えるような、あるいは相対化するような真理を見ていると主張できるとの希望を、わたしは露ほどももたない。

教えを単に祖述するのみでは、何も理解したことにはならないので、そうならないようにするためには、三重の考察がわれわれを守ってくれるかもしれない。

第一に、論証的思考の可能性という土台の上にあることが、それ自体で、論証的思考の中で十全的に描出されうるとは期待すべきでない。この点については、次節で立ち戻ろう。これは、方法的には、もしパルメニデスあるいはプラトンが言わんとしていたことを別の仕方で、つまり例えば「直接に」、言ってくれていたら、彼らはわれわれの荷をもっと軽くすることができたはずであるとか、あるいは、彼らがせずに放置したことを、われわれ自身の解釈で補いうるなどと想定してはならないということである。

第二に、疑いなくこれら二人の哲学者は、論証的思考と言語的表現とにおける解決可能な諸困難とも格闘していた。彼らが何について語っているのかを捉えきって初めて、彼らと議論することがわれわれに許される。否、われわれは議論せねばならない。ただ、哲学的テクストが体系的に多義的であるということは、事柄の本質の中に置かれている。これをプラトンのイデア論の言葉で言うと、あるイデアについて話す者は、そうすることで自動的に、そのイデアを分有している一切についても話しているし、何かあるものについて話す者は、そうすることで自動的に、この何かが分有しているすべてのイデアについても話しているということである。これは避けようのないことである。この事態は、意味のある仕方で話すということの本質の中に置かれているのである。つまり、哲学者の話が複数の平面上で同時進行している場合、それらの平面のうちのある平面ではその哲学者を理解している（このような孤立化が可能である限りで）

のに、別の平面ではまだ理解していないといった事態が、われわれに降り掛かってくることがありうるのである。

第三に、これら二人の哲学者はわれわれとは別の時代に生きている。そして、このことはわれわれに対して三重の相対関係を含んでいる。すなわち、彼らはわれわれの教師であり、先駆者であり、しかもわれわれにとっては異邦の人々でもある。われわれは、いま哲学している。彼らが今、われわれの教師となっているのは、われわれにはもはや見通せなくなっている部分もある歴史的過程に媒介されてである。われわれがおそらく自分では決して見出すことがなかったであろうことも、教師であれば開示してくれるのである。彼の言葉を祖述してみるとき、それらの言葉についての理解に応じて、われわれが明確に知っていることと以上のことがわれわれに解き明かされる。今では、彼らはわれわれの先駆者である。今日では顕現的に使われていることで、彼らが勘づいていたことも幾つかあるし、彼らが端緒から展開してきたことで、彼ら自身は勘づいてすらいなかったことも幾つかある。彼らの言葉を祖述するとき、当然ながらわれわれは、それらの言葉の中に、彼ら自身にも顕現的に見えるようにはなりえなかった潜勢的な幾多のものを認識することを許される。今では、彼らはわれわれにとって異邦人である。彼らの文化的環境は沈み去ってしまった。しかもわれわれは、人間誰もが、自覚しているかいないかは別にして、他者に対して、同時代の人や友人に対してすら異邦人のままでありつづけることをも知っている。こうして、いかに優れた解釈といえども、必ず同時に生産的誤解でもある。このことも歴史の中における存在には、〈人間の条件〉に属している。

この一切を眼前に据えつつ、真理を求める問いの素朴さをもって哲学者たちとの対話にとりかかろう。

3　パルメニデスとプラトンは何について話していたのか

プラトンの政治学と倫理学、自然学と論理学の多彩さや、イデアたちのコスモスの多様な形態は、今は問題ではない。ここでの設問は、プラトンがパルメニデスと共通にテーマにしているもの、プラトン自身が『パルメニデス』の中で一者というタイトルのもとでテーマとしているもの、についてである。中心的テーマは、存在者の一性、一者の存在、一者の一性である。

少なくともわれわれにには、哲学者たちの中で、本人が書いた著書の中でその人物像が完璧に伝わってきている最初の人物と目されている、プラトンから始めよう。ただし、これらの著書の顕現的テクストはわれわれの助けとはならないと言ってよい。一者の体系的位置については、『パルメニデス』以外のどこでもその検討がなされないし、この対話篇でもその像は全面的なアポリアに供されてしまっている。『ポリテイア』の中の善のイデアとの関連づけは、テクストからすれば、アリストテレスのある発言[2]にもとづいている。そして、『ソピステス』における最高類との正しい関連づけの方はあまり知られていない。この点については、われわれはプロティノスが知っていた以上のことは知らない。おそらくそれ以下しか知らないだろう。というのは、プロティノスの時代にはもっと豊富な著作が、おそらくは信頼に値する口述的伝承も、確かに存在していたであろうから。

こうしてわれわれは早晩、プラトンの〈書かれざりし教え〉の問いへと追いやられることになる。実際、彼のすべての対話篇は〈書かれざりしもの〉に明らかに隣接している。彼の対話篇はどれも、さらにその先を考えるようにと誘っている。一つの対話篇はしばしばアポリアをもって終わっていて、後にくる別の対話篇がまさにこのアポリアを解いている。ただし、この対話篇も、より高い段階での新たなアポリアで終わることになる。プラトンの一つひとつのテクストの欄外に別の対話篇にあるパラレルな箇所をメモしてゆくと、相互にぴったり合うホックと留金から成る一体系、これらのテクストの個々別々の大ざっぱな講読が与えてくれる以上のものを示す編み細工〔的思考〕をわれわれは手に入れることになる。プラトンの哲学の中には、鉄のリング、あるいはボールから一者への上昇が与えられているとの主張からしてすでに、まだかなり素朴ではあるにしても、このような、さらにその先を考えることの試みとなっている。ところで、アリストテレスは、プラトンには〈書かれざりし教え〉(agrapha dogmata) があったと、伝えている(3)〔『アリストテレス全集』第三巻、岩波書店、出隆・岩崎允胤訳「自然学」一二五頁参照〕。これらの教えは、われわれに先へ進むための手助けをしてくれるであろうか。

まず問うべきは、なぜプラトンは幾つかの教えについては書き留めることをしなかったのか、ということである。〔一〕あるいは彼はこれらの教えを書き留めることは不可能と思っていたのか、〔二〕あるいは可能と思ってはいたが望ましいこととは思っていなかったのか、〔三〕あるいは望ましいことと思ってはいたが書き留めるまでに至らなかったのか。一者に関する説の核心は、おそらく第一の類いだったであろう。そして、アリストテレスが伝えていることは、むしろ第二の類いであるかもしれないし、周辺領域の事柄には第三の類いもあるのかもしれない。しかし、一定の教えは書き留めることが確かにできるかもしれないのに、そうしない方がよい、とプラトンが思ったのは、なぜなのか。『パイドロス』での発言と『第七書簡』での発言からは、それらの教えは書かれえないこととときわめて親密に連関しあっていて、この書かれえないことを理解していない人は、それらの教えを用いても、災いのもとを作り出すことしかできないと思っていたのでは、と推測される。さて、第二の類いの書かれなかった教えは、アリストテレスの証言によれば、〈二＝原理＝形而上学〉と、その上に繰り広げられた数学的自然科学であったように思われる。この自然科学とは、『パルメニデス』の前奏曲〔第一部〕の中で批判されるように、一歩一歩認識してゆく魂の上昇においては、イデアのさまざまな段階として現われるものが、下降の際に構築してゆくものであったように思われる。ここで言う二原理とは、一者（hen）と境界なき二性（aoristos dyas）のことである。両者の共演が、あらゆる数を、空間的な諸次元と諸形象とを、そして感覚世界の諸元素を、繰り広げてゆく。仮説的－思弁的な古代自然科学の戯れの中身を文献学的に突き止めようとするのでなく、われわれにも妥当する問いを追ってゆこうとするとき、われわれはここから何を学ぶことができるのか。

〈二＝原理＝論〉には、基礎的なパラドックスが一つ横たわっている。原理とは、始まり（archē）である。多であるものの分析は、さまざまな相対的原理を目指して行なうことができる。これはアリストテレスが現象学的方法をもって繰り返し新たなスタートを切りつつ行なっていることでもある。[4] しかし、アリストテレスは、諸原理の多性ということの本来の意味での思弁的な問題は回避して、わたしの見方が正しいとすれば、『カテゴリー論』に見られる〈一者へと向う（pros-hen）構造〉と、〈最高の実体（Usia）としての神についての説〉とによって、まさに存在論的差異の隠蔽をこそ目指して進んでゆく。なおこの隠蔽が、ハイデガーが形而上学と言うものでもある。われわれは、ここではさしあたり原理というものの思弁的問題の多少素朴な考え方のもとに留まろう。そうすると、複数の「始まり」というものは、かりにただ二つだけの「始まり」であったとしても、本来は全く始まりなどではない、と言わねばならないであろう。というのは、それら二つの始まりは、まさにそれらが二つなのはなぜなのかという問いをまだそれらの行く手にもっているから。それら二つの共通点は何なのか（例えば、「始まり」であること）。何が両者を区別しているのか。そもそも、始まりが与えられうるなら、その始まりなるものは一つでなければならない。しかし、もし一つの始まりが自分の中から多性を放出している（結果させている、明確化している）とするなら、そのものはいかにして一つでありうるのか。始まりが一つであるのなら、そのもの以外には何も存在してはならない。そのものが一切でなければならない。すなわち、一者とは全部なのである。われわれはエレアのパルメニデスのもとに到着した。しかし、われわれは本当にもう彼のもとに来ているのであろうか。

何らかの始まりが当然与えられてよいはずだと、われわれは要請した。われわれは論証的にさらに先へと推論を進めてきた。われわれは、〈もしも〉と〈しかし〉を用いて論証してきた。（ハイデガーは対談の中でこのような手法を「たらい回しの論証」と名付けている。）われわれは一つの結論へとやってきたが、この結論は、もしそれが真であるなら、われわれが始めるにあたって出発点としていた一切を否定する。われわれは帰謬法（deductio ad absurdum）を実行した、というのが、論証的に正しい結論づけであろう。すなわち、パルメニデス的な一者は与えられえない、それゆえ、唯一の原理、つまり厳密な意味での原理も全く与えられえない。われわれはパルメニデスのもとには到着していないのである。

主張されていることが真であると信用してよいとするなら、パルメニデス自身は全く別の態度をとっていた。[5] 彼はその、抽象的との印象を与える詩を、自分が知の門へと脱自してゆく様子を象徴的に描出することで始めている。知の門が開き、真理の女神が彼に、見よ、と命ずることができるようになる。そして、彼は見ている。彼の詩は、秘義の伝承言語をもって発端を切られていて、エピファニア〔神的存在の顕現〕であり、存在しているものの明白なる立ち現われなのである。〈存在しているもの〉とは、彼が見ている一者である。しかもその際、このことの傍らで彼は、他の一切は存在せず、人間たちの単なる臆見でしかないことをも学ばねばならない。存在しているものをわれわれが理解するのは――ピヒトの言葉を借りて言えば、永遠の現在としてである。この永遠の現在とは、存在している、存在した、存在するであろう、万物における神的ヌース〔理性〕の――神的な〈見ている〉の――、現在についての教えの中で歴史的に準備されていたのである。

わたしはここでは、パルメニデスの教えの内容を繰り広げることはせず、その代わりにピヒトの解釈を参照するよう指示しておく。いま決定的であるのは、われわれ自身はこのような認識の可能性に対してどのような態度をとるのか、と問うことのみであろう。即自的には、このような認識には、直接に起こったことの表明の断言的形式――ピヒトは先鋭化して、この詩自体がエピファニアであると言う――と、論拠と主張の極度の抽象的合理性とが分離不可能な姿で備わっている。これはともに歩んでゆくことのできることなのか、あるいはそれは、解釈者たちの混乱を正当化する内的矛盾ではないのか。神的立ち現われは科学的合理性とどのように折り合いをつけあうのか。

比較するために科学の日常へと立ち返ろう。物理学を記述する際に、われわれは、物理学が、経験によっては自らの主張する一般性において真と証明されることも、論理的厳密さをもって偽りと証明されることすらもできないような一般的言明に基づいていることを見た〔前掲『自然の統一』I第六章「物理学の記述」参照〕。科学的知覚が一種の形態知覚であることも述べた。まさにこの形態知覚をこそわれわれは仮説的に、個物の中におけるプラトン的形態（イデア）の知覚と同定もしたし、この知覚はサイバネティックス的にはまさに可能と見なしうるともした。科学的認識の基本素材がわれわれにとって利用できるものとなるのは、ある形態知覚においてであるが、この形態知覚は、まさにその日常的な利用可能性のゆえに、いかなる種類の〈照明体験〉も全くともなってはいない。ところが、科学の新しい大きな歩みも、知覚に、すなわち今までは隠され護られていた諸形態をいまや知覚しているということに、基づいている。そしてこれら新たな知覚に、われわれは単純性、一般性および抽象性という徴表を付与しているのである。

ここで、科学的知覚の方法的役割を確認しておくべきである。この役割はおそらく、ある大きな理論的進歩という非通常的なケースに即しつつ解説するのが、まずは比較的容易であるのかもしれない。その新しい思想を摑みとった研究者は、確かに何か〈照明〉のようなものを体験した。つまり彼は、以前には自他ともに見ていなかったものを見たのである。しかし、照明に典拠を求めることは、彼には許されていない。それも、他の人々に対しても、自分自身に対しても。彼は、自分の新しい思想の帰結を引き出し、その帰結をすでに承認されている、あるいは新たに持ち出されてきた経験に即して検証してゆく中で、自分が本当に見たのかどうかを自ら確認しなければならない。彼には、自分の発見が誤りであるとの証明を試みる義務が課されている。彼の発見が真であった場合には、彼の発見は、誤りとする証明には逆らうであろうし、それまでは理解されていなかったことを理解できるようにもする。暗闇の中で点火された光のように、彼の発見は、自分が見せてやっているその当のものによって正当化される。彼は、自分自身が見ることができているのと同じところまで他の人々を動かしてゆける場合には、その人々を納得させることになる。しかし、誤りであるとの証明に必要とされる経験、あるいは新しい認識を可能とする、あるいは理解できるようにする経験も、それ自体は形態知覚であるという点では、まさに同じ本質をもっている。ただたいていの場合は、劇的なものではなく、とうに承認されている類いのものなのではあるが。しかしどの経験も、原則的には同一の批判に身をさらすべきである。われわれの表現を用いるなら、経験はどれも検証可能でなければならず、しかも検証とは常に、同一のことをわれわれが再び見ることができ、そのことから推論できる結果をも見ることができることを意味する。

ところで、パルメニデスの詩も、まさにこの方法的構造をもっている。著者は、自分に見えてきたものを詩人の言語で、すなわち、自らの文化圏の人間にとって馴染みのある言語で描写している。彼は、自分が見ているものを提示している。彼は、訓練を受けた思考であれば回避できない論拠を申し立て、そうすることによって、読者に自分自身で見るよう教えている。われわれがそのものを見ていないとすれば、もしかするとそれは、われわれの無能力のせいでしかないのかもしれない。しかし、明らかに見てとれるように、プラトンが、まさにパルメニデスと同じことについて話していながら、しかも彼を批判してもいるとするなら[6]、その場合は、この知覚をめぐって何らかの可能的な争いがあるのでなければならない。そして、その争いは、単に知覚されているということ自体に関するものではなく、ここで知覚されたものをどう理解したらよいのかという問いに関する争い、いうまでもなく、答えるためには新たな知覚を要求してもいる一つの問いに関する争いであるはずなのである。

日常的な感官知覚というものも、述語的な性格をもっている上に、論証の中に取り込まれうる諸形態をも知覚しているものであるにもかかわらず、日常のこのような感官知覚は、論証するという思考行為とは、すなわち何らかの論証連関の部分とは、感じられていない。感官知覚がその潜勢的、概念的な中身に対してもっている関係と似た関係を、ここで論証的に講じてきたことに対してもっている経験としては、人類の伝統はただ一つのものしか知らない。すなわち、西方世界では神秘主義と呼ばれているものである。神秘経験は、具体的表現スタイルでは文化に拘束されているが、それにもかかわらず驚くべき規模ですべての文化において同一的である。神秘的経験の最高概念は、一つになること、〈神秘的合一〉(unio mystica)である。一つになるとは、さしあたり、二つのものが〔自己を〕無にして一体化することを意味していよう。これを、(例えば、おとなになる、美しくなる、のように)一者になることと読み取ってもよい。新プラトン学派は、神秘経験の一者をプラトンの一者と等値した。アジアの古い伝統では瞑想的訓練は哲学的思考の自明的前提に属している。そしてその伝統では、哲学的思考の高度な段階はまさに神秘経験の高度な段階を解釈するものともなっている。

この段階では、この一者は神と表象されるのかという問いは、問うべきことを逆転している。民衆宗教に由来する、神々あるいはある一位の神といった表象はよく知られている。これらの表象としては不信仰者にすら馴染み深いものとなっている。つまり、これらの表象はどれも、物質、意識、万有（das Weltall）、愛などと同じように、一者という抽象的で、経験のみからは知られることのない概念に近づく際に用いられる解説的表象の一つなのである。もしかしたら一者とは、馴染み深いものとなっているこうした実在ないしは表象のための抽象的標示なのではなかろうか。哲学的思考も瞑想的経験も、問いの方向を逆転しなければならない。そもそもこれらの表象はすべて、本来何を意味しているのか、これこそがいまや問いとなる。そして一者への帰還こそが答えの道なのである。今われわれが一者をかりに神と名付けるなら、その場合には、神〔という語〕がこの一者にとっての名である。しかしその場合には、立ち現われている万有、その一切の物質、その一切の意識、その愛すると欲求するの一切を伴ったこの万有は、神々の像（プラトンのアガルマ（agalma）、『ティマイオス』37 c8）、あるいは神の一作品（プラトンでは『ティマイオス』において。そしてその後、キリスト教の神学者たちが「創世記」第一章をこのように解釈した）となる。そして、世界中の神々は、この神のさまざまな立ち現われ、あるいは派生物となる。パルメニデスの詩では、この〈同一者〉においては〈直観する〉と〈存在する〉が、つまりわれわれの言い方では、意識と存在が一つになっている、あるいは本来は（とピヒトが言う）同一性（das Selbe: tauton〔同一者〕）がある。すなわち、この同一者が、直観することをも存在することをも可能とし、あらしめているということである。インドのヴェーダンタ〔哲学〕の教えでは、この一者は、サット＝シット＝アーナンダであり、存在＝意識＝浄福と訳されているものである。T・M・P・マハデヴァンは、アドヴァイタ（非＝二性）の教えを口頭で次のように解説してくれたことがある。すなわち、一者自身の中では、先の三つは〔別々の〕側面ではなく、同一なのであるが、時間性という立ち現われ＝領域では別々になってゆく。つまり、サットは存在している一切のものの中に、シットはどの意識の中にも、アーナンダ、浄福性は純粋なる意識の中にのみあるのである、と。

一致の瞑想的あるいは神秘的経験を承認することは、合理性からの回避ではなく、われわれが正しく論証してきたとするなら、合理性の本質の理解の一帰結である。その場合、論証的哲学は、この経験への一準備あるいはそれについての一解釈であるのかもしれない。あるいは、この経験の可能性の承認の一解釈でもあるのかもしれない。実際、神秘家たちは一者の哲学の中に自分たちの経験の一解釈を見出していた。他方、この経験の可能性自体を放棄する、あるいは重要でないと考える人が一者の哲学の中に把握不可能性、ないしは混乱を容易に見出し、この哲学を避けて短絡的な解釈に逃げることもありえないことではない。他方では、感官知覚が自然科学でないと同じように、神秘経験自体は哲学ではない。今日の科学的意識の中心において議論しようとする、本稿のような論考が提供できるのは、せいぜいのところ、神秘経験の可能性の承認の解釈としての哲学でしかない。そのような論考は、一者に関して理論的に論述してみようと試みねばならない。まさにこの努力をこそ、プラトンはその書かれた教え、とりわけ『パルメニデス』の中で行なっているのである。

4　プラトン的パルメニデスの第一仮説と量子論

われわれは、要約して述べてきた、五段階で提示された姿での自然の統一へと立ち戻る。そしてこの統一に関して、パルメニデスとプラトンはわれわれに教えることができるのか、と問う。プラトンの対話篇におけるパルメニデスが見せてくれているものは、諸形態（諸イデア）の理解のために必要な一つの訓練（gymnasia）であるという彼の意見が正しいなら、この訓練を実行することは、われわれにとってもためになるはずである。ただし、この訓練を実行するとしても、われわれはまだ、二つの意味で全く限定的なことをしようとしているにすぎない。まずわれわれが、プラトンの訓練法を利用しようとする際に視野にあるのは、自然科学の現在の水準ということだけでしかない。プラトン哲学の解釈は、それ自体にふさわしい仕方でなされているとはとうてい言えないのである。つまりわれわれのプラトン哲学の解釈は、われわれの物理学的問題をパルメニデスとプラトンとだけ対決させる。つまり、キリスト教神学、近代の主観性哲学、および現代的に理解された歴史的時間の統一はゲームから外している。われわれがすることは、思考の訓練であり、それ以上ではない。本論考全体の妙に対決的なタイトル〔本稿の当初表題は「パルメニデスと量子論」〕も、このゆえである。そして、驚くべきことに、この対決が何かを引き出して与えてくれるように見えているのである。

われわれは、第一仮説の準備を、137 a4〔実際にはオックスフォード版で 137 a7 から〕でパルメニデスが、「さて、それでは、何から始めたらよいだろう、最初に何を仮定する（hypothesometha）としようか。われわれがしているゲームは骨のあるもののようなので、わたし自身をもって、つまりわたし自身の仮説をもって始め、（それが）一者である場合にはとか、一者でない場合にはとか、仮説を立てて、それぞれどういう結果になるか注目していようと、きみたちは望んでもいるのであろうか」と問うところから始めることができる。すでにここには、括弧で囲んだ「それ」をめぐって翻訳者たちの最初の十字架がある。

「(それが)一者である場合には」と訳出した文節は、独立した言明として「もし一者があるなら」と捉えることも言語的には全く同じように可能である。全く同じように、仮説の本来の開始である137 c4の中の第一文節、「フーガのテーマ」の類似する表現も、独立のものとしては、「もし一者があるなら」となりうるし、前のものに結びつけて、「もしそれが一者であるなら」ともなりうる。それゆえ、第一仮説をある解釈者たちは、一者が存在することを述べているものと理解するし、他の解釈者たちは、一者が一つであることを述べているものと理解する。(7) いうまでもなく、これは道標のない二股道に出てしまった散策者のジレンマにも似たものなのかもしれない。そして、もしかしたら、どちらの道も同じ目標へ導いていて、標示がないのも、まさにそれゆえなのかもしれないのである。というのは、すべての解釈者は、第一仮説の "ei hen estin"〔「もし(それが)一者であるなら」あるいは「もし一者があるなら」〕は、第二仮説の "hen ei éstin"〔「一者で(それ)がもしあるなら」あるいは「一者がもしあるなら」〕とは異なって、hen〈一者〉に力点が置かれていると見る点では一致しているのであるから。それも、中心となっているのが、ここ第一仮説では一者の一性であるのに対して、第二仮説では一者の存在であるという意味で力点に差がつけられているということでも、一致しているのであるから。第一仮説が真であるなら、つまり、一者が厳密な意味で一つであるなら、その場合は、両方の文法的構成はおそらくは同じことを述べているのである。

しかし、ここで話題となっている一者とは何なのか。われわれのこれまでのすべての考察は、すでにわれわれに馴染み深いと思われる何かを指して、それのことを意味しているのだと言ってみたところで、そのように言うことが、この一者を今まで以上によく理解させてくれることになると期待させるものではない。われわれに馴染深い何かを指しているのでありえないことは、ほぼ確実である。それにもかかわらず、ここで話題になっている一者は、すでに(おそらくは、どの時点から見ても、すでに)何らかの仕方でわわれわれに馴染み深いものとなっていたものでなければならない。というのは、もしそうでないなら、プラトンはいかにして自分のパルメニデスと自分のアリストテレスに、この一者に関して、発言と反論の中で両方にとって明白に理解可能で、スムーズな会話を行なわせることができたであろうか。論証は、自ずから理解可能であるかのように文学的に描出されている。その論証はどのような共通の知識を根底に置いているのであろうか。三つの知識があると思われる。まず第一に、パルメニデスは明示的に自分自身と自分の仮説を引き合いに出して参照するよう指示している。つまり、われわれは彼の教訓詩を知っていて、利用すべきである。第二に、彼は諸概念の周知の解釈に基づいて論証している。つまり、われわれは、これらの論拠を認識すること、あるいは少なくとも跡づけつつ十分に辿ることができるように、これらの概念を把握しようとすべきである。第三に、プラトンが前提している読者にはもちろん馴染み深いものとなっているプラトン哲学全体が、そうと表明されることのないままにこの論証の背景になっている。そして、この哲学への上訴は、ゲームのルールからすれば確かに論拠として表に出すことは許されていないとはいえ、この哲学を想起することは解釈のために認められている一助ではある。それゆえ、第一に、ここで話題になっているのは、パルメニデス自身が一者と標示していたもの、すなわち、彼の言うエオン〔eon〈存在者〉〕である。第二に、しかし、第一仮説の諸論拠は、このエオンが、パルメニデスがエオンに関して語ったような関係にはありえないことを示している。つまり、この意味で第一仮説は、確かに「エレア派批判」なのである。第三に、このことによって、一者はその厳密なる一性のゆえに、本来は一者を突き止めるためのものとされているプラトン哲学のある特定の箇所へと移っている。

さて論拠は、終始、顕現的に前提されていること、すなわち、一者の一性と、それ以外のものとしては、当時の哲学的に教養のあった読者には当たり前となっていたに違いない諸概念の意味することとの二つだけを用いて進められている。使用されている概念は確かにパルメニデス的「徴表」(sēmata)のシリーズ[8]に従っているが、これらはアリストテレスのカテゴリーの中にも再び見出される。つまり、エレア派以来流布していた基本概念と想定できるものである。しかし、これらのことを前提したあとでは、論証は、すでにこれらの前提のみにもとづいて厳密に説得力をもつものとして意図されていなければならない。もしこの論証が同時に老パルメニデスの教えを訂正してもいるとするなら、それは、後者でも同一の論理的諸前提にもとづいて論証されていたからである。したがってその場合には、リンチとともに[9]、第一仮説は一者であるもの一切に関係づけられていると言ってよい。つまり、第一仮説が同時にエレア派批判でもありうるのは、まさにそれが(ズールの見解とは逆に)有効な哲学であり、プラトン自身の場合にも一者であるもの一切に及んでいるからである。いうまでもなく、その場合には直ちに、いったい何がこの意味で一者と標示されうるのか、という問いが突きつけられることになる。ここでは、もし今、プラトンの教説の摘要といったものに飛びついて、イデアはどれも一つなのであるから、どのイデアをも指しているのだとか、プラトンの、あの周知の一者を指しているのだ、といったことを発見するとすれば、われわれは手がかりの糸を全く喪失する。いま問題となっているのは、人が「一つのイデア」とか「一者」とか言うときに、何を言わんとしているのかをそもそもまず理解することなのである。

さてそれゆえ、われわれは、プラトンの論証を量子論に適用してゆく中で、彼の論証の厳密な説得力についてあるテストを企てる。

「もしそのものが一者であるなら、いいかい、その場合は、その一者は当然ながら多ではない。――つまり、そのものは部分をもつことも許されないし、自らがある一つの全体であることも許されない。――君はどう思うか。――部分とは当然何らかの仕方で、ある一つの全体の部分であろう。――そうだね。

――全くそのとおり。――そうであるなら、いずれの仕方でもその一者は部分から成り立っていることになろう、その一者がある一つの全体である場合も、部分をもっている場合も。――必然である。――つまり、双方いずれの仕方でもその一者は、このように多であって何ら一者ではない。――明白である。――しかし、そのものは多ではなく、一者そのものでなければならない。――そのものはそうでなければならない。――つまり、その一者が一であるなら、そのものは全体ではないだろうし、部分をもつこともないはずである。――そう、どちらでもないはずである。」(137 c4–d3)。

古典物理学に思いを馳せてみよう。古典物理学の中では、もしかすると、質点以外にはこのような一者は与えられていないかもしれない。他方、場の量子論では、素粒子も何ら質点ではなく、潜勢的に他の素粒子を含んでいて、実験では空間的延長を示す。それゆえ、われわれは思考を、素粒子の方向にではなく、個々の客体一つひとつ(そのものも当然「一個の客体」ではある)か、あるいは種的には万有か、に向けるべきである。ただし、後者は、古典物理学に従うなら多数の客体から構築されていて、したがって、もしかすると、ある全体ではあるかもしれないが、厳密なる一者では確かにないであろう。しかし、量子論ではどうなるのか。

われわれは部分客体を一個の全体客体に合成する規則を知っている。それに従って、量子論ではすべての客体は合成されたものと見なすべきなのか、あるいは幾つかは合成されたもので、それ以外のものはそうではないのか。しかし現実には、まずわれわれは「合成された」という概念を批判し、「分けうる」ということからは区別しなければならない。量子論に従うと、例えば水素原子は一個の統一体であるが、人がその水素原子の内部において部分の、つまり核と電子の位置を特定するとき、その統一が破壊されるということは、周知の、しかも適切でもある表現である。さらに、プラトンがここで利用しているものとは別の定義では、ある一個の全体としての原子という言い方もされる。つまり、ここでは、部分は何ら欠落していないという言い方はされずに、どちらかというとむしろ、部分は全体の中に「埋没して」いるという言い方がされるのかもしれない。いずれにしても、われわれは、量子論の言い方をプラトン的な言い方に適応させて、ほかならぬ量子論の客体をまさに一者と名付けうるのである。

この言い方を合成規則の数学的形態の表現と捉えるとき、この言い方が全面的に厳密なものであることが明らかになる。全体客体の状態のうち、実際に現われてくるのは測度ゼロの一集合のみであるが、この集合は、その中ではこの全体客体の部分客体が特定の状態にある集合なのである。そして、部分客体が実在していると厳密な意味で言うことができるのも、このような「積の状態」においてのみである。(10) 他のすべての状態で妥当することは、もし人が全体客体を、部分客体が現われるよう強制する計測に付すなら、それら部分客体はこれこれの確率でこれこれの状態において自らを示すことになるだろう、ということでしかない。つまり、全体客体は、多に分解されうるが、分解される場合には、それまでそうであったものであることを止めてしまう一者なのである。万有への適用はまだしないでおく。

いまやプラトンは、空間的諸規定へと移ってゆく。一者には始まりもなく、真ん中もなく、終わりもない。一者は何らの形態ももってはいない、直線的な形態も、丸い形態ももってはいない。一者はいかなる場所にもなく、他者の中にも、自身の中にもない。一者は静止してもいないし、運動してもいない。というのは、これら一切が可能であるのは、一者が部分をもっている場合のみでしかないだろうから（137 d 4–139 b 3)。われわれはここで、プラトンの論拠を個々に追ってゆこうとは思わないが、量子論ではどうなるのかは問うことにしよう。

ある一個の客体がある一個の特定の（偶有的）固有性をもっている、つまりある特定のオブザーバブルXがある一定の値ξをもっている、と言えるためには、あるいはXかξが見出されたか、あるいはそうでないまでも、Xの計測がなされるなら、値ξを見出す確率が値1をもっているような状態が実際に存在していなければならない。予め与えられたあるオブザーバブルがその中でならそもそも特定の値をもつような、ある客体の状態の集合は、ここでもまた測度ゼロをもっている。さらに、周知のとおり、ある客体の位置と運動とが完璧に特定されているような状態はそもそも全く与えられてはいない。つまり、これが不確定性関係が表現していることなのである。つまり、対自的に考察するなら、ある量子力学的客体は何らかの一者であり、しかも特定の位置と特定の運動とを同時にもってはいないのである。しかし、われわれはこのことを超えてさらに、この量子力学的客体は、いかにして諸客体に対する空間的規定へと至るのかと問わねばならない。このような規定は、他の客体との相互作用によってしか生じてこない。さて、相互作用を純粋に量子力学的に記述するなら、相互作用とは、その相互作用をしている諸客体から成り立っているある全体客体の内部力動性である。そして、当初考察されていたあの客体はこの全体客体の中で「埋没して」しまっているのである。当初の客体についてのある計測が入ってくるのは、この客体と相互作用をしていて、われわれが計測装置と名付けてもいる客体に、ある不可逆的事象が起こる場合のみである。しかし、不可逆性ということは量子力学的な状態記述の徴表ではない。むしろ、それは古典的記述への移行を、すなわち、有限な存在が有限な事物についてもつ知の記述への移行を示すのである。このことをもって必然的に、系全体（客体と計測器の間の位相関係）に関する量子論的に可能な情報の一部が犠牲にされ、そのことをもって系全体の統一も犠牲にされる。それゆえ、空間的規定が可能となるのは、量子論的統一の一部が失われた場合のみである、と言うことができる。

いまや、このことをわれわれは万有に適用することができる。本来は世界の中のどれかある一つの客体を、それも孤立している客体を、何らかの一者として記述することは、当然ながら常に不当である。その客体は、相互作用によって世界と結合しているのでなければ、世界の中における客体ではないはずである。しかし、このように世界と結合している場合には、その客体は、厳密に受け取るなら、もはや全く客体などではなくなる。厳密な意味で量子論的客体でありうるものが何か与えられうるとするなら、それはせいぜい世界全体であろう。さて、われわれが最前、客体一般に関して言ったことを世界全体に移し換えてみよう。その中で諸部分が空間的に並存しているような、空間的に構造づけられた全体という万有の記述は、量子論的統一体という万有の記述とはある排他的間係にある、という結果になる。その際、その量子論的記述は、数学的に考察するなら、規定の中身に関して空間的記述より貧しくなっているのではなく、より豊かになっている。つまり、後者〔空間的記述〕では位相関係が脱落してしまっている。ただし、万有全体に関係づけられる場合、全面的に量子論的な記述にあっては、この情報を知りうる者は、実際にはもはや誰もいないことになろう。端的なる一者そのものについては、可能的知すらも与えられてはいないのである。ところで、これがプラトンの最終結論でもある。すなわち、「それゆえ、そのものについては名も与えられないであろうし、記述（logos）も、知識も、知覚も、意見も何ら与えられることはないであろう」（142 a3–4）。量子論的には、知の客体を大きくとればとるほど、多くの知が、もはや空間的に記述することはできない知がこの客体に関して獲得される、と言うことができる。しかし、一切を、つまりわれわれ自身の知をも、この客体の中に取り込むときには、知りうるということが備えているべき諸条件をもはや充足していないような、虚構的で、形式的にしか可能でない知のみしか成立しなくなる。この虚構は、われわれの有限な知を描き上げている同じ壁の上に非＝有限的で、神的な全＝知が投じている影であるのかもしれない。しかし、いずれにしても、〔一者を十全的に知ろうとする〕この権利請求は、有限な知をもってしてはもはや満たしえない。

いうまでもなく、特に強調しておくべきことは、この考察様式ではわれわれの知の時間性についての議論はどこでもなされていないという点である。しかし、量子論の基本概念は時間的である。統一は位相関係によって媒介され、位相関係とは確率を、つまり未来の可能性を意味する。自然の中にある多の統一性と一者の一性との間には時間の統一性が踏み入ってくる。これはプラトンの端緒を超えてゆくことであり、ここでは手をつけないこととする。

われわれは今、中間項をすべて飛び越えてプラトンの最終結論へと移った。プラトンは、この一者には同一性＝相違性、類似性＝非類似性、同等性＝不等性といった概念対も適用できないことを示している（139 b4–140 d8）。一者は、ある他者とも自己とも、同一であることはできないし、相違していることもできない等々としている。その際の本質的論拠は、一者の規定はこれら他の諸規定のどれとも一つに重なることがないということである。ここでは、その際にプラトンが利用していた論理はどれであったか、そして彼の推論様式は厳密な説得力をもっているか、あるいは――何人かの解釈者には、そう見えているに違いないのであるが――論理的誤りを含んでいるのか、というきわめて興味ある問いが成立してくる。ここでは、プラトンの解釈というこの問題からは身を引き、次のようにしてこれらの考察を量子論に適用する。すなわち、先に触れたこれら範疇的規定を客体に適用しようとするのであれば、まさに空間的規定と全く同じように、これら範疇的規定をも演算可能なものとしなければならない。それは相互作用が行なわれることを意味し、そしてそのことをもって、客体に統一性を喪失させることを意味する。例えば、客体*X*が客体*Y*と、エイドス〔形相〕の意味で同一であるか否かを突き止めるためには、すなわち、客体*X*が同じの種のものであるか否かを突き止めるためには、両者の振舞いを観測せねばならない。同じことは、この客体は自己自身と同じ種であるという言明が単なる定式ではなく、経験的に検証できるものとなる場合にも、妥当する。その客体が番号で自らと同一であるということすらも、観測を要求している。つまり、ボース゠フェルミ統計へと導く非古典的な対称性は、ほかでもなく、ある客体が番号で自らと同一であるということが堅持されえないことにこそもとづいているのである。ある客体が厳密な意味で何らかの一者であることが確保されるためには、その客体は完璧に孤立化されていなければならない。しかし、その場合には、その客体が自らと同一であることも観測不可能となるのである。

最終結論に先立つ最後の概念群として、プラトンは時間性の諸概念を扱っている（140 e1–141 e7）。〈より前の〉と〈より後の〉（「より老いた」と「より若い」）は一者には適用できない。一者は存在していなかったし、存在するようにもならないし、いま存在してもいない。このことをもう一度、量子論に適用する場合、われわれは、少なくともこの理論の通常のプレゼンテーションがもっているある不整合性に突き当たる。ある客体にとっての特徴的な量（シュレーディンガーの像では状態ベクトル、ハイゼンベルクの像では演算子）は、時間と同定されるパラメーター t の関数として記される。時間は原則的に計測可能とはされるが、計測可能なものの中で唯一、時間にだけは何らの演算子も対応していない。現実には、常に何か別のオブザーバブルが、それもそのものの時間的推移は十分に周知であるとされているようなオブザーバブル、とりわけ周期的なある時間関数が、時間代わりの計測量として入ってきている。自らの統一性の中で確保されているある客体を孤立化させることは、当然、その客体の諸状態を時間的秩序に組み込むために必要な、計測という相互作用をも廃棄する。厳密な仕方で孤立している客体は時間の中にもない。もちろん、このことは量子論の、とりわけ確率概念の、基本概念の意味を廃棄する。つまり、孤立した客体をわれわれが形式的に記述する際の、まさにその概念の意味を廃棄するのである。

さて、締め括りとなるアポリアへの移行を、プラトンは平均的なプラトン理解にとってはきわめて唖然とさせるような仕方で実行する。他のところでわれわれは、彼にとって真に存在するものはイデアであり、しかもそれらイデアの存在は無時間的である、と学ぶ。では、別の響きをもつ強勢文（141 e3–142 a1）を聴いてみよう。「つまり、もし一者が何らかの時間を分有するということがいかなる仕方においてもないのなら、その一者は成立し終えていたこともかつて一度もなかったし、成立したこともなかったし、その一者はかつて一度も存在していたこともなかったし、いま成立したのでもないし、成立してもいないし、存在してもいないし、後にも、その一者は成立することもないであろうし、成立してしまっていることもないであろうし、存在していることもないであろう。――これは可能なことの中で最大限に明白なことである（alethestata）。――さて、これらの仕方のどれとも別な何らかの仕方で、何かが存在（usia）を分有することはできるのであろうか。――それはできない。――つまり一者は、いかなる仕方でも存在を分有してはいない。――分有しているとは見えない。――つまり、いかなる仕方でも一者は存在していない。――存在しているようには見えない。――つまり一者は、一つであるという仕方ですらありえない。というのは、一者が一つである場合には、一者はやはり一個の存在者であるか、あるいは存在を分有していることになってしまうであろうから。しかし、われわれがこの種の論証を信頼する場合には、そう見えているように、一者は一者でもないし、存在してもいない。」そしてこの後に、何らの認識も、ただの意見すらも一者については与えられない、というあのくだりが続くのであるが、その部分からはすでに前にも引いた。「一者がそのような状態にあるということは果たして可能なのであろうか――わたしには、そうは見えない。」（142 a 6–7）。

ここで中心となっているのは、〈存在する〉は時間の中でしか与えられていない、という思想である。これは対話相手を意識的に惑わそうとするものなのであろうか。わたしはそうではないと信じている。おそらく人は、一者の中に踏み止まっている時間（『ティマイオス』37 d5 におけるアイオーン aion）を、その時間の、数に従って前進し、天の諸運動によって数えられている模像（クロノス、同上）からは区別しなければならないのであろう。(11) ただし、ここでは、そして今日のところは、これ以上プラトンの上昇を追うことはしない。

締め括りのこのアポリアは、先の仮説の一つの論破なのであろうか。このテクストを前にして、善のイデア（『国家』509 b9）は存在の彼方に（epekeina tēs usias）あるということに思いつかない人がいるであろうか。いうまでもなく、あの仮説は顕現的な矛盾にまで導かれる。すなわち、一者は一つである（137 c4）のに、それにもかかわらず一者は、一つであるという仕方においてすら、ないのである（141 e10–11）。さて、矛盾の禁止ということは存在に属している。つまり、自らに矛盾するものは何らの存立をももたない。自らに矛盾するものなど、意味ある仕方で主張されることすらできない。存在の彼方に「存在する」ものを主張しようとすることは、実際に一つの背理であろう。一者は、存在する一切のものの領域すらをも、尊厳と力に即してはるかに優越していて（『国家』509 b9）、われわれがこれを改めて主張する必要はないと言う神学者たちも、存在を超えたところには何もなく、したがって主張すべきことも何もないと保証する論理学者たちも、全く同じようにこの箇所を引き合いに出すことができる。両者はともにプラトンの言葉尻を捉えてはいるのである。

決定がなされうるのは、論理学者たちをより満足させるような別の道が与えられているか否かが、あるいは、矛盾のない領域といったものが与えられうるためには、まさにこの矛盾が必要であるのか否かが、われわれに見えている場合のみである。決定が下されるのは、さらなる幾つかの仮説を通観したあとである。

5　第二仮説の端緒

あとに続く諸仮説の中でスケッチされているような広範なプラトン哲学の全貌を追ってゆくことは、きょうはできない。ただ端緒とその最重要の帰結とだけは、なお考察しなければならない。

何らかの一者が存在しているのなら、一者の一性は一者の存在からは区別されているはずである。しかし、そうであるなら、一者にはすでに本質的に二つが存在している。すなわち、ほかでもなく〈一者〉と、〈存在している〉の二つが。ところが、これら二つのいずれもが即自的に、それぞれ二つをもっている。すなわち、〈一者〉には即自的に、その一者が存在しているということが伴っている。そして、〈存在している〉には、その存在しているが一つ〔である〕ということが伴っている。このようにしてこのプロセスは無限に反復してゆくことができる。一者は、もし存在しているなら、無限の多性を含んでいるのである（142 b1–143 a3）。そうであるなら、この多性の中で、最高類のうちの他のもの（例えば、一性と存在の差異を手がかりとして〈相違するもの〉）と、諸々の数とが〔あることが〕実証されてゆくことになる。存在している一者は世界へと自らを繰り広げてゆく。いうまでもなく、この世界の中では、すでに始まりとともに据えられている回避不可能な諸矛盾がたえず見出されてゆく。「つまり、こうして、存在する一者が〈多くのもの〉であるのみではなく、一者自体も存在者を通じて部分化されていて、必然的に〔世界全体を構成している〕〈多くのもの〉なのでもある」（144 e5–7）。論理学者は、存在している世界においても矛盾を免れることはないであろう。論理学者については、なお次のように、表面的に書き換えてみたいと思う人もいるかもしれない。すなわち、論理学者は、その時々に目の前に見出される〈存在している一者〉の来し方とそのような一者のさらなる部分化とを追究せず、つまり、そのものの一性が存在しうる仕方、そのものの存在が統一的でありうる仕方を追究しない限り、そのような一者を停止させて、矛盾なく記述することはできる、と。

もう一度、量子論に目を向けてみよう。全く孤立していると当初考えられていたある客体がやはり本当に客体でありうる仕方、つまり本来的な仕方で存在しうる仕方は、その客体と他の客体との相互作用にある。しかし、まさにこのことによって、孤立化していたその客体は、まさにこの客体であることを、否、そもそも一個の客体であることを止める。逆説的に、ある客体のある任意の特性が観測可能となるのは、その客体がまさにその客体自身の特性を喪失することを通じてでしかない、とも言える。この喪失から目を逸らすことを可能とする近似が、古典物理学ないしは古典物理学が立脚している古典的存在論である。しかしわれわれは、古典的近似でしか、観測をすることも、観測内容を言葉に表わすこともできないのである。この意味で物理学は、すべて本質的にある近似にもとづいている。この近似は、個々のケースではそのつど自らを物理学的に記述させ、それによって同時に自らを改良もさせる。しかし、これがなされるのは、われわれが他の箇所で再びこの近似を使用することによってでしかない。

ボーアはこれらの関係を相補性の概念によって記述した。人はこの概念の中に、幾重にも、計測における、理解不可能な経験的困難に対するある諦めを見た。そして結果的に、ボーアによるさらなる領域へのこの概念の適用の中には、物理学的な問題の不当な仮説的一般化をも見てきた。それにもかかわらず、われわれは、相補性の根拠がすでにプラトンのパルメニデスの中に暗示されていることを見出す。ほかならぬこの古典的存在論は、本当のところ、パルメニデスの反省水準には（古代のあのエレア人のそれにも、プラトンのパルメニデスのそれにも）立っていない。つまり、古典的存在論は、自らを適用することが自分自身の誤謬性を前提するものであるとは認識していないのである。万有自体が存在することができるのは、自らが一つではなく、多である限りにおいてでしかない。しかし、これらの多はすべて、論理学や古典的存在論が記述しているように、対自的に存立しているのではない。それら多が存立しているのは、想像もつかないような一者の中においてでしかない。

結びにあたって、われわれはあの〈二＝原理＝論〉に最後の一瞥を投じることにする。二つある原理など全く何らの原理でもない、とわれわれは言った。つまり、両者に共通するものと、両者を区別するものとが、両者の原理であるはずであり、これらも再び二つであるはずなのである。しかし、一つの原理が多性へと導くことはない。最初の二つの仮説はこの〔二＝原理＝〕問題を説明している。両仮説はこの問題がそれ以外にはありえないことを示している。アリストテレスによって伝えられたプラトンの二つの原理は、技巧的に表現された形式で言うなら、一性と多性を標示している。ひとり一性のみでは、何ら原理ではない。そして、一性は、自らが存在していることにおいて、多性なのである。ただし、矛盾という代償を払って。

プラトン

わたしはきょう、歴史の推移におけるプラトン的自然科学について話したいと思う。この話は五部〔構成〕になるはずである。〔I〕二十世紀から始め、〔II〕十七世紀へと、そしてその後〔III〕プラトン自身へと移行し、そこから〔IV〕十七世紀へ、そしてもう少し詳細な形でもう一度〔V〕二十世紀へと立ち戻る。

〔I〕それでは、二十世紀をもって始める。ヴェルナー・ハイゼンベルクは、その回想録『部分と全体』(*Der Teil und das Ganze*)〔山崎和夫訳『部分と全体——私の生涯の偉大な出会いと対話』みすず書房〕の中で、一九一九年のミュンヘンでの〔蜂起の際の〕戦闘のさなか、ギムナジウム生であり、さらに当時の呼称でいえば、〈パート義勇兵〉でもあった彼が、ミュンヘンのルードヴィヒ通りにある大学の向い側の神学校の屋根の上に寝そべって、プラトンの『ティマイオス』を原文で読んでいた様子を描いている。目前に迫っていたギムナジウム卒業試験のギリシャ語の勉強をするためであったが、他方、その書物がまさにプラトンの自然科学を含んでいて、興味をそそったからである。われわれなら原子と名付けるであろう、一種の〈物質の最小部分〉をプラトンが定立していて、しかもそれらが、四面体、八面体、六面体、二十面体——十二面体のみが抜けている——といった正多面体であることを確認して、どれほど驚いたかを彼は述べている。そして、これら数学的図形を同時に、火、水、空気、土の、つまりわれわれが元素と名付けているものの最終的な基本単位とも捉えることには、一体いかなる意味がありうるのか、と自問している。ハイゼンベルクの回想録を読んでゆくと、その間に彼が展開した物理学理論と、これらプラトン的諸表象との間の関係についての考察を最後のところでもう一度見出す。そこでハイゼンベルクは、その今日的素粒子論の根本では、プラトン的自然科学を、つまりプラトンの意味での自然科学をしているのだ、と告白している。つまり今日生存している、おそらくは最大の理論物理学者が、自らの自然科学をプラトン的伝統の中にあるものと理解している、と言ってよい。そしてわたしも、自分が行なおうとしている講演全体を次のように簡潔にまとめてよいのではあるまいか。今日の自然科学は、いずれの意味でプラトン的でありうるのか、と。

まず最初に、いま引き合いに出した、ハイゼンベルクの書物について二、三述べる。わたしは、同書はその基本姿勢においてプラトン的であると見ている。そこにある対話はどれも、比較的新しい時代のものの中では、わたしが知っている唯一の本当にプラトン的な対話である。同書は会話を描写している。そこに描かれている会話の中では、周囲の世界は生き生きとしてくるし、関与している人間たちも生き生きとしてくる。プラトンの場合と同じように、会話に関与している人間は、現実に生きていた人々であり、部分的には今日なお生きている人たちである。そしてプラトンの場合と同じように、彼らは、自分たちの言っていることによって特徴づけをされ、同時に、対立し合う精神的ポジションも明確になる。かりにわたしが、プラトンの対話篇の哲学的思考の精密かつ緻密なることはハイゼンベルクの対話のそれを超えている、プラトンの哲学的反省水準の方が高い、と言うとしても、師であり友人でもあるハイゼンベルクに対して礼を失することにはならないと思う。わたしはただ、世界のあらゆる文献と比較しても、これらの長所をプラトンの対話篇の方には認めたくないと思うような書物はほとんど一冊も挙げることができないだけである。他方では、ハイゼンベルクの対話にもプラトンのものに比べて一つの長所がある。プラトンの場合には、ソクラテス、あるいは誰であれプラトンの名において発言する人、エレアの人とか、アテネの人、ピュタゴラス派のティマイオスらの言うことが必ず正しいとされる。ハイゼンベルクの場合には、他の人の言うことの方が正しい場合もある。そしてこれはごく気持ちのよいことでもある。とはいえ、もう内容に移ろう。

ハイゼンベルクのテーゼは明確に定式化されうる。火の最終的基本単位は四面体であり、土の最終的基本単位は六面体であるなどといった意見を表明するとき、プラトンは、自分が発明したわけではないのに、今日多くの場合、彼の名をとって「プラトンの立体」と呼ばれているものを使用している。そして、これらの立体は数学的なある特性をもっている。すなわち、三次元空間の対称性を離散的形態で描出しているという数学的特性である。つまり、これらの立体は、空間の対称群の、この空間が許容する回転の幾何学的描出なのである。これらの立体それぞれの各角を別の角へと移行させてゆくような回転作用が存在していて、その結果、これらすべての立体は、事後においても事前におけるのと同一の空間を充たしているという特性をもっている。この意味で、これらの立体は等軸晶立体であり、対称群を描出している。ハイゼンベルクは、今日の物理学は最終的には、自然の基本法則は対称性であり、プラトンが考えていたのとはまた別なものであるにせよ、特定の対称群の適用に対しては不変であるとの想定の上に構築されねばならない、という意見をもっている。すなわち、すでにプラトンにとって自然科学の基礎であったのとまさに同一の対称性が今日の物理学にとっても自然科学の基礎になっている、とハイゼンベルクは考えているのである。違いはただ、その様式が数学的にさらに整った形態になっているし、さらには、われわれが基本法則と見なしているものは、特定の最終的物体の実在ということではもはやなく、さしあたってはまず特定の微分方程式、つまり客体の変化や可能な状態の法則を教えている微分方程式である、という点のみである。ここにプラトンに対する相違が実際に存在していることは、ハイゼンベルクにはもちろん明らかであり、プラトンに対する進歩が実際にあると、ハイゼンベルクは確信してもいる。自然科学の進歩ということが否定されるわけではない。しかし、ここでも端緒となっているのは、かりにこの思想も、プラトンにピュタゴラス派という先駆者がいなかったとすれば、歴史的にはプラトンが最初に定式化したことになる一つの原理であるというのが、ハイゼンベルクの意見である。しかしこれは歴史的に探究することは困難な問いであり、きょうのところはプラトンに依拠するに留めておきたい。さて、以上がハイゼンベルクの意見である。

ところでここで問われるのは、一体この意見は何かを述べようとしているのか、そしてもしそうであるなら、何を、ということである。ハイゼンベルクの場合、この意見は明らかに美的な調子をもっている。彼は、自然法則はすべて美しく、対称とは自然の法則性の美しさが自らを概念的に把握させ、概念的に反映させている一形態であるという考えに自分は与する、と明確に言いきっている。そしてプラトンにとっても、美が至高の場所の一つに立つものであり、至高の価値の一つを作り上げているものであることは疑いない。他方、美へのこの回帰はいったい思考をもって立証できるのか、と人は問うことであろう。ここで問われているのは、一科学者の柔軟で活発な芸術家的心情の印象以上のものなのか。この問いを追ってゆこうとする場合には、そしてこの問いを追ってゆくことこそが本来の哲学的問いでもあり、ここでわたしが興味を抱いていることでもあるが、まず次のことを問わねばならないとわたしは信じている。すなわち、このような数学的法則性が妥当するのは一体なぜなのか説明してくれる全面的に満足できる自然科学の理論を、もしかしたらわれわれはもっていないのではないのか、と。そしてわたしは、さらにそれのみか、科学論として今日提供されるものの中にこのような理論はない、と言っている点こそが、ハイゼンベルクの本質的なポイントなのだ、と信じてもいる。今日の科学論の中で一般に支配的となっていて、疑いなくプラトン的でもない諸見解は、ここで中心となっている本来の現象を説明してはいない。そしてまさにこのゆえにこそ、プラトンへの回帰が必要なのである。その現象とは、粗っぽく言って、まずは数学的諸法則の妥当性、より精確には、わたしが今まさに話したばかりの法則の、つまり特定の対称性法則の妥当性である。今日われわれは、多かれ少なかれ経験的な科学論を一般的にはもっている。そして、この科学論は科学の一性向を、すなわち、われわれの科学は経験を手がかりとして見出されてきたものであり、科学に信を置くよう求めることができるためには、科学は経験の中で立証されなければならないということを、疑いなく正しく描出してもいる。われわれの諸テーゼの真実性を検証するために、それらテーゼを展開させる刺激とするためにも、概念的秩序立てのある感覚的経験が必要である。おそらくプラトンも争わなかったと思われる一テーゼである。これに対してハイゼンベルクは、われわれが通常知っており、承認してもいるような経験の単なる露な事実そのものは、なぜ全く単純な基本法則というものが与えられているのか、もっぱら測り知れないほどの個別経験の充溢を規定している法則であるにもかかわらず、二、三の簡単な数学的概念をもって記述することができる基本法則が与えられているのはなぜなのか、ということを分かるようにしてくれてはいない、と指摘する。そもそも、かりに法則といったものが与えられているとして、それらの法則には個々の経験に似た複雑さがないのはなぜなのか。ここで問われているのは、純粋に方法論のみでは理解できない何かである。というのは、同一の方法を利用している別々の科学が、ここでは全く別々の発見をしているのであるから。天気というものは複雑であって、気象学を単純な科学にしようとする試みはどれも挫折している。ところが、ひとたび雷雲が天から吹き払われ、星々が見えてくると、そこには別の科学、天文学の客体を見出す。そして、天文学では、例えば十七世紀にケプラーがすでに見出していたように、運動の、全く単純な数学的法則性が与えられている。それにもかかわらず、気象学と天文学の基本法則、すなわち物理学的基本法則は同一なのである。しかし、複雑な現象もあれば、単純な現象もある。そしてこの区別を方法的に説明し尽くし、取り払ってしまうことはできない。〔気象学と惑星運動の理論を一つにまとめている科学でありながら、〕その科学にとって気象学は単純であり、惑星運動の理論は複雑であるというような科学が存在するかもしれないなどとは、表象してみることすらできない。つまり、単純性の発見とは、一つの真正なる発見であって、単なる方法的措置などではない。思考経済のための一手段、あるいはそれがどのように名付けられるにせよ、単にそういったものではないのである。ここでは何が発見されることになるのか。人が原子にまで突き進んだとして、まさに基本法則が現実に単純であることが示されてくるとき、何が発見されることになるのか。この問いをこそ、ハイゼンベルクは立てているのである。そして、われわれの世紀〔二十世紀〕の科学論はこれに対しては何らの回答も知らない、と良心に恥じることなく言うことができる、とわたしは信じている。ところで問われるのは、これに対する何らかの回答をハイゼンベルクは知っているのか、プラトンは知っているのか、あるいは他の誰かは知っているのか、である。

〔II〕さてそこで第二に、この問いのために十七世紀に定式化されたあの幾つかの推測、そして回答でもあるかもしれないものについて話そう。十七世紀にまで立ち戻るのは、十七世紀にこそ、今日二十世紀にそれなりに咲き誇っているとともに、いずれにしても物理学では、その完成に近いところまで行けるかもしれない科学が開始されたのであるから。とりわけガリレイとケプラーについて話そう。

十七世紀初頭、ガリレイは、自然という書物、神の第二の書——もう一冊は救済の書、聖書である——

は、数学の文字で書かれている、というテーゼを代弁した。したがって、この書物を読もうとする者は、その文字を、つまり数学を読むことができなければならない。このテーゼをもってガリレイは、アリストテレスに拠り所を求める当時の哲学伝統に反逆するとともに、自らは別の、もう一つの権威、すなわちプラトンとピュタゴラスにその拠り所を求めている。ガリレイは、プラトンの数学的自然科学を用いて、アリストテレスの質的自然科学を論駁する。プラトンの構成的自然科学を用いて、アリストテレスの経験的叙述的な科学を論駁する。近代におけるその後の科学神話では、この対比関係は逆さまにされてしまった。そして真実には全く反して、ガリレイはここで経験科学の味方をし、いわゆる純粋に思弁的な科学を論駁したという意見が一般的となった。確かに彼は経験を擁護する論述を行ないはしたが、彼が擁護したのは、数学的な構成をもって見通しが利くものとされた経験である。すなわち、人が見ているものの叙述ではなく、実験の構成であり、普通は人が見てはいない現象をつくり出すことを、それもこのような現象を数学的理論を根拠にしつつ予め計算することを擁護したのである。ここで、これを個々の細部まで描くことはしたくない。そうでないと、わたしは例えばガリレイの慣性の法則とか落下の法則が、彼が描出したまさにその形では観察されていなかった何かを、それもあらゆる面からみて精確に観測することなどおそらく全くできもしないような何かを、彼が数学的にどこまで記述しているか示さねばならなくなるであろう。さらにはガリレイが、自らつくり上げた科学の功績を、純粋な抽象的、数学的モデルを構想し、このモデルを助けとして自然現象の中の非本質的なるものと本質的なるものとを区別することができるようになり、それによって第二義的には、非本質的なるもの、すなわちこの数学的法則からのズレをも、さらに数学的に解析する道を開いていることの中に見ていると示すことにも、手を染めねばならなくなるであろう。例えば、彼が描出している形で厳密に落下法則が妥当するのは真空の中でだけだが、その真空を彼は経験的には全く知ることはないままに要請していた。この要請をしておけば、真空の中で妥当する落下法則と現実の落下法則との間のいくつかのズレも、それなりに数学的解析に向けて、すなわち、揚力と摩擦力という二つの力の解析に向けて道が通じる。つまり、そこまでがガリレイである。

ガリレイはここで、自然現象が数学化される可能性を信じているが、この可能性を根拠づけることはしていない。彼は単に成功したことでそれを根拠づけているにすぎない。さてここで問われるのは、ガリレイがここで要請している数学化の可能性ということを理解可能なものとすることはできるか、ということである。というのは、数学化可能ということは自明ではないから。ガリレイの場合には、時として神学的定式と言えるようなものがある。わたしはすでに最前「自然という書物」について語った。それは一つの隠喩である。ここでガリレイがゆるやかな仕方で引き合いに出しているのと同一の神学は、彼の同時代人ケプラーによって鋭く考え抜かれた。それゆえここで、ケプラーがこれらのことをどのように見ていたか、二、三言っておきたい。まず最初に言っておかねばならないが、ケプラーは、近代の数学的＝経験的科学を、見方によっては、ガリレイが成し遂げた以上の規模で推進した。ケプラーは惑星運動についての彼の第一法則——惑星は楕円〔軌道〕上を走っている——を、惑星運動に関するティコ・ブラーエの観測を可能な限り精確に数学的に記述するよう試みることによって、天上の運動はすべて必然的に円軌道上で行なわれねばならないとする、かなり古くからの見解に対して闘い取ったことを想起されたい。火星という惑星の運動を描出するはずの円の各断片の組み合わせのどれにも、現実に観察された運動に対して、わずか角度八分にしかならない程度ながら誤差があることを彼は突き止めた。そして、八分という角度はごくわずかである。八分という角度は、天に懸かる満月の直径のほぼ四分の一である。さて、軌道計算の言うところに火星がいるか、満月の幅の四分の一だけそこより脇にいるか、そんなことは自分にとって真実どうでもよいことだ、と言う人もいるかもしれない。しかし、ケプラーにとってはどうでもよいことではなかった。そこで彼は円軌道を諦め、その代わりに、その時代には聞いたこともなかった考え、楕円軌道を、より不完全と見られていた曲線を導入するという冒険をあえてした。しかもなお、誰もが天上の運動の完全性ということは信じていたのである。ところで楕円をもって彼は、観測と計算の間の精確な一致を成立させ、この経験的テストを根拠としてこの新しい法則をも受け容れたのである。ケプラーは、これほどまでも経験的に、それも可能な限り最高の数学的精確さという意味で経験的に思考していた。ということはすなわち、経験とは厳密な数学を用いた解析を認めるものである、と彼が信じていたということである。それはなぜか、さらに問われているのは、そのことである。彼の回答は直接に神学的である。世界＝調和論に関する彼の作品の中で回答がどのように描出されているか、ここで手短にスケッチしてみる。神は自らの創造思想に則して世界を創造した。これら創造思想とは、プラトンがイデアと名付けていた純粋原形態であり、これら原形態のうちでわれわれに重要なのが数学的形態、すなわち数と図形である。これらは神的創造思想である。というのは、これらは純粋な形相であるから。これら形相に則して、神は世界を創造した。人間は神の像に従って神によって創造されている。確かに神の物体的像に従ってではない。というのは、神自身は物体的ではないから。そうではなく、神の精神的像に従ってである。そしてこれはすなわち、人間は神の創造思想を熟考できる状況にあるということである。神の創造思想をこのように熟考することが自然学なのである。自然学とは神事〔神への奉仕〕であり、神事として真なるものでもある。以上がごく手短にまとめてみたケプラー的哲学である。そしてこの哲学は、自然科学における数学の成功という経験的事実を、唯一のものへの回帰によって根拠づけようともしている。そしてこの唯一のものとは、そもそもこの事柄を、すなわち自然の創出とその自然を知り理解してゆく人間の創出という二重の形態における神の創造の業を説明することができると、ケプラーに確信させているものなのである。これらの問いに関してわたしは十年ほど前は、多少違った仕方で語ったり書いたりしていた。つまり、当時はこれらの思想の中のキリスト教的諸要素をより際立たせていた。今日でもわたしは、あの頃のことを撤回するつもりはない。それでもなお、次のことは言っておかねばならない。すなわち、わたしはここ十年の間に以前よりもずっと多くプラトンを読んだ。そして、ケプラーがここで言っていることは、キリスト教的というよりも、実際はプラトン的であること、あるいは、キリスト教はプラトン的である限りでキリスト教的なのだということ、を学んだ。つまり、歴史的にキリスト教はその神学に関するかぎり広範にプラトン的なのである。キリスト教はプラトン的である。とはいえ、問われるのは、キリスト教は最高水準のプラトン主義なのかということである。そしてわたしは、キリスト教は必ずしも全面的にそうであるわけではない、と言いたい。もちろん、ハイゼンベルクもガリレイも、さらにはケプラーも、プラトンの哲学的省察の全体をともに実行していたわけではない。

〔Ⅲ〕さて第三に、ここで話題になっている連関はプラトン自身の場合にはどうなっていたのかを、わたしの理解に従って、少なくとも暗示しようと試みる。わたしの講演が不十分なものであることは、最初から断わっておかねばならない。というのは、プラトン哲学の連関の中で自然科学がいかなる位置にあるのかを本当に描出するためには、わたしはプラトンの哲学全体を展開せねばならないことになろうから。プラトンの哲学は哲学ではないであろう——ここではわたしは一切の修飾語を避ける。哲学という語自体がその役目をすべきものである——、つまり、プラトンの哲学は、その哲学の中から取り出され、その内容について試問される個々の思想のいずれもが、回答を得るためにはその哲学全体を通観するよう強いるという特性をもっていないなら、哲学ではないであろう。したがって、もしわたしがプラトンの自然科学に関して話すとするなら、プラトンの形而上学と名付けることができるかもしれないもの、プラトンの政治哲学、芸術的美についてのプラトンの教え、その他プラトンにある一切をわたし自身もともに歩み抜いてゆく以外の仕方では、話すことはできない。しかし、このようなことは、一夕には少なくとも物理的に可能ではないので、わたしは二、三の暗示を与えるのみとする。言っておかねばならない第二の点は、わたしが言うことは、プラトンの著作の中で暗示はされているが、詳説はされていない幾つかの教えの再構成の試みに部分的にはなっているということである。これらの教えに関しては、『第七書簡』の中のプラトンの発言があるし、プラトンの「書かれざりし教え」に関するあの有名な論争もあった。後者の内容には手短に立ち入らねばならない。そして、個々の典拠は挙げぬまま、わたしの解釈を提示することとする。プラトンを全面的に正当に評価することなどわたしにできないことは承知している。というのは、わたしにはまだ理解できていないが、自分が何について語っているのか、プラトン自身には精確に分かっていたと、わたしが確信している幾つかの領域がプラトンには存在しているからである。本質的な点では、『ティマイオス』を出自とする思想に依拠してゆきたい。というのは、とにかく『ティマイオス』はプラトンがその自然像、その自然科学を描き出したものであるから。

この対話篇をひもとくと、いきなり謎めいた完全な戯れ言で始まっている。すなわち、「一人、二人、三人、ところで四人目はどこにいるのか」とソクラテスが言う。彼が言わんとしているのは、会話のパートナーは三人いて、四番目の人はまだいないということである。しかもそれにもかかわらず、プラトンを知るほどの人であれば、ここではさらに何か別のことにも懸けてあることは全く確実だと言うはずである。C・G・ユングは、プラトン対話篇のこの冒頭によっていくつかの壮大な空想へと刺激を受けた。なぜなら、ユングにとって四つということは心理学的に基礎的な一現象であったし、四番目のものの忘却、したがって、そのうちの三つしか取り上げないということも、同じように一つの基本現象であったから。しかし、プラトンはこのことを言わんとしていたのであろうか。おそらく『ティマイオス』の冒頭でプラトンはある四者――これについてはあとで話すことになる――、もしかしたら『ポリテイア』の〈線の比喩〉の中でも暗示されているのかもしれないあの四者を示唆している、と言いたいが、わたしにも分からない。ただ、これほどの対話篇ならその最初の文章のところで、人はすでに、ここでは幾つかの秘密と戯れているのであり、しかもこれらの秘密の覆いを全面的に外してしまうことは、明らかに著者の意図ではなかった、と気づいて当然である、とだけ言っておく。さらに読み進んでゆくと、われわれに伝えられている対話篇『ポリテイア』、〔すなわち〕『国家』に書かれていることを、その前日ソクラテスが会話相手に物語ってくれたと彼らが話し合っているのを見出す。ただし、その全体ではなく、その前半のみを。このことから当時プラトンは『国家』の前半を書いていたのみであり、思想的にもそこまでしか書けなかったことが分かる、と主張した文献学者も何人かいた。おそらくそういうことではなかったであろう。それよりもはるかにわたしが信じたいと思っているのは、この箇所でプラトンは、『ティマイオス』が始まるその体系的箇所に到達するためには、『ポリテイア』の前半を読んでいなければならないということを、彼得意の作家的手法で示唆しようとしているのではないかということである。そして読んでいるべきものとは、自分たちが取得した知の力をもって国家を統治している見張り番という、本来は哲学者である身分集団がその中には存在している国家についての教えなのである。この知は部分的には神的稲妻のようなものによってしか彼らの中で成立しえないのであるが、習得しうるものによって準備がなされているという側面に関しては、何にもまして数学と数学的自然科学の習得によって準備がなされている知である。この知がこのようなものであることは、『国家』の第七巻に書かれている。さて『ティマイオス』は、『国家』の第七巻では暗示されているのみでしかない教えの、そして国家という本質存在を政治的によく統治しようと欲するなら、人が学んでいなければならない教えの詳説なのだ、とわたしはこの移行を解釈してみたい。すなわち、国家をよく統治できるためには、人は天文学を学んでいなければならないのである。もちろんこれは、われわれにとってと全く同じように、プラトンの読者たちにとっても驚くようなことであった。問われるのは、なぜ天文学を学んでいなければならないのか、である。そうでなければならない理由は、この天文学では、そしてこの自然学では――われわれなら、この素粒子物理学では、と言うかもしれない――現実的なるもののもつ幾つかの基本構造が見えるようになるということ以外にはない。しかも、これらの基本構造は、政治闘争や政治秩序の中で自らを顕示してくる、現実的なるもののもつ、はるかに複雑で混乱してもいる諸構造を見通すことができるようになりたいと欲する人なら誰もが視線を向けていなければならないものでもある。政治との連関については、きょうの講演では以上にとどめ、教えそのものに入ることとする。

ここから先この教えを講じてゆくのは、ピュタゴラス派のティマイオスであるが、この人は、プラトンにあってここ以外では何の役割も演じておらず、われわれもこの人物についてほとんど何も知らないといってよい。このティマイオスが教えを講じてゆくことになるのも、倫理学者、政治思想家、宗教思想家たるソクラテスにはこのようなことは分からなかったから――と、まあこう想定しておいて差し支えないであろう。かくしてティマイオスは、しっかりと関連づけつつ、荘重に講じてゆく。彼は、われわれがたえず想起していなければならない一つの区別をもって始める。そしてその区別とは、常にあり、決して成ることはなく、過ぎ去ることも決してないものと、あることは決してなく、常に成ってい、しかも過ぎ去っていってもいるものとの間の区別である。『ティマイオス』の幕開けとなっているこの区別は、この対話篇の読者にはとうの昔から馴染みのあるものとなっているはずの、あのイデア論の想起である。すなわち、自然科学はイデア論という基底からしか理解されえないものなのである。

それゆえ、われわれは、イデア論とは何か、と自問しなければならない。そして、自然科学にとってイデア論の役割は何なのか、とも自問せねばならない。ところで、イデア論は——ここではまず、周知のことを想起されたい——たとえば『パイドン』の中では、等しきものというイデアを例に導入されてくる。すなわち、二片の木材は、あるいは試験などで質問される際には、質問者の前に置いてある二枚の紙と言われることもあるが、等しい、といったように。しかし、それらはやはり精確に等しいわけではない。それらが常に不等であることは全く確かである。等しきものが存在しているということをすでにわたしが知っているのでなければ、わたしは一体いかにして、それらが不等であると言うことができるのか。しかし、感覚的にわたしに与えられている一切は、常に不等なのであるから、つまり等しさというものは経験的には決して実際に目の前に現われてくることはないのであるから、等しきものがあるということをわたしはいかにして知ることができるのか。さてここで、アナムネーシス〔想起〕神話を用いて説明がされる。すなわち、わたしの感覚的経験の一切に先立って、この身体におけるこの生以前に、かつてすでに霊魂は等しきものそのものを観照していたことがあり、本当は等しくはなく、等しきものを分有しているにすぎないこれらの事物を通して、霊魂はあの等しきもの自体を想起させられるのである、と。この分有、この、いわゆる等しくあること、しかもそのくせ、等しくはないもの、これこそが成立してき、そして過ぎ去ってゆく感覚的なるものの本質なのである。しかし、等しきもの自体は、常に自己自身と等しく、過ぎ去ることはなく、常に同一である。つまり、これが等しきものの「形態」、ギリシャ語でいう「イデア」なのである。

プラトンの、この古典的で周知の〈思考の歩み〉は、それが自然科学にとって重要であることを理解しようとすれば、われわれはこの〈思考の歩み〉を解釈しなければならない。すぐ念頭に浮かぶ一つの解釈は、イデアを数学的諸形態の実在化とするものである。以前の講義では、わたしはよくボードに一個の円を描き、言ったものである。多分この円も一個のきわめて美しい円であるかもしれない。しかし、それでもこの円は本物の円ではない。そして、数学が語るのは円自体に関してであって、これらの経験的、通称的な円に関してではない、と。自然科学が数学的であるとすれば、自然科学は、円自体に関して語る数学に自らを同調させ、われわれが感覚的に知覚する諸事物を、例えばあのボードの円のように、例えば天の星々の運動のように、数学的諸形態を分有しているものとして、つまり数学的諸形態の理解からするとき把握されうるものとして、記述するのである。ところで、以上をもってしても、一つの問題が定式化されているにすぎない。換言するなら、分有しているとは、メテクシスとは、プラトンにあってはどういうことなのか。一個の円でありながら、何ら円ではなく、円の形態を分有しているのみでしかない図形をわたしがもっているとは一体どういうことなのか。この文章をもって何を言わんとしているのか、人は理解しているのであろうか。

わたしはもう一つ、第二の例を挙げる。『ポリテイア』第十巻で、いまやプラトンは、自分たちはイデア論を理解していると思い込んでいる幾多の人々を驚愕させたかもしれないのであるが、例えばベッドのイデアとか、馬勒（ばろく）や手綱のイデアといったような、諸事物のイデアをすら導入してくる。彼がそこで与えている構造を想起してほしい。当時のギリシャでは、クリーネと呼ばれていた一種の臥所（ふしど）に身を横たえて食事をするのが普通であったが、彼はまず、このクリーネのイデアを持ち出してきて、このような臥所には三通りあると言う。神が作ったあの一つの臥所、手職人たちが作る数多くの臥所、そして画家たちが描くこれらの臥所の絵。この全体は、詩人や芸術家についての批評という連関で言われるのであるが、この側面は今は省く。手職人たちが作る数多くの臥所は、神が作ったあの一にして無比の臥所の模像である。神が作ったものとは、天上のクリーネのことである。そして同じように、臥所のような外見をもっているのみで臥所では全くない絵もまた、手職人たち、家具職人たちが作る臥所の模像である。さらに、まさしく同じことが、馬勒と手綱にも、馬具にもあてはまる。本来、自然の中に、ピュシスの中に存在しているある馬具、その馬具のことは乗り手が知っている。実際に作られる数多くの馬具は鞍職人が作る。さらに、その馬具を模写する画家たちもいる。再びわたしは画家たちは脇に置いて、次のことを確認しておく。すなわち、両ケースとも手職人たちは同一のことを行なっているのであるが、一番上の段階ではそれぞれ何か違ったものが登場している。すなわち〔そこで〕登場するのは、臥所を作った神と、馬具のことを知っている乗り手とである。その他の点ではこれら二つの箇所の平行性は完全であるので、乗り手は神が何を作ったのか知っている、との結論が出てこなければならない。わたしはここで一つの解釈を結びつけて、神が何を作ったのか乗り手は知っているということをわれわれは真面目に受け止めねばならないと主張するのであるが、そもそもわたしは、このテクストをこのようにしか解釈できない。さしあたってはとにかく、乗り手のところに留まって、神についての講話はプラトンにあっては、もしかすると隠喩的なものかもしれないと言っておこう。その講話は、もしかすると、容易には語れないような哲学的思想を民衆宗教の言語で表現する一形式であるのかもしれない。ところで、あの乗り手はいったい何を知っているのか、彼は、馬具というものは、うまく機能するためには、どうなっていなければならないかを鞍職人に言うことができる。すなわち、彼は馬具の機能を知っており、馬具の役割を知っている。馬と人間の間の連関を、およそ人が馬に乗って駆けるということを可能にしているその連関を知っている。すなわち、それは人間が馬を操ることができる場合にこそできることであり、しかもそれを人間は馬具を用いて行なっているのである。この連関は世界の中における一つの実在的連関である。しかし、この連関は物質的事柄ではない。それは、世界の中における機能＝法則連関を人が理解しているときに理解できる何かである。そして、この世界は神によって作られていると人が言うときには、当然ながらその人は、神はあの一個の真の馬具を、すなわち、人間がその馬具を用いて馬を統御できるようにしているあの合法則的連関を、作ったとも言えるのである。

今日の一著作家を引用しつつ、これと同一の思想を現代的な表現で言い換えてみたい。コンラート・ローレンツはハイイロガンについて書いたことがあるが——他にもあるが特に『いわゆる悪』〔*Das sogenannte Böse.* 日高敏隆・久保和彦訳『攻撃——悪の自然誌』みすず書房〕に関する書物の中で——彼は、動物学者や生態学者、行動学者が記述しているハイイロガンそのものは、完全な円というものがこの世にないと同じように、どこにも、絶対にない存在であることを描いている。ローレンツによると、生態学者や動物学者が記述している意味でのハイイロガンとは、ハイイロガンのエコロジカル・ニッチを、つまりハイイロガンの生存諸条件をハイイロガンとして最善の仕方で充足している本質存在のことである。実際われわれが目にするハイイロガンは、これとは常に違っている。この関連でローレンツが言っていることを、わたしは繰り返しておく。われわれも知っているように、ハイイロガンは一夫一婦的である。これはハイイロガンの生活様式にとっても最善であるように見える。しかし、その後ローレンツは、自分で観察した数多くのハイイロガンの生活記録に女性協力者と一緒に目を通していた際に、彼の愛するハイイロガンが定説にもかかわらず経験的には必ずしも常に全面的に一夫一婦的に生きていたわけではなかったことを突き止め、彼らの生き方に気を悪くしてしまった。いかにも彼らしい。ところでそのとき、彼の女性協力者は言った。でも、こんなことにあまりお気を悪くなさらない方がいいですよ、ハイイロガンだって結局は人間なんですから、と。さて、「彼らだってやはり人間なんです」とは、彼らは本物のハイイロガンそのもののあるメテクシスを得ているにすぎないということである。動物学者が記述している本物のハイイロガンそのもの、それはもうもちろん一夫一婦的なのであるが、そのようなハイイロガンは与えられてはいない。それにもかかわらず、与えられているという言い方がされる経験的ハイイロガンたち、——いったい誰が与えているのか、「エス」〔それ〕が与えている。——このような経験的ハイイロガンたちが可能であるのは、別の意味でのハイイロガンの純粋形態が、つまりハイイロガンなるものが最もよく機能する仕方を記述する法則として与えられているからでしかない。そして、ローレンツはダーウィニストでもある。ダーウィンによれば、ハイイロガンの形相のうち、動物学者だけが知っていて、ハイイロガンは知らない諸条件、しかもそれらなしには経験的ハイイロガンは与えられないはずの諸条件に最善の仕方で適応している形相が〈現存在をめぐる闘い〉〔生存競争〕の中で常に自らを貫徹してゆくことになる。すなわち、現代自然科学におけるプラトン的理念の実在化ということは、例えばダーウィンが記述しているような仕方で、一切が全く自然科学的に進行していってこそ実現するという美しい思想を、ローレンツはもっているのである。ここではプラトンとダーウィンとの間には何らの対立もない。ただしローレンツは、わたしがここで語っている仕方ほどにプラトン的に語るという冒険を全面的に敢行しているわけでは必ずしもなかった。そこでわたしは、その後、彼と話し合う機会があったとき、そうするよう勇気づけたいと彼に言ったことがある。これはプラトニズムである。もちろん、プラトンの対話篇に書かれていることと精確に同じであるわけではない。しかし、それと調和はしているというのが、わたしの意見である。

ところで、以上をもってしても、根本では再び一つの問題が定式化されているだけでしかない。確かにプラトンはテーブルや馬具やガンを扱いもしたが、彼が何よりも問うていたのは、ハイイロガンが本来いったいいかなる意味で可能であるのかということに関して物理学者が〔本気で〕考えているなら、今日の自然科学の中で物理学者が問うはずのことなのである。動物学者たちと同じような語り方をするとして、根底に置かれている法則性とはいったい何なのか。ところがまさに、麗しき唯物論的自然科学をもってすれば、すなわち、物質とその諸法則のもとに全く忠実に留まるならば、人はまさしくプラトンへとゆきつくのである。そうせずに、あまりに性急に精神的なるものの中への飛躍を敢行したりするときには、ゆきつけない。ハイイロガンは分子の、そして分子は原子の組み合わせでできている、と自然科学者は言う。原子はすべて量子力学の諸法則を満足させている。そして、これらの法則が現代物理学、素粒子物理学の本来的法則なのである。

プラトンにあっては、何がこれに対応しているのか。まず一つには、自然の基本法則は数学的であるということである。しかし、これらの法則はなぜ数学的であるのか。この問いをもってわれわれは、再び自然の中に、すなわち、われわれが感覚的現実と名付けているものの中に、数学が記述する円自体の形態を分有している円のようなものが与えられているのは、そもそもいかにしてなのかという問いへ連れ戻されている。われわれは今、イデア論の前庭への入り口となっている門の中にいる。わたしが今までに言ってきた一切は、若干の現象を記述するためにただ「イデア」という概念を使用してきたにすぎない。ここで進めねばならない一歩を、わたし自身の言葉を用いて、体系的には次のように特徴づけたい。すなわち、わたしは一個の円をボードに描き、これは何かと問うた、そして回答は「一個の円」であった。ところで、わたしが描いたのは、もしかしたらよい円ではないかもしれない。しかし、いったい円とは何なのか。そこで、どの点で円であり、どの点でそうではないのかをとにかく見るために、わたしはこう問うている。

その上でわたしは、円とは、ある平面で与えられている一点から等距離にあるすべての点の軌跡である、と言う。今、わたしは一つの数学的定義を与えた。つまり、円とは一つの数学的形態なのである。この数学的形態をこそ、プラトンは一つのイデアと名付ける。数学的形態は至高のイデアではない。プラトン的名辞法なるものが存在しているが、これに従うと、「マテマティカ」はまだ本来のイデアではない。ただし、この区別は一瞬のあいだ棚上げしておくことにする。つまり、円とは一つのイデアである。わたしは約言して質問する。これは何か。一個の円である。円とは何か。一つのイデアである。しかし、イデアとは何か。ところで、われわれは今までどのように事を進めてきたのか。頻繁に目にすることができるもの、体系的には低い方にあるものから、「これは何か」という問い返しを通して、すぐ上にあるものへとわれわれは上昇していった。それはたえず、論理学的にはわれわれが上位概念と名付けるにちがいないもので説明することであった。ただし、特徴づけのためにはこれでは十分ではない。というのは、直ちに次の問いが出てくるからである。すなわち、イデアとは何なのかを規定することができる手立てとなる可能的上位概念とは何なのかという問いが。かりに誰かが「イデアとはこれこれである」と言いながら、何かを指し示すとしよう、そうすると、その人は思考の動き全体を射損なってしまうことになろう。つまり、そのときその人は、説明原理を、その説明原理を用いて説明すべきものを用いて説明してしまったことになろう。「イデアとは何か」という問いに対する回答でありうるものは、わたしが先に円を一つの数学的定義によって特徴づけたのと同じように、まず、イデアがどのような特性をもっているのか、特徴づけようとする試みである。何がイデアの特性なのか。例えば『ポリテイア』の真ん中〔第六巻〕でプラトンはこういう言い方をしている。イデアは、数多くの実在化と比較されるなら、一つである。そして彼は、神はあの一つのベッドを作った、という言い方もした。動物学者が単数で言っている意味でのハイイロガンは一つである。というのは、ここで話題になっている法則連関は一つであるから。つまり、イデアは一つなのである。

イデアはよいものである。数学者が記述している円は、人が手でつくる劣悪な円とは区別された一つのよい円、現実の円である。イデアはある、イデアは現実にある。何らかの事物であるものをわたしが記述するのは、わたしがそのもののイデアを名指すことによってである。つまり、わたしはそのもののイデアによってそのものの〈存在〉を記述しているのである。それゆえ、イデアはすべて、〈成立してくる〉と、〈過ぎ去ってゆく〉とからは区別された〈存在している〉によって特徴づけられる。

イデアを、人は理解することができる。それどころかイデアは、人が理解することのできる唯一のものですらある。そしてこの意味で、イデアはハイデガーがきわめてうまく翻訳しているように、隠されてはいない。イデアはアレーテースである。イデアは真である。〔ドイツ語圏における〕今日の言語用法では、「真の」という形容詞は、文章について表明されるのみで、諸形態について表明されることはあまりない。それゆえに、〔アレーテースは〕「隠されていない」と訳した方がよい。というのは、例えば、ボードに線描して「円」と名付けるこの構成体をわたしが理解しようとするとして、それをわたしが理解しているのは、わたしがそれを「円」と名付けている限りにおいてであるから。つまり、わたしはそれのイデアを理解しているのである。イデアからのさまざまなズレを理解してゆくのは、多くの労を要することである。あそこでわたしは、これはチョークの分子である、と言うこともできたかもしれない。そう、確かにチョークである。しかし、チョークとは何か。これもまた、一つの概念的標識づけであり、わたしがチョークとは何かを精確に言おうとするときは、もしかするとチョークのイデアといったようなものに行きつくかもしれない。したがって、わたしが理解しているものは、常にイデアなのである。そして、これこそがイデアの本質でもある。今、わたしはイデアを、一つの、よい、真の、存在しているという〈超越せるもの〉によって特徴づけた。これらはあの古典的な超越せるもの〔超越者たち〕であり、しかもこれらはすべて、プラトンにあっては『ポリテイア』に書かれているものなのである。

たえずさらに先へと導いてきた問い返しは、イデアをも超えてさらに一者へと導く。さて『ポリテイア』では、太陽が植物と動物に存在と光を、存在と可見性を与えているように、善のイデア――このイデアは最上位のイデアとして、最上位のマテマ、最上位の学ぶべきこととして導入される――が、真に存在している一切のものに、すなわち〔より下位のすべての〕イデアに、存在と可見性を、オンとアレーテースを特性として与えている、と言われている。ここで話題になっているこの善が体系的に一者と同一であるということは、プラトンの諸著作の中では、確かに顕現的には言われていないが、アリストテレスによって伝承されており、われわれも認めてよいとわたしは考えている。つまり、まだあれらの超越せるものは、その覆いを外すことが必ずしもそれほど容易ではないある連関の中にいるのである。そこで今、わたしは超越せるものを一者、ト・ヘーン、〈一つである〉によって特徴づける。プラトン的イデア論の内容がそもそも実現可能であるとして、それが実現されるのは、一者についての教えにおいてである。とはいえ、一者とは何なのか。さて、一者をもう一度何かのものに導き戻そうとすることは、明らかに望みなき無鉄砲である。そのようなことができるのであれば、一者は一者ではなく、二番目のもの、あるいは三番目のものとなってしまうであろう。ここでわたしは、一者についてのプラトンの哲学を、『パルメニデス』の中で開陳されているとおりに描出することはできない。かりにそうすることで初めて、わたしはこの神殿の前庭への扉のみでなく、至聖所前殿への扉をも抜けて進むことになるのかもしれないとしても、である。あの扉の奥で初めて、イデア論は本来の意味で始まる。プラトンは、二つの原理が与えられていて、そのうちの一つはト・ヘーン、もう一つは「大と小」とか「無規定の二性」などとさまざまに呼ばれているという意見をもっていた、とアリストテレスは伝えている。彼の伝える後者の方は、連続と言うこともできるのかもしれない。プラトンは、これら二つの原理を、諸イデアと、諸イデアを分有している一切とを獲得するために利用していたということである。

わたしがここで披露した、まさにこの〈思考の歩み〉を通観したあとで、ここで言われているようなことは一体どうしたら可能なのかと自問する人は、驚かざるをえない。というのは、もし一つである原理が一つより多いとするなら、いかにして一つの原理が与えられうるのか。当然ながら、還元作業は一者へと必然的に導いてゆき、そこで終わる。しかし、プラトン哲学ほどに厳密に構築されている哲学の中に、いかにして二つの原理がありうるのか。他方では、われわれがやはり現にその中で生き、動いているこの多性のうちのそもそも何かをただ一つだけの原理から導出するということが、いかにして可能なのか。原理の多数性に向けられた視線の中での、原理の一性というこの緊張を明示しておくことは、プラトンの『パルメニデス』を解釈できるようにする仕方の一つである。この対話篇は、およそ一者を思考しようとする者は、一性と多性というこの動きの中で一者を思考する以外には、思考することができないということをこそ、なお示そうとする試みなのである。

さてしかし、今は上昇から立ち戻って、下降に移ろう。そして、わたしがプラトンを正しく理解しているなら、この下降にして初めて、自然科学なのである。この下降にして初めて、政治学である。『ポリテイア』のあの洞窟の比喩でプラトンは、われわれ人間すべてが、洞窟の中の囚われ人に、鎖に繋がれたまま座して洞窟の壁を眺めている囚われ人に、比せられる様子を描出している。囚われ人たちは壁面上を動く影を見ている――囚われ人たちの背後を担われながら通り過ぎてゆく諸対象の影を、すなわち、さらにその後方に置かれている火に照らし出されてできる影を。われわれがもし洞窟の中に座したままで視線をめぐらすことをしないなら、われわれはこれらの影を唯一現実的なるものと思い込んでいるであろう。これが感覚世界である。政治の領域でいえば、選挙における勝利や、それに似たようなことである。しかし、物理学の中に留まることにしよう。われわれは感覚的に知覚しているものを記述するとき、感覚的に知覚されているものが事物そのものである、と思っている。ところがここでは、霊魂全体のある転回が起こらねばならない。そして、われわれは洞窟の壁面に諸対象の影を見ていたのであるが、それら影の元である諸対象そのものの方をとにかく見るためには、洞窟の中から導き上げられなければならない。しかし、現実の諸対象を外で見るために洞窟の中から踏み出すや否や、最初、眼は痛みに眩み、それらの対象をとらえることはできない。なぜなら、眼にはそのための準備がまだできてはいないから。つまり、われわれの眼は、諸対象の影と鏡像のみしか見えないように慣らされてしまっているのである。しかしやがて、眼は太陽の光の中で諸事物そのものを見るようになり、そしてついには太陽自体の方にも一瞥を投げかけることができるようになる。そして太陽とは善を表わす比喩であり、善のイデアの立ち現われである、とプラトンは明言している。さて人間は、そこまで上昇したときには、即自的にあるがままの姿での諸事物そのものだけを常に見続けていたいと望むであろう。しかし、彼は洞窟の中へと立ち戻らねばならないことになる。それもすでに、洞窟の中に留まっていた他の人々のためにも。すなわち、彼らに見るということを教えるために。下降にあたって彼は、再びすべての段階を辿ってゆく。そして彼は、改めて自分の椅子に座し、壁面上に移る影を改めて見てい、他のすべての人々も見ているもの以外には何も見てはいない、その場所まで立ち戻ってくる。しかし、彼は知っている。つまり、自分がここで見ているものが何なのかを知っているのである。プラトンの後期哲学は、洞窟の中でわれわれが見ているものが何なのかを至高の諸原理から説明する下降の哲学、洞窟の中への帰還の哲学なのだ、とわたしは言いたい。

　下降というこの骨組みの中へこそ、『ティマイオス』の中で展開されていて、ハイゼンベルクが関連づけている教え、物理的諸元素が成り立つ元となっているあの多面体についての教えは入ってくる、と思われる。『ティマイオス』のあちこちでプラトンは、黙していることが若干あるという、完全に一義的な示唆を与えている。というのは、全く謎めいた仕方でではあるが、精密な主張を含む文章を二、三導入しているのである。そして、これらの主張の説明はしていないが、プラトンがこれらの主張に精密な意味をもたせようとしてはいなかったなどということは考えられない。テュービンゲン学派において展開されたあのテーゼ、アリストテレスがその実在について話しているあの、プラトンの〈書かれざりし教え〉は現実に実在していたのであり、その教えの本質的な一部分は本講演で述べている意味での数学的自然科学の構想であったとするクレーマーとガイザーのテーゼには、個々の細部のすべてでというわけではないかもしれないが、やはり根本的な端緒のとり方では、わたしは喜んで従う。とはいえ、この教えに関してアリストテレスが、例えば『霊魂論（デ・アニマ）』の中で報告していること〔『アリストテレス全集』第六巻、一一―一二、一九、二七頁など〕も、全く同じように謎めいたもので、アリストテレスのこれらの報告と他の何人かの人々の報告しか目の前にしていなければ、人は最初、これは完全に紡ぎ目の狂った、把握できない哲学であり、本来はプラトンに相応しくない、との感じを抱く。〈書かれざりし教え〉についての先の解釈に対してさまざま示された抵抗は、これほど劣悪な哲学をしたとの非難に対してプラトンを護らねばならないという意見が行きわたっていることと特に連関しあっているように思われる。しかし、わたしは、この哲学は劣悪なものなどではなく、プラトンはそれが仮説的なものであると正しく知っていたがゆえに、そしてさらに、連関がどうでありうるかを象徴的に暗示する諸仮説に関してたたかれるに違いなかった無駄話を避けようとしたがゆえに、この哲学は口を閉ざしたにすぎない、との意見を持していたいと思う。これも一つの推測であり、これに関しては争うことができるであろうが、わたしとしては事をこのように見たいと思っている。

内容は何か。他にもあるが特に――と『霊魂論』の中でアリストテレスが――イデアである純粋の数から線へ、そこから面へ、さらにそこから立体へという四段階の下降があるとプラトンは教えていたということである。要するに本来、自然を作り上げているものの完璧なる列挙が、これら四つの段階において成し遂げられているとされる。この上昇あるいは下降を、どちらであるかは人がどちら側から来るかによるわけだが、わたしは次のように解釈してみたい。物体とはいったい何なのかという問いを、一度考察してみよう。まず最初に数学的に。プラトンが教えていることはもちろん、例えば火は四面体から、つまり特定の小さな立体から成り立っているということである。ところで、四面体とは何なのか。あるいは六面体とは何なのか。さて、それは一定の面によって周囲を境界づけられている体積である。これらの面は、四面体の場合は三角形である。四面体は〔四つの〕三角形の中に自らの境界をもつ。ペラス、境界とは、プラトン的な一名辞であり、体系的には、普段なら「イデア」と書かれる所に書くことができるものでもある。イデアとは、事物にその事物の形を与えているものである、つまり、その事物は、ある形をもっている限り、その形を分有しているのである。そして、形はここでは輪郭と理解されている。つまり、立体、四面体の境界がこの立体の本質あるいはイデアなのであり、そしてそれは四つの三角形の一定の配置なのである。ところで、三角形とは何なのか。それは一つの平面図形であり、その図形はその図形の境界によって特徴づけられている。すなわち、例えば正三角形は三つの等しい線分から成るといったように。つまりこれらの線が三角形の本質を作り上げているのである。三角形のイデアは、その三角形の境界線の中にある。ところで、線とは何なのか。線分は一定数の点、このケースにあっては二つの点によって境界づけられている。この線の本質は、この線分を境界づけている点によって与えられている。点自体はもはや延長をもってはいない。点自体はもはや、伸長の、〈大と小〉を分有してはいないが、一つの数をもっている。点の位置の本質は何か。それは少なくとも、その点の位置がもっている数ではある。

今わたしは、常に物とその物の本質という概念対を用いて作業を進めつつ、各次元を貫いて物体から数へという上昇を行なった。本質とはイデアのことである。それゆえ、わたしはイデア論を三たび反復した。さてわたしは、これがプラトンの構成を少なくともある程度までは跡づける手探りにはなっていると信じたい。そして、もしそうなっているとするなら、その場合は、『ティマイオス』の中のあの教えは、通説に反して、もちろん理解できるものとなる。その場合、きわめて鋭い先端をもち、その鋭い先端をわれわれの皮膚の中にまで侵入させてくる。ゆえに、火の燃えさかることを説明してもいるこれら四面体は、一方では、このような生理学的連関をも把握できるようにする一つの試みであるとともに、他方では、テュービンゲンのあの人々が名付けるところの派生系、つまり火の本質を作り上げているものを、三角形と線とを経て数にまで還元されてゆく派生系の最下位の段階にしかすぎないものでもある。その数はといえば、それはそれでまた、一の中から始まる進行によって展開されてゆくものである――つまり最終的には、一と、境界づけられざる二性、ここで後者はおよそ多性そのものの原理なのであるが、これら二つの原理によって展開されてゆくものである。ここで紹介したことは、いかなる意味で感覚世界が、後世しばしば教えられてきたことには反して、ラディカルな二元論の形でイデアの世界に対峙するものであるだけではないのか、ということを象徴的な仕方で示すとともに、逆に、イデアが多性の原理、すなわち、無規定の二性という原理に即して自らを多数化してゆくとする場合、いかなる意味で感覚世界が、イデアが自己自身を描出してゆく当の方途そのものとなっているかということを示そうとする一つの試みである。それゆえ、『ティマイオス』のあの教えは、演繹的自然科学の一つの試みなのである。

したがって、数学的諸法則が自然において妥当するのはなぜかと問われるなら、これら諸法則が自然の本質であるがゆえに、すなわち、数学が自然の本質を表現するものであるがゆえに、というのが、その回答である。ケプラーによって引き継がれた言語では、これは、神が自らの創造思想、純粋形相であるこの創造思想に則して世界を創造した、ということになる。『ティマイオス』で導入されるあのデミウルゴス、世界を作るあの神的手職人は、おそらくはやはり、まずはこの本質連関の象徴的描出なのであろう。どこまでプラトンが、意識的、位格的な存在、世界霊魂、世界知性についての教えを、この名称と結合していたかということは、彼自身が彼一流の象徴的表現様式のベールの背後に護り隠してしまった何かであり、ここで強引に暴き出すことはわたしもしたくない。

さて、ここでわたしが話してきた決定的移行、一から多性への移行は、ほかにもまだ運動という原理と本質的に関わりをもっている。それゆえわたしは、運動と時間についてのプラトンの教えに関してなお二、三言っておかねばならない。そうするとき、わたしは、近代自然科学がいかにしてプラトンに対しては一線を画さざるをえないのかということを次第に学んでいった決定的な点にも到達する。近代自然科学は、もちろん直ちに、運動の数学化についての教えとして開始された。そして、これを行なったのがガリレイである。彼は、平衡の数学化とは、すなわち、古代にもすでに実際に存在していた静力学とは区別されたものという意味で、運動を数学化した。ただし、この区別は異を挟みようもないほど鋭いものでは必ずしもない。というのは、古代天文学においてもすでに運動は数学化されていたからである。プラトンは運動をどのように考えているのか。われわれの言い方で言えば、運動がその中にある時間を、彼はどのように考えているのか。ここでもう一度、この問いをもって初めてわたしはプラトン哲学の門の下へと踏み入っている、と言えるのかもしれない。わたしは、プラトンの後期哲学は本質的には運動の哲学なのだ、と考えたい。

『ティマイオス』の中で、プラトンは時間についてある定義を与えている。時間とは、一の中に踏み留まっているアイオーンの、数に従って進行してゆく模像、それもアイオーン的模像であるとされる。アイオーンとは何のことか。われわれはこれを永遠と翻訳しているが、ギリシャ的語法に従うなら、まずは、〈意味をもち、満たされてもいるある期間〉と言い表わせるものである。この単語は、プラトンの場合、説明なしに登場してくる一名辞である。いずれにしても、時間とは、別の何かの一模像である。クロノス〈時間〉とは、自分とは別の何かの、数に従って進行してゆく一模像である。クロノスとは、数を尺度に計測されうる時間である。無媒介にこれに接続させつつ、彼は、デミウルゴスによって天弧が創造されたが、それは時間が存在するためである、というのは、時間は諸天体の周回で計測されるから、という言い方をしている。プラトンの場合には、イデアはどれも動かないもののようである。しかしその後、『ソピステス』の中では、イデアはやはり動かないものではなく、もしかすると何らかの運動の中にあるのかもしれないと言っているともとれる話し方をしている。ただし、その場合でもイデアたちは常に同一であるとされるのではあるが。これも単に暗示されるのみでしかないし、わたしもここでそれ以上追究するつもりはない。さて、天弧の中で時間が自らを描出する仕方は次のようなものである。すなわち、天に沿っては二つの円が与えられている。等しきものの円と等しからざるものの円である。そして、これをわれわれは赤道と黄道と名付けている。そして、一方の円をもとに一日が計測される。すなわち、この円の中では、天弧全体が二十四時間で、静止していると考えられていた大地の周りを一回まわるのである。もう一方の円上を、黄道上を惑星が走っている。惑星は、常に交替するそれらの位置関係によって、別々の日々を互いに区別している。わたしはこの関係を折にふれてこう表現してきた。すなわち、時間を計測するためには時計と日めくりが必要である。常に等しいままであり続けながら回転している何かと、何番目の回転を目の前にしているのかを知りうるための、そのつど別なものになっている何かとを、と。プラトン的構成では、一方では一日によって、そして他方では惑星周回によって、このことが描出されている。ただしこで、プラトンは、わたしがファン・デル・ヴェルデンから学んだところでは、バビロニア人の教えに、すなわち大年についての、あるいはよく用いられる言い方をするなら、プラトン年についての教えに結びつけている。この一年とは、すべての惑星が再び以前と同じ位置関係に戻る期間を経過したということである。すべての惑星が再び以前と同じようになっているときには、世界は原理において再び当時と同じようになっている、という思想——これはギリシャの伝統で、他のいくつかの箇所でも顕現的に表明されている思想である——をプラトンは少なくとも暗示している。つまりこの時間は、その天文学的構成からしてすでに円環的なのである。そして、わたしの意見では、哲学的、形而上学的な端緒からしても、この時間は円環的と考えられねばならない。というのは、もし時間が自ら一者の中から走り出てしまい、元の所へ再び立ち戻ることは決してないとすれば、いかにして時間は一者の中に踏み留まっているものの模像でありうるのであろうか。本当に時間が〈永遠〉の模像であるものなら、数に従って進行してゆく〈時間の前進〉とは、何らかの帰還でなければならない。ここでわたしはもう一度、あの定式を使用したいと思う。すなわち、プラトン的に思考する場合、世界のすばらしさとは、世界の中には新しきものは何もないということである。もし世界の中に新しきものがあるとするなら、世界がそうでありうるところまではよくなかった時があったことになるであろう。しかし、『ティマイオス』には、世界は自分にとって可能であるよりも劣悪でありうるとか、あのデミウルゴスが最善のもの以外の模範に視線を向けていたなどとは、考えてみることすら許されていない、と書かれている。つまり、世界のすばらしさが世界には何ら新しきものがないということを要求しているのである。そしてこれは、世界が円環的であることをも意味している。

〔Ⅳ〕さてここで、われわれは近代へと入ってゆこう。そうするとき、われわれはもちろん、プラトン的なこの構想からの数多くのズレを見出す。しかし、それでもやはり、一切を貫いている型押し作用をも見出す。そして問われるのは、そのうちのどれくらいが近代自然科学において実在化されているか、である。では、もう一度十七世紀へ、ケプラーとガリレイへと立ち戻ろう。もとより、彼らにとってこのプラトン的構成は、見通しの利く哲学理論などといったものではそもそもなく、人が自然科学をしようとするなら、信じなければならないものを表現する際に利用できるさまざまなイメージの一大ストックなのである。論証の本来の厳しさは、十七世紀の自然科学では見られない。とはいえやはり、かすかに勘づかれてはいる。しかしこの厳しさが本当の意味で見られていないがゆえに、しかも他方では、プラトンには想像もつかなかったようなさまざまな経験が――それもプラトンのあの特殊な諸構成をもっては捉え尽くせないことが全く確実であったような諸経験が――いまやますますテンポを速めながら次々と踏み入ってくるがゆえに、自然科学はこのプラトン的台座からはすべり落ちた。その後、われわれは例えば、転写不可能であったケプラーの人間的な敬虔さや個人的、芸術家的ファンタジーの代わりに、ケプラーがもっていたのと同一の物理学的、天文学的諸認識を見出す。ただし、それらは完全に別の諸科学と、例えば、力学的〔機械論的〕世界像と結合したものである。力学的世界像は自然のさまざまな法則性を、自然の諸事物が不可入性ということ以外には、自己を定義づける特性を何らもたない物質から最終的には成り立っているものと説明する。そして、自然の諸法則は圧力と衝撃によって、すなわち、不可入なある物体が不可入な別の物体に及ぼす作用によって、説明されうるとしているのである。この教えは、その後、近代自然科学の何世紀かを支配してきたとは言えないまでも、やはり強力な影響下に置いてきた。この教えはわれわれの世紀の原子物理学では完全に消え去った。われわれにとって、いわゆる原子は小さなビリヤードボールでないのはもちろん、不可入な物質でもないからである。いわゆる原子をわれわれが記述するのは、量子論の数学的法則性によってであって、そのような目に見える像によってではない。力学的世界像は、それが厳密に貫かれるとき、どれほどの不整合性へと導くかということも、ごく容易に示すことができる。ただし、ここではそれはしないでおこう。

さらには、経験には従わねばならないということと、数学的仮説を用いて経験を先取りできるが、その仮説自体はそのあと経験に照らして検討されることになるだろうということ以外には何も教えていない経験主義的理論がいくつかある。これらの理論は物理学で進行していることをなるほど正しく記述してはいるが、そもそも数学的仮説なるものが成功しているのはなぜなのかについては、全く説明しないままなのである。

〔V〕ところで、これらの設問を携えてもう一度、二十世紀の物理学へと入ってゆくとき、——例えばハイゼンベルクのような二、三の偉大な人物から目を逸らすなら——、まさにプラトンへの結びつき以外のことなら他の一切が念頭にあるような物理学の中で、十七世紀以降、本来は力学的世界像という形式の中でしか考えられていなかったプラトン的思考の一性向、すなわち自然の統一という思想が、再び身をもたげてきている事実に気づく。原子物理学は、進化論、淘汰説、サイバネティックスなどさまざまな分肢において化学と生物学をその中に取り込んでいる。そしてわれわれは、統一へ向かうこの展開がどこまで前進してゆきうるかは知らないのである。今日では、何らかの統一的自然科学が有機生命の領域の中までは可能であると見えてきている。物理学は物理学で、古典的諸科目が合流して唯一の理論、量子論へと成長してきている。さらに、今日では未完成であるが、その完成が希望されているとともに、そのためにこそハイゼンベルクが彼の諸構想を作りもした素粒子物理学は、他の素粒子ではなく、まさにこれらの素粒子が与えられているのはなぜなのかをも、なお説明しようと試み、しかもこの一切を、唯一の基本法則に導き戻そうと試みてもいる。この基本法則をこそ、すでにアインシュタインは前量子論的な仕方で、場についての彼の統一場の理論の中で眼中に捉えていたのである。ハイゼンベルクや他の素粒子物理学者たちは、今日、この統一を量子論的な仕方で、もっとうまく、しかも新しいやり方で描出しようとしている。つまりここでは、物理学には基本原理としての何らかの統一性があるということが、最終的には物理学の史的展開の成果となるように思われる。そして問われるのは、この統一性は、プラトンがその時代に思考しようとしていたあの一性と本質的に関わりをもっているのではないのか、ということである。

特に対称性についてのハイゼンベルク的思想をもう一度取り上げてみようと欲するなら、人は、ハイゼンベルクが単に要請してしまっている対称群を、プラトンは、まだ仮説的で、もちろんこれも言っておかねばならないが、事柄からみても的はずれな仕方でとはいえ、説明しようとしていた、と言うことができる。等軸晶立体についてプラトンは、すべて同一の三角形を境界としてもっている立体と説明する。これら三角形がすべて等しいということは、すべて等しい辺をもっているということである。そして、これらの辺が等しいということは、最終的にはこれらの辺が、構成全体の冒頭に置かれている原理である等しさという原理のまさに実在化なのだと説明するのである。ここで、これもまた文学的には劣悪と立証されたものである、あの分割されえない最小の線分についての教えが入ってくる。そして、この教えはいわば、連続の数学をもなお、最終的なある統一性に服せしめようとする一つの試みなのである。これもまた、わわれわれは哲学的にもはやほとんど摑まえることができないということで、失われていっているが。わたしはただ、プラトンはこれらの立体の対称性をもなお説明しようと試みていたのだ、とだけは言っておく。つまり彼は、ここでもまた、ハイゼンベルクが実際に敢行していることを、端緒において超えていっているのである。とはいえ、ハイゼンベルクとて、もし誰かがこれらの対称性を説明することができさえすれば、その説明に抗うことはしないのではあるまいか。

以上述べてきたことからして、われわれは、プラトンにおいて構想されていたさまざまな思想をいわば祖述しながらわれわれの物理学を研究しているだけのように見える。しかし、そうであるとしても、やはり一つの本質的区別を伴ってである。わたしの信じているところでは、この本質的区別は時間についてのわれわれの捉え方にある。われわれが理解している時間は円環的ではない。この時間は〈開いている未来〉をもち、決して繰り返すことのない事実的過去をもっている。この時間は歴史という時間である。さらにわれわれの物理学では、例えば相対性理論の中で起こっているように、時間は空間と一緒にして見られることになる。そして、このような理論には古典哲学の中にはその真正なるパラレルはない。それゆえ、われわれはプラトン的像に立ち戻ってきたのだ、などとは決して言うことができない。そして、わたしがここでプラトンの復権を要求しようとしただけだと見えるとしたら、わたしは誤解されていることになろう。そのようなことよりももっとわたしが言いたいことは、かつてその始まりにあたって、哲学的に全面的にプラトン〔の構想〕を遂行することのないまま自らの拠り所をプラトンに求めた近代の自然科学は、彼の構想を遂行しなかったまさにそれらの箇所で、プラトンがすでに実に厳密に見ていた諸問題へと連れ戻されることになったということ、そして今日、地平線上にその可能性が見えてきている物理学の完成には、パートナーとしてのプラトン的な哲学的省察に対峙し乗り越えることになるだろう哲学的省察が必要であるということ、である。ただしわたしは、最後の点として、カントの仲介抜きにではなく、と加えておく。というのは、われわれが数学的自然法則に信を置けるのは、いかなる意味においてなのかを把握できるようにするために、いずれにしても不可欠と思われる定式化は、「これら法則は経験の可能性の条件である」という命題を含むものでなければならないから。そうでない場合は、この科学の有効性が経験的に実証されていることと、この科学を経験的に根拠づけることが不可能であることとの間の連関を本当に思考することは、われわれにはできない。自然法則とは経験の可能性の条件のことであるというカントのこの思想は、古いプラトン的な端緒との対決をわれわれが成し遂げようと欲するなら、考慮に入れなければならないはずのものである。これが、本講演と少なくとも全く同じような長さの新たな講演になるだろうとは、すぐ皆さんにはお分かりと思うが、それをここで行なうことはしない。

アリストテレス

アリストテレスは、『自然学』第三巻および第六巻で展開しているような、無限についての可能態的な捉え方をもって、カントとガウスにまで及ぶ二千年の要求に応えてきた。実際、今日の読者は、無限と連続に関するカントの諸発言で無限について論じられるとき、概念的に唯一すっきりした論じ方としてアリストテレスの捉え方が前提されていることを明晰に分かっていなければ、カントの諸発言をもはや理解することはできない。例えば、カントが、空間の諸部分も「空間」であることをしばしば強調するときや、あるいは運動している諸物体によって規定され、有限的と常に表象されてもいる経験的で実在的な相対的諸空間とは逆に、無限な絶対空間には「客体」としての性格を付与することを拒否するとき（『自然科学の形而上学的原理』第三章）などがそうであるし、数学的厳密さの師匠、ガウスについては、無限の概念を可能態的にのみ捉えるようにという明確な要求が知られている。ただしその際、カントもガウスも、歴史的にこの捉え方がアリストテレスに遡ると振り返って意識していたわけではなかった。つまり、彼らはアリストテレスに、一人の思想家に捧げることのできる最大の敬意を、すなわち、その人の捉え方を自明的に真なるものとして、もはやその人の名と結びつけることすらしないという最大の敬意を払っていたのである。実際、この可能態的捉え方は、批判的な精神の持ち主たちが現実態的に実在する無限という表象の中にたえず見出してきたパラドックスを回避しているのである。この捉え方がそうできた理由については、ヴィーラント[1]がつい最近、連続に関するアリストテレスの理論について論じた優れた叙述が特に明確にしている。アリストテレスの理論は、意図からすれば、そしてかなりの程度までは成功してもいる素朴な現象学である。つまり、彼の理論は、直観と思考（アイステーシス αἴσθησις とヌース νοῦς）には逆らって、無限と連続がわれわれに現実に与えられているとおりの姿を、可能なかぎり〔人為的〕構成を回避しつつ記述したものなのである[2]。

この点を理解した人は、十九世紀後半の数学が、無限を現実態的に捉えるという、いわば正当化がはるかに難しい作業へと移行していったのはなぜなのか、と訝るかもしれない。――しかも、あの移行は、この現実態的な捉え方こそが唯一可能な捉え方であり、この捉え方こそが無限「そのもの」の理論「そのもの」であるとの迷信を、今日の数学専攻の学生からほとんど駆逐できなくなっているほどの成功をもたらしたものでもあった。その根拠は数学内在的な諸問題にある。ワイヤストラスとデデキントの意味での、微積分の厳密な根拠づけは、現実態的に無限である集合というカントール的な概念抜きには可能でなかった無理数論を必要としているように見えていた。しかし、集合論の諸パラドックスの発見は、集合論的な基本概念が端的な、かつ思考上の所与であるというカントールの表象をも、これらの概念の怪しさを見抜いてはいたのに、それらを純粋に論理的に導き出そうとしたフレーゲの試みをも、破壊した。公理論的集合論への移行は、これら基本概念が明証的であるとすることを断念し、単にその理論の美しさとその理論の効用性によってのみ正当化することを意味する。とはいえ、その際も、無矛盾性の証明は、明証的であると承認されている推論様式を利用しなければ行なえない。ここで利用されている明証性から直接に連続の一理論を構築する道を探し求めているブラウワー、ワイル、ローレンツェンといった数学者たちは、「構成的」とか「作用的」といった諸概念によって暗示される精密化の中で、可能態的な捉え方へと立ち返っている。

　おそらくこの直観主義的思考様式は、今日の数学者に対してカントやアリストテレスに味方する理解への道を再び開くことのできる唯一のものであろう。これらの哲学者たちは、「境界のない」(ἄπειρος) とか「連なり合っている」(συνεχής) といった語を、理解可能な意味でしか使用しないとする場合、どんなことを(今日的な意味で「公理論的に」)考え出せるか、と問うことだけはまさにしないで、「今までずっと」どう理解されてきたか、と問うのである。しかし、ほかでもなくヴィーラントの描出から学ぶことができるように、アリストテレス的な連続の捉え方の解釈のためには直観主義的な数学ではまだ足りない。なぜなら、アリストテレスにとって連続とは、数学的現象ではなく、自然学的現象であるからである。[3] 無限と連続とは、本質的には運動の現象である。それゆえにこそ、両者の検討の体系上の位置は、運動 (κίνησις) の定義をもって開始する巻(『自然学』第三巻)なのである。とはいえやはり、両概念は「すでに」純粋数学に、特に連続性は幾何学に由来するとの、今日的思考に近いのかもしれない異論は、アリストテレス的思考様式に対しては的はずれである。というのは、アリストテレスによれば、数学的対象が運動せざるもの (ἀκίνητα) であるのは、それらが固有の実存をもたない(切り離され〔抽象され〕たもの (χοριστά) ではない)ゆえではなく、現実的な、すなわち運動している諸事物から抽象によって思考的に捉えられるだけでしかないという理由によるのであるから。しかし、無限と連続というものは、本質的に運動 (κίνησις) に関係づけられていて、この限りでは、本来は何ら数学的概念ではなく、わたしの知る限りでは、アリストテレスのもとでもそのようなものとして登場してくることは決してない。というのは、無限性という概念の意味は、その先も数え続けたり、分割し続けたり、延長し続けたりできる可能性ということでしかないのであるから。そして、例えばある区間といったような、連続的なるものも、「可能性に則して無限」であるにすぎないのである。つまり、その区間は、無限に数多くの部分から成り立っているのではなく、実行されたどの分割に対してもさらにもう一つの分割を許容するものなのである。これらすべての可能性は「論理的」可能性ではなく、「実在的」可能性である。つまり、現実に数える人は、分割し、区間を延長し、ある現実的運動を実行する。可能態（δύναμις）と運動は一体をなしている。本稿は、この一体性に関して当面の観察を幾つか数え上げるだけのものとなるはずである。

われわれは、ゼノンのパラドックスという人口に膾炙している話に結びつける。それも第一と第三のパラドックスのみに限定する。[4] 第一のパラドックスは、限られた時間内に人は決してある区間を走り抜くことができない、と言う。というのは、終点に到達する前に、人は半分の地点に到達せねばならず、しかも、この半分の地点に到達する前に区間の前半の半分の地点に到達せねばならない。こうして〔半分の〕そのまた半分の地点にまず到達せねばならないということが無限に繰り返されてゆく。したがって、人は限られた時間内に無限に多くの地点と、無限に多くの部分区間を走り抜けねばならないこととなるが、これは不可能なことであるから。アリストテレスは『自然学』第六巻第二章で、現代数学の意味でも全く正しいのだが、有限な時間は、有限な区間と同じように無限に多数の分割を許容すると答えている。つまり、区間と期間〔時間間隔〕は同じ意味で有限であり、同じ意味で無限なのである。つまり、いずれにしても互いに一義的に写像可能であり、特定の期間内に特定の区間を走り抜けるとは、このような写像の描出にほかならない。第三のパラドックスは、飛んでいる矢は、どの瞬間にもある一つの場所にあり、したがっていずれの瞬間にもその場所を替えてはおらず、そのことをもって全く静止している、と述べる。アリストテレスは『自然学』第六巻第九章で、そもそも運動はある〈今〉（νῦν）の中で行なわれているのではなく、ある〈時間〉（χρόνος）の中で行なわれているのであるが、時間というものは〔複数の〕〈今〉から成り立っているのではなく、〈複数の〉〈時間〉から成り立っている、と答える。ここでは、連続体は分割可能なものに無限に分割されうるという定義（『自然学』第六巻第二章、232 b 24–25）が本質的ポイントである。時間は時点から成り立っているのではなく、時点とは〈複数の〉「時間」（χρόνοι）の、あるいは、われわれの言い方を用いるなら、〈複数の〉期間の、境界であるにすぎない。そして運動は、今の中にあるのではなく、そのつどそれぞれある時間の中にある。ここでも現代の数学者、とりわけ物理学者は何も異を挾むことはしないであろう。なるほど彼は、微分可能な運動の場合には個々の時点にある速度を付与することができる。しかし、微係数としての速度とは、定義からして一個の極限値なのである。つまり、速度を定義するためには、一連の、長さが減少してゆく期間のある系列を考察しなければならない。「本来の」、すなわち計測可能な速度とは、この系列の中における微係数である。ただし、極限値そのものはこの系列には属さず、名目上の定義によって初めて「その時点での速度」とされるのである。

しかし、ありがたいことに、アリストテレス自身は、これらのパラドックスの彼なりの解決にまだ満足してはいない。『自然学』第八巻第八章で彼は、第一パラドックスに立ち戻り、先ほど引用したばかりの考察の中で、自分は、なるほど提出されていた問いに答えることはしたが、問題を解くことはしていない、と的確にも注記している（263 a 15–18）。すなわちこの問題は、区間からは目を逸らし、純粋に時間に向けられている視線の中で、いかにして人は、有限時間内に無限に数多くの期間を現実に走り抜くことができるか、と定式化しうるものである。現実にこれを行なっている人は、当然ながら部分期間のそれぞれの終点を、ある程度まで数えている。つまり、有限時間内に「無限まで」数えているのである。今日、集合論的思考様式に規定されている人は、「数える」とはここでは現実に数えることを意味するとの考えには全く考え及ばないゆえに、たいていの場合、この問題をほとんど理解していない（例えば、シュラム上掲書〔本章原注(3)参照〕がそうである）。人が現実に無限まで数ええないことは、明らかであって当然なのであるが、それでも数学はこの点は捨象している。ところで運動とは、アリストテレスにとって数学的抽象ではなく、何か現実的なものである。アリストテレスが何について語っているかを理解することは、量子論による習練を積んでいる物理学者には比較的容易である。ある物理量について、そのものを計測することができないことが自然法則からして確実である場合に、そのものの実在を主張することがいかに問題を孕んでいるかということを、この物理学者は学んでいる。有限時間内に無限に数多くの時点を「計測する」、つまり時計上に読み取ることは、確かに不可能である。したがって、そのような時点の実在を主張することに、何の意味があるのであろうか。アリストテレスはこの問いに精密に答えている。このような時点は可能性に則して（δυνάμει）のみ実在している、と。このような時点のいずれをも、人は計測することができる。ただし、そのすべてを計測することは不可能である。現実に実在するもの（ἐντελεχείᾳ）は、全き連続体（分割されていない線分とか、実在的で完結している一事象の全経過期間）である。線分上の諸点、見通しうる運動の時間経過における〔その時々の〕〈今〉は、それらが現実態化されないなら、現実には実在しない。それゆえ、実在的運動は、例えば、まさにある一時的静止や方向転換といったような運動の客観的徴表によって際立っている諸点を「数える」のである。しかし、これらの点はただ有限的に多数であるだけでしかない。ボーアとハイゼンベルクの弟子としてわたしは、物理学的にかくも健全な考え方に関しては感激を表明せざるをえない。

　もちろん、今日の物理学者は、「健全な考え方」がまだ整合性のある理論ではないことも知っている。アリストテレスが『自然学』第八巻で円運動を際立たせるために自らの考え方によりつつ行なっていることは、われわれにはケプラー以降、結論においては受容できないし、それと同時に、彼の考え方に数多くの論理的間隙を見てもいる。アリストテレス的諸洞察を考慮に入れた、物理的連続の整合的理論というものは、今日までのところ実在しない。そのような理論があるとすれば、量子論であるにちがいない。しかし、すでにアリストテレス的な前提の内部で明らかとなる、その捉え方の諸問題をさらに数歩追究してゆくと、このような〔整合的〕理論の準備に役立つことになるかもしれない。

アリストテレスの文脈で問題となっているのは、〈時間〉、〈運動〉、および〈可能態〉の連関である。〈時間〉と〈運動〉は互いに関係し合っている。運動はいずれも〈時間の中に〉ある。他方、時間は、〈より先かより後かに則して計られる、運動の測度数〉(『自然学』第四巻第十一章、219 b 1-2)と顕現的に定義されている。〔ギリシャ語の〕アリスモス(ἀριθμός)を「測度数」と訳していることについては、ヴィーラントの上掲書〔本章原注(1)参照〕第十八項を参照されたい。〈時間〉と〈運動〉の両概念のうちいずれが体系的記述の試みにおいて、より基本的、あるいはより本源的な概念として現われねばならないかと問われるなら、それは疑いなく運動の概念であろう。〈時間〉の定義は〈運動〉の概念を利用している。それに反してまもなく引用する〈運動〉の定義は〈時間〉への回帰を全く必要とはしない。〈時間〉とは、「時間性」のすべてではなく、まさに時間性に割り当てられた測度にすぎない。実際、運動の判定に際して用いられる何か〔基準的なもの〕という〈時間〉の定義は当然、「より先とより後」を前提しているのである。その際、「より先とより後」、あるいは『自然学』第四巻第十一章、219 a 16に従ってもっと適切に言うなら、「前を行っていると、ついて行っている」は、本源的には、運動によって踏破された広がり(μέγεθος)の中に見出される。つまり、第一義的には空間的な規定と解釈されているのである。それゆえ、われわれが時間性と名付けているものも、そもそもアリストテレスの場合に見えてくる限りでは、どうしても〈運動〉の概念自体の中に見出さねばならない。

しかし、われわれはここで一つの困難に乗り上げる。運動という現実は、どう考えたらよいものなのか。〈運動〉は当然、自然学全体の基本概念である。自然的事物（φύσει ὄν）は、〈運動〉の本源を自己の中にもっているものと定義されている（この点については、ヴィーラント第十五項参照）。ところが、形相（εἶδος）のプラトン的解釈から目を背けたことによって、これらの事物が本来的に現実的なるものと、実体（οὐσία）となった。つまり〈運動〉は、自然学者にとっては他のすべてに優先して重要であり、形而上学者にとっても数多くの個別探究において前の方に位置する、存在者（ὄντα）の類を、まさに運動できるもの（κινητά）の類を、際立たせる徴表となったのである。運動は、いかなる在り方で存在しているのか。

運動はある期間の中に存在しているが、〈今というもの〉の中に存在しているのではない。他方では、アリストテレスは『自然学』第四巻〔第十章〕における時間論考を次のアポリアをもって開始している。すなわち、本来、時間は全く存在していない、なぜなら、時間の一部分は過ぎ去ってしまい、したがってもはや存在してはいないし、一部分は未来のことであり、つまりまだ存在してはいないから（217 b 33–34）、と。つまり、〈今なるもの〉は全く何らの時間でもなく、過ぎ去ったものと未来的なものを単に分けているだけでしかない（218 a 6–8）。さて、確かにこれは、ある探究の、アリストテレスに典型的なアポリア的導入の一つではある。しかし人は、彼が現実にこのアポリアを解消しているか、と問うことができる。時間論考において彼は、運動の測度数という時間の定義にまでは到達した。つまり、運動が存在する限り、時間もまた運動を記述に含むものとして存在しうる。しかし、このことをもってわれわれは、いったい運動はいかにして存在しているのかとの問いへと投げ返されてもいる。いずれにしても、運動は〈今〉の中には存在しない。否、〈今〉自体が可能態的に（δυνάμει）しか存在しない。ある〈今〉が現実態的となるのは、その〈今〉がある運動によって現実態化される限りにおいてでしかない。しかし、他方では、過去のものはもはや存在せず、未来的なるものはまだ存在していないということ、つまり両方とも存在してはいないということが、どこまで真でないのかは、どこでも言われていない。つまり、両方とも存在していない場合には、そもそも時間的なるものは全く存在しないはずであろう。すなわち、過去も未来も存在しないはずであろう。なぜなら、両方とも「現に存在して」はいないのであるから（〈存在者〉（ὄν）の「現前している」についてのハイデガーの説得力ある解釈を参照）。そして、その場合には、同じように期間も存在しないはずであろう。なぜなら期間は、過ぎ去ったものと未来的なものとから、あるいは過ぎ去ったものから、未来的なものから、成り立つのであるから。〔同じように〕運動も存在しないはずであろう。なぜなら、運動はある期間の中にしか存在しないから。〔同じく〕〈今〉も存在しないはずであろう。なぜなら、〈今〉は運動の中でしか現実には存在しないから。その場合には、アリストテレスの全哲学が挫折していることになるであろう。そして、もし誰かの言うことが正しいとするとして、正しいことを言う人は『ソピステス』の「イデアの友人」ということになるであろう。それが直ちに、アリストテレスが解釈している姿でのパルメニデスであるとまでは言わないまでも。

この困難の中で長く、少なくとも本稿を読むために費やす時間よりも長く頑張ってみるだけの価値がある。長く続けるのに仕甲斐のあることは、解に向けての幾つかの可能性の品定めである。

人は試みに、現在にある時間的広がりを与えてみることができる。(5) そうすることは、確かにアリストテレスの明らかな文言には反するが、彼から逸れる決心をすることもできるのである。この広がりはある期間でさえあれば、分割不可能な期間でも、分割可能な特定の期間でも、分割可能な不特定な期間でもよいであろう。分割不可能な期間が何の益にもならないことは、アリストテレスが、『自然学』第六巻第二章、

232 b 24から第八巻第八章、263 b 27–32まで繰り返し詳細に述べている。われわれの目的にとっての最も強力な論証は、いま挙げた箇所の後者〔第八巻〕に載っている。すなわち、運動は、ある時点の中にないのと同じように、分割不可能なある期間の中にも存在しない。つまり運動は、この期間内の変化をまさに替わってゆく内容で満たしてゆくはずであり、したがって分割することにもなるはずなのである。分割可能な特定の期間なるものは、前後して現在していながら、しかもともに現在していなければならない〔二つの〕時点によって境界づけられてもいることになろう。このようなものは、どう見てもアリストテレス的時間概念とは矛盾するものであろう。つまり、期間の特定性ということこそがまさに、この期間の諸部分が分割されていると認識することを認めているのであり、しかもそのことをもって、同時性の認識ができないようにしてもいるのである。ある不特定の期間の中では、まさにこの分割は、おそらく〈可能態的に〉しか成立しえないのではなかろうか。この点をアリストテレスは議論しなかったが、今日の物理学にとって実り豊かな想定ではあるかもしれない。いずれにしても、この想定も、まもなく検討することになる諸問題に類似する諸問題へと導いてゆく。

アウグスティヌス[6]は『告白録』第十一巻でこの問題を取り上げ、過去と未来の存在を霊魂の中へ移し入れる中で、解いている。すなわち、記憶とは過去のものの現在であり、予見とは未来のものの現在である、と。さて、過去と未来との現在という概念を導入しないなら[7]、このアポリアを回避することは確かにできないであろう。しかし、アウグスティヌスによるこれらの概念の導入は、ほかでもなく、これらの概念のもつ諸性向のうち、近代の精神史がしばしば「主体性の発見」として賞賛してきたまさにその性向において、すなわち、この現在を自我の中へ移し入れたことにおいて、非アリストテレス的であるとともに、物理学者にとっては使うことのできないものとなってもいる。アリストテレスは、諸事物の運動自体が現在し、過ぎ去り、いつか到来することができるという前提を、物理学者たちの素朴な実践[8]と分け合っている。つまり彼は、個々の人間の霊魂の中のみでなく、〔外界の〕現実の事柄（πράγματα）の中における未来と過去との何らかの仕方での現在を不可欠としているのである。このことと、彼が運動の測度数としての時間をきわめて慎重に霊魂（〈霊魂および霊魂の理性（ヌース）〉）に、すなわち、数えることのできるものが霊魂以外には何もないようなケースのために霊魂に関係づけていることとは矛盾はしない。この点が、ヴィーラントとともに、運動は霊魂の外にあり、ただ運動が数えられるということのみが個々の霊魂の中に存在するというように解釈できるものであるのか、あるいはヴィーラントには反して（三二八頁）、この箇所が世界霊魂に関係づけることのできるものであるのか、いずれにしても、〈より先ということ〉と〈より後ということ〉、および運動は、個々の人間の意識の中にしか存在しないものでは決してない。

われわれは今、ἡ τοῦ δυνάμει ὄντος ἐντελέχεια ἡ τοιοῦτον κίνησίς ἐστιν（『自然学』第三巻第一章、201 a 10–11）というアリストテレスの運動の定義を勉強することができるために十分なところまで問題を現在化した。何らの解釈をもつけずにこの文章を他の言語で再現することは可能ではない。ἐντελέχεια〔以下、〈完成態〉〕とδύναμις〔以下、〈可能態〉〕を現実性と可能性と翻訳することをわれわれが認める場合、明らかにアリストテレスは、〈可能性に従って存在しているものの、そのようなものとしての現実性が運動である〉と言っている。これは不明瞭で分かりにくいと思われるかもしれない。ロスは[9]、「変化とはいまや、可能態的なるものとしての可能態的なるものの現実態化と定義されうる」と言い換えることによって暗がりの中に光を持ち込もうと試み、注解の中で、「《完成態》はここでは、《現実性》ではなく《現実化》を意味していなければならない。すなわち、それは可能性から現実性への移行、すなわち《運動》なのである」と説明している（五三七頁）。わたしには、これは文献学的に保持しえないように見える。すなわち、

〈完成態〉は、わたしの見る限りでは、どこにおいても、ある状態を意味していて、その状態への移行を意味してはいない。その上、〈移行〉は当然のことながら確かに〈変化〉の一形式であるので、〔ロスの解釈では〕この定義は循環論的となってしまうであろう。(10) 全く同じように、この定義は〈運動〉のあいだ〈可能態〉と〈完成態〉がある仕方で共存していることを言わんとしているとすることもできない。(11)〈そのようなものであるかぎりでの〉(ᾗ τοιοῦτον) は説明されずに残るようであるし、可能であることと現実化されていることの間のある対称性が定義の中に入って来かねないようでもあるが、字句どおりの文言はこの対称性については何も示していない。つまり、〈完成態〉は明らかに、〈可能態にある存在者〉の〈完成態〉なのである。あるいは、ヴィーラント（前掲書、二九八頁）が的確に言い当てているように、「ここでは様態の諸範疇が相互に、しかも段階状に適用され合っている」のである。(12) アリストテレスは、これらすべての誤解を予見していたかのように、現実態が意味している二つのものを切り離している（ここでは、緩やかに取り替えられる〈完成態〉と〈業・現実態〉（ἐνέργεια）とによって標示される）。「すなわち、〈家の建築〉が〈建築されうるもの〉の現実性であるか、あるいは〈家〉が〈建築されうるもの〉の現実性であるかのいずれかであるが、そのものが〔すでに〕家であるなら、そのものはもはや建築されえない。ただし、建築されるのは建築されうるものである。それゆえ、必然的に家の建築が建築されうるものの現実でなければならない」（〔第三巻第一章〕201 b 10–13）。一見して明白なように、ここでは、可能性に従って存在しているものの現実とは、運動の成果ではなく、まさにほかならぬ運動自体なのである。(13)

それゆえ、自然学の基本概念である運動は、〈可能態〉=〈完成態〉という概念対へと連れ戻されることになる。このことから、この概念対は、運動の概念よりも本源的であるように、あるいは少なくとも同程度には本源的であるように見える。さて、これら両概念自体は何を意味するのか、そして、運動の定義の中で両概念が独特の仕方で反復応用されていることは何を意味するのか。ここで『形而上学』第八巻の一つの解釈が必要となろうが、それを行なうことは、本稿の枠をはるかに越えるであろう。われわれはただ一つの視点のみで十分としなければならない。

可能性、〈可能態〉は、その上さらにどれほど詳しく規定するにしても、未来と関わりをもっている。精子は、〈可能態〉における人間である。[14] すなわち、おそらく精子はいつか一人の人間になっているであろうということである。そもそももし精子が人間であるとするなら、それは未来においてである。しかし、未来は不確実である。それゆえに〔そうなるのは〕〈もしかすると〉でしかない。しかし、〈可能態〉はいかなる修飾限定をも拒否する仕方で未来であるのではなく、いわば、未来から〔ここに来て〕今すでに現に存在しているもの、つまり特定の意味では、まさに未来の現在なのである。未来において——おそらく——一人の現実の人間が、現に存在することとなろう。しかし、もし一人の現実の人間が現に存在することになるはずである場合には、未来においてまさにその人間であることになるはずのものが、すなわち精子が、今すでに現に存在している。しかし、精子はまだ人間ではない。それはまさに、人間へ向けての可能性でしかない。精子は、〈まだ＝ない〉が今でありうる様態である。精子は未来の現在なのである。しかし、精子が未来の現在であるのは、精子が〈現実態的に〉、今そうであるものとしてではなく、精液としてではなく、精子が〈可能態的に〉別のもの、すなわち、まさに人間である限りにおいてのみなのである。

短い余談を一つ許されたい。この〈可能態〉＝概念の解釈のために「目的論的世界像」を援用することは、明らかに余計なことである。[15] 必要であるのはただ、そもそも未来の現在といったようなものが与えられていること、論理的に言えば、現在から未来に向けての推論が可能であるということのみである。このためにアリストテレスが目的論的な話し方をするのは、第一には、生物学におけるように、このような話し方がわれわれ現代人に対してもなお、現象そのものの中から押し迫ってくるようなところにおいてであり、第二に、今日われわれがしばしば普遍的自然法則の妥当性を用いて記述する大いなる連関の表現としてである。しかし、決定的現象は、話し方あるいは世界像ではなく、時間の統一性ということである（ピヒト前掲書〔「パルメニデス」章原注（5）〕参照）。つまり、われわれの今の問題においては、まさに未来が現在しているということなのである。

さて〈可能態〉は、自分がなりうるものの比較的近くにあることもできるし、比較的遠くにあることもできる。そこから、特定の知に対する〈可能態〉は、その知をもってはいないもののその知を学ぶことができる者のもとにも、その知を学んだのにすでに学び終えているという事実に気がついていない者のもとにも、与えられている（『自然学』第八巻〔第四章〕、255 a 33–34,『霊魂論』〔第一巻第五章〕417 a 22 ff.）。なるほど何か特定のものになることができるはずであるのに、そのものになるための行動を、少なくとも今までのところは起こしていないような〈可能態的存在者〉もありうる。例えば、落下できるはずであるのに落下しないほどしっかりと横たわっている石や、交接の前の精子や、学ぶことはしない、才能ある怠け者などがそうである。ここでも未来は、ある意味でやはり現在的とはなっていない。このような未来は「触れられていない」未来である。しかし、別の〈可能態的存在者〉は未来に対する結びつきをすでに仕立てている。すなわち、落下中の石や、胎児へと成熟中の精子、学んでいる最中の生徒などである。これが〈そのようなものであるかぎりでの可能的存在者〉の〈現実態〉ということなのである。いまや、〈可能態〉は現実の、完成した〈可能態〉である。つまりこの〈可能態〉は、自らの業（わざ）（ἐνέργεια）を行なっており、〈可能態〉としての自分のゴール（τέλος）に到達した〈完成態〉なのである。こうなって初めて、本来の意味で、未来は現在している。そしてまさに、こうなることが〈運動〉なのである。

それゆえ運動は、アリストテレスによっては、まさに運動の中で時間の統一が表に現われてくるような仕方で定義されているのである。運動は実際に〈時間の中で〉しか存在できず、それにもかかわらず、ある未来の〈時間〉が〈今〉の中に現在している限りにおいて、今、存在することが可能である。そして、未来の〈時間〉が現在する様態が〈可能態〉なのであり、この〈可能態〉の現実存在が運動なのである。

この定式においてはまだ、未来の方が過去よりも優遇されているように見える。過去の現在はどこにあるのか。ところで、実際、未来と過去の対比関係は対称的ではないのである。そして、このことをドイツ語は、一方は〈存在することになる〉(wird sein)と言い、他方は〈存在している〉(ist gewesen)と言うことで、これ以上の言い方はなく、書き換えもできない仕方で表現しているのである。この非対称性は、〈可能態〉＝〈現実態〉という概念対でも、〈目的〉および〈善〉という概念でも、〈そこから運動が出てきているところ〉でも表現されていて、消去されてはならないものである。しかし、〈可能態〉に対する〈現実態〉の、事柄に則した、そして時間的な意味での優位についてのアリストテレスの説、〈というのは、人間が人間を産むのであるから〉は、一つの均衡をここに生みだす。現に存在している〈現実態〉は、神の場合のように永遠に存在しているか、そうでなければ、先行した生成を前提する。新しい〈可能態〉のためには生成し終えた〈現実態〉が必要である。つまり、精子は未来の人間のための精子なのであるが、その精子は、成人した人間の精子でなければならない。成人した男性とは過去の成長の結果としての現在である。つまり、〈運動〉という形で現実的となった限りにおける過去の〈可能態〉の現在という意味での成果なのである。〔ここで〈運動〉とは、〕〈可能態において存在する人間〉の完成態が完成することではなく、端的に人間と呼べる人間の完成態が完成したことである。この限りにおいて、未来の現在は過去の現在を前提している。

結びにあたって著者は、アリストテレスはここで述べた一切をこのように、それも顕在的にこのように考えていたのか、と自問しなければならない。自らも哲学する解釈者は、当然ながら、常に強引な解釈をする危険にさらされている。アリストテレスの現代的解釈者がアリストテレスの中に見出している諸困難は、わたしにとっては困難であるよりも、きわめてしばしば理解しやすいものであるという経験は、一つの勇気づけではあるが、誤りの源泉ともなりうるかもしれない。それはそれとして、わたしは本稿で適用した解釈原理に味方する者であることを明言しておきたい。わたしは、自分自身が近代的な物理学と精神科学との、さらには近代哲学の概念的な諸伝統の中で把握不可能な諸点に突き当たらなかったならば、古代哲学の勉強と取り組むことはなかったであろう。つまり、これらの点を理解できるかもしれないと希望することは、それらの点の史的源泉への回帰の中でしか、わたしにはできなかった。実際、厳密なる自然科学の成立、主体性の明確なる打ち出し、歴史意識の成長といったような近代の偉大な進歩は、問題設定と概念性における幾つかの狭隘化をもって――もっと鋭く言うなら、進行性の存在忘却をもって――支払われたものである、とわたしには見える。近代の諸問題のどこか、例えば物理学において、それらの問題の基盤を問う人は、ギリシャの哲学者たちが、別の視角のもとでではあったにしても、すでにかつて一度発見していた構造と同一のものを再発見することになる。それゆえ、今日の諸問題に沿ってなされる独自の仕事が、プラトンとアリストテレスに味方する理解を容易にするということもあるかもしれないし、その逆も成り立つのかもしれない。

コペルニクス─ケプラー─ガリレイ

一五四三年、ニコラウス・コペルニクスは、『天体の回転について』(*De revolutionibus orbium coelestium*)〔矢島祐利訳、岩波文庫〕を公刊し、その中でわれわれが今日コペルニクスの体系と名付けているものを提起した。この体系によると、太陽は宇宙の中心点近くに静止している。それに反して、地球〔大地〕は二重の運動をしている。すなわち、自分自身の軸の周りを二十四時間かけて回転しているとともに、太陽近くのある点の周りを一年間かけて周回している。

この体系は、ギリシャの天文学者たちがすでに知っていたものである。彼らはこの体系を知っていた上で、放棄していた。西暦前三世紀にサモスのアリスタルコスは、この体系を、後にコペルニクスによって選択された形態にきわめて近い形態にまで改良していたようである。ほぼ百年後に生きた人物で、古代天文学における最大の観測者とされるヒッパルコスがこの体系を放棄した。彼は惑星運動に別の解釈を提供したが、この解釈は後に、西暦前一五〇年頃にギリシャ天文学の古典的教科書を書いたアレクサンドリアのプトレマイオスにちなんでプトレマイオスの体系と称されることとなった。近代の天文学を理解しようとするとき、われわれが正しいと思っているこの体系を、ギリシャ人たちは知っており、精確に理解してもいたのに、なぜ放棄したのかをまず学んでおくことは、われわれにとって益となるであろう。

日常的経験から出発するなら、大地が静止しているということは、確かに最も自然な見方である。しかし、その場合には、天も静止しており、大地は平坦な円盤であるように見える。原子論者たちについて話した際〔野田保之・金子晴勇訳『科学の射程』法政大学出版局、第四講「ギリシャ哲学と宇宙創成説」〕に、すでにわたしは、ギリシャ人たちはこれらの素朴で自然な見解を早い時期に諦め放棄していたと言った。大地が、大地と同心の一個の球である天によって囲まれた球であることは認識されていた。太陽も（そして、精確さはずっと劣るとはいえ、月も）含めて、星々は、天における自分たちの相対的位置を取りたてて変更することなく日々の運動をしているので、それら星々は天球に固定されている、とひとまず見なしておくことは、一つの立派な出発点ではある。この見方を受け入れる場合、一つのことが確実となる。すなわち、大地に対して相対的な天の運動が与えられていて、一回の周回は二十四時間である、ということである。さてしかし、ここでは、天が大地の周りを回転していて、大地が静止しているのか、あるいは天球の真只中で大地が逆の方向に回転していて天が静止しているのか、と問うことができる。あるいは、もしかして両方とも回転しているのか。われわれが見ている唯一のものは、両者の相対的な運動のみでしかない。そして、絶対運動とは何なのか。

ギリシャの天文学者たちと哲学者たちは、この問いを全面的に自覚していた。さまざまな見解が弁護されていた。アリストテレスとプトレマイオスが一致をみた究極的決定は、大地が静止しているというものであった。この決定のための主要根拠は自然学に由来していた。ギリシャ人たちは、大地の大きさがどれほどかをかなり精確に知っていた。そこから彼らは、もし天が静止しているとするなら、大地の回転の結果、ギリシャの緯度では、地表は秒速約三〇〇メートルで動いていなければならないはずであることを知っていた。諸物体がこのスピードよりはるかにゆっくりとしか動かなかったとしても、すべての物体は振動を開始するし、向かってくる空気は強烈な風と感じられる。上述の速度で大地が動いているとするなら、大地は恐ろしい暴風のような空気の下で先を急いでいることとなろう。より細かな問いを幾つか立てることもできる。例えば、高い塔から石を落下させるなら、その石は垂線の西側で大地に衝突しなければならないはずではないのか。なぜなら、その石が落ちている間に、大地はその石の下でさらに東へと回転してしまっているから。現代的な観点からは、回転の際に地球は、空気や落下してゆく石、その他のすべてのものをも一緒に引き連れている、と応答することは容易である。この答えはもちろん、ギリシャ人たちの念頭にも浮かんだ。しかし、彼らはまだ慣性の法則については何も知らなかった。そもそも彼らは、自然法則という抽象概念を全くもっていなかった。彼らにとっては、運動原因が作用を及ぼさない物体は静止したままでなければならなかった。したがって、空気と自由落下している石とを大地とともに引き連れてゆけるような力を彼らは考え出さねばならなかったのである。力とは常に、力を行使して動かす物を、〔しかもそれが〕可能なところでは、動かされている物と接触を保ち続けている物を意味していた（西暦十七世紀および二十世紀の物理学者たちと同じように、ギリシャ人たちも遠隔作用というものを信じてはいなかった）。現代の（とくに英語圏の）経験主義者たちがよく〈オッカムの剃刀〉と言う有名な原理、すなわち、〔事象の説明に〕必要なもの以上に〈存在者〉を増やしてはならないという原理が、大地の日毎の回転という想定を、この想定によって強要されるすべての複雑な補助仮説とともに放棄したギリシャ人たちによってきわめて理性的に適用されたことを、読者の皆さんは目のあたりにしておられる。その際、確かに彼らの目の前には、もっとずっと速い自らの運動の力学的負荷に抗って天は一体どのようにして持ち堪えているのか、という問いがあった。しかし最終的には、天は確かに、すでに知られているすべての地上的素材とはきわめて異なる素材から成り立っているはずであり、天の速い運動も、もはや天の星晨の輝く力、天の明証的な軽さ、そして天の完全なる球形といったことの傍らに並ぶもう一つの美しい、そして驚嘆すべき特性でしかないことになる。

しかし、本当の天文学的問題は、年単位の運動の際に生じてきた。天が全体として運動しているという命題が正しいものでありうるのは、最初のアプローチにおいてでしかない。なるほど、大部分の星々は天〔弧〕に沿って固定されていて、それゆえ、固定された星〔恒星〕と名付けられている。しかし、恒星たちの庭園には自分たち固有の道を歩んでいる七つの星が存在している。そして、これら七つの星の道は予測が難しく、それゆえ、いみじくも惑星、惑える星と名付けられている。それらのうちの五つは、異常に明るく、一定した、またたかない光を持っているとはいえ、〔外見上は〕普通の星のように見える。すなわち、水星、金星、火星、木星、土星である。ご覧のように、これらの星は神々の名をもっている。これらの星に、一カ月で天球の周りを逍遙する月を加えねばならない。太陽も一個の惑星である。太陽の明るさのゆえに、なるほど星々を太陽と一緒に並べて見ることはできない。しかし、夜になれば、太陽に背を向けた側の天にはどの星々があるかを目にする。そして、これらの星々は季節とともに替わってゆく。こうして、容易に、一年とはちょうど太陽の一周回の（専門的表現では、一回の「公転」"Revolution"）の期間であるとの結論が出されるのである。

すでに述べたように、惑星の運動には多少迷子のようなところがある。なるほど、それらの運動はかなり精確に天球上の最も大きな円に、つまり獣帯、あるいは黄道と名付けられている円に沿ってはいる。しかも、この円の上で平均的には同一の方向に（西から東に）動いている。しかし、彼らはみな別々の速度で逍遙している。つまり、月は一カ月で天を周回するが、土星は二十九年間も掛けている。しかし、〔恒〕星と同じような五つの惑星は、このほかにも、時にダンサーのような振舞いもする。立ち止まったり、向きを変えて後退したり、ターンをして再び前進したりする。それに、水星と金星は常に太陽の周辺を踊り回っている。そのため、金星は時には明けの明星となり、時には宵の明星となるが、真夜中頃に立ち現われることは決してない。火星、木星、土星は独立して運動している。しかし、それらは年に一度は自分たちのターンを踊る。それもまさに、それぞれが天上で精確に太陽の逆の位置にいるときにそうする。こうして、太陽はやはり何らかの仕方ですべての惑星運動を統御しているように見えている。

これらのことは、どのように説明したらよいのか。ギリシャの天文学者たちは、諸現象を正確に記述することになるような、あるいは彼らの言い習わした言い方によれば、諸現象を救うことになるような、これらの運動についての数学的に精密な一理論を目指していた。エウドクソスが発見した、互いに他のものの中を回転しあっている二十七個の球のモデルのような、比較的古く極度に繊細な幾つかのモデルはさておき、アリスタルコスはコペルニクス的な解を差し出した。太陽は系の中心点に静止している。この意味で、太陽は惑星ではなく、世界を支配している天体である。地球は他の惑星と同じ一個の惑星である。月は、地球の周りを回っている地球の真の運動の鏡像である。太陽の外見上の年毎の運動は、一年で太陽の一衛星であって、同程度の複雑さで地球の周りを回っている。〔恒〕星にも等しい残りの五つの惑星は太陽の周りを回っている。水星と金星は大地より太陽に近いところにいる。それゆえに、地球からは、これら二つが太陽から大きく隔たったところに見えることは決してない。他の三つの惑星は地球よりももっと太陽から離れている。それゆえ、およそ年に一度は、太陽と当該の惑星との間に地球がいる瞬間がくる。その際には、地球からすればその惑星は天中で太陽と対峙していることになる。ところで、地球はこれら「外側の」諸惑星よりも速く運動している。つまり、その惑星は、太陽と対峙している時間中は、地球より遅れて後ろにいなければならず、そのことによって、地球にいる観測者には一見後ろ向きに走っているように見えるはずである。わたしは子供のとき、生まれて初めて自動車に乗せてもらい、道路脇の木々がわれわれの横をすばやく走り去ってゆくさまを非常な驚きをもって見ていた時のことを今でも覚えている。実際には、外側の諸惑星の外見上の運動におけるターンは、単に、太陽の周りを回る地球の年運動の逆像にすぎない。規則的に回帰するターンの上に重ねられたゆっくりとした前進は、まさに同一の中心点の周りを異なった速度で回っている二つの物体の間の相対運動なのである。こうして、この理論は観測の諸事実をきわめてうまく説明している。それのみかこの理論は、それ以上のものであって、近代になってよく用いられる言い方をすれば、真の理論ということにもなる。

さて、プトレマイオスの体系は、ここまで記述してきた限りでは、外見上の諸運動の説明で、コペルニクスの体系に決して劣るものではない。現代的思考にとっては、この点は相対運動の概念によって説明するのが最も容易かもしれない。まずは、太陽と地球との相対運動のみを考察してみよう。アリスタルコスとコペルニクスは太陽を静止させ、十分に規定されたある円の中で大地に太陽の周りを回らせている。逆方向の想定をして、大地が静止していて、上で想定されていた円に精密に対応する一個の円の上を太陽が大地の周りを回っているとすることは、何ら困難をきたさない。そのように想定する場合も、他の五つの惑星は太陽に対する相対関係においては相変わらずコペルニクスの体系におけると全く同じように運動していると想定しておいてよい。しかし、いまや太陽が動いていると見なされるので、五つの惑星すべてが、太陽の周りでの運動に加えて、大地の周りも太陽と一緒に導かれてゆく。つまりそれらには二重の運動があることになる。すなわち、太陽の周りでのものと太陽と一緒のものとである。地上での観測者にとっては、それらの軌道の外見は全く変わるところはないであろう。つまり、太陽と一緒の運動は、例えば外側の惑星にとっては、年ごとのターンであるし、太陽の周りでの運動はそれらがターンを行なう際の中心となる点の前進である。一つの絶対基準系がわれわれに欠如している限り、われわれが観測できることは、まさに相対運動のみでしかなく、しかもこれら相対運動は両体系において同一なのである。

さて先刻、わたしはきわめて現代的な言い方をした。つまり、わたしは、これは識者のために言っているると解してほしいが、ティコ・ブラーエの体系を相対論的に解釈し、そのことをもって、適切に定式化された大地中心論〔天動説〕的体系が運動学的には論破不可能なことの論拠とした。ギリシャと近代初期の天文学者たちは別々の概念を使用していた。そこから、両体系の間には幾つか実際の違いがあるかのような印象を与えることもありえた。例えば、プトレマイオスはもちろん、出発点としてコペルニクスの体系を選択することなどしなかったであろうが、コペルニクスの体系からも、その後、基準系の変換によって自分独自の体系を獲得していたことであろう。彼は初めに、大地は静止していると断定した。その上で、外側の一惑星の二重の運動が記述された。まず、大地を回る円の上を理念上の一点が動いてゆくと考えられ、ついで、この動いていっている点が第二の円の、すなわちその惑星自体の周回軌道であるいわゆる周転円の中心点となっていると考えられた。ここから、この惑星の運動は、回転している大きな車輪に離心的に取り付けられていて、自らも同じように回転しているもっと小さな車輪のリム上の一点の運動のようなものとなる。

わたしは今まで、常に円について話してきた。今日的な知識によれば、これが正確であるのは近似的な仕方においてでしかない。そして、さらに優れた近似を用いようとするなら、それほど離心的ではない楕円について話さねばならないであろう。しかし、古代の天文学にとって、そしてコペルニクスにとっても全く同じように、天体が厳密なる円上を動いているということは一個の聖なる真理であった。円とは最も完全なる曲線であり、天体はすべて最も完全なる物体であった。そして、いくつかの世界像にあってはそれらは神的、あるいは天使的なものとされていたのである。これら完全なる物体が不完全な運動を行なうなどといった意見をもつことが、どれほど神を冒瀆する不可能事であったかを表象することは、われわれの時代にはもはや誰にもできないであろう。この事情が天文学者たちに数々の制限を押しつけ、彼らの体系を普通に必要であったかもしれない以上に柔軟性を欠くものとしていた。プトレマイオスはかなり妥協しなければならなかった。彼は自分が考案した軌道を層状に重なった二つの円から合成することすらした。さらに彼は、さまざまな惑星の円軌道の中心点が太陽にではなく、太陽の近くのさまざまな箇所にあることをも認めた。最終的には、彼は、惑星の角速度が彼の想定していた円の中で一定であるということをも諦めねばならなかった。この一切は立ち現われているさまざまなことを救うために生じたことであった。それは、科学者なら誰でもよく知っている錯誤であり、根本的な誤りが潜んでいるある理論を、入念に観測された諸事実に適応させようとする際に生じるものである。そして、コペルニクスの場合の誤りは、プトレマイオスの場合とまさしく同じものであった。つまり誤りは、〔軌道を〕円に限定していたことの中に潜んでいたのである。

このことは、われわれを再び、なぜギリシャ人たちは結局プトレマイオスを受け入れ、なぜ現代の人々はコペルニクスを受け入れたのかという問いへと連れ戻す。

プトレマイオスに有利な論拠は二つある。一つは、太陽の周りを回る大地の運動を自然学と合致させることは、自らの軸の周りを回る大地の回転を〔当時の〕自然学と合致させることと同じくらい困難だったことである。第二に、大地が動いているのなら、惑星の外見上の運動——「ターン」——の中のみでなく、恒星の外見上の運動の中にも大地の真の運動が反映しているはずだということである。このようなものが観測の中で見出されたことはない。いうまでもなく、確かに、道路を高速で走行している人にとって、道路沿いの木々はすばやく逆の方角に走っているように見えるのに、遠くの山々は長時間その外見上の位置をほとんど変えないということは、真実である。そこから、〔そのターン軌道を〕走破していることが一年間見続けて初めて分かる程度のターンでは小さすぎて、大地の運動を映し出すことができないとするなら、それら恒星は、まさにきわめて遠く離れていなければならないことになる。今日では、われわれに最も近い恒星でも、太陽から地球までの距離のおよそ三十万倍も太陽から離れたところにあることが知られている。そして、太陽と地球の距離自体がすでに一億五千万キロメートルもあるのである。再び〈オッカムの剃刀〉を想起することもできよう。計ることもできないような距離を、必要もないのになぜ想定するのか。そして、大地は静止しているとするプトレマイオスの体系では、もちろん、恒星のターンの中に大地の運動の反映を期待するようなことはされてもいない。実際、恒星のこのような外見上のターン軌道が実在することの経験的証明は、十九世紀中葉になって初めてなされたのである。

プトレマイオスに有利なこれらきわめて立派な科学的根拠を理解したなら、近代においてコペルニクスの体系がきわめてゆっくりとしか浸透してゆかなかったことに驚くこともはやないであろう。むしろ、この体系が浸透していったのはなぜなのかと驚嘆することすらできるであろう。なるほど、浸透してゆくためには、より厳密な諸観測に基づくとともに、新しい物理学理論に基づいてもいた天文学的な立派な根拠がいくつか与えられてはいた。これらのものにはまもなく目を向けることにする。ただし、これらの根拠は、自分たちの発見以前にすでにコペルニクスを信奉していた男たちによって発見されたのであった。なぜ〔彼らにはそれができたの〕か。わたしは、ケプラー、ガリレイ、デカルトたちにとってコペルニクスの体系をあれほど魅力的なものにしたのは、当初はある心理的事実であったと信じている。ギリシャの天文学者が互いに交わしあったと推測されるさまざまな議論は忘れ去られてしまっていた。そして、知られていたのはほとんどプトレマイオスのみであった。プトレマイオスの天文学とアリストテレスの哲学とは、固定的で、教義〔体系〕のような思想建造物になっていた。それも、アリストテレスやヒッパルコスたちが触発するところ多い研究を行なっていた頃の精神的姿勢とはきわめて違った姿のものに。コペルニクス的体系は一個の全く新しい、独創的なアイディアであった。この体系は、伝承という、埃だらけの部屋部屋を一つ残らず空（から）にするということをやってのけた。つまり、この体系を受け入れた者は、いまやついに自分たちは自由になっていて、自然に関しては自分たち自身が深く研究してゆく、と表明していたのである。新しい観測が次々と行なわれていた。これらの観測はコペルニクスの教えにきわめてうまくマッチしていた。これらの観測がプトレマイオスの教えとも同じようにうまく合うのではないのかと真面目に試みることは、必ずしも常になされていたわけではなかった。（いうまでもなく、ティコ・ブラーエはまさにこのことをこそしていたのである。）プトレマイオス的体系は硬直化していた。それも、その根本思想のゆえにではなく、単にあれほど数多くの世紀にわたって真と見なされてきたという理由のみから、そうなってしまっていた。何世紀にもわたる公認というものは、真理にとってすらよくないことがしばしばある。ましてや、まだ闘いをしかける余地のある仮説にとってはどれほどよくないことであろうか。こうして、太陽の周りの諸惑星の静かなるリヴォリューション〔公転〕は、近代にそのキーワードを差し出すこととなった。ただし、近代はその後この語を全く別の意味で使用することになった。すなわち、革命という意味でのリヴォリューションとしてである。

　近代の理論天文学の真に革命的な発見は、コペルニクスの体系ではなく、ケプラーの第一法則（一六〇四年）であるというテーゼについては、議論の余地があるかもしれない。ケプラーは、惑星はみな楕円上を走っていて、その一方の焦点に太陽があることを突きとめた。この発見が可能となったのは、ティコ・ブラーエの倦むことを知らぬ観測によってである。デンマークのこの偉大な観測者が二十年にわたる休みなき作業の中で収集していた数値の長いリストの宝が、創造的空想力に満ちあふれていたと同時に、細部にわたる精確さにおいてきわめて几帳面でもあった一人の科学的天才、ヨハネス・ケプラーの手に入ったことは、自然科学の歴史における幸運なケースの一つであった。もしかしたらケプラーは、彼以前の、そして彼以後の誰よりも深く天界の数学的完全性ということを信じていたのではないかと思われる。まさにこのゆえにこそ、彼には、火星という惑星の、計算上の運動と、観測された運動との間にある八分にも満たないズレをそのまま受け入れる心構えがなかったのである。角度八分は月の外見上の直径の四分の一である。そう、この惑星の観測された位置の、予め計算されていた位置からの隔たりはこれほど小さかったのである。しかも、この隔たりは説明を要求していた。火星のために仮説的に設定された二十以上の異なる軌道が経験との一致をもたらさなかったあと、ケプラーは円軌道という思想を犠牲にすることにした。作業仮説として楕円を試み、この楕円がすべての観測を精密に記述していることを発見して驚愕した。その上で彼は、それ以後、楕円というものも円と同じように天上の諸運動という一つの完全系の一成分でありうると信じてゆけるだけの数学的表象能力をもっていたのである。

ここで、天界の調和についてのケプラーの錯綜した体系を検討することはしない。あの体系は芸術的数学の一作品である。もしかしたら、バッハのフーガの芸術にも比しうるものかもしれない。しかし、あれは現代的な意味での自然科学ではないし、それゆえに、その美しさにもかかわらず、おそらく今日の科学からは忘れられて当然でもあろう。わたしは別の問いを一つ立てることにする。すなわち、これまで言われてきたこと一切は宇宙論といかなる関わりをもっているのか。

天文学は、われわれの世界の、空間的には一切を包括する諸構造を記述しようとするものであるので、宇宙生成論的な理論を生むべき科学となっていてもよかったであろう。現実には、古代の天文学も近代初期の天文学も、周知の何らかの仕方で宇宙論と結びつくということはなかった。わたしが古代について報告した際〔『科学の射程』第二講「宇宙創成の神話」、第三講「旧約聖書における創造」〕、宇宙生成論的諸理論を導入するためには、わたしは哲学について話さねばならなかった。そして、さらに近代においても、最も豊かな成果をもたらした宇宙生成論的思想にまず遭遇するのは、二人の哲学者、デカルトとカントにおいてなのである。ただし、これは理解できることではある。惑星についての精確な観測が示してきたものは、〔惑星〕系の解釈、成立あるいは消滅、あるいは何らかの不可逆的変更といったことについてはいかなる密やかな示唆すらも含まない、単に周期的な運動でしかなかった。力学的因果性ということは天体にとって、生物学的な生長や老化と同じようにきわめて縁遠いものと見えていた。そして、まさに精確な観測に対しては、天は一個の偉大なる完成した芸術作品のごときものと見えていたのである。移り替わることのない数学的諸法則によって天を記述できたことは、われわれが地上で見知っている一切のものに対する天の対立性という衝撃力を一層強烈なものとすることとなった。というのは、月下にある一切のものは、日々さまざまに移り替わりきわめて迅速に変化しているからである。ケプラーにとって、天文学とは数学という手段によって創造者を礼拝することであった。数学的法則の中で、神の像に似せて創造された人間が神の創造思想をなぞりつつ熟考する。これはティマイオスの世界であって、デモクリトスの世界ではない。

自然科学的宇宙生成論を試みることができるようになる前には、天と大地が共通の自然学的諸法則の支配のもとにまとめられねばならなかった。数学は地上へと引き降ろされ、力学は天上へと引き上げられねばならなかった。最終的には天体力学と名付けられることとなった新しい一科学の創出は、三つの歩みでなされた。まず、天の諸運動自体を数学的に精密に記述しなければならなかった。これを成し遂げたのがケプラーである。力学が数学的科学であることを根拠づけねばならなかった。この点に対しておそらく最も重要な貢献をしたのはガリレイである。最後に、この力学を天の諸運動に適用しなければならなかった。そしてこれが、掉尾を飾ることとなった、ニュートンの業績である。

さて、ガリレオ・ガリレイについて話してゆく中で、わたしは二つのテーマを検討するつもりである。すなわち、力学における彼の諸発見と、コペルニクス体系に味方する彼の闘いである。両領域において、科学史によって入念に探り出されていて、科学史に興味のある読者たちには道が通じてもいるような個々の細かい点よりも、原理的な問いの方が、わたしにとってここではもっと中心的である。

ガリレイは、力学という科学を根拠づけてゆく中で、数学を地上へと引き降ろした。この点で彼は、ギリシャのもう一人の思想家、彼自身が深く賛嘆するアルキメデスに追随していた。アルキメデスが静力学のために成し遂げていたことを、彼は動力学、運動についての教えのためになそうとした。彼はこの理論を完成した形で後世に残した。ただ、後の物理学者たち、とりわけホイヘンスとニュートン、さらには十八世紀の偉大な数学者たちが、まだ多くのものを付け加えねばならなかったのではあるが。しかも、それにもかかわらずやはり、決定的な思想的努力はガリレイによって成し遂げられていたと言うことができるであろう。その努力を想起しつつ辿ってみよう。

近代の自然科学は固有の史的神話をもっている。ガリレイ神話である。そして、この神話が、暗黒の中世にあっては、観測ということには意を用いなかった、アリストテレスの思弁が高く評価されていたのに対して、ガリレイが、世界をわれわれが現実に経験しているとおりに記述した中で、科学に新たな軌道を敷設したということを保証しているのである。どの神話もそうであるように、この神話も一片の真実を表現してはいる。つまり、ガリレイを高く評価している点でこの神話は正しい。しかし、この神話はガリレイの真の業績の本性を完全に歪めるものである、とわたしは信じている。どの点においてもまさにこの神話の逆を表明してゆくことで、彼の業績を特徴づける用意がわたしにはできているつもりである。それゆえ、わたしは次のように言う。後期中世はいかなる様相でも暗黒の時代ではなかった。むしろ、あの時代は高度な文化の一時代であり、思想的エネルギーが火花を散らしていた時代であった。あの時代がアリストテレスの哲学を採り入れたのは、アリストテレスが他の誰よりも多く感覚的真理を自らの中に受け入れていたからである。しかし、アリストテレスの主要な弱点は、あまりに経験的すぎたことである。それゆえにこそ、彼は事を自然の数学的理論といったものにまでもってくることはなかった。ガリレイは、われわれが経験していない仕方で世界を記述することを敢行し、それによってその偉大なる一歩を踏み出したのである。彼は、彼が表明した形式では現実の経験の中で妥当することは決してなく、したがって何らかの個別的な観測によって追認されることも決してありえない、その代わりに数学的に単純な諸法則を立てた。こうすることで、現実のさまざまな〈立ち現われ〉の複雑さを個々の成分に分解する数学的解析のために道を拓いた。科学的実験が日常的経験から区別されるのは、前者が、ある問いを立てるとともに、回答を指し示すこともできる数学的理論に導かれることによってである。この構造を備えることによって前者は、与えられている「自然」を、手を加えることのできる「実在」へと変容させるのである。アリストテレスは自然を護持しようとし、もろもろの〈立ち現われ〉を救おうとしていた。彼の誤りは、人間の〈健全な常識〉をあまりに頻繁に正しいとしすぎたことである。ガリレイは自然を分解し、われわれに、新たな〈立ち現われ〉を意図的に産み出すことを教え、さらに健全なる良識を数学によって論破することを教えてもいるのである。

こうして、アリストテレスは、例えば、重い物体は速く落下し、軽い物体はゆっくり落下する、そして全く軽い物体は上昇することすらある、と言う。これは、まさに毎日の経験が教えていることである。すなわち、石は速く落下し、一枚の紙はゆっくりと落下し、そして炎は上昇する。ガリレイは、すべての物体は等しい加速を伴って落下し、それゆえ、経過時間が等しいなら到達した速度も等しくなければならないであろう、と主張する。日常の経験からすると、この命題は単純に誤っている。しかし真空中では物体はみな実際そう振舞うはずである、とガリレイは続ける。つまり、ここで彼は再び、アリストテレスの哲学に対してのみでなく、毎日の経験とも矛盾する仕方で、真空というもの、空（から）の空間というものが与えられうる、との仮説を立てている。彼自身は真空を産出できる状況にはなかった。しかし、弟子のトリチェッリのような、十七世紀後期の物理学者たちに、真空をつくり出そうとする強い刺激を与えた。そして実際に、十分に空になっている空間が生産されたとき、その中では物体の落下に関するガリレイの予測の正しいことが明らかになったのである。さらに、彼の主張は揚力と摩擦、すなわちさまざまな比重、あるいはさまざまな大きさと形態の物体の落下速度が異なるという結果をきたしている二つの力の数学的解析のためにも道を拓いた。これらの力がないときにある物体がどのくらい速く落下せねばならないかを知っている場合にのみ、これらの力が落下を減速する効果によってこれらの力そのものを計測できるのである。

同じ考察は慣性の法則にも妥当する。この法則は、何らの力の作用をも受けない物体は、静止状態、あるいは速度が等しいままの直線的運動を維持し続けるはずであると言う。（ここでは、ガリレイはこの法則をこの形で表明したことは一度もなく、外見上直線的と見える諸軌道をも現実には大きな円の切片と見なしていたという錯誤に立ち入ることはしない。事実、彼の弟子たちはこの錯誤の方はごく早い時期に見切りをつけてしまった。）いまだかつて誰もある物体が直線上を等しいままの速度で運動しているのを見たことはない。もちろんそれは、物体には常に何らかの力が作用していることによる。慣性の法則が存在し、妥当しているなら、われわれが力というもので何を理解しているのかを明晰に定義する機会を与えている。つまり、ニュートンによれば、力とはその力の作用が及んでいる物体の加速に比例する。加速とは、単位時間あたりの速度の変化である〔時間に従った速度ベクトルの導関数〕。つまり力は、その定義自体からして、ある物体の慣性軌道からのその物体のズレに比例するのである。しかし、ガリレイがこのような法則を言葉に表わすことができるようになるまでに、どれほどの入念な分析、どれほどの思想的勇気が必要であったことか。このような法則は、一方ではどの現象においても直接には指し示すことのできないものであったし、他方ではすべての伝統的な因果表象と矛盾するものであった。変化を結果する原因なしには何らの変化も不可能であるということは、自明のこととされていた。ある物体の運動とはその物体の〔存在〕位置の変化である。それゆえ、原因なしには、すなわち、その運動を産出し、維持する力なしには、運動しないはずなのである。それがいまや運動は、その運動を維持しているいかなる原因も存在しないのに継続してゆくものとされるのである。例えばデカルトのような後の思想家たちは、状態変化のためにのみある原因を要求し、ある物体の状態の方はその物体の速度によって定義することで、自らは満足していた。これは巧妙に演じられたトリックである。というのは、そうする代わりに、位置、加速、恒常的な円運動の速度の大きさによって、彼らが状態を定義しなかったのはなぜなのか〔という問いが残るから〕。慣性の法則の唯一の正当化は経験の中にある。しかし、まさにこの経験は、ある一つだけの個別経験の中で厳密に検証することはできないし、日常の経験宝庫の中で厳密に検証できないことも全く確実である。この法則の経験的証明は、力学理論全体を、力学的諸実験の領域全体と比較することの中にしかないのである。

わたしは、第二シリーズ講義の第三講義〔第二シリーズの諸講義は、*Die Tragweite der Wissenschaft*（『科学の射程』), Stuttgart, 1990 (以下、合本版) の二〇一―四七七頁に、Band 2, *Philosopie der modernen Physik* (第二巻、「現代物理学の哲学」) として収録されている」の中で、この認識論的問題へ立ち戻ることになる。ここでは、これら一切がどれほどプラトン主義と連関しているかということを示唆しておきたい。あの時代の自然研究者たちは、数学的諸法則に対する自分たちの信仰を守るために、アリストテレスに対抗させてプラトンをフィールドに持ち込むことを好んでいた。彼らがそこでしていたことは少なくとも部分的には正しかった、とわたしは信じている。わたしが第四講義〔『科学の射程』第四講「ギリシャ哲学と宇宙創成説」〕で示そうと試みたプラトン的諸概念における数学の分析を比較してみていただきたい。わたしはそこで、この感覚世界では真の円を実際に目にすることはできない、と言った。全く同じように今、諸感覚のこの世界では真の慣性運動を実際に目にすることはできない、と言ってよい。真の科学はその本質からして感覚がわれわれに教えているものを超えてゆかねばならない。しかし、厳密な類比はここで終わる。真の認識として通用したいという請求権をもっているのは、プラトンにとっては純粋数学のみである。それも、この点についての本来の請求権は諸イデアの哲学的認識に留保されたままであるのに、である。つまり、感覚世界については、数学の助けをもってしても真実らしく物語ることしかできないのである。それに対してガリレイにとっては、数学的法則は自然の中で厳密に妥当し、しかも人間的思考の努力といったものによって発見されうるのである。ちなみに、ここで言われる思考には実験の実施も属している。自然は、複雑であって、われわれが勉強しようとするある一法則が、他のさまざまな効果による妨害を受けることなしに作用しているような単純なケースを、常に自ら差し出してくれているわけでもない。しかしこれらの妨害は、自らもまた自分たちの諸法則を満足させているさまざまな力に基因しているゆえに、これらの妨害自体についても全く同じように数学的勉強にとって道が通じたものとなっているのである。自然を解体するに倦むべからず、さすれば汝ら自然のマイスターたらん。現代物理学の実在論は、感覚を素朴に信じているものでもないし、唯心論的高慢の中で感覚を蔑視しているものでもない。

この姿勢はある神学的背景をもっている。感覚の世界は、この言葉のキリスト教的な意味で〈自然〉の世界である。プラトン主義もキリスト教も自然の彼方にあるものに信をおいている。しかし、両者の間には、プラトンの神は物質を作ることはしなかったという区別が存立している。しかも、世界の中の霊的要素のみが神的なのである。それゆえに、神からの賜物である科学は、厳密な意味では物質世界に自らを関係づけることはできない。キリスト教徒にとっては神が一切を作った。それゆえに、神の像に従って創造されている人間は、創造された事物を、当然のことながら、物質世界全体をも、理解することができる。まさに、み言葉が肉となったという思想、受肉の教義が、物質世界は、神には受け入れられないほど低俗であるわけでもないし、結果的に、神がわれわれに与えたものである〈理性の光〉によって理解されえないほど低俗であるわけでもないことを示している。異端審問所との闘いの中でガリレイは、コペルニクスの体系に味方し、われわれは救いのために神がわれわれに与えた書物〔聖書〕から読み取るのみでなく、自然という書物、創造の中で神が与えた書物からも読み取るであろう、と力を込めて言っている。

ところで、有名なこの闘いに関しては、比較的詳細に話したい。この闘いはガリレイ神話のもう一つの部分である。この神話はおよそ次のように言っている。すなわち、「ガリレオ・ガリレイは中世的迷信に対抗する科学的真理の一殉教者であった」。ここでもまたこの神話は、真実の一端を摑みとってはいる。ガリレイが果たした中心的役割を正しく強調してはいる。しかし、ここでもまた、この神話は、今わたしが定式化したばかりの文章の一つひとつの言葉に異を唱えてゆく中で、これらの事実を記述してみたいとの誘惑に駆られるほど、史実を歪めてもいる。ただし、状況はここではさらに複雑である。鉾先を何度も転じるだけの根拠をわれわれは見出すことになるであろう。

ガリレイは殉教者であったのか。殉教者とは〔ギリシャ語では〕証人ということである。この限りではわれわれは同意することができる。彼は一人の公の証人であった。彼は大いなる火と、大いなる文才をもって科学の味方として公に話したし、われわれが真と見なしている科学の味方として話しもした。科学と教会が敵対していると前提するなら、もしかすると、ガリレイに対する訴訟手続き以上に、教会に――単にカトリック教会に対してのみでなく――損害を与えることになった個別行為はなかったという意味でも、彼は一人の証人であったと付け加えることができる。つまり、彼は今日もなお、反キリスト教宣伝の一つの主要な支えとなっているのである。

しかし、殉教者という言葉は、死の威嚇を前にしても自らの信仰を告白し、死にあたってもその人自身の決定的証言が自らの信仰に味方するものであるような証人という意味づけを受け取ることとなった。ガリレイが受けた威嚇は死と比べれば小さなものであった――いうまでもなく、七十代の彼が拷問具を示され威嚇されたということは本当のようではあるが――、しかも、そのような圧力のもとで彼は、コペルニクスの理論を破棄することを誓いもした。この言葉を全面的に語義どおりの意味で使用するなら、ガリレイは殉教者ではなかった。

ガリレイ自身が殉教者となろうと欲したことなど一度もなかったがゆえに、彼は殉教者となることもなかった、というのが史実である。彼は後期ルネサンスの人間であり、生を享受していたし、享受しようと欲してもいた。科学と科学的名声とを享受していたし、享受しようと欲してもいた人間であり、しかも善き、そして忠実な一カトリック教徒でもあって、教会との諍いを探し求めたことなど一度もなかった人間である。彼があまりに立派なカトリック教徒であると同時に、あまりに立派な科学者でもあったがゆえに、殉教とは宗教的、倫理的確信のためのものであり、科学的真理のためのものではないことを明晰に洞察してもいたというのが、真実らしい。宗教的、倫理的確信は人間的行動に関係するものであり、それら確信の内実も人間的行動を通してしか実証されえない。それに対して、科学的確信は事実に関係するものであり、それら確信の内実は、人が事実を見つめる中で実証される。彼が願望していたことは、一つの事実について、自分が属していた教会を納得させることであった。彼は、コペルニクス的な捉え方が正しく、重要で、しかもいかなる様相においてもカトリックの信仰に敵対するものでないことを教会に納得させようと望んでいた。この望みを達成するために、本を書き、人々に望遠鏡を覗かせ、枢機卿たちや教皇と話合いをした。自分の本が断罪されたときには、彼にはその本を「改良する」心構えがあったし、自説の破棄を宣誓するよう強制されたときには、自分をこのような状況に追い込んだ人間たちを憎んだし、後になってからは、彼らについて冷やかな侮蔑を込めずに話すことは決してなかった。しかし、あらゆる外交術的手段も自分を救うことができない場合には、避けることができないことには身を屈し、コペルニクスに反対する宣誓をすることにもなるであろうということを、彼が一度でも疑ったことがあることを示唆するような暗示は、われわれは何らもっていない。あの瞬間に彼が「それでもやはり〔地球は〕動いている」(Eppur si muove) と考えていたことは全く確実である。ただし、彼がこの言葉を口に出して言わなかったことも全く同じように確実としてよいであろう。彼とて道化ではなかったからである。

ところで、彼が教会を納得させることができなかったのはなぜなのか。理由は、明らかに認識できる一つの科学的真理を中世的な後進性に抗って擁護することを彼がまさにしなかったことにある、と答えねばならないのではないかとわたしは危惧している。事情はむしろ逆であった。すなわち、彼は自分が主張したことを証明することができなかったし、彼の時代の教会はもはや中世的ではなかったのである。第二の点をもって始めることにする。現代の伝記作家、G・ド・サンティリャーナが、十七世紀初期のローマ教会は全体主義的国家への道においてすでに、中世の数世紀には可能であったかもしれないような、そしてルネサンス期には確実に可能であったような姿での、思考の自由をもはや容認できないところまで前進してきていたと主張するとき、彼の主張は全く正しいと思われる〔Santillana, G. de: *Crime of Galileo*, Univ. of Chicago Press 1955. 一瀬幸雄訳『ガリレオ裁判』、岩波書店〕。ガリレイは、教会の教える権威は救いのために重要なことには及ぶが、自然に関する係争中の捉え方にまでは及ばないとする、当時は流行遅れとなってしまっていた説を擁護していた。他方、彼の訴訟手続きの諸記録を読んだ際にわたしが感じたことは、彼の言っていることが事柄において正しいのか否かという問いに興味をもっている人々は、そもそも教会の中にはきわめてわずかしかいなかったということである。教会はようやくのことで宗教改革の打撃から持ち直したばかりのところであった。そして、疑義のあった数多くの教義的な問いについては、トリエント公会議において決定がなされていた。イエズス会士たちは教会内での従順についてそれまでよりはるかに厳しい捉え方を導入していた。〔信徒全体が〕教義と一枚岩のように結ばれていることが、教会にどれほどの強さをもたらしうるか理解されてきていた。ドイツでは三十年戦争が戦われていた。聖書は神の言葉であった。聖書をコペルニクスと和解させることは容易ではなかった。――このような状況下で、異端者たちに対する、危険であるとともに、もしかしたら最後のものとなるかもしれない、教会の闘いにおいて、新たに柵を突き破って出てきた、地球の運動に関する喧嘩ごときによって、なぜわざわざ教会の立場を弱体化させなければならないのか。このように解釈するなら、ガリレイと異端審問所との間の闘いは二つの最高に現代的な勢力、すなわち科学と全体主義の間の闘いだったのである。双方がキリストを信仰していた。しかも、多分いずれの側もが、自分の側は小麦であり、相手方は毒麦であると考えていた。歴史とはかくも両価的（アンビヴァレント）なのである。

双方のいずれもが自己自身の中に両義性をはらんでいた。そして、敵対する者は、知性ある敵対者の厳しい目をもって、相手方の弱点を見ていた。少なくとも一定の範囲ではそうであった。ガリレイが科学を代弁していたやり方における彼の弱点は、すでに言ったように、彼が自分の諸主張を科学的には全く証明することができなかったことである。この点を明らかにするためには、わたしがこの時限の始めにコペルニクスの体系について言ったことを皆さんに想起してもらうだけで足りる。確かにガリレイが手にした望遠鏡は、太陽の黒点を、月にある山々を、さらには太陽の周りを取り巻く諸惑星の、コペルニクス的に理解された系のミニチュア模型のような外観をもっていた惑星、すなわち木星の周りの衛星系を示していた。こうして、天体に関する古い見方の幾つかのものに、何よりも天体は大地とは全く別のものであり、汚れなき天的素材で成り立っているとの見解に、揺さぶりがかけられてはいた。しかし、この一切からは、強制力をもつ科学的証明としては、コペルニクスに味方するものも、反対するものも何ら結果してはこない。ケプラーの諸法則をプトレマイオスの体系の中へと向けて解釈し直すことが極度に錯綜した像を生じさせることになったのに対して、コペルニクスの体系の中でならこれらの法則は圧倒的に明らかな意味をもつということが、おそらく当時、提供しえた最強の論拠であったであろう。しかしガリレイは、この論拠を一度も用いなかった。それどころか、これらのテーマに関するケプラーのあの読解困難な本をケプラー自身が彼に送付していたにもかかわらず、彼はこの本を念を入れて読むことすらしていなかったように見えるのである。ベラルミーノ枢機卿やイエズス会の天文学者たちのような教会の優れた神学者たち（彼らのうちのかなりの人々は心の中ではコペルニクス主義者であったのかもしれない）にとっては、この事態はもちろん百パーセント明晰になっていた。ガリレイがまだ大いに丁重に扱われていた、一六一五年のいわゆる第一次訴訟手続きにおけるベラルミーノの立場は次のものであった。すなわち、コペルニクスの体系は、惑星運動の相対的に単純な記述のための数学的仮説として利用することは確かに許されるかもしれないが、ただ、この体系が真理であると主張することは許されない、というのは、この体系は証明できていないし、この体系は誤っていると結論づけるようにと聖書が強要してもいるから。ここで仮説という言葉が、信仰の対象とはされていないものの、計算を単純にしてくれる一つの想定を意味していることは明白である。ガリレイはこの定式に身を屈したが、それは単に façon de parler〔言い回しの問題〕と見なしたかぎりでのこの定式に対してでしかなかった。彼は、プトレマイオス説とコペルニクス説という二つの主要な世界体系に関する有名な対話の本〔『天文対話』青木靖三訳、岩波文庫〕を書き、その中であまりにも見えすいた仕方でこの定式を自分の真の意見を擁護するための傘としようとした。そのため一六三三年の、第二次の——いまや本当の、そして危険な——訴訟手続きという究極的打撃をその身に引き寄せることとなったのである。

つまり、自分が証明できたこと以外は言わないようにという以上のことは、異端審問所はガリレイに要求しなかった、と主張することすらできるのである。この対決では彼は、一人の狂信者であった。しかし、われわれはもう一度鉾先を転じなければならない。すなわち、自分が狂信者であることで、彼は正しかったのである。不安がって、証明可能なことにしがみついているのみでは、偉大な科学的進歩など起こらない。それらが起こるのは、それら自身の追認、あるいは論破そのものへの道をも初めて拓くような思い切った主張によってである。物体の落下に関して、そして慣性の法則に関してわたしが言ってきた一切が、この命題を解説している。そして、ガリレイがこの方法論的状況を全面的に自覚していたことは疑いえない。宗教と同じように、科学も信仰を必要としている。そして信仰のこれら両様式は、もしそれらが自己自身を理解しているなら、それぞれ自分たちに独自のテストのもとに身を投じることもする。すなわち、宗教的信仰は人間的生活の中で、科学的信仰はさらにその先を研究してゆくことの中で。

しかし、かりにガリレイが科学の本質を異端審問所よりよく理解していたとして、彼は歴史における科学の役割をも理解していたのであろうか。彼は、わたしが前の講義〔『科学の射程』第五講「キリスト教と歴史」〕の中で実在性の史的位置と名付けていたものの代わりとして立っていた。人間には自然に関する真理を探究する自由がある。この自由を妨げることはしてはならない。しかし、自由な研究はどのような結果をもたらすであろうか。われわれは教会の諸動機を公平に評価するよう試みなければならない。ガリレイが聖書と千五百年間のキリスト教の伝統との権威を失墜させたとして、地上の王国の土台のこの掘り崩しはどこで終結することになるのであろうか。この権威はもしかすると数多くのひどい事柄を覆い隠してきていたかもしれない。しかし、結局は、この権威がヨーロッパを産み出したのである。ベラルミーノ枢機卿が実際にもっていたと推定されるよりもう少し多くの先見の明が当時の彼にあったと想定してみるとして――近づきつつあった手綱なき研究の時代の諸結果に思いを馳せたとき、彼は戦慄せざるをえなかったのではあるまいか。古典力学から原子の力学へは三百年というまっすぐな一本道が通じている。原子力学から原子爆弾へは二十年というまっすぐな一本道が通じている。この爆弾が、自らの母体である西洋文明を破壊することになるのか、これについてはわれわれはまだ知らない。われわれの中の一人が一六一五年に枢機卿であったとして、一九六二年まで（それより先までとは言わず）の未来を見通しており、その〔上述のような科学の〕展開を抑える見込みがあったとする。それでもなお、その展開を抑えずに座視するというリスクの責任を、彼はあえて自らに引き受けたであろうか。

教会が知らなかったことは、この展開を押し止める見込みが与えられてはいなかったということである。

わたしの意見では、ここにこそ教会的ポジションの両義性がある。危険な展開を妨げてくれることになるかもしれないある権威主義的体制を打ち立てようという教会の試みが、人類に対する真正なる責任性に駆られていたことを否定することは、端的に言って不公正であろうと、わたしは信じている。危険を最もよく知っている人々は、最後の審判を待っているこの時代に、賢明なる予見によって人類を悪から守ること以上に優れた奉仕の証し立てを、自分たちの兄弟に示すことができるであろうか。神自身がその創造の秘密を新たなる世界においてわれわれに対して開こうとする以前に、われわれがその覆いを外してしまうことを、いったい神は欲していたのであろうか。

これこそがまさに、わたしが最後の講義〔『科学の射程』第五講「キリスト教と歴史」〕の中で保守的キリスト教と名付けたものである。ストア派を信仰していたローマの皇帝たちも、同時代の人々が自分たち皇帝の人格に捧げた犠牲を受け取るたびに、そしてこれらの犠牲をもって、ありうる諸悪のうちの最小のものとして自分たち皇帝の支配が承認されるたびに、似たような考え方をしていたのかもしれない。教会の政治的支配は、ローマ帝国を宗教的領域へと転写した。ただし、キリスト教的ラディカリズムは最初の数世紀間、神的皇帝に身を屈することを拒んでいた。真の神のみを礼拝したいという、外見上は道化のようなその強情さによって、キリスト教的ラディカリズムは自ら迫害をこうむったし、この世界圏を征服もした。いまや現代科学のラディカリズムが、ある神的責任を自分たちの人間的な諸手に受け取っていた祭司たちに身を屈することを拒んだ。つまり、あれらの科学者たちは、まだキリスト者であったにもかかわらず、真理に奉仕するより、むしろ人間的慎重さに奉仕する方がキリスト教的な姿勢であるとは、信じることができなかったのである。われわれの真理探究の諸成果は神の手の中にあったのではなかったのか。初期のキリスト教徒と近代の科学者たちは、真理概念の理解ではきわめて異なっているとはいえ、真理に対するそれぞれの固執という点では何か共通のものをもっていた、とわたしは信じている。

この点がどうであれ、教会は、かりに科学の世界があの毒麦であったとしても、刈り入れ前にこの毒麦を駆逐することはやはり不可能だったこと〔マタイ福音書十三章参照〕を学ばねばならなかったのである。

ガリレオ・ガリレイ

ガリレオ・ガリレイは、一五六四年の、ミケランジェロが世を去った週に生まれた。一六四二年、ニュートン誕生の数カ月前に彼は死んだ。彼はルネサンス世界に生まれ、反宗教改革という空間に生き、科学時代の幕を開けた。

彼は芸術家一家の出である。父は音楽家であり、音楽理論家として知られていた。ガリレイは若くして何年間かピサ〔大学〕の教授をし、実り豊かな二十年間にわたって、ベネツィア共和国の文化的で自由な雰囲気に護られつつ、パドヴァで数学教授をした。そして生涯最後の三十年間は、彼の領邦君主トスカーナ大公の宮廷天文学者をしていた。その最後の歳月は、コペルニクスの体系をめぐる闘いという暗い陰に覆われている。一六一六年、この体系を教えてはならないという訓告を検邪聖省から受けた〔第一次裁判判決〕。そして、一六三三年七十歳になっていた彼は、この件に関して約束を破ったとの廉で告発され、コペルニクスの教えを破棄すると宣誓するよう強要された〔第二次裁判判決〕。生涯の最後の十年間は、次第に失明してゆきつつ、フィレンツェ近くの自分の別荘で監視つきの囚人として過ごしている。この最後の十年間に、彼はその最大の科学的作品、力学の基礎を含む『対話』（*Discorsi*）〔*Discorsi e dimostrazioni matematiche, intorno à due nuoue scienze attenenti alla mecanica & i movimenti locali*（力学と地上運動に関する二つの新しい科学についての対話および数学的証明）。邦訳、今野武雄・日田節次訳『新科学対話』岩波文庫〕を書いた。

彼はこの本をオランダで印刷に付すこともできた。出版地はライデン、出版年は一六三八年である。

ガリレイは今日の科学信仰の一人の、否、文句なしの伝説的人物そのものである。わたしの目標は、現実というものをわれわれが見ることができる限りで、ガリレイ＝神話をガリレイという歴史的現実と比較することである。歴史的現実というものは、最終的真相という点では、われわれにとっておそらくずっと隠されたままであるから。

このテーマに関しては、本来三つの講演がなされねばならないであろう。すなわち、(1)歴史的、自然科学的事実に関して、(2)これらの事実を整理し歴史に正しく組み入れる試みに関して、(3)これらの事実と、歴史におけるこれら事実の組み入れとを一つの全体としてみた場合に与えられるべき意義に関して。きょうの講演は、これら三つのなさるべき講演のうちの二番目のものである。とはいえ、第一テーマについても文献上の示唆を幾つか与えることになるし、続いて第三講演からも今日の世界で科学が占めている地位に関する若干の考察を行なうことになる。

ガリレイという人物そのものを知ることだけでも十分に興味あることであろう。しかしここでは、彼の〔科学的業績と思想の〕世界史的意義について考察するのであるから、伝記的、科学的な個々の細部は、そのために重要である限りでのみ言及することとする。

科学はわれわれの時代の性格と運命を規定しているように見える。わたしは、科学に対する信仰はわれわれの時代の支配的宗教である、というテーゼを立てる。すべての世界宗教——キリスト教、仏教、イスラム教——は、そしてすべての準＝宗教——共産主義、自由主義——も、帰依者、敵対者、そして関わりを全くもたない同時代人と対峙しているのに対して、ひとり科学だけには帰依者しかいない。確かにわれわれの時代にはこれほど包括的な宗教はほかにない。中世、および十九世紀にまで及ぶ近代のヨーロッパではキリスト教が支配的であった。われわれの世紀〔二十世紀〕については、二つの理由からそのようには言えない。すなわち、第一には、依然としてキリスト教はわれわれ西方世界の大多数の市民の公の宗教ではあるとしても、最も広く見られる精神的姿勢は多分、宗教的不可知論だからである。第二に、われわれがわれわれのものと呼ぶ世界を記述するためには、ヨーロッパ人の立場だけでは今日もはや十分ではないからである。アメリカが今日、ヨーロッパの宗教伝承を分有している一方、ロシアはこの伝承を船縁の外へ投げ落としてしまった。そして、この伝統を一度も共有したことのない中国、インド、アラブ諸国などが、われわれがともに生きてゆかねばならない場である世界の部分となっていることは、全く明白になっている。

もしかしたら、われわれは、脱＝宗教的世界に生きているのかもしれない。とはいえ、平均的な人間精神の、以前は宗教によって占められていた場所が、今日、空（から）になったままということは真実らしいとは見えない。上述のわたしのテーゼは、宗教なき空の場所は今では科学への信仰によって占められている、と言っている。科学を個人の、そして社会の精神における規定的要素と見なすとき、科学の本質はこの場所をきわめて立派に満たすことのできる類いのものである。

宗教というものが備えているべき不可欠な要素を、社会学者ならどのように輪郭づけるであろうか。われわれは、少なくとも次の三つを名指したいとの思いに傾いている。すなわち、共通の信仰、組織化された教団、行動のための規範典である。信仰、教団、行動規範と比較しうるようなものが科学にも見られるであろうか。

科学は信仰を理性で置き換えていて、まさにこの点で科学は自らを宗教から区別しているという意見を、多くの科学賛美者はもっている。ただし、この見解は信仰概念をあまりに狭く捉えたところから出発している。信仰というものに関して最も重要なことは、〈真と見なすこと〉ではなく、〈信頼して任せること〉である。ここでわたしは、「真と見なすこと」という言葉を、〈知っている〉ということに支えられてはいない賛同の意味で使用している。「信頼」という言葉でわたしが理解しているのは、人格がとる一つの姿勢であり、その人格の一切を貫いているとともに、われわれの存在の意識的部分だけに限定されるものではないある姿勢、そして、われわれが信頼している当の相手が見える形で目の前にいるときにわれわれがとるべき行動と全く同じ行動を、当の相手が目の前にいなくてもとることをわれわれに可能とする〈任せて大丈夫と思う心〉である。それは第一義的には、真と見なすという知性的充足ではなく、信頼するという道徳的充足であり――道徳的という言葉はその最も広い意味で理解される――宗教的信仰に信仰としての力を付与しているものである。そして皆さんがわたしに、科学と技術というシャム双生児をわれわれの時代の偶像としているものは何かと問われるなら、答えは両者の信頼性ということになる。自分の神々に関してほとんど知らず、科学についても何も知らない、世界のどこか未開な村の幼稚な少年でも、今日では、アクセルを踏むことを学べば、車は走る。ヨーロッパ的精神も、ヨーロッパの不可知論者も、部屋に入る際に、スイッチを回しながら、そうすれば光がともると期待しているとすれば、そうするたびに、彼らは技術の世界に対する自分たち共通の信頼を示しているのである。そして、もし自動車が、電気の光が、電話が時に意のままにならぬことがあるとしても、だからといって、われわれは、科学が正しくないといって科学を非難するであろうか。むしろ、どこかに欠陥があるに違いなく、科学の要求水準をどうやら充足してはいないらしいそれぞれ当該の機器の側に誤りを見るのである。科学に対するわれわれの信仰とは、このような類いのものである。

この日常的な信頼は信仰の名に値するのであろうか。宗教的信仰とは、ある別の世界の中からわれわれに啓示され、秘密の中に包み込まれ、奇跡によって保証されたものではないのか。この点については、今日の平均人が科学と向かい合う際の心理状況は、一人の信仰者がその人にとっての啓示宗教と向かい合う際の心理状況とまさに等しいものである、と言うことができる。原子も一個の目に見えない世界ではないのか、そして数式も、科学者と呼ばれる聖別された人々の目にとっては開かれたものであるとしても、素人にとっては秘密に満ちた一冊の聖書ではないのか。奇跡は元来、自然法則の彼方に横たわる何かと見なされていたのではなく——自然法則という概念はそもそも現代のものである——、超人間的な力の啓示なのであった。宗教的信仰の歴史の中で最も目につく奇跡は、食事を与えること、治癒、破壊をもたらす奇跡である。現代の農業と物資輸送、現代医学、現代の戦争機構はこれらに精確に対応する奇跡を起こしている。

科学という宗教にもなんらかの教団といえるものはあるのであろうか。多分、皆さんはこの問いには否と答えられるであろう。ひょっとすると、共産党は何らかの教団のようなものになろうとしているのかもしれない。しかし、共産党はせいぜいのところ強大な一セクトでしかない。今日の世界では、科学信仰者の多数派は科学についての共産主義的な捉え方を共有してはいない。この多数派は、共産主義者たちが科学と名付けているものの中の多くのものはその名に全く値しないと感じている。したがって、科学教団といったものは存在しないにもかかわらず、他方では、科学の祭司団といったものは、すなわち科学者たちは存在している。わたしはこれらの人々を聖別された人々と名付けた。共通の真理に対する自分たちの理解に即して彼らは互いに識別し合っているのである。

物理学が一つの科学であり、弁証法的唯物論がそうでないことは、例えば一九五五年、原子エネルギーの平和利用に関する第一回ジュネーヴ会議の際に明瞭に示された。西側とソビエト・ロシアとからのかなりの数の物理学者がそこで初めて会合し、未公開だった数多くの情報が交換された。この交換の際に、逆方向の政治体制と信仰宣言をもっていた国々で極秘裡に算出されていた同じ原子定数の数値が、小数点以下の最後の桁に至るまでも同一であることが明らかとなったことはきわめて印象深いことであった。しかし社会学との関連では、これに類似するようなことは何も起こったことがない。ソビエト・ロシアの物理学者たちと、西側から来た同僚たちとを、政治的意見のいかなる差異によっても触れられることのない一つの絆が一つにした。彼らを一つにしているものは、一つの共通な真実なのである。

　宗教の第三の要素として、わたしは宗教のいわゆる行動規範を挙げておいた。この規範は自らの中にある慣習法を含んでいる。かなりの数の宗教は固有の典礼規定をもっている。純粋倫理という概念は、宗教の史的展開の中では多分かなり遅くなってからできあがってきたものと思われる。倫理規範は元来、典礼の中に埋め込まれていたものである。儀律は、人間がその生涯全体にわたって依存していたあの超人間的な諸力に対してとるべき正しい行動の規則を含んでいた。これらの規則のほとんどは現代の人間には理解不可能である。事実、あの諸力の実在性を信じていた人間の精神的姿勢の中に身を置いてみることは、それが単に戯れとしてなされるだけでよいとしても、現代人にとっては可能ではない。しかもそれにもかかわらず、今日の生活の中にも、対応するものがある。すなわち、自然法則に対するわれわれの信仰と、どの器械にも添付されている取り扱い説明書には従おうというわれわれの心構えとである。なぜ車は発進しないのか。サイドブレーキを解除することを忘れていた。正しくレバーを操作する術を学んでいなければ、いつまで経っても走ることはできないままになる。正しい瞬間に正しい定式を口にする術を学んでいなければ、いつまで経ってもデーモンたちはわれわれの言うことをきいてはくれない。

　ともに同じ人間である人間の間の正しい身の処し方が目に見えないさまざまな存在（メヒテ）に対する正しい身の

処し方から生まれるように、倫理は宗教的儀律から生まれる。技術の世界も、固有な仕方においてではあるが、この移行を知っている。そして、このことを理解しておくことは、われわれの未来のためには生死にかかわるほど重要なのである。ボタンの押し方さえ知っていれば、時速九〇キロで自動車を走らせることはあなたにもできる。とはいえ、街中の通りを時速九〇キロで走らせようとすれば、交通法規に抵触することになる。否、それ以上のことになる。すなわち、あなたは無責任であるし、そのことを知ってもおられる。技術世界に固有の一つの倫理がある。ただし、この倫理はまだよく理解されてはいない。技術的に実行可能なことをすべて行なうことは、非技術的行動へと導く。そのようなことは、技術的アヴァンギャルディズムでも何でもなく、子供っぽい空騒ぎである。幼い男の子は、両親の家具や心の安らぎのことまでは考えないで玩具を試してみる。他方、おとなも器械を目的のための手段として操作している。この考察は原子力時代の戦争と兵器といったような重大な問題にも適用しうる、とわたしには見える。今日、技術分野で達成されることの多くは黒魔術と何ら異なるところのない、成熟した技術時代と言える時代にはふさわしくないものである。われわれはまだ依然として技術的倫理の、というよりも技術的儀律の時代に生きている。この限りにおいて技術はある両義的な状況にある。技術は、自らは切望したこともなければ、満たすことも多分できはしないようなある場所を占拠しているのである。

ガリレイという人物において、科学が演じなければならなかった役割が見えるようになる。とりわけ二つの対象をわたしは扱う。すなわち、力学領域におけるガリレイの諸成果と、コペルニクス的世界像をめぐる彼の闘いである。両領域において、わたしは、よく知られている細部よりも原理的な問いの方により大きな興味を抱いている。

科学的力学を根拠づけることによって、ガリレイは数学をいわば地上に引き降ろした。静力学の領域でアルキメデスが達成していたことを、ガリレイは動力学、運動学の領域で成就しようとした。なるほど彼は、後輩たちのために完成した学問的構築物を遺さなかった。後の物理学者たち、とりわけホイヘンスとニュートンが、多くのことを脇から付け加えねばならなかった。とはいえ、決定的な最初の精神的刺激は疑いなくガリレイから発していた。われわれはこの精神的業績を理解するよう試みてみよう。

現代科学は固有の史的神話をもっている。それはガリレイ神話という神話である。この神話が言っていることは、暗黒の中世においてはアリストテレスの思弁が、事実観測によるいかなる根拠づけをもなさないままに高い尊崇を受けていたのであるが、その後ガリレイが、事実あるがままに世界を記述する道を科学のために敷設した、というものである。どの神話もそうであるように、この神話も一片の真実を表現している。ガリレイを高く評価している点でこの神話は確かに正しい。ただし、わたしの見解によれば、この神話は、ガリレイの現実の業績の本質を全面的に歪めている。わたしは、この神話が言明していることのまさに逆を主張することによって、ガリレイの業績の輪郭を描いてみたい。

さて、わたしは次のように言う。盛期中世は決して暗闇の時代ではなく、逆に、精神的行動力が溢れんばかりに煮えたぎっていた高度な文化の時代であった。盛期中世がアリストテレスの教えを自らのものとなしえたのは、この時代が現実と関わっていたがゆえであった。ただし、アリストテレスの主要な弱点は、彼があまりに経験的に事に当たりすぎていたことにあった。彼が数学的自然学を創造することができなかったのは、そのためである。ガリレイの大いなる前進の一歩は、われわれが事実として体験してはいない仕方で世界を記述することを敢行したことにあった。彼は法則をいくつか定立したが、これらの法則は、彼が定式化した姿では、事実的体験とは矛盾するものであり、それゆえいかなる個別的観測によっても検証することのできないものであった。ただし、これらの法則は数学的には単純であった。そして、このことによって彼は、数学的解析に道を拓く準備をしたのであるが、この数学的解析は、可見的世界の多層的現象をそれらの要素へと解体してゆくのである。科学的実験は、問いを立ててくれるとともに、答えをも指し示せる数学的理論を自己の導き手とする中で、日常の経験からは逸れてゆく。こうすることで科学的実験は、所与の「自然」を扱いやすいある「実在」へと変容させている。アリストテレスは自然を保持し、現象をすべて救おうと欲していた。彼は人間の健全なる良識を教義に格上げするという誤りを犯した。一方、ガリレイは自然を解体する。つまり彼は、さまざまな新しい〈立ち現われ〉を創造し、健全なる良識を数学を用いて打ち砕く術をわれわれに教えているのである。

どれか一つ単純な例を考察してみよう。重い物体は速く、軽い物体はゆっくりと落下し、そして全く軽い物体は上昇すらする、とアリストテレスは言う。これがまさに、日々の経験が教えていることである。それなのにガリレイは、すべての物体は同じ加速度で落下してゆくし、それゆえ、所与のある時間の経過後はすべての物体は同じ速度に達している、と言う。日常経験では、この主張は単純に誤りであることが明らかになる。しかしガリレイは、真空の中でならどの物体も現実に同じ速さで落下するはずである、と言う。つまり彼は、真空というものが、すなわち空気もない空(から)の空間が存在するとの仮説を定立し、これをもってアリストテレスとのみでなく、実際の経験とも矛盾する。空気が空(から)の空間を自分で造り出すことは彼にはできなかった。ただし、例えば弟子のトリチェッリなど十七世紀末期の物理学者たちに対し、真空を造り出すよう鼓舞することはした。そして実際に、近似的に真空の空間が造り出されて以降、ガリレイの予測が正しかったことが明らかになったのである。それのみか、さらに彼の予測は、揚力と摩擦の、すなわち比重が異なり、大きさや形態が異なる落下物体のさまざまな行動の根底に横たわる二つの力の数学的解析に道を拓く準備もした。名指した二つの力が実際には存在していない場合に物体がどのように落下するかを知っていて初めて、これら二つの力をそれぞれの抑制的作用に即して計測することもできるのである。

慣性の法則に関しても同じような考察をしてみることができる。この法則は、何らの力の作用をも受けない物体は一本の直線上を不変の速度で運動し続ける、と言う。この仕方で運動し続ける物体を見たことのある人は誰もいない。それは、物体には幾つかの力が常に作用を及ぼしているという事実にもとづいている。それゆえ、慣性の法則は、われわれが何を力と理解するかを精確に定義する可能性を与えている。ニュートンによれば、力は、その力が作用を及ぼしている当の物体の加速に比例する。加速とは、単位時間あたりの速度変化である。それゆえ力は、ある物体の慣性軌道に対するその物体のズレに比例するものと定義される。現象の中に判明に読み取ることもできず、あらゆる伝統的な因果性表象とも矛盾していた一つの法則をガリレイが定立するに至るまでには、どれほど深く掘り下げた分析と、どれほどの精神的冒険心とが必要だったことであろうか。事物に作用を及ぼす原因なしには何らの変化も存在しないということは、公理として妥当していたのである。運動とは、位置関係のある変化である。したがって原因なしには、すなわち運動という効果を結果する力なしには、運動はない。しかもそれなのにいまや、原因が先行していない運動が与えられているとされるのであろうか。慣性の法則が正当化されるのは、もっぱら経験によってのみである。とはいえ、この経験をさせてくれるということは、どの個別ケースにでもできるわけではなく、日常の〔個別〕経験にそれができないことも確実である。この法則を経験的に証明してくれるものは、全体としての力学理論と、全体としての力学的実験の領域との比較のみでしかないのである。

認識の方法にかかわるこの問題は、プラトン主義と結びついている。あの時代の科学者たちは、数学的法則に対する自分たちの信仰を守るために、アリストテレスに対立させてプラトンをフィールドへ引き入れることを好んでいた。わたしの見解によれば、彼らがこうしたのは部分的には当然でもあった。われわれのこの感覚世界には完全なる円は与えられていない。そして同じように、この感覚世界のどこにも真の慣性運動を見出すことはできない、と言うことができる。それゆえ、真の科学は、感覚が媒介してくれるものを、必要に迫られて超えてゆかねばならないのである。ただし、比較の可能性はここで消える。真の認識と名付けられうるとの請求権を掲げることのできたものは、プラトンにとってはせいぜい純粋数学しかなかった。そして、これについて本来の意味での請求権をもっていたのは哲学的イデア論であった。つまり、感覚世界について経験できるものは、真実らしい物語でしかないのである。ところが、ガリレイにとっては数学的法則は全面的な厳密さで自然において妥当するとともに、人間精神の努力によって自然の中で発見することのできるものでもある。そしてもちろん、この努力の中には実験の実行も含まれている。自然は複雑であるので、われわれがまさに勉強しようとしている法則が何らの障害にも妨げられることなく作用しているような単純なケースを常に提供するとは限らない。ただし、これらの障害も、それぞれ自分たちに固有な法則に従う力によって引き起こされているゆえに、数学的解析にとっては同じように道が通じたものとなっている。それゆえ、人は自然を解体し続けていってよいのであり、そうすることで、人は自然を制御するようにもなってゆく。現代科学の実在論は、感覚に対する素朴な信仰でもなければ、感覚の唯心論的蔑視でもないのである。

ガリレイの姿勢には一つの神学的背景がある。感覚の世界は、この語のキリスト教的な意味で〈自然〉の世界である。プラトン主義もキリスト教もこの自然の彼方に横たわっているものに信をおいている。ただし、プラトンの神は物質を創造することはしなかった。世界の中の精神的なるもののみが神的なのである。それゆえ狭義の世界は、一個の神的賜物である科学にとっては何のかかわりもないものである。しかし、キリスト教的な捉え方によるなら、神が一切を創造した。それゆえ、神の生き写しである人間は創造されたもの一切を理解することができるし、当然ながら物体的世界全体を理解することもできる。まさに受肉の教義、神のみ言葉が肉となったという思想が、物質世界も神に受け入れられることすらできないほど低俗であるわけではないことを、キリスト教徒に示している。それゆえにこそ、われわれは神から贈られている悟性の光によっても物質世界を理解できるのである。コペルニクスの体系をめぐる異端審問所との闘いの中でガリレイは、われわれは、神がわれわれを救済するために与えた言葉の書物〔聖書〕のみでなく、神がその創造事業の中でわれわれのために繰り広げている、〈自然という書物〉をも読み解くべきである、と明瞭に言っていた。

わたしは今、この有名な闘いにもう少し詳しく立ち入りたいと思う。この闘いはガリレイ神話の一部となってしまっている。この神話はここでは次のように言う。すなわち、ガリレオ・ガリレイは中世的迷信に対する闘いにおいて科学的真理の殉教者であった、と。この神話にも一定の真理内容はある。この神話はガリレイの、要としての地位を正当に強調している。しかし、この神話も史実をいくつかひどく歪めているので、わたしは、この神話の概要を書いた際に用いた文のほとんど一語一語をその逆のもので置き換えてみたいとの誘惑を感じるほどである。ただし事情はここではもっと多層的である。その結果、われわれは鉾先を一再ならず転じなければならないことになる。

ガリレイは殉教者であったのか。殉教者とは証人ということである。ガリレイは実際一人の公の証人であった。したがってこの限りでは、われわれは問いを肯定する。大いなる情熱と文芸技法とをもって彼は文字どおり衆人環視の中で科学を擁護し、今日われわれが真と見なしている教えのために尽力した。教会と科学が敵対していると想定する場合、単一の事件でガリレイ断罪以上に教会に――それも単にローマ教会に対してのみでなく——損害を与えた出来事は多分ほかにはなかったと思われるゆえに、この意味でもガリレイは特別な証人であると付け加えることができる。今日なお、彼の断罪は反キリスト教的宣伝の主要論拠の一つとなっている。

ただし殉教者とは、今日では、自らの信仰を公に、それも死をもって脅かされている際に公に宣言する証人を意味している。それも、その証人の決定的証言が自らの信仰のために死ぬことに存立しているという意味での証人を意味している。ガリレイに加えられた脅しは、死よりは小さいものであった——ただし、彼も多分一度、七十歳のときに拷問をもって脅されたことはある——そしてこの威圧のもとで彼は、コペルニクスの教えを破棄すると宣誓した。それゆえ、語の十全の意味では、彼は殉教者ではなかった。

ガリレイは殉教者になろうと自ら欲したことは一度もなかったがゆえに、殉教者となることもなかったというのが、歴史的な実態である。彼は、後期ルネサンスの人間であり、生を享受していたし、享受しようと欲してもいた。科学と科学的名声を享受していたし、享受しようと欲してもいた。そして、善良で信仰深いカトリック教徒として、自分が属している教会との間に諍いを呼び起こそうなどとは望んでもいなかった。彼は多分、きわめて善きカトリック教徒であるとともに、きわめてよき科学者であったがゆえに、殉教とは宗教的、倫理的確信のための証言であり、科学的真理のための証言ではないことを明晰に洞察していたのかもしれない。というのは、宗教的、倫理的確信とは、人間的行動に関係づけられているものであるとともに、人間的行動を通してしか証言することができないものであるからである。科学的確信は事実に関係づけられていて、事実を照らし出すことによってしか証明できないものである。ガリレイは、自分の属する教会に一つの事実を納得させようとした。彼は、コペルニクスの諸テーゼが真であること、決してカトリック的教えと敵対関係にあるものでないことを、教会に納得させようと欲した。彼は、本を書き、人々に望遠鏡を覗かせ、枢機卿たち、および教皇と内密に語り合うなどしてこれを達成しようと試みた。自分の本が断罪されたとき、彼にはその本の一部を変更する用意があった。自説の撤回を強要されたとき、自分をこのような状況に追いやった人々に対しては、なるほど憎悪が向けられることとはなった（後になって、彼らに言及する際には必ず冷ややかな軽蔑の念をこめて話した）。ただし、自分を救うための駆引の手がみな失敗したときには、避けることのできないことには順応して、撤回を表明する決意を最初から固めていたということを疑えるだけの根拠を、われわれは何らもっていない。確かに彼はあのとき、「それでもやはり〔地球は〕動いている」（Eppur si muove）と考えてはいた。ただし、この言葉を口に出して表明しなかったことも、同じ確実性をもって言うことができる。というのは、彼とて道化ではなかったからである。

なぜガリレイは、自分の属する教会を納得させることができなかったのか。中世的後進性に対抗して明晰な科学的認識を擁護することを、やはり彼がまさにしなかったから、と答えねばならないのではないか、とわたしは危惧している。実情はむしろ逆であった。先に教会についていえば、現代におけるガリレイの伝記作家、G・ド・サンティリャーナが、十七世紀初頭の教会は現代の全体〔主義的〕国家への道をすでにあまりに先まで進んでしまっていたために、中世の数世紀にわたって、そして確かにルネサンス期においても可能であったかもしれないような〈思想の自由〉を依然として保証してやれる状況にはもはやなかった、と言うとき、彼の言っていることは正しい、とわたしは信じている〔前章一二九頁参照〕。ガリレイは、教会の教権は霊魂の救いにかかわることとは関係しているが、自然に関する互いに矛盾し合う見解とは関係ないとの、当時は生き残っていた見解を代弁していた。他方、訴訟記録に目を通したあとでは、わたしは、ガリレイの言っていることが事実として正しいのか否かということを本気で気に掛けていた人々は、教会の人たちの中にはごくわずかしかいなかった、という印象を抱いている。教会はようやくにして、宗教改革の打撃から立ち直ろうとしていたまさに矢先であった。教会的な教えにかかわる数多くの、答えが未確定の問いについてはトリエント公会議によって決定がなされていた。イエズス会士たちによって、それ以前よりはるかに厳格な従順についての捉え方が教会の中に浸透してきていた。教義に対する一枚岩のような忠誠の中からは教会のどの力が成長してゆくことができるかということにも人は気づき始めていた。ドイツでは三十年戦争が荒れ狂っていた。聖書は神の言葉であり、コペルニクスの教えとは折り合いをつけにくいものであった。したがって、教会が異端者たちに対する激しい、ことによると死命を制するかもしれない防戦の最中にあったその瞬間に、地球の運動をめぐる内輪の争いによって当の教会を弱体化するようなことをなぜしなければならないのか。自分の本をラテン語でなくイタリア語で書いたことは、もしかするとガリレイの愚行であったかもしれない。というのは、彼が公然たるスキャンダルを避けることさえしていたら、彼の言っていることが正しいと心の中で考えている人々は、おそらく教会の高官たちの間にもかなりいたからである。このように解釈した場合、ガリレイと異端審問所との間のあの闘いは二つの現代的勢力、科学と全体〔主義的〕国家の間の闘いであった。その際、双方がともにキリストを信仰していたし、多分いずれの側もが自分自身は小麦であり、相手方は毒麦であると思っていた。歴史の両義性とはかくも大きいものなのである。

二つの立場のどちらもさまざまな不明瞭さから自由になっていたわけではないし、双方が巧みな敵役の鋭い目で相手方の弱点を見てもいた、少なくとも部分的にはそうであった。ガリレイの弱点は、すでに述べたように、彼が自分のテーゼを科学的に証明できなかったことにあった。すでにギリシャの天文学者たちも太陽中心的な〔地動説的な〕世界体系を知っていた。西暦前三世紀には、サモスのアリスタルコスがこの教えに、コペルニクスにきわめて近いものにまでなっていた一つの形を与えていた。ただし、約百年後に生きた人で、古代の天文学における最も優れた観測者とされるヒッパルコスがこの教えを再び放棄した。彼は諸惑星の軌道に一つの別な説明を与えた。そして、この説明が後に、西暦一五〇年頃に古代天文学の古典的教科書を著したアレクサンドリアのプトレマイオスの名をとってプトレマイオスの体系と名付けられることとなった。現代天文学を理解しようと欲するなら、ギリシャ人たちが、自分たちの知ってもいたし、理解してもいた体系、そしてわれわれが正しい体系と見なしてもいる体系を再び放棄したのはなぜであったのか、よく理解しておくことは有益である。

日々の経験から出発するなら、最も自然なのは、大地〔地球〕は動いていない、と言うことである。ただしその場合われわれは、天は動いていないし、大地は平たい円盤である、とも言わねばならない。この、自然ではあるが素朴な見解を、ギリシャの科学はすでに早い時期に諦め放棄していた。ギリシャの科学が教えていたところでは、大地は、大地よりもっと大きく、地球と同心の球の形をしている天に取り囲まれた一個の球であった。太陽と月も含めて星々は、相互の位置を目立つほどには変化させることなく、それぞれの日々の運動をしているのだから、天球に固定されている、とひとまず想定しておくことができる。こう想定する場合、一つのことは確定している。すなわち、大地との関係で天は運動している、つまり、二十四時間で天は大地の周りを一周している、ということである。さてしかし、ここでは、大地が静止状態にあって、太陽が大地の周りを動いているのか、あるいは天が不動でいて、大地が天の中央で動いているのか、と問うことができる。あるいは、もしかしたら両方が動いているのであろうか。われわれが唯一見ることのできるのは両者の相対運動である。とはいえ、絶対運動とは何なのか。

ギリシャの天文学者たちや哲学者たちは、当然ながらこの問題を知っていた。幾多の見解が対峙し合っていた。アリストテレスもプトレマイオスも同意した究極的決定は、大地は静止している、ということであった。この決定のための主要根拠を教えてくれたのが自然学であった。ギリシャ人たちは大地の大きさをかなり精確に知っていた。その結果、大地に必要となる運動は——天が静止していると想定した場合——ギリシャの緯度にあっては秒速約三〇〇メートルとなるはずであることを、彼らは知っていた。はるかにゆっくりとしか動いていない物体でも滅茶滅茶になってしまうし、その上、自分に向かって流れてくる空気を人は激しい風と感じる。言われているような速さで大地が動いている場合には、事態はたえざる暴風に等しいものとなるはずである。さらに、もし高い塔から石を下に落としたとすると、その石は、その石が落された点の真下からは大きく離れた地面に落ちなければならないはずである。われわれ現代人にとって、動いている地球は自分と一緒に空気をも石をも道連れにしていると言うことは容易である。ちなみに、この考えはギリシャの思想家にも未知のものではなかった。ただし彼らは、慣性の法則は知らなかった。それのみか、自然法則という抽象的概念が彼らにはそもそも欠けていたのである。彼らにとっては、何らの力も作用を及ぼしてはいない物体は静止状態のままであり続けた。つまり彼らは、希薄な空気と落下する石とを大地とともに動かし続けている諸力を見出さねばならなかったのである。それゆえ、彼らにとっては、今日、時に思考経済と呼ばれるあの原理を満足させるためには、大地は静止していると想定することこそが、最も簡単なやり方だったのである。ただしこの場合は、それよりもずっと迅速な自らの動きに天はいかにして耐えることができるのかという問いが、彼らに突きつけられることとなった。しかし、彼らは、天は彼らが知っていたあらゆる素材〔物質〕とは全く別のある素材で成り立っているし、天の速い動きも単に、そのすばらしい特性のうちのさらなる一つにすぎない、と想定していた。

さて、ガリレイの望遠鏡は、太陽の黒点と月の山々を、さらには、コペルニクスの惑星系のミニチュア模型のような外見をした、木星の周りの衛星系をも見せてくれた。このことによって、天体はすべて、地球とは全く異なっていて、汚れのない天の素材で成り立っているとの想定は覆された。ただし、このことからは、コペルニクスに味方する形でも、敵対する形でも、論争に決着をつけることになるような科学的証明を導き出すことはできない。論戦の場に持ち込むことができたはずの最も強力な論拠は、惑星の軌道を楕円形とするケプラーの諸法則であった。すなわち、これら惑星の軌道は、プトレマイオスの言語に移し換えることはかなり難しかったと思われるのに対して、コペルニクスの体系の中でなら意味をもつことを明らかにしていたのである。それにもかかわらず、ガリレイはこの論拠を利用することはしなかった。彼はケプラーの、記述が複雑なあの本〔『新天文学』〕をケプラーから送られていたにもかかわらず、読んですらいなかったように思われる。それに対して、ベラルミーノ枢機卿のようなローマ教会の優れた神学者たちやイエズス会の天文学者たちは――彼らのうちの何人かは、もしかしたら心中最も深いところではコペルニクスを支持していたのかもしれない――、この事態を承知していた。ガリレイが多大の思いやりをもって扱われた一六一五年のいわゆる第一次訴訟でベラルミーノは、自分がとった態度を次のような方向で定式化している。すなわち、コペルニクスの体系は惑星の運動をより容易に記述できるための数学的仮説として用立てることはおそらく許されうるであろう。ただし、この体系を真と描出することはしてはならない。なぜなら、証明が欠けているし、聖書があの体系は誤っていると教えているから。「仮説」とはここで、信仰内容とはしないものの、演算を簡単にするためには有益な一つの想定を意味していることは明らかである。ガリレイはこの定式に服する、ただし、単に言い回しの問題（*façon de parler*）としてのみ。このあと彼は、有名な「二つの最も主要な世界体系に関する諸対話」〔前章一三二頁参照〕を書き、その中で彼は、あの定式の背後に極度に見えすいた仕方で自己の真の意図を覆い隠したのである。このことが一六三三年の第二次の、本番の訴訟へと、そして彼の究極的な断罪へと導くこととなった。

したがって、異端審問所がガリレイに要求したのは、証明できること以上に主張してはならないということだけであった、と言える。このケースでは彼の方が狂信者であった。ただし、われわれはまたもや鉾先を転じなければならない。狂信的であったからこそ彼は正しかったのである。証明できることに小心翼々としがみついていては科学は推進されない。つまり、証明への、あるいは覆すことへの道を拓く大胆な主張によってこそ科学は推進されるのである。自由落下と慣性の法則に関してわたしが言ったことすべてが、わたしのこの言明を証明しているし、ガリレイがこの方法論的状況を承知していたことにも何ら疑いはない。科学も宗教と同じくらい信仰を必要としている。そして信仰のこれら二つの形式はいずれも、それぞれ自己の地位を正しく理解しているなら、それぞれに応じた種類の検証試験のもとに、すなわち、宗教的信仰は人間生活の中での有効性実証テストのもとに、科学的信仰はさらなる調査による検証試験のもとに、身を置くのである。

ガリレイは、異端審問所が科学を理解していた以上に科学をよく理解していた。ただし、歴史における科学の役割をも、彼は理解していたのであろうか。人間には自然に関する真理を探究する自由があり、この自由は狭められてはならない、と彼は言う。ただし、その上で、科学的認識から出される結論に対しては、彼はどのような姿勢をとるのか。われわれは、教会の行動の動機をも公平に見るよう試みねばならない。かりにガリレイが、聖書と千五百年を経ている教会伝承とがもっていた権威の土台を掘り崩していたとして、この行動はどこへ導くことになるはずだったのであろうか。あの権威はさまざまな悪しきことを覆い隠すマントとなってはいたかもしれない。とはいえ、あの権威は、当時のヨーロッパを当時のヨーロッパにしてきていたものでもある。ベラルミーノ枢機卿が、多分実際に所有していたと思われるよりももう少し多くの先見の明をもっていたなら、勃興しつつあった、遠慮会釈なき研究の時代に予期できたかもしれない諸発見の結果に思いを馳せたとき、彼は戦慄するような思いをしなければならなかったはずである。古典力学から原子の力学へは三百年のまっすぐな一本道が通じている。原子の力学から原子爆弾へは二十年のまっすぐな一本道が通じている。この爆弾が、自分を創造した西洋文明を破壊することになるのか否かは、誰も知らない。聴衆の皆さん、もし皆さんが一六一五年にベラルミーノ枢機卿であったとしたら、そして一九五九年までの未来を——もっと先までの未来ではなく——予見することができていたとするなら、皆さんは、それを押し止めることができるとの希望がある場合にも、このような展開が含む冒険を自らに引き受けることを果たしてされたであろうか。——ただし、この展開を押し止めうるとの希望がすでになかったことを教会は知らなかった。この点にこそ教会のとった態度の諸刃の剣にも似た性格がある、とわたしは信じている。危険な展開を阻止するために権威的体制を打ち立てようとしてなされたあの試みが人類に対する真の責任感に支えられていたという点に異を唱えることは、わたしの見るところでは、不公平である。われわれ皆が最後の日を待っているこの期間に、危険を最もよく知っていた人々にとって、自分たちの賢明さに供用されている手段を総動員して、この厄災から兄弟たちを守る以上に立派な奉仕を兄弟たちのためにすること以外の道があったであろうか。新しい世界において神自らがその創造の秘密のすべてをわれわれに啓示することになる以前に、これらの秘密を探究し尽くしてしまうということが、本当に神の意思であったのであろうか。

ストア派のローマ皇帝たちも、彼らの人格に捧げられた供え物〔犠牲〕（同時代の人々は、公共善を推進する限りでの皇帝たちの支配を最少限の厄災として承認していることを示すものと考えていた）を受け取ったときには、似たような考えを抱いたのかもしれない。ただし、西紀後の最初の何世紀かのキリスト教的ラディカリズムは、神的皇帝なるものを承認することを拒絶した。このラディカリズムは唯一の神のみを礼拝することに、外からは馬鹿げていると見えるほどに固執したことによって、一連の迫害をこうむった――そして、あの世界を征服もした。教会の政治的支配はローマ帝国を精神的領域に転写した。ところで、現代科学のラディカリズムは、ある神的責任を自分たちの人間的な両手の中に取り込んでいた人びとに服することを拒絶した。同時にまたキリスト教徒でもあった科学者たちも、真理に服するよりも〔人間的〕賢明さがさとしていることに服する方が、キリスト教的姿勢をよりよく提示しているとは信じることができなかった。初期のキリスト教徒たちと近代の科学者たちは、両者の真理の解釈にどれほどの差異があるにしても、真理に対する固執という点で何か共通のものをもっている、とわたしには見える。

さて、近代においてはキリスト教的ラディカリズムは世俗主義へ移ってゆく。これによって、キリスト教は保守的な、すなわち一面的な勢力ともなってゆく。しかし、世俗主義の起源がキリスト教であったことを知ることなしには、世俗主義を理解することはできない。ギリシャ人たちのもとでは不明瞭な仕方でしか実際には存在していなかった、数学的に定式化された精密な自然法則という概念は、すでに述べたように、キリスト教的な創造表象によって強烈に説得力を増大させることとなった。それゆえ、その意味で自然法則という概念は、現代精神へのキリスト教からの一つの贈り物なのである。――そして、遺産として相続されてきたこの財産が自らの起源である当のその宗教に向けられた武器としてフィールドに持ち込まれてゆく様子を、われわれはいま見ている。自分を産み出してくれた実父に由来する武器を用いて当の実父をこうして殺害することが、時の推移の中でますますあからさまに自明のこととなっていっている。ケプラーは、数学的世界秩序の中で神を礼拝する誠実なキリスト教徒であった。ガリレイは、そして敬虔なニュートンも、もっと高いレベルで、神の諸作品に興味を抱いていた真面目なキリスト教徒であった。ただし、ガリレイが闘わねばならなかったのは、まだ神の偉大さを自然という書物の中から読み取ることが許されているという自己の権利のためであったのに対して、すでにニュートンは、自然は神によって書かれた一冊の書物であるという捉え方を擁護するようにさえ強いられていた。いまや現代の科学者たちは、ほとんどの場合、自然法則の宗教的解釈なるものの中に、おそらく神話的起源のものであって、自然法則の概念とは何ら論理的関係にないことが確実と思われるもう一つの教説とは別の何かを見ようとして最大限の努力を払ってすらいるのである。いかなる善意も、いかなる宗教的情熱も、この展開を後戻りさせることはできない。今日の世俗化した現実は、宗教を完璧に埒外に置く言語で表現することのできるものである。科学は神の実在を証明してはいない。現代世界を宗教の側から理解したいと思っている人々も、この点は決して忘れてはならないであろう。他方、現代科学という今まさに成熟過程の最中にある果実をつけているこの木がキリスト教であったこと、自然を神々の家の中から出して法則の王国へと変容させたのはキリスト教的ラディカリズムであったことを知っておくのはよいことである。異端の定義——部分真理の絶対化——の意味で、近代世俗主義はキリスト教的異端の名を受けるに値する、とわたしには見える。ただし、これは一つの新たなテーマであろう。

ルネ・デカルト

ルネ・デカルトは、一五九六年、トゥレーヌのラ・エに生まれた。彼はラフレッシュのイエズス会経営の学校の寄宿生であった。後には独立貴族として、時にフランスに、時に旅を枕に暮らしたあと、最後の二十年間は自ら選びとった孤独のうちにオランダで生活した。一六五〇年、スウェーデンのクリスティーネ女王の客分としてストックホルムで死んだ。

きょうの講義の対象に彼を選んだのはなぜか。彼が近代哲学の開祖とされているのは根拠のないことではない。ヘーゲルは、デカルトとともに哲学は初めて確固とした基盤の上に踏み入ると言っている（岩波書店版『ヘーゲル全集』14B、藤田健治訳「哲学史　下巻の二」、七四頁以降）。この基盤が、デカルトの有名な **Cogito ergo sum**〈わたしは考える、ゆえにわたしは存在する〉という命題に表現されている人間精神の自己自身についての知である。デカルトは、人間主体に自己の確実性の最後の基盤を自己自身の中に見出すことを教えたのである。

しかしながら、わたしは、デカルトと近代自然科学に関して話すつもりである。自然科学はまさに人間主体について問うことだけはしない。自然科学は外界の諸対象、自然の中の諸客体について問う。主体性に対立する客体性こそが、自然科学にとっては真の認識の徴表なのである。

とはいえ、デカルトが偉大な数学者であり、きわめて重要な自然研究者であったことは史的事実である。

彼の哲学の本来の目標は、数学的自然科学のための確固たる基礎を置くことであったとするテーゼに、わたしも与したいと思う。それゆえに主体と客体とは、すなわち、人間の思考が自己自身を知る際の確実性と、人間の思考が数学的に自然を認識する際の確実性とは、彼にとって互いに何か関わり合いをもっていなければならなかったのである。実際、彼の哲学は一方的に精神に向けられたものでも、一方的に物質に向けられたものでもない。たしかに彼は、精神と物質を峻別した、哲学史においてかつて類を見ないほど鋭く。しかし、彼が両者を区別したのは、その上で両者相互間の関係を同じように鋭く標示しうるからであった。それゆえ、歴史的には彼は、精神の哲学の祖に属していると全く同じように、自然科学の方法意識の祖にも属しているのである。

しかし、哲学のみならず大学全体の、科学のみならず一般意識全体の、今日的状況を考察するとき、われわれが目にしている状態は、精神と物質の分裂、疎遠性に支配されている。精神科学と自然科学は、せめてともに語り合えるだけの共通の言語をすらほとんどもってはいないし、この疎遠性を双方ともが誇りにしていることすら決して稀ではない。人間を人間として、すなわち霊魂を備えた、精神的で、責任ある本質存在として理解している人でも、自分自身の身体や自分がその上に立っている地球については、あるいはわれわれの機械が今日、物質を動かしている動かし方については、あまりにわずかしか知らないといったことがしばしばある。他方、機械を用いて物質を動かすことはできる人が、人間について、そして人間に対する自己の責任についてはあまりにわずかしか知らないこともしばしばある。

この状態は厄災に満ちたものである。単なる思考のみをもってこの状態を変えることはわれわれにはできない。とはいえ、ささやかであっても何らかの貢献をすることは、やはり思考にもできる。この貢献をきょうの講義でもテーマにするつもりである。

科学と人間の共同生活とが課してくる今日的諸問題を哲学的に考え抜こうと試みるとき、ある仕方でこの貢献がなされる。しかし今日的問題は、幾重にも過去の中にその根をもっている。現在を理解しようと欲するなら、過去の思考をも改めて考え抜かねばならない。きょうのこの時限では、この作業の一端がなされる。

アカデミックな一時限の中で、ある哲学者の像を大まかに描いてみようとする場合、その哲学者の諸思想から切り取ったある小さな一齣に限定し、この一齣に即して、彼の考え方のタイプをいわば実演してみせるという方法をとることもできる。この場合、全体の連関は判明にならないままに残る。わたしはそうする代わりに、デカルト哲学の連関をまさに全体として言葉に表わすことを試みるつもりである。その場合、われわれは、個々の節目をすばやく、それも速すぎて十全の理解にまで到達できないことになるかもしれないほどの速さで、通観して行かねばならないことになる。このやり方は、われわれが一枚の絵を見る際の最初の一瞥にも似ていて、その絵の全体像を打ち立てるためには貢献するものであっても、個々の細部の構造まで把握するためには役立たないかもしれない。

こうすることでわたしは、デカルトの哲学を知っている人に対しては、全体の配列と、事柄に即してはただ一つだけの問題、すなわち数学についての彼の捉え方とを別にすれば、ほとんど何も新しいことを言うことはできないかもしれない。逆に、いまだデカルトの哲学と取り組んだことのない人に対しては、わたしは、多くの事柄についてあますところなく明晰にすることはできず、単に暗示を与えることしかできない。そこから、デカルトを必ずしも全面的に正当に扱っているわけではないところがあるとしたら、許してくださるよう、双方の一人ひとりにお願いしたい。

絵画との比較は不十分である。なぜなら、語るということは時間の中で演じられるからである。われわれはデカルト哲学をある順序を追って通観せねばならない。その際、最も重要なことは、われわれが彼自身の思考の動きの中に入ってゆくことである、と思われる。わたしはこのことを二度の周回の中で試みることにするが、そのいずれもがそれぞれ同じ節目を大股にこなしてゆくことになる。一回目の周回は記述的である。それはデカルトが何を考えていたのかを描写する。二回目の周回は批判的である。この批判はこの偉大な哲学者にわれわれが帰すべき敬意の中でなされる。われわれは、彼が考えようと欲したものを、彼よりももっとよく考えることができるようになるまでよく理解するよう試みる。この意味において、おそらく哲学とは、常に先達に対する敬意に満ちた批判でなければならないであろう。

周回は十二の節目を包括しており、時間が限られているので、まず十二の節目を列挙しておこう。〔話の筋道を把握し〕周回のどこにいるのかを想起する一助としていただきたい。

1　十七世紀初期の自然科学
2　デカルト自身の自然科学的業績
3　演繹的な数学的自然科学の模索
4　デカルト自身の数学的業績
5　数学の本質
6　真理そのものについての、数学に方向づけをされた概念
7　〈考えているもの〉としての〈わたし〉へと導く、懐疑という思考の歩み
8　神証明
9　神の信頼性によって保証された人間的認識
10　〈延長があるもの〉についての科学としての自然科学の根拠づけ

11　自然科学における適用
12　肉体と霊魂の間の連関

一回目の周回

1　十七世紀初期の自然科学

若きデカルトは成長するにつれて、活発な内なる関心をもって自然科学の中へとのめり込んでゆくが、この自然科学は、その死後半世紀を経て今ようやく余すところなき意義を獲得するところまできていたコペルニクスによって導入されたものであり、ケプラーの深い影響下にあるとともに、ガリレイという刻印を受けているものである。この自然科学は、量的諸概念で自然を記述し、数式で書き留められ、見通しの利くものともされていて、実験で検証もできるものとなっている。目的性をもってするアリストテレス的=スコラ的な解釈は、数学者たちのプラトン主義によって追い越されてしまっている。しかも、このプラトン主義がまた、自らも力学的諸原理に従った純粋に因果論的な自然説明の思想に道を拓いてもいる。力学的作用は、あの時代にはたいていの場合、物質の不可入性にもとづく諸作用、すなわち圧力と衝撃の諸作用と理解されていた。

2　デカルト自身の自然科学的業績

デカルトは自らも生産的自然科学者となった。この分野における彼の業績に関して丸々一時限を当てて語るのは気をそそられることであるが、ここではそれらを暗示することしかできない。

光学に対する彼の貢献は、おそらく最も意義あるものであろう。屈折法則を彼は、なるほど最初の人間としてではないにせよ、もしかしたら独立に見出したのかもしれないし、いずれにしても独立に根拠づけた。光学機器の理論の推進という点では、彼は本質的に重要な貢献をした。雨滴の中を通る光線〔の屈折と反射の働き〕が虹を生みだすことについての数学的研究、水を満たしたガラス球を用いて実験的にも裏打ちされている研究は、物理学的分析の絶品である。

彼の惑星系理論は、彼が発表した形では誤っていたが、事柄としては意義をもつもので、当然ながら歴史的に豊かな結果をもたらした。彼自身は、太陽の周りを回転している諸惑星を、およそ液体の大きな渦巻の中を泳いでいるコルク塊のようなものと表象していた。惑星がすべて円からわずかしかずれていない軌道で周回しているのは、エーテルの渦巻の力学的結果である、と説明した。後になって正しい理論を与えたのはニュートンであったが、その理論は惑星運動についてのケプラーの諸法則を重力と慣性の共演から演繹したものであった。こうしてニュートンは、デカルトにはうまくゆかなかった、惑星の軌道の一般形式を量的に説明することができたのである。〔惑星〕系の成立と、そのことをもって各軌道の個々の形態は、ニュートンの場合も力学的には解釈不可能なままに残った。再び数十年後にカントが、今日では実在していない渦巻を、この系が成立した時という過去へと移し入れる中で、デカルトの理論に付着していた正しきものに改めて生気を吹き込むこととなった。カントはこのことをもって、ニュートンでは残ったままになっていた間隙を閉じた。今日われわれは、カントの理論を基本的性向においては正しいものと見なしている。このように、デカルトは惑星発生の今日的理論の一先駆者でもあるのである。

デカルトは、自然科学におけるあれこれの美しい発見をしようと欲していたのみではない。彼は自分より偉大な自然研究者であったガリレイを、個々の仮説を立て、その有効性を経験に即して実証したのみである、と批判した。真の科学は、疑いえない第一原理から確実に導き出されることを要求している、とデカルトは考える。この案件では、一つの正当な動機が一つの不当な動機と絡み合っているようにわたしには見える。この絡み合いの批判には二回目の周回の中で初めて立ち入ることにする。

演繹科学なるものの模範は数学である。デカルトは、数学を演繹的自然科学の模範としてだけ、そして道具としてだけ利用するのではない。彼の最も独自な思想は、自然科学はそれ自体の本質からしてそもそも数学以外の何物でもないという思想である。この点を理解するためには、われわれは彼の数学概念に目を向けねばならない。

4　デカルト自身の数学的業績

自然科学者としてのデカルトは、意義を有しているとはいえ、幾つかの重大な誤謬から自由になっていたわけではなかったが、数学者としては天才的であった。彼の業績の中では、アビトゥーア資格を目指す誰もが今日なお学ばねばならないもの、解析幾何学を挙げるのみにしておく。

事を単純にするためにわたしは、平面幾何、つまりわれわれ全員が習熟している、曲線による関数間の連関の描出に限定する。このようなダイヤグラムはデカルト以前にも存在していた。逆に彼は、まさに予め線引きされた直角の座標系、数学者が今日「デカルトの」と名付けているあの座標系はまだ利用してはいなかったのである。彼自身の思想はもっと原理的な種類のものであった。直線、円、楕円、その他の曲線、さらにはそれらの上の特定の点についての教えとしての幾何学そのものは、古代から周知のものであった。方程式とそれらの解についての教えとしての代数学はまさに彼の時代に活発に新展開したものであって、この展開には彼自身も本質的に重要ないくつかの貢献をした。解析幾何学は、曲線と方程式を同一の事態の別々の表現様式と読むことで、両者の間に関係をつくり出している。方程式は、その方程式によって「定義された」曲線上にある諸点の座標値を決定する法則を教えている。他方、諸曲線は「この法則を描出している」。数学者のために注意しておくなら、例えばフェルマーのようなデカルトの同時代人たちもこのような描出法をすでに利用していた。ただし、デカルトは、単位区間なるものを恣意的に定義したことによって、描出される方程式は「次元に則して正しく」なければならないという要求から解放されることによって、全面的な自由を獲得した最初の人となった。彼のこの着想こそがまさに、描出される方程式は予め考えられていた幾何学的事態の単なる伝達でしかないとする捉え方から、幾何学と代数学とを全面的一般性をもって対面させることへの決定的な一歩なのである。

5　数学の本質

このように理解された解析幾何学は、数学の本質についての捉え方の一つのモデルであり、デカルトがその——生前は公刊されることのなかった——青年期の著作『規則論』(*Regulae ad directionem ingenii*)〔大出晁・有働勤吉共訳「精神指導の規則」、『デカルト著作集』4、白水社〕の中で提示している捉え方でもある。彼はそこで(第四規則)、算術も、幾何学も、力学も、音楽理論も、つまり当時の教授法の「四学」科目のどれも、本来の数学ではないと言う。それらすべては、数学がその中に身を護り隠している着衣にすぎないとされる。ここで言う本来の数学とは、〈順序〔秩序〕と尺度〉(Ordo et mensura)についての教えであるとされる。〈順序と尺度〉という二概念は、尊敬に値する中世的由来をもっている。しかし、これら二概念はここでは、デカルトの時代にもいまだ余すところなく考え尽くされえてはいなかったものであるが、今、われわれ自身の現世紀には合っている新しい、種的に現代的なある思想を表現するものである、とわたしには見える。今日の数学者は、これら二つの概念を耳にするとき、数学とは抽象的構造についての一科学であるという現代的意見を想起するかもしれない。わたし自身は、デカルトはここで、いわば数学の抽象的捉え方についてのあるヴィジョンをもっていたのだと思いたい。

この見解に従うなら、デカルトにとって解析幾何学の核心は、予め与えられている方程式の幾何学的視覚化でもなければ、逆に幾何学的問題を解く際に代数学を大々的に援用することでもなく、この視覚化とこの援用とをそもそもまず可能としているもの、すなわち、ある抽象的構造の実在、つまり方程式の構造でも諸曲線の構造でもあり、両者に互いに相手を写像することを許しているある〈順序〉の実在だったのである。今日われわれは、ほぼ同じことを同型性概念によって捉えようとしている。わたしがデカルトのこの思想を正しく理解しているとするなら、おそらくこの思想は、彼の哲学の展開の今までの理解の中に重要でなくはない一環として嵌め込まれるべきものと思われる。

6　真理そのものについての、数学に方向づけをされた概念

〈順序と尺度〉(Ordo et mensura) は数学の対象を標示する。認識の数学的な仕方を、デカルトは〈直観〉(intuitus) と名付ける。〈直観〉の概念は認識されたものに付随する、反論不可能な明晰性を含む。二掛ける二が四であることを把握した人は、そうであることを疑うことはできない。それも、その人が自分はそうであることを疑っていると主張するとしても、しかもそうであることを疑おうと誠実に欲しているとしても、である。数学的真理についてのデカルトの表象にとってきわめて特徴的なことは、彼が論理的演繹

に付与するよりも高い確実性を〈直観〉に付与していることである。わたしが論理的に演繹しなければならないのは、わたしが直接に洞察してはいないところにおいてである。なるほどわたしは、論理学の三段論法が拘束力をもつことを学校で学び、自分でも洞察した。しかし、その適用にあたってわたしが何らの誤りをも犯さなかったか否かについて確実に知ることは、〈直観〉が教えてくれなければ、わたしにはできない。この点からするなら、判断という概念が論理学に属している限りで、デカルトの真理概念を「判断の真理」と標示することは不精確であろう。生産的数学は、ある構造についての洞察を、それもその洞察と比べるなら、その洞察を言語的に定式化している判断など常に二次的なもの、非本来的なものでしかないような類いの洞察をきわめてよく知っている。

さて、数学的〈直観〉が与えるような確実性を、デカルトは認識の名に値するはずのあらゆる認識から要求する。単なる蓋然性の認識を、彼は認識とは認めない。つまり、そのものの逆が真でありうるかもしれないようなものなど、認識者にとっては、確実に誤っているものと同じように益なきものなのである。

7　懐疑と、考えているわたし

この真理概念を満足させる哲学はありうるのか。この概念を満足させることは、今までの哲学にはなしえていない。われわれはもっと優れた哲学を打ち立てることができるのか。

デカルトがその『省察』(Meditationes de prima philosophia)〔三宅徳嘉・小池健男・所雄章訳『方法叙説／省察』白水社〕の始めのところで、アウグスティヌス的な独言(ソリロキア)形式を採り入れた独り言の中で、自己自身との対決、もしかしたら神とのものかもしれない対決の中で、一生に一度わたしは、自分が今まで信じてきた一切を疑ってみなければならならない、と飛び立ってゆくさまは壮大である〔上掲訳書、一一五頁参照〕。一生に一度はこの努力をすることが必要である。わたしはきょう、そうせねばならない状況に自分がいるのを見出している。それゆえ、わたしはきょうそれを開始するつもりである。

一切についてわたしは疑うつもりである。感覚がわたしに教えるものをわたしは疑う。感覚はいずれもわたしを欺くことができるのである。夢の中でわたしはさまざまな感覚的像をもつ。そして、目覚めたときには、それらの像に現実のものが何も対応していなかったことを、わたしは認識する。

しかし、数学的認識はそれでもやはり確実である。二掛ける二が五であるとは、わたしは、自分が信じようと欲したところで、信じることはできない。これは確実なことである。しかしもし、二掛ける二が四であることが、真実のところは正しくないにもかかわらず、ある超強大な邪まな精神が、すなわちそもそもの開闢の時からの徹底的嘘つきが、この等式を疑う能力がないような資質にわたしを創造していたとするなら？　ある表象を誤りと見なすことが誠実にできないというわたしの無能力は、その表象の真実性の証明なのであろうか。この問いの意味においては、わたしは数学的真理についても疑いうるのである。

このことをもってわたしは一切を疑っているのであろうか。わたしは疑っている。この点は確実である。わたしが疑っているということ、これを疑うことは、わたしにはできない。疑うとは思考の一行為である。したがって、わたしが考えているということ、この点については疑いはない。あるいはこの点もあの欺き手が言いくるめえたことなのであろうか。彼がわたしにその点を言いくるめたのだとするなら、それは、そう考えるところまで彼がわたしをもってきたということである。つまり、わたしが考えているということは、彼がわたしに何かを言いくるめることができるということの前提なのである。わたしが考えていることでも、ほかのことはすべて誤っているかもしれない。しかし、わたしが考えていると考えること、この点ではわたしは真実に則している。

わたしは考える、そのこと自体の中でわたしが存在することが確実になっている、Cogito sum。存在しているものは、一個の実体、一個の res〈もの〉である。わたしは、res cogitans〈考える実体〉である。Cogito ergo sum は、例えば、「考える一切のものは存在する。わたしは考える。ゆえにわたしは存在する」といった形での論理的推論と誤解されることが時としてあった。デカルト自身がこの解釈は退けた。論理学そのものが懐疑の対象となっている。つまり、三段論法の格は、あの偉大なる騙し屋がそう欲するなら、わたしを騙すことができるかもしれないのである。Cogito sum とは、わたしは、考えている自分を知っている、ということである。懐疑の中でわたしは、疑っている者としての自分自身にとって確実なものとなった。この確実性が、懐疑そのものの可能性の条件なのである。

デカルトのやり方を、人は方法的懐疑としてきた。彼が懐疑を方法的に前面に掲げていることは事実である。このように方法的に前面に掲げることも、おそらくは懐疑が超克され終えたとき初めて可能となったものであろう。しかしわたしは、この懐疑は単なる方法的措置などでないことは確実であると見なしている。わたしは、この懐疑は、人間的懐疑が行きうる最も深いところまで行った、と信じている。自ら疑ったことのない人なら、懐疑という方法を発明することなどしないものである。

8　神証明

いまやわたしは、自分自身の存在を確信しているが、他の事物についてはそうではない。この「浅瀬」（ヤスパース〔重田秀雄訳「デカルトと哲学」、『ヤスパース選集VI』理想社、三〇頁〕）から認識の自由な海へ、わたしはどのようにして脱出したらよいのか。

デカルトは、神の実在が証明済みとなっているという道を経由してゆく。神についての彼の諸証明をここで講じることは、自制せねばならない。それらが精緻かつ複雑であるからである。方法的論評を一つだけしておくが、この論評はデカルトに関するジルソンの著名な諸著作〔服部英次郎訳『中世哲学の精神』筑摩書房、三島唯義訳『哲学的経験の一体性』ヴェリタス書院、などが邦訳されている〕にもとづいている。スコラ学の伝統的な神証明は、例えばトマスなどにわれわれが見出すようなものはいずれも、実在している世界から出発して、世界の究極的原因としての神を問う。デカルトはこのように問うことはできない。彼はまさにいま、世界をこそ疑っている最中である。世界の実在は、彼を神の確実性へと導くことはできない。逆に神の実在が世界のそれを彼に確実にするはずなのである。彼があらかじめ所有しているものは、自らの実在についての知のみである。そこから、彼は自己自身を経由してしか神の実在を確信できない。これは一つの特徴的な近代的事態である。わたしが予めその中に自分を見出しているこの世界は、わたしの現存在を保証してはくれない。この保証はわたしからは失われてゆき、わたしがこの世界を再び見出すのは、わたしの、自らの存在を確信した思考の対象としてであり、それゆえ、わたしが操作することのできる客体としてなのである。

デカルトは、わたし〔自我〕から世界へのこの道で、後世の数多くの人々とは違って、神を飛び越えてしまうことはできない。彼は自分の中に予め見出す神表象から出発する。この表象が可能であるのは、この表象が紹介している方が、すなわち神が実在する場合のみでしかない、と彼は推論する。このことを彼は、部分的には、完全なる本質という単なる概念のみを援用する、アンセルムスの〈思考の進め方〉〔「プロスロギオン」第二・三章、上智大学中世思想研究所編『中世思想原典集成』7「前期スコラ学」、平凡社、一八九一―九一頁参照〕をもって、部分的には因果論的論述をもって、推論する。

9　神の信頼性によって保証された人間的認識

デカルトが実在を証明した神は、いとも完全なる存在である。いとも完全なる存在は完全に善きものであり、そして完全に善き存在はわたしに勘違いさせることもないはずである。あの偉大なる欺き手という疑いの根拠は放逐されてしまっている。わたしが〈明晰かつ判明に〉(clare et distincte)——囚われることなく翻訳するなら、〈はっきりと、区別して〉——洞察しているもの、そのものにはわれわれはこれからは信を置くことが許される。

しかし、もし神がわたしに勘違いをさせることを欲していないのなら、誤謬はどこからくるのか。わたしが明晰かつ判明に洞察しているわけではないある考えにわたしが同意するところ、そこにのみ誤謬は存在する。しかし、そのような考えに同意できるだけの力量がわたしにはある。なぜなら、わたしは自由意志をもっているから。誤謬の可能性とは、人間本性のある完全性の、すなわち、自然本性に備わっている自由の一結果なのである。誤謬のこの解釈は罪についてのアウグスティヌスの解釈に結びつくものであるが、デカルトは他の箇所でと同じように、ここでも自分の先駆者を名指すことはしていない。

10　〈延長をもつもの〉についての科学としての自然科学の根拠づけ

さていまや自然科学は、わたしがその自然科学を〈明晰かつ判明に〉洞察しているところまでは確保されていることとなろう。しかし、思考自体以外には何をわたしは〈明晰かつ判明に〉洞察しているのか。数学である。つまり、自然科学は、科学であるためには、数学でなければならない。

人はこの思想を、その後の史的展開を見ると、しばしば自然科学は数学の一応用領域でなければならないという方向で弱めてきた。デカルトを彼自身が考えていたと同じ意味で厳密に考えようとするなら、わたしは、何よりも『規則論』を再び引き合いに出す。そうするとき、わたしは一つの別な結論へと至る。彼の思考の帰結に従うなら、自然科学は数学を応用するのではなく、数学でなければならない。その場合にのみ自然科学は明晰かつ判明なのであり、その場合にのみ自然科学は純粋直観でありうるのである。そして、自然科学が明晰かつ判明であり、純粋直観であることをデカルトは欲しているのである。

しかし、自然科学はどのようにしたら数学でありうるのか。自然科学は幾何学であるとき、数学でありうる。というのは、自然は〈空間的に延長をもつもの〉であり、諸物体から成る世界であるから。物体を扱う数学の分肢は幾何学である。自然科学が幾何学を含んでいる、ないしは応用していることは、ギリシャ人以来知られている。しかしもし、自然が終始一貫して明晰かつ判明に認識されるべきものであり、自然科学自体が数学であるべきなら、自然科学は、幾何学的特性以外の特性をもまだもっている対象に幾何学を単に応用しているだけではすまされない。自然科学はむしろ、幾何学以外の何か別のものであってはならないのである。この点を徹底する場合、自然の実体、すなわち物質は、延長という特性以外の他の特性をもつことは許されない。物質とは、延長をもつ実体、res extensa である。すなわち物質とは、延長によって定義された実体なのであり、しかもそれ以外の何物でもない。

延長以外の他の特性をもっていないものなら、空間と名付ける方が、われわれにとってははるかに馴染みやすい。それゆえ、われわれは幾何学を空間についての科学と名付け、物質がその中に存在している空間からは物質を区別している。われわれは、デカルトが空間と物質の区別を明示的に否定しているということを明確に念頭に置いている場合にしか、デカルトを理解することができない。彼は同一の事柄のために、〈延長〉(extensio)と〈延長をもつもの〉(res extensa)という二つの表現を意識して無差別に用いている。空間とは物質のことであり、物質とは空間のことである。というのは、物質とは延長をもつものなのであるから。それゆえ、デカルトにとっては、原子も空の空間も与えられてはいない。

11　自然科学における適用

いまやデカルトは、自らの自然科学的直観を体系的に根拠づけようと試みることができる。われわれは、われわれの第二の節目の対象を新たな段階で目にしている。というのは、われわれの周回は円を描いているからである。

物質とは延長があるものであり、それ以上の何物でもないというデカルトの物質論は、現代的な言い方をするなら、非圧縮性媒質についての流体力学となる。そこから、彼は例えば天文学における自らの渦巻理論を根拠づけている。隙間なく延長された非圧縮性連続体という物質のみが〈自らを動かす〉〔動く〕ことができる。つまり、そのような物質のみが、それまでいたある空間部分から、それまで別の空間部分にいた物質を脇へ押し退けることによって、その物質がそれまでいた空間部分へと移行することができるのである。脇へ押し退けられた物質もまた別の物質を脇へ押し退けねばならない。つまり、より大きな空間における何らかの運動なしには小さな規模での運動もないのである。この運動は無限に進行してゆくか、あるいは輪の中で閉じているかである。輪の中で自らを閉じているなら、その運動は一個の渦巻である。したがって、有限的なるものの中でのすべての運動は渦巻運動である。ゆえに、太陽系の運動もそうである。

いうまでもなく、固体の実在を理解しようとするなら、流体力学だけで事が足りるわけがない。デカルトがここで企てていることは、今日的見地からは空想的である。ニュートン以前にあって、彼はまだ力学の正しい諸法則をもってはいない。彼は、大きい物体は自分より小さい物体を何ら妨げられることなく必ず突き倒すという（誤った）衝撃法則を要請している。そこでは、「物体」とは、統一的な運動方向をもち、連なり合っている物質集合である。そこから彼は、かなり微細な粒子からなる媒質の中を何ら妨げられることなく、分割されることもなしにすばやく通り抜けてゆく比較的目の粗い粒状物体といったものを想定することもできるのである。このことをもって、彼は事実上、あるアトミズム〔原子論〕を導入し、それを諸物体の特性の説明に援用している。

12　肉体と霊魂の間の連関

霊魂と思考――デカルトにとって同義である二つの概念――は、〈考えるもの〉（res cogitans）と、物質は〈延長をもつもの〉（res extensa）である。両者はどのように連関し合うのか。わたしの感じでは、この問題で彼の哲学は挫折する。

デカルトの教えるところによれば、動物たちは自動機械である。霊魂と思考を等置する中で、彼は、自己運動の原理としての霊魂というアリストテレスの概念を放棄した。ただしデカルトは、動物には霊魂はないとしている。動物の運動に霊魂的体験を類推するなら、われわれは動物を誤解することになる。彼らは、圧力と衝撃という力学的因果性以外には何もその中では作用していない精巧な物質的機械なのである。この思想は著しく実り豊かなものとなった。この思想は、自然科学的生理学の一つの端緒点となっているとともに、今日も医学部が携わっているものの比較的大きな部分の端緒点となってもいる。ついでながらデカルト自身は、数学的問題を解くことに振り向けていた以上の時間を動物を解剖することに振り向けていたようであるし、彼自身の証言に従うなら、形而上学に振り向けていた以上の時間を数学的問題に振り向けてもいた。

しかし、人間であるわたしが知っているわたしは〈考えるもの〉である。同時に、わたしの身体と動物の身体との間の近い縁戚性は見紛うべくもない。両者はどのように連関しているのか。

デカルトはこの問いに答えることなく世を去った。その回答を含んでいる本〔『情念論』〕は未完のままで終わっている。しかしわれわれは、彼の回答の根本思想は知っている。

人間の身体は、動物と同じように一個の自動機械である。ある一箇所でのみ、この身体は霊魂の命令を受け取るとともに、霊魂に印象を媒介してもいる。この箇所として、デカルトは脳の中の唯一非対称な器官、松果体を選んだ。どの体液も、霊魂のメッセージをすべてここから受け取って伝達しているし、自分たちの動きの操縦者として霊魂の影響をもすべてここで受け取っている。

二回目の周回

二回目の周回では、成果の批判から基礎の批判へと突き進むために、各節目を逆に縦断してゆく。その際、われわれが戻って行かねばならないのは、決定的な第五の節目、真理概念までのみとなろう。

12　肉体と霊魂

松果体の理論は幾重にも揶揄されることとなったし、確かにそうされて当然でもあった。この理論は、単なるその場しのぎの苦肉の策である。われわれは、デカルトは肉体と霊魂がどのように依存し合っているかは知らなかったと認めねばならない――否、そこから、そもそも「依存している」という動詞は両者が共属し合っていることを適切に表現する動詞であるか否か、と言うことすら許される。松果体の理論は、動物には感覚がないという説と全く同じように不条理である。しかし、これら根本的端緒にある幾つかの間隙がほとんど覆い隠されることなく白日のもとに露呈しているほど不条理な諸帰結をも引き出していることは、彼の思考の壮大で鋼のような整合性を垣間見せるものではある。このようなことができるためには、人は大思想家でなければならない。

11（同時に3） 演繹的自然科学

鋼のような整合性をもった一個の構造体として彼が構想していたものが、因果論的自然科学である。ここで彼にとって中心的となっていたのは、疑いなき認識ということである。そして、そこから彼にとって中心的となっていたのは、まさに力である。彼本人は、見抜いている事物に対する、思考の知的力で、さまざまな精神に対する、隠れて生きる思想家の力で、満足していたのかもしれない。しかし、因果論的自然認識が医学と技術にもたらす実りがどれほど測り知れないものとなるか、彼は知っている。つまり、自然を見抜いているがゆえに自然を支配することにもなる時代についてのヴィジョンを彼はもっているのである。

しかし、デカルトの自然科学にあるもののうちで今日の物理学者にとって最も疑わしいものは、彼にとって最も重要であったもの、すなわち厳密なる演繹である。彼の個々の着想には、今日なおわれわれに語りかけてくるものがある。他方、彼が試みた物理学の演繹的構築は、すでに述べたように、ガリレイやニュートンの作品とは比べものにならないほど低級な純然たる空想という印象をわれわれに与える。彼は、数学的に〈厳密な説得力〉を要求しつつも、何らかの量的定式に到達することすらほとんどない。西洋文化圏全体の、それ以来三百年の情熱的で忍耐強い協同研究をもってしてもまだ完成しなかったほどの建造物を、一人の人間の一生の間に、自分の頭の中だけから打ち立てることができるかもしれないなどと考えたことは、彼の巨人的（タイタン）錯誤であった。いうまでもないが、もしかしたらここでは、一個別者のきわめて明白なるタイタニズムが、彼が立っているまさにその場所において開始している時代の、見通すことのさらに困難なタイタニズムの序曲を奏でているのかもしれない。

10 〈延長をもつもの〉（*Res extensa*）

この不十分な演繹の根拠は何なのか。〈任せきっていて大丈夫〉という誤った〈信頼〉をこの根拠にもたせているものは何なのか。この根拠の一つの段階を、われわれは、自然を〈延長をもつもの〉とする不十分な自然概念の中に見出すことができる。

〈延長をもつもの〉という彼の概念については、三重の仕方で批判することができる。

第一に、extensio は extensum と、すなわち〈延長〉は〈延長をもつもの〉と、どうかかわっているのか。ここでは何かが掠め取られてしまっている。そしてわたしも一回目の周回では、わたしの文章化によって、この横領を暴く代わりに覆い隠してしまっていた。今は、この横領をわたしが見ていると思っているとおりにまずは渦を巻いている奔流という具体像を例に、皆さんに示す。わたしは、デカルトは空間と物質を明示的に同一視していると言った。両者を同一視する場合、物質が運動するとはどういうことになるのか。この考え方によると、物質が位置を換える。しかし、それ自体は物質でないのに空間的な何かである位置とは何なのか。デカルトはこの困難を感じていて、技巧的ないくつかの定義によってこの困難を回避しようとする。わたしには、彼はこの困難を覆い隠したにすぎず、物質の運動についての彼の教えは物質と純粋延長とを等置したことと矛盾しているように見える。ここでは、彼の演繹の鋼に微細なひびが走っているようにわたしには見える。

第二に、数学の本質についてのデカルト自身の洞察から判断するなら、〈延長〉の概念が狭すぎるのかもしれない。自然科学は数学でなければならないと要求する際には、自明のこととして彼は、自然科学は幾何学でなければならないと想定している。しかし、『規則論』で彼は自ら、幾何学は本来の数学の一つの着衣にすぎないと教えていたのである。〈順序と尺度〉についての抽象的な解釈を真面目に受け止めるとき、われわれは今日の物理学にはるかに近いところにいるのであるが、今日の物理学の数学的装備は抽象的代数学なのである。われわれにとっては、物体が延長をもつということは、はるかに深いところに横たわっていて、目に見えてはいない諸構造のある前景的側面であることがますます判明になってきている。もちろん、十七世紀の思想家に物理学の今日的概念を要求することは正当ではないであろう。彼に提供されていたのは、自然の数学化のまず最初の客体としての〈延長をもつ〉ということなのであった。しかしわれわれは、このことをもって彼が演繹はしなかったまでも、素朴に受け入れていたものがどれほどのものであったかということを、彼が見ることができたよりも判明に見ている。自然の統一数学という彼の偉大な思想を今日われわれが正当に評価しようと欲するなら、彼のこの思想を、数学の抽象的本質についての彼自身の最深の洞察を目指して、彼自身が行なっていたよりももっと近いところまで引き寄せてこなければならない。

第三に、〈もの〉(res) という概念が議論されぬままに残っている。デカルトは、彼の言う実体をすでに知られていたそれぞれの固有性によって特徴づける。物質は〈延長をもつもの〉であって、それ以外の何物でもない。わたしは〈考えているもの〉であって、それ以外の何ものでもない。この特徴づけが一つの許される手続きであるか否かは、そもそも実体という概念自体が何を意味するのか、と問うたとき初めて判定することができるのである。ハイデガーのデカルト＝批判によれば、この問いは、特定の存在者、際立ってはいるかもしれないが、特定の存在者でしかない存在者についての問いではもはやなく、その存在者の〈存在〉についての問いであるということになろう。それは、ギリシャ哲学においてすでに目覚めていた、〈存在する〉自体についての問いということであろう。この問いは答えられえないものかもしれない。しかし、いずれにしても、デカルトの構築したものはこの問いの可能性すらをもすでに視野の中から消し去っているのである。

9　明晰かつ判明なる認識

デカルトは〈延長があるもの〉についての自らの理解を明晰なものと見なしていた。われわれは彼の理解の中にきわめて数多くの曖昧な部分を見出した。彼は個別内容で勘違いをしただけなのか、あるいは、認識は——自然のそれであろうと、精神のそれであろうと、あるいは認識の対象が何であるにしても——数学的直観の透明性をもたねばならないし、もつことができるという彼のプログラム自体が錯誤的であるのか。確実性という彼の概念は神信頼であるのか——それも、彼自身はそう思っているように、強制力のある証明によって正当化されている神信頼であるのか、あるいはこの概念は不遜なものなのか。

思考や経験の他の仕方に対しては自らを開いているにせよ、あるいは隠されるよう規定されているにせよ、まさに洞察されうる確実性という形式の認識に対しては自らを閉ざしているような現実が与えられているということはありえないことなのであろうか。ガリレオとニュートンの実践や、感覚論者たちの理論は、デカルトのアプリオリな構築に経験的自然科学を対峙させている。パスカルは〈繊細の精神〉を〈幾何学的精神〉から区別しているし、ヴィーコは適法に蓋然性を用いて作業を進める総合的な観方を数学的解析からは区別している。ライプニッツは無限小を経由することで無意識という現実へと達しているのに対して、デカルトは、霊魂についての自分の定義を救うために、霊魂は眠っている間も気を抜くことなく考え続けていると主張せねばならなかった。

哲学面での彼の批判者の大多数は、厳密科学という彼の概念をあまりに素朴に引き取っていて、しかもさらにその概念上で、何らかの別の思考様式を定立しているにすぎない。そこから結果的に、超克されるべき分裂が新しい平面上で回帰してきている限り、彼らは今日に至るまでも彼に依存したままになっている。それゆえ、デカルト的方法論の批判を厳密科学そのものの中にまで推し進めてゆくことが重要である。例えば、われわれの世紀の理論物理学の生成を身をもって体験してきた者なら、物理学でも全面的に明晰な諸概念をもって開始できるわけではないし、うまく使いこなしてゆくに従って概念もますます鋭いものとなってゆくことを知っている。研究にはたえず二つの前線がある。すなわち、新しい実証的知が収集され、すでに用意されていた概念の中で言葉に表わされてゆく前線と、さらに深いところに基礎が置かれ、概念そのものが批判されてゆく前線とである。わたしはニールス・ボーアの発言をよく引用するが、彼は、あるスキー宿の、取り立ててきれいとは言えない状況でコップを洗ったあと、「汚い水と汚い布巾で汚いコップをきれいにすることができるとは——こんなことは哲学者に言ってみたところで、信じてはもらえないだろうね」と言ったことがある。しかし、現実には科学はこのような状況にあるのである。そして、そんなことを信じていない哲学者、それがデカルトである。

8 神証明

わたしの見るところ、デカルトの神証明はどれも、個々にはそれらに沿いつついくらでも頭を絞ることができるという点は別として、一つの基本的な循環論法を含んでいる。その神証明は神についての何らかの〈直観〉を表明しているものではない。デカルトは神秘家ではない。神的なるものを観照しているところからではなく、神の表象から彼は出発する。デカルトは、わたしは自分が神を視てはいないという、まさにそのことにおいて神の手の中にいる、としたルターの神の知り方で神を知っているのでもない。デカルトは、神を〈明晰かつ判明に〉証明する。しかし彼は、自分が〈明晰かつ判明に〉洞察していることが真であると、どこから知っているのか。証明され終えた神の信頼性にもとづいて初めて知るのである。これは一つの循環論法である。

すでに同時代からあったこの批判は、回避不可能であるようにわたしには見える。設計ミスの根拠は何なのか。デカルトは、彼にとって確実性に至るためには他の道がないことを見ている。彼は、確実性というものは神の中にしか与えられないことを学びもしたし、おそらくは自ら経験もした。しかし、この確実性自体は確実性をもって証明することのできないものである。ハインリヒ・ショルツがある時きわめて美しい言い方をしたことがある。すなわち、「アンセルムスにとって神の証明は、〈存在している方であられる神よ、わたしを照らしてください、あなたが存在しておられることをわたしが認識しますように〉との呼び掛けの中に根をおろしていたが、デカルトは一つの数学的真理のように神を証明する」と。アンセルムスの端緒のみが、方法的にも意味をもっている。この端緒の取り方のみが、神を、キリスト教徒たちの言い方をすれば、生ける神として理解するのである。

7　懐　疑

デカルトは十分に疑ったのか。多分そうではなかったと思われる。なるほど、わたしは一回目の周回で、彼は懐疑を一人の人間が経験しうるぎりぎりの深さで経験したとは言った。しかし彼は、その中で十分なだけ耐えたのであろうか。彼は自分自身の懐疑を概念的に適切に考えることができていたのか。わたしは、疑っているものとしてのわたしを知っている。疑うとは考えるということである。わたしは現に考えている。わたしは考える実体である。考えるとは実体であるということだと、デカルトはどこから知っているのか。実体が何なのか、彼はどこから知っているのか。彼は自分の用いている概念が標示しているものの実在を疑ってはいる。〔しかし、〕これらの概念の意味を疑うことはない。疑うとは、考えるとは、存在するとは、実体とは、本来どういうことなのか、彼は十全に知っているのか。彼は、この問いはもはや立てても明晰である、とされる。これは一つの主張である。この主張が誤っていることはありうる。あるいはることはできない、と答えた。つまり、これらの概念は、自分の精神をそれらの概念へと向ける誰にとっても明晰である、とされる。これは一つの主張である。この主張が誤っていることはありうる。あるいはここでは、彼は自分がその中に立っていた哲学的伝統を駆使し尽くすことすらしなかったのではないか、と思われる。

彼が用いた諸概念の意味についての懐疑は、そもそも概念そのものの意味についての懐疑へと、そしてさらにこの懐疑が、彼の確実性概念についての懐疑へと、彼を導いてゆくこともできたはずなのである。

5　数学の本質

しかし、少なくとも数学では、確実性ということは与えられるのではないのか。問われるのは、何を代償としてか、である。

もし数学の対象が〈順序と尺度〉ないしは構造であるなら、その場合われわれは、何ものの構造なのか、と問う。〈構造〉と、〈その構造をもっているもの〉とが与えられている。両者は互いにいかなる関係にあるのか。哲学的伝統の中で話すなら、この問いは普遍者の問題に属している。この問いは、一般者の特殊者に対する、本質の事物に対する関係についての問いの一ケースである。

デカルトは、読む者を不安にさせるほどの仕方でこの問いは回避する。まさにこの回避こそが、彼の物質概念が可能となるための、すなわち〈延長〉を〈延長をもつもの〉から区別しないことが可能となるための条件なのである。構造を、その構造をもっているものから区別しない場合にのみ、物理学は数学である、と言うことができる。普遍者問題の伝統的捉え方をもってしては近代物理学の論理構造を正当に評価することはできないということは、おそらくありうることであろう。しかし、この問題について沈黙しているゆえに、近代物理学の論理構造を正当に評価することがデカルトにはできていないということも確かである。しかし、この問題を議論し尽くして初めて、物理学では確実性とは何を意味し、数学では確実性とは何を意味しているのか、言うことができるであろう。

以上でわたしは批判的周回を終える。この後に来るはずのものは、きょうの講義の課題とはなりえない。デカルトが近代のために模範的な仕方で企てたこと、われわれには受容不可能な仕方で実行もしたことは、もう一つの三回目の、長い、構築的な周回の中で個々に成し遂げられるはずのものである。皆さんのうちの何人かの方々、とくに若手の方々のうちの何人かは、もしかしたら、本学での次の何年かの間にわたしと一緒にこれらの問いに取り組んでゆく機会をもつことになろう。わたしにはそうするための心構えができているし、そうできることを楽しみにもしている。

ゴットフリート・ヴィルヘルム・ライプニッツ

I　自然法則と弁神論

ライプニッツほど高度の統一性を備えた思考運動をもって形而上学と数学的科学とに分け入った哲学者は、おそらくいないと思われる。それによって彼は、形而上学において、深遠さを失うことなく明晰さを獲得したことは確かである。しかも、それにともなって彼は、何よりも数学的科学をそれらが置かれるべき背景の前に据えた。彼の諸思想を祖述しつつ省察をめぐらす者は、最も単純な数学的概念の選択によっても、実際にはすでに形而上学的決定が下されてしまっているさまを経験する。彼が、すべては一個の時計の完全な歯車装置の中に組み込まれてでもいるかのように、そして自明的な数学的推論を進めてゆくかのようにして、一見何の苦労もなさそうに、現実的なるものの充溢に、現実的なるものの深淵の底の底にまで揺さぶりをかけてゆくとき、もはや啓蒙主義の世界にいるわけではないわれわれはほとんど愕然とするかもしれない。しかし、われわれが彼から学ばねばならないことは、存在のあらゆる層の連関ということである。われわれは、数と運動を考えていると同じように、神を考えることをも拒むことはできない。そして、彼が考えようとしていたのとは別の仕方で神を考えようと願望する者は、数と運動をも別の仕方で考えることができなければならない。

われわれがここで念頭に置いている連関とは、ハインリヒ・ショルツがつい最近、弁神論と普遍的記号法（Characteristica universalis）の根本思想のために示したものである〔H. Scholz, G. Hasenjaeger: *Grundzüge der mathematischen Logik*〔数学的論理学要綱〕, Berlin 1961〕。彼は、何よりも、弁神論がどれほど物理学の極値原理をサンプルとして構築されているかということを際立たせた。以下の数頁は、これらの考えに対する一物理学者のコメント以外の何ものでもなく、ドイツで今日、形而上学と数学の統一を体現しているただ一人の人〔ショルツ〕に友情と敬意を示したいとの願望からのみ書かれたものである。

1 弁神論

ライプニッツは大胆にも、現実の世界こそが可能な諸世界のうちで最善のものである、と説いた。彼は世界を知ってはいなかったのであろうか。この世界が永遠なる、罪責なき苦難の世界、逃れる術なき、永遠の罪責の世界であることを、知らなかったのであろうか。

彼は苦難と罪責を知っていた。彼は、人間たちが、創造者というものを信仰するようになって以来、告発するようにと自分たち自身を唆し続けてきた訴えを知っていた。すなわち、〈神よ、あなたが善い方であられるなら、なにゆえ、もっと善い世界を創造なさらなかったのか〉。彼はこの訴えに、理性の力をもって大胆に答えた。神がもっと善い世界を創造しなかったのは、もっと善い世界を創造することができなかったからである、という思い切った命題をもって。しかし、神がもっと善い世界を創造することができなかった理由は、何らかの無能さにあったのではなく、この世界が最善のものであったことにある。このことが洞察できるものとなるなら、神の創造行為は正当化され、「弁神論」は成功したことになる。

ライプニッツは、この〈思考の歩み〉のゆえに哲学的楽天家とされている。しかし、このような楽観主義はソフィスト的自己欺瞞ではないのか。われわれのものより善い世界が可能でないことが洞察できたところで、それによって、われわれの世界の厄災が少なくなるのであろうか。自分が苦難に遭わずに済むような世界などありえないと知ることが、苦難に喘いでいる被造物にとっていかなる助けとなるのか。そのような世界はありえないと知るとき、逆により善き世界に対するすべての希望が断ち切られることになるのではないか。ライプニッツの理論はまさに極度の悲観主義を結果せねばならないのではないか。

ライプニッツならおそらく、この異論に対して、世界における善の総量は厄災の総量を超えているので、この世界が存在することは存在しないよりはやはり善いことなのだ、と回答したことであろう。しかし、この思想は、現実に苦難に喘いでいる誰を納得させるのであろうか。悲観的な異論が、算数の例題のようにに〔次々と出され〕、少なくとも現存在の謎を解消しようとするあらゆる試みのデーモン的な両義性を露呈するのではあるまいか。神の存在は人間に対する裁きである。そして、この状況にあって人間は、神に無罪判決を下すためではあるとしても、神に対する裁きの席に着こうと試みることしかできないのではあるまいか。

しかし、ライプニッツのある体験をかすかにでも感じとることができるなら、弁神論の、前面に出ている意味でのこの破壊は、もしかすると必要なのかもしれない。その体験は、最後に挙げた幾つかの問いに関して省察した際に、彼がしていたかもしれない体験であるとともに、彼の〈思考の進め方〉の大いなる素朴さの中におけるほどには彼の諸主張の内容に反映していないものでもある。認識は人間を変える。日常の小さな厄災でも、その必然性を洞察しているときには、それを担うことは容易になる。それは、どの道避けることのできないものなら折り合いをつけた方がよい、という忠告の埒もない慰めに由来するばかりではない。そうではなく、意識はある新しい対象をもって満たされることになる。純粋に事実的な厄災の、しかもその事実性においては理解できない厄災に、より大きな連関、必然性、意味が取って代わる。ライプニッツの意味での哲学者は、世界を全体として考察するとき、おそらくは似たようなことを体験する。その哲学者の意識の対象はもはや大量の個々の事実的厄災ではなく、全体の意味である。自己の限られた人間的実存の目でなく、神の目をもって見ることがうまくいったとき、楽観主義と悲観主義の間での選択は、その人にとっては免除されてしまっていることであろう。彼は、もし世界が存在するのなら、現に存在するこの世界でなければならないことを洞察し、それゆえ、もはや「この世界は善い世界である」とか「この世界は劣悪な世界である」とか言うことはなく、単に「この世界は存在している」としか言わなくなるであろう。この言葉をもって一切が言われているはずなのである。

もしかしたら、これは追体験できることなのかもしれない。これは思考をもってなぞることもできることなのであろうか。われわれは弁神論＝思想の概念的構造に目を向ける。

「世界」は、哲学的に厳密な意味で一個の絶対的単称者（singulare tantum）である。われわれは「この世界の中で」生きている。「ある世界」や「諸世界」は与えられていない。「バロック世界」、天文学の「はるかなる諸世界」などは「この世界」からの切片にすぎない。ライプニッツは、それにもかかわらず「可能的諸世界」を話題にしている。いかなる意味でか、またいかなる権利をもってか。

彼は、ひとり神のみが必然的な本質存在であるとされる西洋的形而上学の土壌の上に立っている。神の存在は神の概念の中から結論される。それに対して、この世界は存在することも、存在しないこともできるだろうし、このようなものであることも、別のものであることもできるだろう。つまり、この世界は偶有的なのである。

それゆえ、神がこの世界を創造したとき、神の目の前にはすべての可能的世界が選ばれるのを待って立っていた。それらのうちの一つ、最善のものを神は選び出し、これに実在を与えた。こうしてわれわれの世界は現実的となり、「この世界」となった。しかし、可能的世界はどれも、可能態的には同じように「世界」だったのである。ただ、選ばれなかった世界には〈実在する〉という述語は拒絶されることとなった。

この〈思考の歩み〉によって、〈この世界〉の唯一性が特異な仕方で哲学的テーマとされることになる。実在するという述語抜きの諸事物を考えることをわれわれに許す「可能性」という概念は、われわれが唯一知っている〈この世界〉の脇に、別の、単に考えられているだけの諸世界という虚構を据えることを認める。しかし、この虚構は、すべての可能的世界の中でこの「現実的」世界をある特性によって際立たせ、そうすることによって、この世界の偶有性をいわば再び廃棄するために奉仕することしかしていない。この現実的な世界の特性がこの世界の実在の条件なのである。この世界が現実的であるのは、この世界が現にあるような世界であるがゆえである。そして、この世界が唯一であるのは、この世界の特性が唯一であるゆえ、すなわち最善であるがゆえなのである。

この思想は、世界の唯一性を、昔の形而上学にとってはなるほど必要であったのかもしれないが、われわれにはもはや拘束力をもたない回り道をいくつかすることで獲得している、と言うこともできるかもしれない。「この世界の中に存在している」ということこそ人間存在の一つの根本規定であるとともに、そのことをもって、あらゆる認識の前提でもあるとされる。それゆえ、可能性の概念にはこの世界という概念は含まれえないとされる。つまり、この世界の中で可能的なるものはあるかもしれないが、可能的諸世界なるものは存在しないとされるのである。この問いは今日、論理学をどの可能的世界においても妥当する命題の総括概念として定義しようとするとともに、そうすることをもって論理学に形而上学の性格を付与しようともする、ハインリヒ・ショルツの試みを眼前にして、特別な重みを獲得する。

ここであえてこの問いを、その余すところなき幅広さで検討することはしない。ライプニッツの〈思考の歩み〉は、物理学に由来するとともに、そこでは疑いなく合法的である諸考察の哲学的写像でもあることを想起させるに留めたい。これら物理学的考察の内容を眼前に現在させることはするが、それらを哲学の中に移し入れることの正当性をも明示的に検証することは、ここでは断念する。

2 自然法則としての極値原理

ライプニッツの弁神論の〈思考の歩み〉は、物理学の極値原理にまさしく類比的である。最も入りやすいかもしれない例として、光の経路は最短であるというフェルマーの原理を考察してみよう。この原理は、光線は常に、その始点から終点までの道程を可能な最短時間内に通過する経路を選択すると言う。この原理からは幾何光学の次の三つの基本法則を導いてくることができる。すなわち、光の直進、反射、屈折の法則である。この原理は同時に、光線概念のみを用いて作業する幾何光学を波動光学へ拡張するための数学的条件を表現しているとともに、逆に、光波を十分に記述する微分方程式から導き出すことができるものでもある。

われわれは、この原理からその最も単純な帰結、すなわち光の直進を導き出しつつ、この原理の内容を判明にする。空間内に二つの点、例えばはるか離れたところの星と、地球上の一観測者とが与えられているとしよう。どの経路で、星の光は地球へ到達するのか。この原理によれば、光は最短時間で到着する経路を選ぶことになろう。二つの点の間を結ぶ最短のものは直線である。つまり光は直線的に走ることになろう。

この推論は解説を必要とする。われわれは、光は可能なあらゆる経路上で同じ速さで走ると暗黙裡に前提していた。つまり、その場合にのみ、幾何学的な最短経路は最短時間で走破しうるのである。この前提は、空虚な世界空間においては正当化されている。それに対して、光の屈折現象は、まさに異なる物の中では光の速度が異なることから結果してくる。例えば、水面に一本の光線が斜めに落ちている場合、周知のように、その光線は「折り曲げられ」、その結果、水中ではそれまでの空中でよりも急峻に下降してゆく。すなわち、水中では光の速度は空中でよりも小さいのである。さて、空中の光源と、水槽の底の上の光線の終点を結ぶ直線は、なるほどここでも幾何学的には最短経路であるが、最短時間で走破しうる経路ではもはやない。光は、空中では少し長めの区間を、ということはつまり速めに、走るときに時間を稼ぐし、その代わり、ゆっくりと横切ることしかできない水を通る際には、急峻な、それゆえ短かめでもある経路を行くとき、むしろ時間を稼ぐ。同じように、ゲレンデで迅速に目標に到達しようとする歩行者も、比較的長い時間、すでに整備されている道に従って行くことができる場合には、最短距離からは外れるのである。

さて、われわれはここで、「可能的」という概念の、この原理に特徴的な使用法を精密化することができる。「可能的経路」となりうるのは、光源と目標を結ぶ線で、幾何学的に考えられうるすべての線である。これらの経路は、厳密に物理学的な意味では本来可能でない。つまり、フェルマーの原理で定式化されている自然法則は、実際にはそれらの中の一つを選び出すとともに、そのことをもって、それ以外の経路には実在的には不可能な経路であるという烙印を押しているのである。つまり、それらが可能的であるのは特定の考察法にとって、すなわちフェルマーの原理からはまだ目を逸らしている考察法にとってのみでしかない。他方では、この考察法といえどもすべての自然法則から目を逸らすことは許されない。例えば、空間のどの点でも、光速には自然法則に則してその点において光速に実際に与えられるはずの値が付与されねばならない。つまり、光が空中を走る速度で水中をも走ることは可能とはされないのである。

ライプニッツの〈思考の歩み〉との類比は認識できる。ライプニッツは、例えば、彼の見解に従って論理的に必然的とされる連関が一定の善と一定の厄災との間に成り立たっていないような世界を可能的世界と標示することはしないであろう。次のように言ってもよいのかもしれない。すなわち、彼の意味における可能的世界とは、現実的世界に必然的に与られているはずの諸特性のうち、可能的諸世界の中の最善のものという特異性格ゆえに初めて与えられることになる特性は除外して、これら以外の特性についてはそれらをすべて同じようにもっているすべての世界であり、しかもこのような世界のみである、と。つまり、これらの世界は、光の可能的諸経路と全く同じように、ある方法的目的のために構成された単なる思考上の事物にすぎない。それらが現実的世界と客観的に同程度に可能であったのは、せいぜい世界の創造以前のことにすぎない。つまり、例えば現実世界においては、フェルマーの原理が妥当するようにと神が定めるまでは、神の精神の中では光のすべての経路が可能であった、と言えるかもしれないのと同じように。

物理学の極値原理がライプニッツにとって単なる類比でなく、現実的世界の最善であるという性格の決定的帰結であることを考え合わせるとき、この対比はその多少お遊び的な性格を失う。最善の可能的世界においては極値原理が妥当せねばならない。そして、このような原理が現実的世界において妥当しているということが、この世界が最善のものであることを確認してもいる。光の最短経路が最善のものであり、しかも、光が最短経路を選ばないような世界は、すでにその理由からして最善の世界ではない。一時的には多分、世界のこの数学的最善性の方が世界の道徳的最善性よりもはるかに強くライプニッツの関心を繋ぎ留めていたのではないかと思われる。否、根本的には彼の弁神論は、かなりの程度までは道徳的最善性を一種の数学的最善性へと導き戻す一つの試みなのである。今日、光学のみでなく、力学と電気学も同じように、否、新しい種類の原子物理学すらも、これを数学的にすでにマスターできている限りでは極値原理に導き戻すことができるということは、彼にとって一つの凱歌であろう。いうまでもなく、このように言えるのは、極値的諸要求についての彼の「楽観的な」解釈がわれわれにとってまだ一つの意味をもっている場合のみのことではあるが。われわれは、最短の光の経路が最善の光の経路であるとの主張を、一つの意味と結びつけることができるであろうか。——

3　因果性と目的性

極値原理はしばしば、世界という出来事（Weltgeschehen）が目的志向的で、ある目的に規定された性格をもっていることの表現と捉えられてきた。一般的には、自然法則は自然を貫いて支配しているある因果性の表現とされていて、ある瞬間におけるある事物とその事物の周囲との状態は、直接に後続する瞬間の事物の状態を、この因果性に従って決定している、とされている。この図式を、極値原理は目的志向的合法則性によって打ち破っているように見える。すなわち、光の経路は、光線が走破すべき経路を走破したあとに初めて到達することになるはずの終点によって規定されている、とされるのである。出来事を規定するファクターは、ここでは「力学的」原因ではなく、未来において到達されるはずの目的、目標であるように見える。こうして、自然を支配しているある計画、つまりある精神的原理の存在が自然の中に推論されることになったのである。

この目的論の陳腐な解釈は、直ちに撥ねつけられねばならない。フェルマーの原理は厳密な定式化にあっては、光の経路が最小値であるとは言わず、極値であると言うのみである。つまり、その経路は最大値でもありうるのである。実際の光の経路が可能な最短のものではなく、最長のものとなるようにという、光学機器の〔作製〕指示書も実際にいくつか存在している。両者の間に「理念的な光学的結像」という極限ケースが存在しており、そこでは、ある一点からその点の「像」である他の一点へ向けてきわめて数多くの光の経路が通じていて、しかもそれらのすべてが同一時間内に走破されうるゆえに、それらすべてが実在化されてもいる。つまり、神には「時間がなかった」ので、神は世界という出来事を可能な限り迅速に進捗させた、ということではないのである。しかし、この原理の別の表現でも、実際の経路は、数学的に洞察可能な仕方ですべての可能的経路よりも際立っている。しかも何よりも、未来の目的志向的先取りは維持されたままである。つまり、光の経路はその終点によって規定されたままなのである。

因果性と目的性の対立について、短い概念史的考察によって解説することを許していただきたい。原因の概念は、近代において自然科学の影響のもとで狭隘化した。スコラ学は、アリストテレスに結びつけつつ、原因を四つに区別した。質料因（causa materialis）、形相因（c. formalis）、作用因・能動因（c. efficiens）および目的因（c. finalis）である。この区別の本来の意味を調べることは、アリストテレス哲学の諸問題にあまりに深入りすることとなろう。単純化する一つの例が、われわれにそれらの実践的使用法を想起させてくれるかもしれない。例えば、一個のワイングラスを考察してみよう。それの〈質料因〉は、それが作られている素材、つまりガラスという化学的実体である。それの〈形相因〉は、〔最も単純なもののもとに留まるなら〕それの形態、盃の形である。それの〈作用因ないし能動因〉は、このグラスを産み出したもの、ガラス吹き職人の手と呼気である。それの〈目的因〉は、それの目的、人がこのグラスからワインを飲むことである。つまり同一の事物が、一般に同時に四つすべての原因をもっているのである。それらは相互に競合することはなく、その事物をある源泉（ἀρχή）へ導き戻すことのできる別々の視点を示しているのである。

それに対して、近代がある実在をある事物の原因と名付けるのは、その実在が当該の事物の外に存在している場合のみである。このことによって、まず事物自体の中にしか現在しない最初の二つの〈原因〉は脱落する。つまり、この言い方に従うなら、素材と形は本質を標示してはいるが、その事物の原因を標示してはいない。「実体的形相」あるいは「性質」が原因でありうるとのスコラ的テーゼに対する近代初期の自然研究者たちの、アリストテレスの本来の意味からすれば全く的外れな論難は、この変更されてしまった表現様式に源を発している。表現のこの変遷に対応する、事柄における変遷は、科学を道具と捉えるという捉え方への近代の転回の中に横たわっているとしてもよいのかもしれない。驚嘆しつつ諸事物を観照することの脇に、諸事物を支配しようとの願望が歩み寄っている。知が力であるとするなら、知は何よりも、事物と〈立ち現われ〉そのものとをつくることのできる手段、あるいはつくれないまでも、それらに影響を及ぼしうる手段を知っていなければならない。〈作用因・能動因〉を現実に知っているか否かの識別基準は、〈作用因・能動因〉の働きによってつくり出される事象を正しく予測できるか否かということなのである。このことをもって、原因の概念は、比較的新しい自然科学では因果原理が、自然的立ち現われを完璧に予測できるようにしている原理とまさに同定されることになったほどにまで変ってしまった。この意味での因果概念の数学的表記が、微分方程式によってなされる自然的出来事の描出である。そして、微分方程式とは、ある事物の状態を特徴づけている量の時間的微分商をこれらの量自体によって表わすものである。すなわちそこでは、その事物の状態自体が、自己の時間的変化を時々刻々自ら決定しているとされる。

最後に〈目的因〉は、この意味での〈作用因・能動因〉の出現によって中途半端な地位に押しやられることになる。一方で近代の道具的思考は、自然の立ち現われはある計画に従って産み出されたとする見解とはきわめて立派に折り合いをつけてゆける。つまり、計画性を推定させるような仕方で立ち現われてゆく自然現象から、遡って勇敢に世界創造者の目的を推論するということは、しばしば行なわれてきたことである。こうすることで、〈目的因〉のアリストテレス的な意味からすでに逸れているということは、たいていの場合は気づかれさえしなかった。他方ではしかし、ほかならぬ〈作用因・能動因〉の総体が未来の出来事を完全に決定するという想定は、競合するさらなる原因である〈目的因〉のためには、もはや何らの余地空間をも残してはいない。光線のこの瞬間の状態がこの光線のこれから先の軌道を完璧に決定しているのなら、その上さらに、予め与えられている終点に可能な限り迅速に到達すべきであるといった要求によっても、この軌道が影響を受けるといったことはできない——少なくともできないように見えるのである。

出来事の因果的規定と目的志向的規定との間のこの対立が、本当は、全く実在していないことは、少なくとも因果性原理を微分方程式によって、そして目的性原理を極値原理によって精密化することが許されている限り、近代数学の一つの決定的な認識、それも一般の意識の中にはあまりにわずかしか浸透していない認識である。変分計算は、同一の数学的要求を、極値原理によってか、あるいは微分方程式によって表現するようにと教えている。すなわち、大きなところで極値原理において要求されている効果が達成されうるために、小さなところで（次々と位置を移しつつ）支配していなければならない諸連関を微分方程式が告げているのである（オイラー）。ここから、特定の方向へ向けて出ていった光線がどの終点に達するかを微分方程式に従って算出することができる。そして、その位置は、その光線が、最短の時間でこの位置に到達するために、ほかでもなく実際にその方向をとらねばならなかった、という結果になるように決定されているのである。つまり、目的志向的「目標」と因果的「法則」とは、同一の原理を表現する別々の種でしかないのである。目標は、法則に従って必然的に起こってこなければならない結果を告げているのみでしかないし、法則はほかでもなく、その法則に支配されている諸作用が目標を実在化するように設定されている。目標という表象の中では明確に表明されている、未来の先取りは、法則は常に、しかもどこにおいても妥当するはずという期待の中にも、明確ではないにせよ、同じように存在している。〈厳密なる決定論〉はまさに、過去のことから未来のことへの推論と全く同じように、未来のことから過去のことへの推論をも認めているのである。

われわれは今、予定調和についてのライプニッツの教えの数学的背景を考察してきた。実際、時計工は同じ行為の中で、調整している時計の歯車装置を因果的にも目的志向的にも判定している。つまり、彼はその装置のさまざまな歯車がまさに自分たちの力学的特性の力で自分たちに課されている目的を自ら満たしてゆくように〔予め〕調整しているのである。このように、世界の出来事の因果性と目的性との間には神の前にあっては何ら区別はない。いうまでもなく、今日のわれわれにとっては、この構図構成も一つの比喩にすぎず、真理そのものではない。神を〈卓越せる時計工〉と見なすということは、形而上学的にはわれわれにとってはライプニッツにとってよりもはるかに懸け離れた遠いところにある。そして物理学的には、原子物理学がまさに決定論を、すなわちこの構図構成全体の土台を、われわれの手中から取り上げてしまった。なるほど、原子物理学も微分方程式と極値原理とに支配されてはいる。しかし、これらの数学的諸関係を満足させている量は、存在している諸事物の客観的特性ではもはやなく、計測結果の確率を計算する際の根拠となる単に補助的な量にすぎない。ライプニッツの〈思考の歩み〉の中の何が、われわれにとって拘束力をもつものとして残っているのか。

昔の〈形相因〉と一定の縁威性を示している、より高次なある原理へ向けて因果性と目的性とを還元していることがそれである、と言ってもよいのかもしれない。極値原理に大ざっぱに目的論的な解釈を予め与えておくことは、われわれにはできなかった。つまり、世界の創造者がフェルマーの原理をもって具体的に何を達成しようと考えていたかを言い当てる術はわれわれにはないのである。ライプニッツに誰かがこの問いを提出していたら、おそらく彼は、神の目的はもっと高い類いのものである、と答えていたことであろう。つまり、神はある利益のために世界を必要としているのではなく、世界が完全であることを欲しているのである。しかし、極値原理が妥当する世界の完全性は、その世界が、最大限の豊かさを示す〈立ち現われ〉を、最も単純であるとともに、精神にとって最も透明である法則をもって取りまとめているということに存立している。つまり、そのような世界が最高の精神的美しさを所有しているということに存立しているのである。

言葉どおり同一のことは、〈作用因・能動因〉の数学的表現に関しても言うことができる。すべての事物を「圧力と衝撃」から誘導しようとする近代物理学の強引に力学的な傾向をともかく最終的に超克したのは、まさに自然法則の数式化である。というのは、基本的にはすでに力学のニュートン的諸公理にも妥当していたことが、電磁力学と原子物理学の微分方程式でも自明となったのであるから。つまり、他の考えうる諸方程式と比べてこれらの方程式が際立っているのは、例えば力学的作用についての、これらの方程式以前から明晰になっていた概念を数学的に言い換えたことによってではない。そうではなく、われわれの因果性表象にそれらが初めて精密な内容を与えたことによってである。ただし、それら方程式が正当とされているのは、経験と、それら方程式の数学的単純さという、説得力に富んだ性格とによってである。

実際には〈形相因〉の一種である数式は、われわれの昔の因果概念の中味のうち、摑むことのできる形で物理学に残った最後のものなのである。その際、形相という概念は時間的経過へと引き伸ばされる。微分方程式と極値原理とは、一つの物理的経過はある全体を、ある形態を、時間的に描出している、と言っている。つまり、誤った戦線から見る場合にのみパラドックスとも見えうるある仕方で、因果分析は最高段階の形態論であることが明らかになっているのである。

それゆえ、われわれは、ライプニッツとともに、数学的自然法則の中に物質の中の精神を見出しているのである。いかなる形而上学的拡大解釈をも差し控えるとして、このことの中にはまず、物質は、人間が物質について考えることができるようにできている、ということが含まれている。つまり物質は、思考の可能的対象であるという、自らの特性によって精神を分有しているのである。この命題が自明でないことは、カントの問題圏への一瞥が教えている。しかし、自然法則の数学的単純さはそれをはるかに超えている。これほど単純な基本法則と、〈立ち現われ〉のこれほどの豊かさとを統一している、別の可能的世界を考え出すことに成功した人は、いまだかつていなかったと認めて、ライプニッツの弁神論を追思考してみることは、実証主義的自然研究者にもできるであろう。

われわれが投げかけた、自然の中における精神の現実性についての問いは、結局は、可能性という概念の適用のための権利と限界についての、当初のわれわれの問いと一つになる。われわれは先に、フェルマーの原理における光の可能的諸経路を、弁神論の可能的諸世界と同じように、ある方法的目的のために構成された単なる思考上の事物と標示した。〈現実的なるもの〉とは逆に、これらの光の経路は精密化して考えられたものに備わる貧しさをもっている。現実の光の経路は生きて観測している人間にとっては奇跡の〔行き交う〕大通りである。そして、可能的光の経路は幾何学的曲線であり、それ以上の何物でもない。

他方ではしかし、「可能的諸事物」は思考行為の必要なる補助手段である。というのは、われわれは十全の真理を予め最初から知っているわけではないがゆえに、現実的なるものを、可能的なるものの充溢の中から選り分けるという方法以外の仕方では考えることができないのであるから。われわれが〈現実的なるもの〉一般をそもそも考えることができるという奇跡は、われわれが可能性という概念を意味ある仕方で考えることができるという第二の奇跡を前提している。この後者が起こりうる条件を挙げようとは、ここではもはや試みないことにする。

II　連続性原理

皆さん、わたしが皆さんに今日的自然科学における連続性原理に関して行ないたいと思っている講演は、いわばそれ自身が一片の連続性を、すなわち、ライプニッツからわれわれの時代の自然科学までの問題設定のもつ連続性の一片を、皆さんの前で繰り広げようと試みるものである。そのため、このような講演は二重の課題をもっている。一方では、ライプニッツにあって連続性原理が意味しているものを解説すべきであり、他方では、同時に、連続性原理が今日の自然科学において果たしている役割を察知するとともに、自然科学的諸問題が今日この原理に与えてきた新たな表現を解説することをも試みなければならない。

近代数学は、古代数学にはなかったある仕方で〈連続〉を捉えることが可能となったことをもって開始した、と言えるかもしれない。

数学の対象が何であるかを古代〔数学〕の視座から言葉に表わそうとするなら、数と図形となるのかもしれない。数学の今日的状態から同じ問いに回答しようとするなら、むしろ数と連続ということになろう。

数と図形、数と連続というこれら二つの標示は、本来は対立するものではない。というのは、両者は同一の領域を抱え込んでいるのであるから。ただし、力点の置き方は異なっている。数全体が、一、二、三、四……と続く数が数学の一対象であることは基本的には変わっていない。しかし他方では、古代の数学が幾何学で優先的に扱っていた三角形、円、円錐曲線、および空間的立体のような個々の図形から、空間が一つの連続であるという事実を前面に立てる、幾何学的な問いの捉え方へと力点は移った。

〈連続的なるもの〉の明確な注目へという、数学におけるこの〈転回〉は、歴史的にはおそらく微積分学の成立によって目に見えるものとなったのであるが、この微積分学の父の一人がライプニッツである。

さて今、ここで何が扱われているかを端的に示せと言われるならば、わたしは、近代数学はほぼ三つの方向で連続を徹底的に利用してきた、と言いたい。すなわち、一つには、空間的形態の多様性という、それまでよりはるかに大きな、自らも連続的な多様性が考察されたことを通して、次に、限界移行の概念をもって連続性自体が調査の対象にされたことを通して、そして最後に、例えば数学的物理学の土台である運動学といったものの創出におけるように、時間という連続が数学的考察の圏内に引き入れられたことを通して、である。数学のこれら三つの変化すべてと微積分学はきわめて密接に結ばれている。そこで扱われている数多くの問題から、ただ一つだけを、すなわち予め指定された曲線の接線の方向の決定という微分学の古典的問題だけを、例として取り出したい。

解析幾何学がある方程式によって描出している任意の曲線を一本考えてみよう。そして、この曲線にいずれかの点で一本の接線を、すなわち、その曲線に接する直線を一本引くとき、それぞれの直線の方向はどうなっているのか、と自問してみよう。どのようにしたら、接線の方向を告げてくれる〈決定成分〉を、例えばこの曲線の方程式にもとづいて算出することができるのか。この問いがニュートンとライプニッツの微分学によって解かれた。それも、以下のような考察によって。

われわれはただ一点でしか曲線と接していない接線から、その接線からわずかしか離れていないある「割線」へと、すなわち、近傍にあって互いに隣り合っている二つの点でその曲線を切っている直線へと、移行しよう。その際、探し求めている接線が曲線と接している一点がこれら二つの交点の間に入っているようにする。ところで、微分学における〈思考の歩み〉は、与えられた曲線を横切っているこれら二つの点が、ただ一つの点と、まさに接線が曲線と接しているその点と重なるまで、上記の割線をずらしてゆけばよい、とするものである。主張されることは、この限界移行に際して、割線は探し求めている接線に最終的には移行してゆくということである。

さて、隣り合った二つの点で曲線を切っている割線の方向を、解析幾何学を助けとして算出することは可能であり、上記のようにした場合、求める接線の方向は、次々と連なってゆく割線の方向の極限ケースという結果になる。もちろん、数学のこの技術的問題の克服こそがまさにライプニッツの偉大な業績とされているものなのであるが、この技術的問題と関わりのある何が、われわれにとってここで原理的に重要であるのか。まず重要なのは、彼の業績によって与えられた方法の性能である。ある曲線の接線の方向の決定というこの一課題を解くことができるのみでなく、この方法の助けをもって、例えば投げられた石が飛ぶ軌道の計算の問題とか、太陽の周りの、与えられた力の影響のもとで動く惑星の軌道計算の問題といった、まさにライプニッツとニュートンの時代に焦眉となってきた、力学の諸問題をも処理できるのである。これらの課題が互いに連関し合っているということは、ある曲線の接線の方向とは、この曲線上を走っている物体の瞬間的な運動方向でもあることを考慮するとき、そしてニュートン力学によれば、ある物体に対して行使される力とは、その物体の速度を変化させるものであることを考慮するとき、明瞭になるかもしれない。つまり当時、物体の、あるいは質点の軌道を計算するという、物理学によって立てられた新たな問題を、微分学の諸方法によって解くことがうまくゆくようになったのである。

皆さんは、この一例で、すでに時間の諸概念と運動との連関を目にしておられる。微分学が本来の意味で重要となったのは、何よりも静止している図形のみでなく、運動を数学的に捉えることを可能としたからであった。しかし、さらに別の意味でも、この方法には、いずれにせよ時間と運動の諸問題に関係がある何かが原理的に付着している。それは、この方法ではある限界移行が援用されているという事実である。

接線とは、限りなく近いところで隣り合っている二つの点で、与えられた曲線を切っている一本の直線であるとする、ラフな表現様式がある。ここで登場している、限りなく小さいものという曖昧な概念は、ライプニッツの時代にもすでに大いに論じられたものであるし、何よりもポピュラーな描出の中では、数学がわれわれの時代まで引きずってきている。とはいえ、数学者たちは十九世紀に、連続の数学のきれいな構築ということが、この概念を数学の中から排除することを要求していることを究極的に明らかにした。現実態的に限りなく小さい区間といったものは存在しないし、二つの点が限りなく近いところで隣り合っているといった言い方は何ら理性的な意味をもたない。というのは、もしある曲線上に二つの点を区別できるなら、両点の間には曲線のある区間がまだあるのであり、したがって、さらなる点もまだあるのである。つまり、その場合は両点は限りなく近いところで隣り合っているのではない。あるいは逆に、両点を区別することができないなら、両点の間にはもはや点はなく、その場合には、それら両点は同一なのである。例えば、ある接線の位置関係の決定といったものへと導く考察の数学的に精確な意味は、むしろ限界移行の概念の中でしか捉えることができない。思考の中で、割線が極限ケースでは接線に移行するまで割線の位置関係をずらしつづけてゆくのである。この極限ケースとは、まさに両割線がその曲線を横切る両点が近づいて行って、もはや別々の点ではなく、一点で一つになったケースである。つまり、微分学の今日的定式化の土台となってもいるこの厳密な数学的表現様式は、限りなく小さいものという概念をもはや含んではおらず、その代わりに、少なくとも思考上のある運動の概念、まさに限界移行の概念を含んでいるのである。そしてライプニッツも、彼自身の微分学を、数多くの箇所で、限界移行の中にある運動の意味で解釈していた。ここで、彼自身は連続性原理と名付けていたものの定式化の一つが登場する。すなわち、「一連の与えられた量において二つのケースが常に互いに近づき合ってゆき、その結果ついに一方が他方に移行していっているなら、求めている量、すなわち、対応する一連の導かれた、あるいは依存している量においても同一のことが必然的に起こっていなければならない」(数学的著作、ゲルハルト版、VI、一二九、ブーヘナウ訳『哲学の基礎づけについてのライプニッツの主要著作』I、八四より引用)。ここでは〈切れ目のないこと〉という概念が、現代数学の意味で言葉に表わされている。

この連続性原理の意義は、数学だけで尽きるものではない。ライプニッツはその原理を物理学、生物学、心理学において援用した。彼の形而上学の全体構築でもある重要な役割を演じている。このことがわれわれを、この原理は純粋に方法的な一規則と捉えるべきものなのか、あるいは〈現実というもの〉の一原理、すなわち、現実というものが実際にどのようにできているのかに関するある言明と捉えるべきものなのかという問いへと導く。ライプニッツは連続性原理を、現実というものの一原理と理解していた、とわたしは信じている。ただしわたしは、ケーニヒ氏の詳述に向けられた視線の中で、この原理を自然科学的観点のもとで扱うだけとし、自然科学者にとって〈現実〉が調査の対象となるのは、〈現実〉が〈立ち現われ〉の中に踏み入ってくる限りにおいてでしかない、と付け加えたい。つまり、「立ち現われ」を「即自」に対峙させるとして、問題となっているのは、〈立ち現われ〉の一原理なのである。ただし、まさに自然科学が話題にしているその現実的なるものでもある、立派な根拠づけのなされた、あの〈立ち現われ〉の、である。いずれにしても、問題は、人間の恣意的措置の一原理などではない。

このことを解説するために、この原理をもう一度、もっと一般的な表現で示してみたい。それは、「自然はジャンプをしない」という原理である。自然の中では、ある状態に、その状態とは有限な仕方で異なる別の状態が無媒介に接続しているという事象は与えられていない。それも、時間系列においても、自然の立ち現われの、意味ある何らかの他の配列においても、である。このような姿にする場合にのみ、そもそもこの原理は正当化できるものなのである。というのは、数学において、「ジャンプが与えられている」こと、すなわち数学においては、切れ目を含まないわけではない関数を、そしてそのことをもってまさに連続的ではない関数を、定義できることは、ライプニッツも知っていたからである。自然はジャンプをしない。それに対して、われわれの思考は立派にジャンプすることができる。問われるのは、その場合、この思考が自然に則した思考であるのか否かということのみである。

生物学を考察してみよう。個体にして他の個体と全く等しい個体はないということは、ライプニッツにとってきわめて大きな役割を演じた一命題であり、彼にとっては明らかに常に現在していた一体験である。一本の木の一枚の葉といえども他の葉とは等しくない。可能的形式のこの限りなき充溢は連続性と密接に連関している。まず、空間の連続性がある。これは、それぞれ互いに他とは異なっている諸形式の限りなきある充溢がそもそも発現しうるということを許しているものである。しかしさらに、さまざまな形式の、最初は区分組織されていないこの充溢は、より狭い意味でも、独特の種類のある連続を描出しているということ、あるいはいずれにしてもある連続に似ているということを、ライプニッツは確信している。生物学的有機体という一連のものを、どの分肢も他の分肢と連なり合っている一連のもの、それもそれぞれ任意のわずかな違いで互いに区別され合っているのみでしかない中間肢を介して連なり合っている連続的な一連のもの、と彼が捉えていることを示す彼の発言がいくつか存在している。有機的諸形式の連続性というこの思想は、わたしの知る限りでは、ライプニッツにあってはなるほど歴史的に捉えられているわけではない。ライプニッツは、これらの形式が、ゲーテの場合のような植物、動物の変態（メタモルフォーゼ）の意味で、あるいは十九世紀が展開した進化論の意味で、互いに相手の中から成立してきたものとは教えていない。しかしそれでも、有機体の連続的な系列という表象は今日の自然科学に普通となっているような見方の無媒介的な現象学的前段階ではある。

ライプニッツの心理学でも、連続性の原理は中心的役割を演じている。無意識に関する彼の見解における、〈小さな知覚〉(petites perceptions) という概念がそれである。これらの知覚はもはや意識的に受け取ることはなされないが、それらを総計する中で初めて、思考の内容が構成されてくるものである。この概念は連続性に関する彼の諸表象と確かに連関している。彼がこの関連でしばしば使用する比喩が一つある。彼は言う。すなわち、海の潮騒を聞いているとき、われわれは唯一の大きな潮騒を聞いているのみで、もはやその中に何らの区別をも知覚してはいない。しかし、現実にはこの潮騒は無数の波が砕けることによって成り立っていて、しかも一つひとつの波がこの潮騒には寄与している。つまり、われわれは本来は個々の小さな潮騒の、実相を見極めることはできないほどの充溢を知覚しているのである。しかし、これら小さな潮騒が〔個別に〕意識の中にまで踏み入ってくることはない。意識の中に踏み入ってくるのはただ全体のみであり、磯に砕け散る波〔全体〕の潮騒のみである、と。このようにライプニッツは、分離したものとして与えられる、われわれの意識の内容を、小さな知覚という、互いに連続的に連なり合っている意識内微分をたえず合計し続ける作業の成果であると見なしている。実際、連続性ということが現実的なるものの一原理であるなら、そしてわれわれの霊魂も何か現実的なるものであるのなら、霊魂が連続的であるということも同じようにこの意味においてであることこそが、まさしく要請されるはずである。そして、この〈連続的なるものの充溢〉を現実態において受けとめることはできずに、常にその充溢の中の個々の点をマークすることしかしていない意識は、一個の切片であって、自分自身がそうと思っているような、〈霊魂の生〉といった〈それのみで＝現実的であるもの〉などではないのである。

ライプニッツの形而上学における連続性原理の役割に関しては、わたしはこの講演の枠組みの中では話すことができない。今はむしろ、ライプニッツ以降現在までに展開してきた自然科学へと移行したいと思う。大まかにいって、われわれの世紀〔二十世紀〕初め頃までの自然科学の展開は連続性原理の勝利の進軍であった。不連続と見なされていた事象が、精確な調査によって連続的であることが、繰り返し新たに明らかになっていった。このことを、わたしは空間との連関および時間との連関で解説してみたい。空間においては、なるほど比較的古い力学によれば、物体はジャンプすることなく動いている。つまり、太陽の周りを回っている惑星は切れ目のない曲線上を走っていて、ジャンプはしない。しかし、その一方で、例えば重力のような、遠く離れたところに無媒介に作用する力が登場してきた。この作用の空間的中間媒質はまだ知られていなかった。十九世紀にはまず、電気的、磁気的な立ち現われを重力の説明に似た仕方で遠隔力によって描出しようという試みがなされた。しかしその後、これは探し求めていた適切な表現様式ではなく、電気的、磁気的な立ち現われは、現実には空間を貫いて延長されている事象と捉えねばならないものであることが示された。これらの立ち現われは、電磁場と標示される物理学的実在を構成している。今日ではさまざまな電波が、物理学には馴染みの少ない人々の誰に対しても電磁場の実在性を明らかにしている。重力も一般相対論によって、少なくとも仮説的には、空間を貫いて延長されている場に基礎を置く一事象と解釈されている。

時間との関係での連続性ということは、物理学にとっては大昔から自明であった。ある物体の、その物体の軌道上でのジャンプが期待されたことはなかった。ところが生物学でも、時間との関係での連続性が、当初はもっていなかったある地位を手に入れることになった。例えば、個々の動物種と植物種は、おそらくは何らかの宇宙的カタストロフィーの後などに、それぞれ独自に創り出されたと思っていたような見方に対して、動植物のさまざまな形態は一本の系統樹の中で秩序づけができ、諸世代の、ゆっくりとしか変化してゆかない連なりを通じて互いに相手の中から産まれ出てゆくとする起源論〔進化論〕がその主張を貫徹していった。形態の変化を成立させるメカニズムに関するダーウィンの表象は、連続性理念という枠内に入っている。親から子孫への移行の際に繰り返し観測できるような小さな変異が最終的には一個の新たな種が成立するまで集積してゆく、と彼は想定していた。

今日の自然科学においては、連続性ということは予期しなかった仕方で問題となってきている。今日、われわれは、自然の中には不連続的なるものも与えられているかもしれないとの外観を少なくとも喚起する主張を数多くの箇所で見出している。例えば物理学について考えてみよう。われわれは、化学によってまず掘り穴をあけられ、そのあと物理学的に基礎工事を施された、原子という実在についての教え、つまり物質の、分離されていて、それ以上は分けることのできない構成部分についての教えをもっている。より新しい物理学はなるほど、化学が原子と標示していたものは、その標示に反してさらに分けることのできるものであることを示しはした。しかしそれでも、化学の「原子」ができる元になっている「素粒子」は、最終的には不可分であると一定の確率で言えるようになる、と見えている。しかし、何よりも、それらは仮説的な不可分性のほかにも、不連続性の別の印をいくつか示しているのである。例えば、一個の水素〔原子〕核の周りを動いている電子は水素原子の中で、別々のエネルギーによって特徴づけられている別々の、互いに鋭く分離された状態をもつことができ、しかもこれら状態間の移行は、量子飛躍〔量子ジャンプ〕と言われる事象の中で起こる。ここでは、外から見るかぎり自然がジャンプをしているようである。あるいは、同一の電子が、特定の実験の中では、それも位置を特定された物として、つまり狭義の粒子として登場するのに、別の実験では空間を貫いて延長されている連続的な物として、まさに波動として立ち現われる場合に、このことが示されてくる。このようなことが真であるなら、これらの像の二〔元〕性の中には、まずは一種の不連続性が横たわっている。ここにはわれわれは、互いの間で連続的に移行することはなく、互いに対峙していて、いずれの具体的ケースでも、計測のために据えられた装置、つまり最終的には人間の意志によって選択がなされる二つの概念をもっている。さらに、一方の像、粒子の像の方は不連続性の像と捉えることができる。なぜなら、粒子はある位置にあり、まさにそれゆえに、別の位置にはないのであるから。つまり粒子とは、そのものの位置が鋭く特定されている何かなのである。それに対して、波動とは空間を貫いて延長されている何か、ある連続である。つまり、物理学では連続性と不連続性とが、出来事の二つの可能的像として、選択を求めて立っているように見えている。

生物学においても、不連続性を排除しない考察様式の登場について話さねばならない。いろいろな種の変化が、小さな変異によってではなく、有機体のいずれかの徴表が親の世代から子の世代に向けて不連続に変化する突然変異という有限的歩みによってもたらされるなら、その場合もある不連続性が生命過程の進歩に属しているように見える。突然変異に対応する、細胞の中での事象を追ってみよう。比較的新しい調査は、いずれにしても、そこでは、染色体の中の遺伝子を具現化している大きな分子では、〔遺伝子の〕貯蔵場所の移動が事の中心になっているということを、つまり、量子論の意味での唯一の〈素行為〉(Elementalakt）と捉えることのできる移動が事の中心になっているということを、蓋然性の高いものとした。例えば、一個の原子をある場所から別の場所へ移動することなどを考えてみることができるが、このような移動は、量子論によれば、量子飛躍の中で結果することであり、それゆえに、物理学的な連続的観測からは原理的に没収されていることなのでもある。これは一つの仮説である。つまり、それが真であるか否かわたしは知らない。もしそれが真であるなら、その場合には、いずれにしても、不連続性という要素は生物学においてもすでに定着しているのである。

さて、ここで、実際は連続性原理の挫折について語らなければならないのか、あるいはそうはしなくてよいのなら、直前で描写したような事象の背景は何なのか、と問いたいと思う。一瞬の間ライプニッツを想起し、連続性原理が妥当せねばならないことを、いったい彼はどこから知っていたのか、と問うてみることができるかもしれない。この原理がライプニッツの形而上学体系の中で重要な位置を占めていることを自分が洞察しているからといって、それによってこのような原理に対する信頼を自分自身の中でも強めることのできる人は、今日の自然科学者の中にはいないであろう。はっきりと口にされたか否かについてはおそらく程度の差はあったであろうが、特別な根拠が何らないままで大多数の科学者たちに共通する確信となっていたということを度外視するなら、この原理を正当化するものとしては、この原理の怪物的な豊穣性以外には、おそらく何も残らないであろう。われわれが調査した現実的なるものはすべてが、まさに自らが連続的であることをますます明らかにしてきたし、不連続性の源泉かもしれないと見えているものも、不連続な行為の中で確定されてゆくわれわれの思考活動の図式化であるにすぎないことが再三ならずある。そうであれば、連続性原理は、経験的に根拠づけられているとともに、経験的に論破も可能な、あるいはある妥当領域に限定されうる仮説でもあるということになろう。しかしわたしには、一定の意味で、今日的自然科学においても不連続性の源泉は、孤立化する人間的意識行為の中に見出すことができるものであるように見える。

例えば、太陽の周りのある惑星の軌道を望遠鏡で実際に連続的に追ってゆくような仕方で、原子核の周りの一個の電子の経路上でその電子の軌道を連続的に追ってゆくことができないのはなぜなのか、と問うてみよう。この電子は、原子核の周りの自らの軌道では、容易にその軌道を見ることを許すような光を発してはいない。そうではなく、その電子は放射光を出さずに自分の量子軌道上にいる。そして、その電子が発する放射光は常に、〔その電子の〕一つの軌道から別の軌道への移行、つまり、われわれの言う量子飛躍と結びついている。それゆえ、もし電子を、その電子自体の軌道上で見ようとするなら、われわれはその電子を人為的に照射しなければならないのである。それとともに、われわれは、ハイゼンベルクによって議論されたあの有名な思考実験へと、いわゆるガンマ線顕微鏡へと、行き着く。ここで、思考実験なるものの方法的意味に関して一つ付言しなければならない。量子論によれば、原理的には存立している計測可能性を議論するために、ガンマ線顕微鏡のような、実際には今日実現不可能な器械について語るとき、そのことをもって、このような実験がいつか現実に実行できるようになることが確実でなければならないと思われているのではない。実際、このような考え方は「思考実験」という概念の危険な用法であろう。というのは、この前提の上に根拠を置いている推論は、その実験が原則的に実行不可能であることが明らかになるときには、誤りとなりうるからである。論述の方向はむしろまさしく逆なのである。われわれが示そうとしていることは、かりにある顕微鏡で電子を直接見ることができたとしても、その場合でも、とにかくいま妥当している自然法則によれば、その電子の軌道を連続的な曲線として追うことは、われわれにはできないだろうということである。それゆえ、この思考実験すら実施できないはずのものであるのなら、ましてや電子の軌道を連続的に追うことなど、われわれにはもちろんできないことなのである。さて、ガンマ線顕微鏡をもってしても、電子をその軌道上に追うことができないのはなぜなのか。ハイゼンベルクとボーアに従えば、その理由は、わたしが電子に向けて送る光がその電子に、既知でもなく予測計算もできない大きな運動量を授けることになり、その結果、この運動量によって、電子がかつての軌道からは振り落とされてしまうかもしれないからである、ということにある。そこから、わたしが二回目にその電子に目をやるときには、電子はなるほどどこかにはいるのであろうが、わたしが追いたいと欲していた軌道上にはもはやいないことになるのである。そして、この絶えざる妨害には目をつむって、わたしはただ幾つかの点の連鎖を手に入れたいだけである、と言うとしても、ここで問題となっているのは、いずれにしても、諸惑星の位置を相互に結びつけているあの法則と同じ意味で厳密であるような、法則によって相互に結びついている個々の点の連鎖ではもはやないことになる。つまり、その電子がいる箇所を観測者が自己の意識の中に取り入れることができるために必要な、実験するという介入行為は、実際には、考えられうる連続性を観測されえない何かにしている行為なのである。

とはいえそれでは、まずは言うまでもなく真空がつくられただけであり、電子の軌道上の観測可能な個々の節目節目の間には、即自的にはやはりある連続的な軌道が走っているのではないか、という点は、未解決のままである。しかし、この真空はシュレーディンガーの波動方程式、すなわち、原子の運動のための法則性の一新種によって満たされることとなるが、この新種の法則性は、定義された軌道上のこれら両点の間を電子が動いたという想定とは概念的に一致させることのできないものである。これらの波動現象は、あの電子の軌道を記述することはしていないのかもしれないが、ともあれ、形式的にはやはり連続的な何かではある。それゆえ、われわれはさらに詳細に考察しなければならない。その際、電子が粒子として観測されうるという事実は、まずは全く捨象しておく。つまり、さまざまな実験で個々の電子がそうであるわけではないまでも、電子の総体はやはり波動像のもとで登場してくるという、もう一方の事実のみを考察する。さらにわれわれは、先刻話したばかりの、電子の離散的状態は算出されうるという事実をも考察する。その際に前提されていることは、電子はその原子核の周辺では粒子でなく、連続的に拡散している波動事象であるが、この波動事象は、張り渡された弦がいくつか全面的に特定された高さの音程で振動する能力はもっているのに、それら以外の高さの音程では振動することができないのと同じように、特定の自己振動をする能力しかもっていないということである。シュレーディンガーは、原子核の周囲で演じられる事象の波動本質がこのようなものであると前提するなら、振動している弦の音程を弾力性のあるその弦の特性から算出するのと全く同じようにして、原子の状態を算出できることを示した。当初、このこととは連続性表象の凱歌が結びついているように見えた。というのは、いまや原子の離散的状態は、まさにある弦の離散的振動と同じように、例えば、本当は連続的である何かへと導き戻すことのできるものであるように見えたのである。弦の場合の離散的振動は、当然ながら、自然における真の不連続性を表現するものではなく、振動しうるある連続的系は、特定の周辺条件のもとに置かれるなら（例えば、弦の両端がしっかりと張られる、といったような）、互いに他からは鋭く区別された振動状態を受け入れる能力しかないという事実を表現するものでしかない。つまり、この種の不連続性は連続性理論の一内部案件なのである。

実際、ここでは連続性原理は保持されている。しかし、もしわれわれが、電子波を物理学的にどう解釈すべきか、と問うとき、矛盾を含まない唯一の捉え方は、例えばそれ自体が無媒介に感知されうるような、自然における一つの現実態的状態を表現しているものとする捉え方ではなく、電子波とは、その電子に即してなされる特定の実験に際して特定の結果が見出される確率のためのゲージにすぎないとする捉え方である、ということが示された。例えば、ある位置における波動関数の強度とは、その電子が位置計測に際してまさにその位置で見出される確率のための一ゲージなのである。波動関数にもとづいて導くことのできる確率予測としては、他にもまだ多数のものがある。わたしはこの一つだけに留めておきたいと思う。つまり、示されていることは、〔一方で、〕不連続性という要素を実際に人間の側から現実の中へ担い入れているものである孤立化する観測点に、他方では、人間が観測している当の現実に代わって、何か連続的なるもの、すなわち波動関数が対峙しているということなのである。ただし、この連続的なるものが、ある現実態性を、すなわち、人間には依存せず、即自的に現に存在しているかもしれない何かを表現しているものではなく、われわれにとって、波動関数についてもちうる唯一の解釈は、波動関数はある客観的可能態性を、すなわち、ある客観的可能性を標示しているとする解釈であるということも示された。波動関数は、人間的実験の特定の行方がどの確率をもって――ただしこの確率は客観的に（すなわち、試行の反復によって）確認されうるものではある――期待されうるか、を告げている。われわれが調査している現実的なるものにはある連続が対応している、という命題は、依然として正しい。しかしその連続はもはや、既知となってはいないある現実態のものではなく、何らかの客観的可能性なのである。

さて、可能性の概念はすでにライプニッツの場合にも連続そのものの定義と密接に結ばれている。限界移行の概念を想起していただきたい。そこでは、（例えば、割線によって切られている曲線上の二つの点を一致させるといったように）独立量を特定の極限値を目指して進めてゆくと、それらに依存している量（例えば、その割線の方向）も同じように特定の極限値へと移行してゆく、と言われている。これは一つの仮定文である。両方の点を実際にずらしていって一つに合わせることは必要ない。もしそうしたら、何が起こるかに関して何かが言明されているのみである。ある可能性が表現されてはいる。そして、この可能態性ということは限界移行の概念には本質的に属しているようにわたしには見える。ここにおいて、今日的表象はある仕方においては、微分計算を連続についてのある概念へと、諸点を現実態においても無限と想定して形成されていた概念へと導き戻そうとの試みがなされていた、十九世紀後半の中頃にそうであった以上に、再びライプニッツの表象に接近してきたとわたしは感じている。このことに関しては末尾のところでもう二言、三言付け加える。

わたしはなお、生物学に関して一つ付言しておきたい。子供たちが自らを親から区別する理由となる有限なる一歩である変異は、即自的には、原理的に不連続的な一事象と捉えねばならないわけでは必ずしもない。それのみか、例えば、一本の弦がある振動から別の振動へ移る場合のような、連続的と理解することもできる移行もあるのである。問われるのは、ある状態から別の状態への移行、それもその移行の、生物学における物質的土台が、遺伝子という大きな分子中のある原子の貯蔵場所の移動と捉えられうるような移行が、まだ空間と時間の中での連続的事象として記述することのできる何かであるかどうかである。もしこの前提が保証されているなら、変異とは、きわめて小さいところで、しかもきわめて迅速に連続的事象が継続してくる結果、われわれの知覚にとってはある不連続が成立していると見えているような数多くのケースのうちの一つであるにすぎないこととなろう。しかし、変異において生じている、貯蔵場所のこの化学的移動が、量子論的な素行為であるということが真であるなら、その場合には、変異も、原子内での電子の運動と同一の、軌道の観測不可能性という法則のもとにあることになる。そしてその場合にはやはり、原子的なるものの不連続性はここでは生物学的諸事象の中にまで及んでいるということが、真であるということになろう。さてしかし、ちょうど今わたしが口にしたばかりのテーゼに従って、不連続的なるものがここで生物学の中へ入ってくるための媒体となっているあの素行為とは、そのものの本質からするなら、本来はいったい何なのか、と問うことができる。この素行為は、いまややはり、即自的には客観的に不連続的な出来事なのか、あるいは不連続性を据えつけるものである〈知覚している意識〉はここではどこに探し求めたらよいのか。原子物理学における素行為の概念は哲学的にはきわめて難解なものである。つまり、それは主体的〔主観的〕なるものと客体的〔客観的〕なるものとの間の独特な中間に横たわっているのである。わたしが実験について話すとすると、〈そのこと自体をもって〉いわば自動的に、わたしは、常に、ある主体による、少なくとも志向はされている知識獲得について語っている。有機物が話題になっている場合には、二つの状態のいずれが実際に起こったのかを明らかにする物理学的事象は、まさにその有機体自体の生長にほかならない。そして、その有機体について、一個の巨視的物体として、つまり無媒介に見ることのできる一個の物体として、客観的に実在していると言う際の権利と同じ権利をもって、わたしは、不連続な素行為がその有機体の生長によって「現実態的」となった、と言うこともできるのである。

これらのケースにおいて示される主観的契機と客観的契機の相互貫入を、ここであえてさらに詳細に概念的に解体することはしない。そのようなことをすれば、そもそも今日的物理学そのものの解釈といういくつかの最も難しい問いの中へと導き入れることとなってしまうであろう。

さて、数学に関してさらに二、三付言する。例えばワイヤストラスの古典的形式のような、十九世紀における微分計算の根拠づけは、常に、限界移行の概念が、現実態的に無限な何かと捉えられていた諸点の、ないしは実数の多彩さを超えて実施されてゆくことと考えられていたという状況の中でなされていた。ある区間上には無限に数多くの点が事実として存在していると、そしてある区間上の二つの点の間には常にもう一つの点が存在していると、考えられていた。その場合には、ある区間上のすべての点の集合が無限であると、それも自然数の威力よりもっと大きな威力で無限であると示すことも可能であった。つまり、この〔点〕集合は〔その中にある点の個数を〕もはや数えることができないものなのである。さて、この表象は、一九〇〇年前後に集合論の中で登場したいくつかの有名なパラドックスへと導くことになり、そのことが、直観主義の形態で、連続をむしろ「自由な生成の媒質」という言葉で表わそうとする傾向をもっていた別の方向を進展させた。こちらの方の捉え方に従うと、二つの点の間にはまだもう一つの点がある、と言うべきではなく、すでにマークされている二つの点の間にはまだもう一つの点をマークすることができる、と言うべきであるとされる。直観主義は、構成的でない言明はすべて、つまり実在主張を実際の構図構成によって実在化しうる仕方を示していない言明はすべて、数学から排除しようとする傾向をもっている。このような捉え方にとっては、連続は、ライプニッツにとってある一定の意味ではそうであったと同じように、何か可能態的なものであろう。さて、いうまでもなく、直観主義という基底の上では、物理学でわれわれが現実に必要としている数学を、すなわち微積分計算を、導き出せないこと、ないしは怪物的な骨折りのもとでしか導き出せないことも示された。そしてそれゆえにこそ、誰よりもヒルベルトが再びプログラムを拡張することとなった。ただし彼は、現実態的に無限な点集合といった表象を認めようと、なおも試みている。とはいえ彼は、厳密に公理的に定義された形式でのこれらの概念の導入から決して矛盾が結果しえないことが証明できる場合にのみ、そのような表象を認める、との条件を設定する。この捉え方による場合、いうまでもなく、数学はまずほとんど、思考を用いてする単なるゲームと見えてくる。数学がそのようなものであるなら、この公理系を選ぶことも、あの公理系を選ぶこともできることになり、しかもそうする際に課されている条件は、単に、何らの矛盾も成立してはならないというものでしかないことになる。幾多の数学者、哲学者を苛立たせることとなったこの状況にあっては、やはり、この「ゲーム」の方向づけの基準となっている何らかの客観的なるものが与えられているのではないか、と問われねばならない。数論のためなら、何らかの無媒介な直観主義に上訴することができるであろう。連続の数学のためには、このことは、ある一定の程度までは——例えば、直観主義者自身が連続の数学の中で行なったところまでなど——妥当するかもしれない。しかし、いずれにしても、現実態的に無限な点集合といったものは、直観的に与えられているものではない。ところで、ヒルベルト自身は物理学にとって極限算法が不可欠であることを用いて論述を進めた。実際に、物理学の外的現実とは、論理的には等しく可能なさまざまな〈連続の理論〉の間での選択が方向づけを得ることができる客観的所与であるということなのかもしれない。物理学で観測として登場するまさにそのものを、実際に表現していて、それに加えてさらに、論理的困難を生じたり、観測の可能性を原則的に奪ったりする、余分な概念を導入することはしないようにするためには、微分計算はどのように構築されねばならないのか、という問いが起こってくる。さて、今日的物理学で、〈それを下回ることはできないある最小の長さ〉といった概念をめぐって模索されていることを考え合わせるなら、微分計算でも任意のところまで限界移行を実施できるわけではなく、いわば、この最小の長さというところまででしかないとすることによって微分計算を変更する可能性が、いずれにしてもある、と見えてきている。わたしが今言っていることは、さしあたり仮説的である。つまり、物理学において実りあると同時に、この条件を満足してもいる数学は、これまでのところ実在していない。わたしはただ、今日的物理学が採用している立場からは、微分計算もある意味で一経験科学と、数学の経験的一分枝と捉えることができるかもしれないと、そしてここではただ、無限なるものと連続的なるものとを純粋に可能態的に捉える捉え方は、現実態的とする捉え方が行なってきたよりもさらに先まで助けとなっていってくれるかもしれないと、示唆しようとしたのみである。

デカルト―ニュートン―ライプニッツ―カント

この〔連続〕講義〔ギフォード・レクチャーズ〕は、〔二つの〕円を描いている。出発点となった問い、科学信仰についての問いは、この信仰の歴史的由来の問いへと導いた。より狭いこの問いのために、わたしは、ベントリの説教と、惑星成立についてのカントの理論とを第一のモデルとして選んだ。このことがわたしを神話と科学の間の関係の問いへと導いたが、さらにこの問いが、さまざまな真正なる神話が存在した太古の時代をこれらの講義の歴史的出発点とするように促すこととなった。われわれは一緒に、歴史的な発展の道を追ってきた。そしてこの講義の中で、再びベントリとカントに遭遇することになる。こうして、第一の、大きい方の円はきょう閉じることとなる。しかしわたしは、この邂逅地点を越えてさらに進み、後続の諸講義では、われわれの時代の科学的宇宙生成論に関する第二の小さい方の円を接続することにする。この円がわれわれを現在の科学信仰へと引き戻し、そのことをもって、貫いて走っている道に、8という数字の二重の旋回にもたとえうるような形態を与えることになる。

何らかの科学的宇宙生成論が可能であるためには、それに先立って天と地がある共通の自然法則のもとに置かれていなければならないであろう。これを成し遂げたのが、ニュートンである。しかし、よくあるように、学者共和国にこの問いが全面的に意識されるようになったのは、まずは性急すぎる答えによってであった。ルネ・デカルトの体系の中で提示されているこの答えを、まず一瞥しておくべきであろう。

デカルトは、有名な渦巻理論で惑星の運動を説明した。惑星は、太陽の周りを回転している、きわめて微細な物質の巨大な渦巻の中を泳いでいる。渦を巻いている水の中のコルク塊が水と一緒に回っているように、惑星もこの渦巻と一緒に回っている。

この理論は、ほかでもなく、ケプラーの諸法則が惑星系に関して答えずに残していたまさにそれらの問いに答えたことにその強みがあった。ケプラーの第一法則によれば、惑星は一方の焦点を太陽とする楕円の中を動いている。その際、二つの問いが未回答のままである。

一、楕円というものはほとんど円形でもありうるし、ごく細長く引き延ばされていることもありうるし、これら二つの極端なものの間のいずれかの形態でもありうる。惑星軌道はなるほど厳密には円形ではないが、円形にきわめて近い。つまり、それらの離心率はきわめて小さい。この点についての根拠はあるのか。

二、楕円は平らな曲線であるゆえに、どの惑星の軌道が定めている平面も、太陽もその上にある平面である。ケプラーの法則は、個々の惑星が置かれている平面が空間内できわめて異なった向きをもつことを禁じてはいないはずである。事実としては、これらの軌道はすべて、唯一の平面の中にほぼ集まっている。すべての惑星がほとんど同一の平面の中で、しかもその上、その同じ平面の中でさらに、同一の周回方向で太陽の周りを動いている。あるいは、惑星は太陽を貫く共通の軸の周りを同一の方向で回転していると言うこともできる。想像上の天球を惑星の軌道の共通な平面が横切ることでできる円は、獣帯〔黄道十二宮〕として知られている。惑星はなぜこれほど秩序ある運動をしているのか。

デカルトの〔宇宙〕像では、両事実の説明はほとんど自明である。太陽の周りを回転している大きな渦巻は統一的な一つの回転軸を持っている。つまり、渦巻がこの軸の周りを回りながらすべての惑星を導いているのである。つまり、共通な平面上でのこれらの円軌道は、単に、それらを導いている渦巻の規則的な形態を反映しているにすぎない。他方、渦巻の中でも流れの動きが全く均一であることは決してないゆえに、共通の平面や円形態からのいくつか小さなズレは驚くにはあたらない。

この像は、デカルトに先立つこと二千年の昔にギリシャの原子論者たちが構想していた、世界の図とさほど違うものではない。その固定された天空（第四講義で引用した「薄膜」）に代わって、太陽と諸惑星との間を微細な物質が満たし、周知の間隔が生じたのである。ちなみに、何か似たようなものは、原子論的な教えを後期ギリシャ天文学に適合させるためにもすでに必要となっていたのである。さらに今では、地球の代わりに太陽が中心点を占めている。つまり、デカルトは（外交術的に慎重な定式化をとっていたとはいえ）コペルニクス主義者なのである。ただし、渦巻は現に存在しており、空間は改めて無限とされている。そして、恒星はみな太陽であり、われわれ自身の太陽に似て、それぞれ彼ら自身の渦巻に取り巻かれている。こうして、〔宇宙にある〕無限個の系、あるいは昔のギリシャ人の言い方では、「諸世界」という古代の原子論的な教えが再び採り上げられるのである。ところで、原子論的宇宙生成論もたやすく復活している。渦巻は弱まって消えることもあるし、新たな渦巻が発生することもある。これは、どの渦巻く水にも見ることができるとおりである。こうして、われわれの〔太陽〕系もかつて新たに形成された渦巻の中から成立したのである。デカルトはこの事象を個々の細部において記述しようとしてもいるが、これらの点はもはやわれわれの興味を引くものではない。この過程が無限に続いてゆくこと、これを保証しているのが、デカルトによって明示的に主張された一自然法則、すなわち、世界における運動の量は一定である、という法則である。この法則は、われわれがエネルギー保存の法則と名付けているものの定式化への第一歩である。いうまでもなく、ホイヘンスとニュートンが後に見出すこととなった正しい力学法則をまだ知らなかったデカルトは、われわれにとってはもはや受け容れがたい仕方でこの法則を表現したのではあったが。

こうして、無限に持続する一つの世界のための素材となるべきものはすべて用意されている。そして、このような世界において宇宙生成とは、われわれの惑星系のような、秩序を備えたある部分世界の成立以上の何ものをも意味しない。時間性を超越している神が、世界とともに無限の時間をも創造「した」、と言おうとするのでないなら、キリスト教的創造概念は不要であるように見える。しかし、デカルトは、神は世界を時間の中で創造した、そしてその際、神は、今日なおわれわれが世界の中に見出しているまさにその総運動量をも創造してこの世界に入れた、とも教示している。それのみか彼は、自分は、神が天と地を、そして人間をも含むすべての種類の植物と動物をも六日間で創造したという教会の教えに喜んで従う、とすら言っている。デカルト自身の記述するもう一方の宇宙生成論は、聖書が物語っているとおりの世界を創造する方を神が優先しなかったとしたら、創造することができたかもしれない世界の姿を示すものでしかない、とされるのである。ここに、ガリレイと運命をともにすることだけはすまいと決意していた男の巧みな駆引を見るのはたやすい。われわれにとって唯一の困難は、彼の真意と駆引との間の境界を認識することである。彼はその哲学において神の概念なしで済ますことができなかったという点からも、わたしは彼が誠実に神を信仰していたと信じているし、彼が教会を一つの必要で有益な施設と見なしていたこと、そしてまさにそのゆえに、教会を攻撃しようとしたのではなく、納得させようとしたのだ、と推測している。それに反して彼は、キリストと、信仰、愛、希望とについては真面目な興味は抱いていなかったように、わたしには見える。つまり彼は、わたしの見る限り、キリスト教徒であるよりも、むしろストア派の人間であったようである。彼が宇宙の無限の持続を真に信じていたかどうかを言う勇気は、わたしにはない。

確かにデカルトは、その体系の別の面では誠実だったし、その面は独自の意味で近代的でもあった。彼は、数学的に〈厳密な説得力〉と透明性をもった、完璧に整合的な思想建造物を打ち立てたという点で、自らの先駆者すべてを超えたと信じていた。この建造物の平面図を二、三の文章で少なくともごく手短に暗示したいと思う。その際わたしは、彼のできあがった宇宙論から出発して、後向きに進んでその宇宙論の諸前提を分析してゆく。

デカルトの宇宙論は原子論的サンプルに従っているにもかかわらず、彼は原子の実在も空虚な空間の実在も否定する。彼にとって物質とは、連続的に広がっているものである。まさにこの点にもとづいて彼は、渦巻の実在を否定できないこととして導き出そうとする。すなわち、今日われわれなら圧縮不可能なある流体を記述する際に用いるかもしれないような仕方で彼が記述しているこの連続的物質が、そもそももし運動するなどということがあるとするなら、それが起こるのは、閉じた曲線の形で、しかも無限に伸びていってはいない流れの姿においてでしかない。そのような流れとは、すなわち渦巻である。ところで、物質が連続的でなければならないということは、空間と物質の間のいかなる区別をも彼が否定するところから出てくる。つまり、彼の見解に従えば、空間と物質は同一なのである。この点の根拠はといえば、それはまた、自然は数学的諸概念によって余すところなく記述することができる、とする彼の見解から結果することである。延長をもつ事物に適用できる純粋数学の唯一の科目は幾何学である。物質は幾何学的特性以外のいかなる特性ももつことができない。つまり、物質とは延長のことであり、それ以外の何物でもないのである。自然が数学によって余すところなく認識されうるということは、それはそれで、あらゆる真の認識は明晰かつ判明であるとの確信からもたらされる。たしかに数学は明晰かつ判明であるが、感官知覚はそうではない。明晰かつ判明な認識のみが認識である。というのは、われわれを創造した、全知にして全善の神の信頼性によってわれわれに保証されているのは、この認識のみであるから。つまり、明晰かつ判明ではない外見上の認識に同意を与えることは、われわれの自由意志の目的外使用なのである。最も完全な、そしてそれゆえに、全知にして全善の存在の実在、すなわち神の実在は、この存在の表象がわたしの意識の中に現前していることから厳密に証明することができる。そしてこの証明は、いかなる意見をも屈服させうる懐疑を超克するために、必要なのである。もちろん、わたし自身の実在についての確信を屈服させることはできない。なぜなら、わたし自身の実在は、この懐疑自体により、わたしにとって明らかになっているからである。

ここでは、この一連の証明のうちの欠落箇所を逐一拾い上げることはしない。それらは後続の三世紀に及ぶ批判によってますます明らかにされてきている。そして、〔ギフォード・レクチャーズ〕第二シリーズの第三講義でわたしは、論述が根本端緒としているところをさらに厳密かつ批判的に考察することとなろう。デカルトの体系は、意味ある仕方で「わたし」と言っている当の自分自身の能力以外の確実性をもってしては始まらない近代的人間、あらゆる存在者に対して自己の自律性を確実にしておこうともする近代的人間の象徴的な自己描出として常に重要であり続けるであろう。デカルトは、自然科学が信頼に値するものであることを証明するために、全能の神をまだ必要としている。ただし、自然科学の内部では、彼はもはや神を必要とはしていない。自然は幾何学によって相応の仕方で記述されることになるからである。

しかるに、いうまでもなく、ここでわれわれの関心を引く個々の細部に入ってゆくとき、近代自然科学の全作業を一人の人間の一生の中で行なおうという巨人的な試みは、惨めな仕方で挫折する。デカルトは自らの体系の真実性を数学的に証明しようと欲していた。しかも彼は、その時代に惑星に関して知られていたある数学的事実を、すなわちケプラーの諸法則を、説明することができる状態にすらなかったのである。渦巻は、惑星の軌道がほぼ円形に近いのはなぜかは説明するが、それらがほかでもなくまさに楕円形であるのはなぜかを説明することはしない。ニュートンはまさにこのことを説明できた。そして、それゆえにこそ、彼はデカルトの渦巻を全面的に放棄したのである。――

ここで惑星運動についてのニュートンの説明の個々の点をすべて繰り返すつもりはない。この説明の概略はすべてよく知られているし、数学的厳密さにおいては今日の物理学専攻の学生にとって必ずしも容易ではない。その代わりに、ニュートン物理学の概念的構造を解説しておきたい。第二講義シリーズの始めに再び触れることになるからである。

諸物体の、例えば惑星の何らかの運動を説明しようとするなら、ニュートンによると、われわれは三つのことを知っていなければならない。すなわち、

一、一般的な運動法則
二、力についての一つの特殊法則
三、個別の初期条件、である。

一般的な運動法則について、ニュートンはその『プリンキピア』〔*Philosophiae Naturalis Principia mathematica*, Cantabrigiae 1713〕の始めのところで述べている。第一の法則は慣性の法則である。この法則は、何らの力も作用していない物体は、静止状態あるいは直線的で一様な運動の状態を続けると言う。第二の法則はニュートンの最も重要な独自の貢献であり、運動の大きさの変化は働きかけている力に比例すると言う。この法則の解釈は必ずしも容易ではないが、この法則が含んでいる諸問題はここでは脇に置いておく。今日的な数学言語ではこの法則は、力は自らに比例する加速度を生じさせるが、その際の加速度は時間に従った場所の第二次導関数と定義される。慣性の法則は、場所の変化にとって力は必要ないことを示した

ゆえに、力とは、速度の、あるいはニュートンの言い方をするなら運動の大きさの、変化を引き起こすものであると想定することが、最も自然なことである。

この一般的法則がわれわれにとって何らかの益となるのは、予め与えられているある物体に作用している力をわれわれが知っている場合でしかないことは明白である。ここに、ニュートンの第二の大きな貢献がある。すなわち〔万有〕引力の法則である。引力（重力）は自然の中における唯一の力ではないが、それは普遍的である。つまり、われわれが知っているかぎり、重力は宇宙全体（ウニヴェルスム）の中の物体のどのペアの間でも作用しているのである。重力の法則から、そして一般的な運動法則の利用のもとで、ニュートンはケプラーの諸法則を導き出してくることができた。彼の導き出し方の核心は、分かりやすくいえばこういうことである。すなわち、慣性のみしか作用を及ぼしていないとするなら（すなわち、重力がなければ）、惑星は一直線上を同型的に走り続け、太陽の近くから去ってしまうであろう。重力のみしか作用を及ぼしていないとするなら（すなわち、惑星が初めに何ら固有の運動をもっていなければ）、惑星は太陽の中へと落ち込んでしまうこととなろう。惑星の実際の軌道は、慣性および重力という二つの作用の間の妥協の産物である。その際、重力は惑星を太陽に縛りつけており、慣性は惑星を太陽の中に落ち込まないように守っているのである。ただしニュートンは、ケプラーの法則を単に説明したのみではなく、改良もした。ケプラーの法則がニュートン力学から結論されてよいのは、厳密には太陽がただ一個の惑星しか持っていない場合だけである。数多くの惑星が現に存在している場合には、それらの惑星のどの軌道もが他の惑星の重力の影響によって一々妨害される。ニュートンはこれらの妨害をも、望みどおりの精度で予め計算することができ、しかも計算結果は観測と調和していたのである。

全く当然のことながら、ニュートンの体系は、続く何世紀かの世論に、自然科学の最大の作品という強烈な印象を与えてきた。数学においてギリシャ人たちが成功していたことを、いま初めて自然科学が達成した。すなわち、自然科学は、どの細部でも自らが真であることを明らかにすることになった諸言明を、二、三の明晰かつ単純な公理から導き出していたのである。いまや二つの世紀にわたって、自然を説明するとは、観測されたさまざまな〈立ち現われ〉をニュートンによって発見された諸原理に還元することであると理解されてきたことも、驚くにはあたらない。

しかし厳密にいえば、ニュートンは観測された惑星の運動すらをも彼自身の諸原理に全面的には還元できなかったし、おそらく自分でもそのことをよく知ってもいた。ニュートンはケプラーに従った。彼は、ケプラーの諸法則を説明し改良するという、デカルトのなしえなかったことをなしえた。しかし他方では、デカルトの渦巻が説明していた諸事実については、すなわち、諸軌道のほぼ円形に近い形態と、それらが共通の平面の中で統一的な方向をもっているという点については、満足できる仕方でのいかなる説明をも提供することができなかった。すでに述べたように、ニュートンの力学では、個々の運動を説明するためには、三つの事柄が必要であり、しかもそのうちの第三のものは、当該のケースに妥当する特別な初期条件である。数学的にはこれは、ニュートンの諸法則が時間に従った微分方程式を意味しているということに依拠している。力は運動の時間的変化を規定するのみでしかない。それゆえ、後の方のある瞬間の運動は、力に依存すると同じように、それ以前のある瞬間における運動にも依存することとなる。惑星の軌道が確定するのは、いずれか特定の時におけるその惑星の位置と速度が予め与えられている場合のみなのである。

こうしてデカルトにとっては、自らの渦巻理論の全く当然な帰結と思われた〔太陽〕系の高度な規則性を説明するために、個々の惑星の速度の初期値と初期方向とが想定されねばならなかった。例えば、ある惑星の初期速度が、他の惑星がその上で動いている平面に対して直角になっていたとするなら、その惑星はたえず、この共通の平面に対して直角になっている平面の上で動き続けていたであろう。あるいは、その惑星の初期速度が大きすぎたり、小さすぎたり、あるいは、太陽の周りに広がっている円の接線上で方向づけられていなかったとするなら、多かれ少なかれ離心的な楕円上か、放物線あるいは双曲線上を動いていなければならなかったであろう。ニュートンはこれら異なるケースの例を挙げることができた。すなわち、彗星は惑星と同一の空間を運動しているが、あらゆる離心性をもつ楕円状の、そして双曲線状の軌道上を、しかも、あらゆる空間的方向に向って運動している。それのみか、このことは彼がデカルトに反対する最も説得力ある論拠であった。すなわち、もし同一の空間中での運動が、連なっている物質の唯一の大きな渦巻によって導かれているのなら、同一の空間内をめぐる、諸天体のこれほどまでにタイプの違う運動はいかにして起こりえたのか。惑星と彗星の運動に対して言うに値する何らかの影響を与えるような連なり合った媒質は太陽系の中に何ら存在しないことについては、われわれは確信していてよい。

　しかし、これだけでは、〔太陽〕系の規則性は説明されないままに残る。われわれには、惑星がこれら最高度に規則的で、円に似た、同一平面上の軌道を追ってゆくようにそれらの初期運動を神が嘉して定められたのだ、としか言えない。ニュートンは実際そう言ったのである。そしてベントリは、その説教の中でこの思想を神証明、自然科学の中の欠落箇所を埋める神証明へと、変えたのである。自然科学はケプラーの諸法則を説明することはするが、初期条件を説明することはしない。それにもかかわらず、初期条件は高度な規則性を示している。それゆえ、われわれは、宇宙全体（ウニヴェルスム）の知的なある創造者という思想へと、すなわちデミウルゴスの思想へと遡らねばならない。確かにニュートンとベントリは、自然法則も初期条件と同程度には神によって指示されたものと見なしていた。しかし、これらの法則はその神的起源について懐疑論者たちを納得させることはなかった。つまり自然は、自らにこれらの法則を与えたのかもしれないような神を必要とはせぬまま、なお自己自身の諸法則をもつことができるはずとされるのである。しかし、自然法則が自然の秩序を説明していないところでは、最終的にはやはり、神がそのさまざまな業の中で、懐疑論者にとってすら疑う余地のない仕方で見えるようにならねばならない。

わたしは第一講義〔『科学の射程』第一講「科学と現代の世界」〕で、立論のこの転回〔このような逆転させた言いまわしでの立論〕をもって宗教は訴訟にすでに敗れたのだ、と言った。わたしはあそこで、科学の欠落箇所は若干の時間が経てば自ずと閉じるのが常であった、という史的事実を指摘しておいた。われわれはまもなくその後の発展を個別にもっと追うことになる。その前にわたしは、事柄をキリスト教に関する講義の中で導入した言語で記述してみたいと思う。何らかの神の実在といったようなことには依存せずに、自己自身の法則に従う自然という概念は、まさに、あそこでわたしが自然およびキリスト教のあとに第三の要素として導入した、ポスト・キリスト教的で、世俗化した〈実在性〉を記述しているように見える。ここではわれわれは、もはやこの語の今日的ではなくなっている用法によって惑わされてはならない。あの折にはわたしは、自然という語でキリスト教が理解しているとおりの人間的自然〔本性〕を、すなわち、さまざまな自然的衝動と、神話の中で自己自身を解釈している伝統的な〈生の秩序〉とからなる世界のことを言わんとしていた。その後、ガリレイについて話した際〔本書所収「コペルニクス―ケプラー―ガリレイ」〕には、わたしは、ギリシャ的思考では目に見える形ではきわめて漠然としていた、自然法則という概念は、キリスト教的創造概念によってはるかに大きな説得力を獲得することとなった、と言った。そこでわたしは、自然法則の概念は、近代的思考に対するキリスト教からの一つの贈り物であると見なしたいと思う。今われわれは、相続してきたこの贈り物が、贈ってくれた当の宗教に対して敵対的になってゆく様子を目にしている。それも、自らの祖先に対して、その祖先自身から相続した武器を用いてなされるこの人殺しは、時代が進むにつれてますます幼稚になってきている。ケプラーは、世界の数学的秩序の中で神を礼拝した誠実なキリスト教徒であった。ガリレイも、そしてもっと宗教的人間であったニュートンは彼以上に、被造世界の中で神の業を研究していた、確信せるキリスト教徒であった。しかし、ガリレイがまだ、〈自然という書物〉の中にも神の大きさを読み取る自己の権利を擁護しなければならなかったのに対し、ニュートンはすでに、そもそも自然自体が神によって書かれた一冊の書物であるとの自らの見解をも擁護しなければならなかった。今日の科学者たちが自然法則の宗教的解釈なるもののもとで表象することができるものは、せいぜいのところ、自分自身の思考行為の付加による私的な意見でしかなく、それもおそらくは神話的な性格のものと推測されるもので、自然法則という概念そのものとは論理的に強制力あるいかなる関連も全くもたないことが確実であるようなものでしかない。いかなる善意も宗教的熱意も、この進展を元へ戻すことはできない。現代の世俗化した〈実在性〉は、いかなる意味でも宗教への関連づけをもたない諸概念の中で記述することが実際にできる。科学は神の実在を証明してはいない。このことは、現代世界を宗教的に理解しようと欲する人が決して忘れてはならないことである。他方では、現代科学という、いまや成熟した果実を実らせることとなったこの木がキリスト教であったこと、そして、〈自然〉を神々の住まいから法則の王国へと変貌させたものが、キリスト教的ラディカリズムの一変種であったこと、を理解することも重要であろう。――

カントの宇宙生成論については〔後述するが〕、さしあたっては半歩踏み出して一瞥するだけにする。ニュートンの最大の同時代人であると同時に、幾つかの点で反対者でもあったのは、ライプニッツである。そして若きカントは、自らの哲学的思考様式による宇宙生成論のために、ライプニッツの足跡を追っている。ニュートンとライプニッツの相違をおそらく最も判明に見ることができるのは、ライプニッツとサミュエル・クラーク――ここでは単にニュートンの代弁者と見なしてよい――が交わし合った手紙の中においてであろう。

ライプニッツはそこで、ニュートンの絶対空間の概念を攻撃している。この概念自体は長い前史をもっている。第四講義〔『科学の射程』第四講「ギリシャ哲学と宇宙創成説」〕の中で言ったように、ギリシャの哲学と数学は、ニュートン的空間のような類いの独立した実在性の概念をもってはいなかった。プラトンのコーラ（chora）は後世の思想家たちの空間よりもむしろまだ物質に似たものであり、原子論者たちのケノン（kenon）はある意味では存在しないものであり、アリストテレスはトポス（topos）を、ある物体の場所を、周囲を取り囲んでいる物体との相関的関係において定義して、物体からは独立して実在する空間という、混乱のもととなる問題を意識的に排除している。有限な世界においては、どの運動をも世界という確固とした枠組みに関係づけることができる。しかし、無限な世界という、近代において盛んになってくる思想は、場所と運動とは物体間の関係を記述する相関概念にすぎないのか、あるいは物体の絶対的場所および絶対運動といったようなものが何か与えられているのか、という問いを緊急性のあるものとした。この問いに答えられていない間は、慣性の法則は何ら確定的な意味をもたない。なぜなら、運動が相関関係において考えられているその基準系をわれわれが知らないなら、直線的で同型的な運動が意味することをどのようにして知ったらよいのか、ということになるからである。ニュートンは、次のような考えをもって、この問いに答えた。絶対空間と絶対時間とが与えられていて、両者は一緒になって絶対運動を、そしてそのことをもって、慣性運動の明確な意味をも定義することを認めている。のちに、マッハとアインシュタインによって批判されることとなったこの考えには、第二講義シリーズで、物理学的な見地から戻ってくることになる。

ライプニッツは、絶対空間と絶対時間には哲学的根拠から反対した。彼の論拠は次のように要約することができる。すなわち、われわれの現実の世界と、このわれわれの世界からすべての事物をそれら相互間の相対的状況を変化させることなく、例えば一〇マイルずらした場合に生じる世界との間には、あるいは、われわれの現実の世界と、そこにおける事象相互間の時間的関係はすべてこのわれわれの世界と全く同様でありながら、神が現実に創造したより一時間だけ早く神によって創造されていたような世界との間には、いかなる区別が成り立つことになるのか。両世界は区別不可能であろう。つまり、ライプニッツはこのように、現代の実証主義者たちには気に入るだろう論拠を用いて、両世界は同一の世界である、と言う。つまり、絶対空間および絶対時間の概念はナンセンスであるとされる。ところで、区別不可能なものは同一であるというライプニッツの原理は、われわれが単に実践面で二つの事物を区別できる状況にないだけでしかないケースには妥当しない。彼は、厳密に同一の属性をもつ事物のみを同一と名付けている。それゆえクラークは、アイザック・ニュートン卿が絶対時間と絶対空間の実在を証明したからには、両世界は別々の諸属性を、すなわち、絶対空間における両者別々の場所、ないしは絶対時間における両者別々の始源の時をもっている、と答えることができる。ライプニッツは、神は、世界をあそこよりもここに、あの時よりもこの時に、創造するに足る十分な理由をもってはいなかったであろうから、かりにニュートンがその自称証明に関して正しいとすれば、そのような創造においては充足理由の原理が傷つけられることとなろう、と応答する。クラークは、神が、世界をあそこではなくここに、あの時にではなくこの時に、創造したことの十分な理由が、すなわち神の意思が与えられている、と言う。ライプニッツは、クラークが人間に付与するような恣意的行為を神に付与しているのであれば、彼の神概念は低級すぎる、という意見である。そのわけは、神の意思が常に神の理性によって操縦されているということにある。クラークはクラークで、ライプニッツが神的決定の理由の深みを自分の人間的理性をもって測り尽くそうと欲しているとするなら、彼の神概念こそ低級すぎる、との意見である。ライプニッツは、その最後の回答をする前に死んだ。

ここでライプニッツは、その弁神論におけるのと同じ論法で論証している。創造者としての神は、無限個の可能的世界の中から選択することができた。この世界を神が創造したのは、この世界がすべての可能的世界の中で最善のものだったからである。このことが神の選択にとっての十分な理由であった。この世界は、その中で支配している秩序のゆえに最善の世界である。原則的には、この世界の中の一切はこの世界の最善性、すなわち最善の可能的世界であるというこの世界の特性にもとづいて、理解されうるものでなければならない。数学的な自然法則はこの秩序を一般性の特定の段階で表現しているし、惑星系の構造は同じものを一つの大きな個別例で表現している。しかし同じこれらの考察は、原則的には両方を説明することができねばならない。これこそがカントの青年期の哲学的背景である。――

カントがその宇宙生成論で試みたことは、デカルトの宇宙論の長所をニュートン力学の長所と結びつけることであった。ニュートンは、今われわれが見ている惑星系の中には、連なった物質からできていて、惑星の運動を導いている渦巻は何ら存在しないことを証明した。それに対してデカルトは、惑星が、このような渦巻を想定することで説明できる規則性をもつ運動を示していることを明らかにした。ニュートンはこの規則性を説明することができず、神はずっと以前の時に、今ある姿でこの系を創造したのだ、と言った。このことを否定すべきではないが、もしかすると、われわれは、神がどのようにしてこの系を今ある姿になるように創造し始めたのかを見つけ出すことはできるかもしれない。ことによると神は、そのためにデカルトの渦巻を利用したのであろうか。カントは自分の問題をこれらの言葉で描出することはしていないが、彼が成し遂げたことはまさにこのことなのだ、とわたしは信じている。カントによれば、太陽系の始まりにおいては、回転している一個の大きな星雲が実在していた。重力がこの星雲の主要な塊を中央において凝縮させ、こうして太陽を形成させ、星雲の小さめの諸部分を外側の諸領域で凝縮させ、それらの領域ではこれらの部分からそれぞれの衛星を伴った惑星が生成していった。初期星雲の起源に関しては、カントは彼以前の原子論者やデカルトと相似た幾つかの考えをもっていた。ただ彼は、いまや徹底してニュートンの法則を適用した。カントは、銀河が一つの大きな円盤であって、われわれの太陽もそれに属している、恒星系であることを正しく認識し、前と同じ考察をさらに高度なレベルで反復する中で、銀河の進化をも解説した。彼は幾つかの楕円形の星雲（今日われわれが知っているように、たいていは渦巻構造をもっている）を、われわれ自身の銀河の外にある、銀河に似た系であると正しく解釈した。彼は、無限の時間をかけ無限の空間を貫いて進行しつつ常に新たな物質を摑まえてゆく、恒星系の進化過程、他の惑星に住んでいる可能性のある者たち、および彼らのさまざまな徳と悪徳に関してまで考察し、こうして最後には、カントは十八世紀の思考様式に魅力的な仕方で順応したのである。

カントの理論は、数学的にはデカルトのそれよりも精密であるわけではない。四十年後にラプラスが類似の仮説を単純で簡潔な形で、ただし、またもや実際にきわめて難しい幾つかの計算を試みることはなしに提示したが、その頃になって初めてカントの理論は忘却から引き戻され、十九世紀を通してカント゠ラプラス理論は世界成立の力学的説明と見なされていた。この世紀の末近くになってようやく、科学的諸手段が問題を定量的に扱う試みを十分に許すところまで進展するのである。第九講義〔『科学の射程』第九講「今世紀の天文学」〕で、これらの計算が導いていった、惑星成立に関する諸見解にごく手短に立ち入ることにする。いずれにしてもわたしは、われわれの時代の天体物理学者たちは、カントの理論は本質的に正しかったという意見をもつに至っている、と今では言うことができる。

カントの神学は、『天体の一般自然史および理論』〔高峯一愚訳「天界の一般自然史と理論」、『カント全集』理想社刊、第十巻所収〕の序文で述べられているように、まだライプニッツ的な道を歩んでいる。もちろん彼はいまや、ライプニッツとは異なって、ニュートン力学を無制限に受け容れている。ただし彼は、神は世界創造のために神自身が定めた自然法則を利用しつつ世界を創造した、と信じている。〔他方、〕太陽系の中にわれわれが見ている秩序は「盲目的必然性」が生じさせたものなどではありえない、という意見は彼の気に入らない。神学的には彼は、神によって指示された法則に則した必然性は盲目的ではないということを引き合いに出すことができる。つまり、物質〔質料〕的対象――例えば星雲など――自身はこの必然性が自分をどこへ導いてゆくのか知らないかもしれないが、神はそれを知っているし、そうなることを欲してもいる。歴史的には、さらに次のことをも付け加えることができる。すなわち、盲目的必然性の概念は、その起源を非数学的自然論の中にもっていること、あるいはプラトンにあっては明示的に数学と対立させられているが、それに反して、近代科学の自然法則はどれもまさに数学的で、その限りで理性に則した法則であることをも。カントが自分はキリスト教的創造概念に則して論述していると思っていたとすれば、そのとおりだとわたしは信じている。

しかし、カント自身の展開においては、これは究極的段階ではなかった。彼のもっと後期の哲学では、彼は自然科学の数学的構造をもはや神的な創造の業(わざ)にではなく、われわれの直観と思考のアプリオリな諸形式に帰している。……「悟性自身が自然に対して諸法則を定める。」……〔「プロレゴメナ」『カント全集』第六巻二八三頁〕。われわれが神的創造の秩序を理解するのは、自分たちが神の像に従ってつくられているからではもはやなく、われわれの有限な認識能力の本性に則して、そもそもこの秩序が、諸対象についての経験の可能性の条件そのものだからである。理論的な神証明はもはや何ら存在しない。純粋形而上学においても、自然科学の欠陥、成功のいずれによっても与えられない。これらの欠陥は科学の進歩につれて解消されてゆくこととなろうし、それらの成功を理解できるものとすることが純粋理性批判の課題なのである。この意味において世俗化は、いまや理性の光そのものにまで達している。だからといって、神を求めて問うことをカントは止めなかった。逆に、人はこの問いを彼の全哲学の推進力そのものと理解することができる。しかし、問いの重心は道徳的な場へと移る。理論的形而上学では、神という思想は単に規制的理念としてのみ容認される。そして、物理学では、このようなものとしてももはや作用することはなく、いまだに自然科学の中で作用しているのは、生物学においてである。すなわち、いつの日にか物理学的に説明することができるようになるとの希望をもつことができない、驚くべき合目的性を備えた生命存在を、方法的にはわれわれは、目標を設定するある神的理性の作品であるかのように扱わねばならない、とされるのである。このことをもってカントは、わたしが次回の講義を当てようとしているテーマ〔『科学の射程』第八講「生命の進化」〕を告示している。

若きカントが惑星の成立を説明した際に援用していた特殊自然法則の由来の問題は、いうまでもなく、その未完の遺作の中でまで彼を悩ませ続けた。彼がこの問題を自らの新しい端緒にもとづいて解いた、とは言えないであろう。わたしは第二の講義シリーズの中でカントの経験理論に再びふれる〔前掲合本版二七二―二九三頁〕。ここでは、若きカントの、ベントリの論拠における逆転させられたプラトニズムに抗ってなされたキリスト教的創造概念の救済がそれ自体両義的であったことを示すために、この理論を挙げておかねばならなかっただけである。カントの惑星理論は、その著作者の願望がどうであったにせよ、実際には世俗化のさらなる一歩であった。

イマヌエル・カント

わたしがこの講演を行なうのは、講演を行なわねばならなかった人物がもはやできないからである。それゆえ、わたしの弟子ペーター・プラース本人に関して二、三個人的な言葉をもって始めることを認めていただきたい。

ペーター・プラースは、ハンブルク地方出身の一植字工の息子として、一九三四年二月、ライプツィヒに生まれた。この息子が生後六カ月にもならないとき、父親はゲシュタポによって殺害された。母親が子供たちを戦前、戦中、そして戦後の苦難の歳月を通して養い、育てた。ペーター・プラースはその後、ハンブルク大学で物理学を学び、国家試験に合格した。わたしがハンブルクに移ったときから、彼は、まず形式論理学の、ついで四学期にわたってカントに関する、わたしのゼミナールに参加した。哲学の最終試験の中で、この試験では不当な扱いを受けることがきわめて多かったデカルトに関して質問したとき、わたしは突如として、黒っぽい背広に身を包み、黒い髪と明るく澄んだ眼でわたしの前に立つこの青年は、考えることができる、哲学とは何かがよく分かっている、と感じた。カント゠ゼミナールの第一学期に、彼は学位論文として可能な主題をわたしに尋ねた。当時われわれは、『純粋理性批判』の前半の勉強を開始したところであった。そう、一度『自然科学の形而上学的原理』を眺めてみて、今日の物理学者のために汲み取ることのできるものが何かまだそこに残っていないか探してみてはどうか、とわたしは言った。

自分の恥を白状するが、わたしはこの書物を多少飛ばし気味に読んではいたが、その体系的意義については何も認識していなかった。プラースはその後も、大いなる熱意をもってわたしのゼミナールに参加していたが、形而上学的原理については、ある日、中間構想を、そしてその半年後に、できあがった学位申請論文[1]〔『カントの自然科学論』〕をテーブルの上に置くまでのほとんど三年間は、もはやさして多くを耳にすることはなかった。学部はこの論文をパッツィヒ氏とわたしの審査報告にもとづいて卓越した労作(**opus eximium**)として受理した。審査報告の中でわたしは、この著者は、問題には必ず解がなければならないと考える素朴さをその自然科学的予備教育に、そしてテクストを読む術をその精神科学的訓練に——相逢うこと稀有な二つの賜物に——負っている、と述べた。

学位試験の二カ月後に、いつも健康的な力を絵に描いたような青年であったペーター・プラースは病に臥した。苦痛に満ちた重篤状態の数週間後、死の宣告でもあった医師の診断を彼の妻が告げてからは、精神的に、そして何週間かは身体的にも状態はよくなった。彼には、勇気とは、われわれは何を恐れるべきであり、何は恐れる必要がないかについての正しい意見——知と言ってもよい——を保持し続けることであるというプラトンの定義が当てはまっていた。その三十一回目の誕生日の数日前、一九六五年の二月に彼は亡くなった。

この講演の、以下の六節のうち中間の四節で、わたしは皆さんに『自然科学の形而上学的原理』のプラース的解釈の要点を述べたい。最初と最後の節では、この解釈をわたし自身の責任で自然哲学の今日的諸問題の枠組みの中に組み入れることを試みるつもりである。

1　カントへの一つの道

この第一節では、これまでと同様にかなり個人的な話になることを認めていただきたい。私見では、われわれの時代の物理学を本当に理解しようと欲している人々、すなわち、今日の物理学を単に実践面で応用しようとするのみでなく、見通しのきいた透明なものとしようとしている人々にとって、カントの自然科学論を最後まで瞑想し抜くことが有益である、否、研究の特定の局面ではそうすることが不可欠である。この研究は完結していないし、そう迅速に完結することもないであろう。それゆえ、わたしはカント＝瞑想の有益性あるいは必要性を成果にもとづいて皆さんに対して証明することはできない。まさにそれゆえにこそ、そうする代わりに、わたしをこのような意見へと導いた成果を幾つか大づかみに示してみることをお許しいただこう。

今日、理論物理学を専攻する人は、高度化された数学的技術を学ぶが、これら数学的技術は同じように高度化された実験技術の成果を予測する際の助けともなりうるものである。内容的に言えば、彼が学ぶのは、実践上は一切を包括する法則図式としての量子論、それもハイゼンベルク、ボルン、ヨルダン、ディラック、シュレーディンガー、その他の人々の思想についてJ・v・ノイマンが数学的に提示してくれたことに多くを負っているような形の量子論である〔本書三七四頁参照〕。ノイマンが提示したのは、任意の客体の可能的な状態と状態変化についての理論である。さらに彼は、われわれの前には素粒子論のまだ解かれていない問題、すなわち、そもそもどの物理学的客体が存在するのか、そして存在しうるのかに関する理論の問題があることをも学ぶ。量子論の数学的装置は現実に関していったい何を言明しているのかと彼が問うなら、彼は、ボーアとハイゼンベルクによって創造された、いわゆる量子論のコペンハーゲン解釈を参照するよう指示される。この解釈は一方で、数多くの人々には実証主義的あるいは主観主義的（あるいは、マルクス主義者たちの言うところでは、観念論的）とされ、他方では、部分的には理解困難なものとされている。これらの判断は、思うに、誤ったオルターナティヴ〔択一〕から出発している。しかし、これらのオルターナティヴが明晰に示されること自体が稀なのである。一般的には、若き物理学者たちは、これらの問題をそのままそっとしておくことを学ぶ。すなわち、もしかすると、不明晰なることの専門家たち、すなわち哲学者たちにこれらの問題を任せておくことをも学んでいるということなのかもしれない。

いま描写したばかりの状況を手短に、方法論的に分析してみたいと思う。わたしの見るところでは、この状況は近代科学の手法のもつ根本性向の一つとして典型的なものである。この手法は平常――三世紀間にわたるほぼ毎日は平常である――いくつか一定の問いは立てられることがないということにもとづいている。実際、すべての問いを同時に立てようとするなら、ただ一つの問いにも答えることができなくなるであろう。なぜなら、本当はすべての問いが互いに連関し合っているからである。しかし、根本的な問題を、ほかでもない自然科学の形而上学的原理の問題を最終的に解くことができれば、科学的進歩にゴーサインを出すことができると考えたとき、デカルトは錯誤を犯していた。ここ三世紀来、ゴーサインは出ているが、それは根本的な問いがみな解かれているからではなく、われわれの平常の研究ではそういう問いには触れないでおくことをわれわれが学んだからである。それにもかかわらず、哲学とは、根本的な問いを立てようとする休らうことなき意思であると定義できるのかもしれない。それゆえにこそ近代科学は、平常の研究では哲学によっては促進されず、むしろ妨害されるのだということを、正当にも理解しているのである。

いうまでもなく、古典力学、相対性理論、量子論の成立の際の物理学に見られるような、科学の、数少ない大きな歩みにおいては事情は異なる。科学の平常が大陸への入植に比しうるとすれば、これらの大きな歩みは大陸の発見に対応する。大きな歩みのためには、根本的な問いが立てられねばならない。コロンブスは、大西洋を横切ろうとする勇気を、冒険精神に負っていたばかりではなく、地球が丸いと知っていたことにも負っていた。地球は球形であるということについての反省が、航海術を職人的熟練から理解を伴った技術へと変えたことに対する関係は、ガリレイ、アインシュタイン、ボーアの、根本問題に対する先導的反省が、今日の学生が学ぶ数学的技術の成立に対する関係と同じである。素粒子論のためには、これらに劣らぬ深い哲学的反省が必要となるであろう。

わたしのように、ほぼ三十五年前に物理学の研究を開始した者にとっては、今日の学生にとってよりもこれらの連関性を見ることは容易であった。アインシュタインの相対性理論と、ほとんどがボーア学派によって完成された量子論は、まだ目新しかった。根本的な問いへの反省が達成したものは、成ったばかりの新鮮さで人々の眼前にあり、単に物理学者であるだけではない人なら、自分がわれわれの世紀の重要な哲学的事件の目撃者となっていると感じることができた。わたしの師ハイゼンベルクは自らの師ボーアのところへわたしを連れて行ってくれたが、それは、この新しい物理学において何が起こっていたのかを、彼のところでわたしが学ぶためであった。ただし、ボーアはいかなる哲学の学派にも属していなかった。われわれ皆が彼から学んだことは、哲学における学派言語で表現できるものだったのであろうか。

若き物理学者にとって最も身近なところにあった講壇哲学は、当時、ウィーン学団の実証主義であった。それ以前からの哲学は不信任されているように見えていた。それはまさに、物理学的空間のユークリッド幾何学や、決定論的に理解された因果法則を廃棄することこそが、当時の新物理学の偉大な業績であったのに、それ以前からの哲学の代表者たちはこれらすべてをアプリオリに確実と見なしていたからである。ウィーン学団の人々のもとでは、物理学者は少なくとも矛盾に突き当たることはなかった。彼ら自身が今回の科学に拠り所を求めていたのである。しかし、ボーアのもとで学んだ者は、まもなくこの賛同が本来の問題の解明のためにはいかに寄与するところ少ないかということをも見ることになった。最近、古くからのある友人が、ボーアが実証主義哲学者たちのあるグループに新しい量子論に関して講演したあと口にした言葉を想起させてくれた。ボーアは、友好的に賛意を表わす彼らの反応に全く惨めな気持ちになって、「プランクの作用量子の話を聞いて、目眩を起こさないような人は、何が話題になっているのか全く分からなかったのだ」と言ったのである。あの哲学者たちは、量子論が経験として登場してきたがゆえに、そして経験というものに賛成することは彼らの世界観でもあるがゆえに、量子論に賛成したのである。しかし、ボーアの問題とは、作用量子のようなものが一体いかにして一つの経験でありうるのか、ということだったのである。

ボーアの中心問題は次のことであった。すなわち、われわれはすべての経験を空間と時間の中で行なっているが、もし計測器が因果論的に機能しているのでなければ、いかなる実験も計測客体への遡及推論を認めないということである。古典物理学では、空間的＝時間的＝記述と、因果論の要求とは矛盾なく組み合わされている。作用量子はこの統一性の破綻を、相補的な像への分裂を、象徴している。つまり、もし哲学者が何かを理解しなければならないとするなら、彼は相補性ということをこそ理解しなければならないのである。

相補性というボーア哲学のこの基本概念は、わたしのきょうのテーマではない(2)。しかし、ボーアの〔論理的〕前提は、若き物理学者であったわたしに、カントについてじっくり考えるよう強いることとなったものが何であるかを示すためには十分である。空間的＝時間的＝記述、それはカントの言う直観の形式である。因果性の要求は、純粋悟性の諸原則の中の核心命題である。量子論のコペンハーゲン解釈はこれらの前提条件から出発していて、これら抜きには理解されえない。そして、この解釈は、今日では整合的になされた唯一の解釈であり、わたしは、それが可能な唯一の解釈であると信じたい。したがって、まずカントの自然科学を理解した人でなければ、誰も、量子論を、すなわち今日の物理学を、本当に、つまり哲学的厳密さをもって理解することはできないように思われる。その上でその人がその後カントを批判することになるとしても、まずその前に、カントが何について語っているのかを把握していなければならない。

この理由からわたしは、哲学史の授業がわたしの公民的義務に属するようになるや否や、直ちにカントを論じ始めた。その際、カントへのわたしの敬意は学期を追うごとに増大していった。いうまでもなく、同時にわたしは、彼の自然科学論の構造が今日に至るまで、少なくともプラースの論文までは、正しく理解されていなかったことを学ばねばならなかった。それゆえに、いまやこの論文に目を向ける。

2　自然科学の形而上学的原理とは何か

前節でわたしは、一物理学者の立場から、カントを勉強することを勧める論述を行なった。これより四つの節では、プラースとともに、カントの解釈者としてカント精通者に向かって話すつもりである。その際わたしは、カント哲学の本質的性向をすでに知られたものとして前提しなければならないだけではない。わたしは、途中の中断部分を別にして、表現を簡潔にするために、わたしのカント紹介がわたしの言葉どおりで真であると常に仮定しておかねばならないであろう。わたしは、いわばプラースに手引きされつつ、カントの名において話すよう試みることになる。その際、定式化についての責任はわたしにある。プラースのきわめて圧縮された思考過程を約めてレポートすることはもとよりわたしにはできないし、あらゆる箇所で彼を公平に扱っているかどうかについても必ずしも確信があるわけではない。そこで、わたしは、プラースから教示を受けつつ、物理学の基礎に関するカントの思想について理解したとわたし自身が思っていることを、ひとわたり示したい。手引となる外的な糸は『自然科学の形而上学的原理』〔『カント全集』理想社、第十巻所収。以下、ハイフンで結ばれた和数字は同全集の巻数と頁数を示す〕の序言である。そして、プラースの研究は、この序言の解釈なのである。

自然科学の形而上学的原理とは何か。自然科学にはこのような原理がなぜ必要なのか、そしてどうしたら自然科学のためにこのような原理を手に入れてやることができるのか。

『純粋理性批判』の第二序言の有名な一節の中でカントは、科学の確実なる歩みを引き合いに出している。論理学では、理性はアリストテレスをもってこの道をすでに最後まで歩み終えた。理性が「自己自身とのみでなく、諸客体とも関わらねばならない」(B IX〔「純粋理性批判(上)」『カント全集』理想社、第四巻、四-三五〕)ところでは、理性にとって「科学の確実なる道を敷くことは、はるかに難しい」(同上〔四-三五〕)。「本来の、そして客観的ないわゆる諸科学」の中に「理性が存在すべきである」という限りでは、「それら諸科学においては何かがアプリオリに認識されねばならない」(同上〔四-三六〕)。「経験的諸原理に基礎づけられる限りでの自然科学」における古典的な例は、「斜面上で、自分自身が選んだ重さの球を転がした」(B XII〔四-三八〕)ガリレイの一歩である。これらの数少ない引用の中に、われわれの問題はすでに暗示されている。カントは理性がその中に存在していないような教説は科学とは名付けない。科学の確実なる道は、最も厳密なる可能的尺度に従って確実でなければならない。そうでないなら、その道は科学の名に値しない。理性というものが諸科学の中に存在すべきだとすれば、諸科学において何かがアプリオリに認識されねばならない。まさにこのような〔カントの言う〕科学は、いかなる限りで（「カントの言う限りで」）経験的諸原理に基礎づけられうるのか。

この問いに対する最初の回答を与えているのが、証人としての自然を問い質す裁判官に、理性を対比していることである。「理性は、一方の手には、互いに一致しあっている立ち現われといえども、それらに従っていない限り法則としては妥当しえないような、自らの諸原理をもち、他方の手には、それら諸原理に従って理性自らが考案した実験をもって、自然のもとへとおもむかねばならない」（B XIII〔四－三八〕）。つまり、経験物理学の確実なる歩みが可能となるのは、互いに一致しあっている立ち現われといえども、それらが法則として妥当しうるためには、従っていなければならない原理によってなのである。われわれの問題は、どの原理がこのような原理であるのか、そしてこれらの原理はどのようにして経験科学を可能としているのかとの問いに還元されるのである。

経験的＝合理的な科学の、今日支配的となっている方法論が、この問いに対する一つの回答を与えている。ガリレイは自然法則を数学的仮説として構想し、それら仮説に実験による検証を課した。科学における理性の原理は数学的である。この立場をカントは、彼の命題のうちしばしば引用されるもう一つの命題の中で採り入れているように見える、否、教義のように誇張してすらいるように見える。「しかしわたしは、いずれの特殊自然論においても、そこで数学と出合うことができる程度に応じてのみ、本来の学と出合うこともできる、と主張する」（*M. A.* VIII–X〔十－一九九〕）[4]。この命題は、それが『形而上学的原理』の序言の中にあるものであるゆえに、われわれにとっては特に重要である。しかし、この命題は、孤立させて受け取られるなら、全く誤解されることになる。この命題は二重の解説を要する。

第一の解説は、ある異論を迎え撃つという形態で表わされるものである。この命題は、もっと控えめな形でなら、われわれ自身のものにしたいとも思えるようなある立場の教義的誇張のようにも響く、とわたしは言った。確かに科学は仮説を立て実験をして研究を進める。しかし、これらの仮説はいつも数学的でなければならないのか。生物学は数学的か。そして生物学は数学的でない限り、科学ではないのか。われわれは、「経験という豊穣なる土地」（『プロレゴメナ』、付説〔『カント全集』理想社、第六巻、六‐三七二〕）に定着している諸知識を愛し、促進するとき、カントと衝突することになるのを恐れる必要はない。そうでないとしたら、彼は、自然地理学、天文学、生物学、さらには人間学にも、あれほど多くの骨折りをしたであろうか。しかし、ここで問題となっているのは、「本来の」科学の方法論的権利請求である。そして、決定的なこの語をカントは、理由もなく隔字体で印刷したのではない。博物誌や博物学も、「体系的である」とともに、「そのような体系における認識の結びつきが根拠と帰結との連関である」（*M. A.* V〔十‐一九六〕）ような単なる合理的科学も、「例えば化学におけるように、その科学における根拠と原理が最終的には単に経験的でしかない」（*M. A.* V〔十‐一九六〕）のである限り、「本来そう名付けられるべき」（*M. A.* VI〔十‐一九七〕）科学ではない。われわれは科学という名称をめぐってカントと争うことはせずに、彼はいったい本来の科学なるものをどう理解しているのか把握するよう試みよう。というのは、この意味での科学にのみ、数学の不可欠性に関する彼の命題は関わっているからである。

このことをもって第二の解説へと踏み入る。われわれは、もし科学における数学の必然性についてのカントの命題を、物理学的諸仮説の数学的形態に関係づけたとするなら、明らかに彼を全面的に誤解したことになるのである。まさに数学的に定式化された推測が物理学で成功しているのは、せいぜいのところ第二義的な事実でしかなく、しかもこの事実をわれわれが理解することになるのは、われわれの考察の終わりのところにおいてである。つまり、それは原理には属していない。というのは、数学的に定式化された諸仮説については、かりにそれらが経験において実証されるとしても、それらには、「必然性の意識を自ずから」伴ってはいない「単に経験的な法則であるにすぎない」ということが妥当するからである（*M. A.* VI〔十-一九六―一九七〕）。『自然科学の形而上学的原理』という表題は、ハイデガーが強調しているように、精確に百年早く現われていた、ニュートンの作品の表題、『自然哲学の数学的原理』との意識的緊張の中にある〔創文社版『ハイデッガー全集』第四一巻「物への問い」八六頁参照〕。自然科学における数学の役割は、われわれが自然科学の原理を、数学的でありうるものではなく、形而上学的でなければならないものとして理解したとき、初めて把握されうるものとなるのである。

この箇所では――そしてこれが予告しておいたカント＝レポートの中断でもある――、われわれの時代の科学者は、これ以上カントに耳を傾けまいという気持になることであろう。ここで提示されているものはまさに、独断的なアプリオリズムへの回帰であり、すべての豊穣なる自然研究の前提条件とは、このようなアプリオリズムをこそ超克することではないのか。わたしは講演の終わりのところでこの点に帰ってくるので、ここでは一つの簡潔な方法論的注を付けるのみにする。われわれが力学とか、熱力学とか、量子論とかいった名称を与えている数学的科目の公理的――語の今日的意味での――構築そのものが、その数学的科目を物理学にするものではまだないということは、われわれの時代のどの物理学者でも理解するであろう。そのほかにもさらに、公理の中で利用されている概念にはある実験的意味づけがなされねばならないし、位置、速度、温度、エネルギー作用素の固有値を計測するにはどのようにするのかも、われわれは知っていなければならない。数学的概念にこのような物理学的な意味を与えることが可能となるための諸条件をこそ――現代的に表現するとして――『形而上学的原理』は扱っているのである。しかし、経験科学の現代的方法論を実地を通して知っている人であれば、この方法論がこの問題を今までは解決できなかったことを知っている。カントには錯誤があるかもしれない。しかし、彼の問題設定は、ようやく今まさにアクチュアルなものになろうとしている。というのは、今まではカントの問題設定の方が物理学者たちの方法意識よりも先行していたからである。それゆえ、われわれは彼自身の描出に立ち戻ることとしよう。

「それゆえ、自分たちの研究を数学的な方法で進めようとした自然哲学者たちはすべて、他の点では自分たちの科学に対する形而上学のいかなる権利主張にも仰々しく抗議していたにもかかわらず、いずれの時にも（自らは意識していないとしても）形而上学的原理を援用してきたし、援用せねばならなかったのである。彼らが形而上学のもとで理解していたものは、疑いもなく、好みに従って自分たち用にさまざまな可能性を考え出したもので、直観の中ではおそらく全く示されないような……諸概念を弄ぶだけの妄想であった。真の形而上学は、どれも思考能力そのものの本質の中から取り出されたものであり、またそれが経験からえられたものではないからといって、決して捏造されたものではなく、思考の純粋なる働きを含んでいる。したがって真の形而上学は、経験的表象の多様なるものを、何よりもまず、合法則的な結びつきへともたらす諸概念とアプリオリな諸原則を、含んでいる。そしてこの結びつきによって、多様なるものは経験的認識、すなわち経験となることができるのである」（*M. A.* XII–XIII〔十–二〇一–二〇二〕）。

こうしてわれわれは、『純粋理性批判』の立場に到達した。しかしそれと同時に、自然科学の理論は、それがアプリオリに成立しうる限りでは、この批判の中にすでに実際に目の前に存在しているのではないのか、という別の一つの問いがわれわれに突きつけられてもいる。自然科学の形而上学的原理を純粋悟性の諸原則からなおも区別しているものは何なのか。

まずわれわれは、『純粋理性批判』の〔純粋理性の〕建築術の章と、『形而上学的原理』の序言の中から、自然科学の形而上学的原理の体系的位置を標示している、科学に関わる一連の名称を手に入れることができる。この批判自体は、形而上学に対する一予備教育であり、形而上学の本質的部分を幾つか平面図の姿で含んでいる。形而上学は自然の形而上学と倫理の形而上学とに区分され、前者は超越論哲学（存在論）と純粋理性の生理学とに区分される。後者は自然超越的部門として宇宙論と神学を、自然的部門として合理的心理学と合理的物理学を包括している。合理的物理学は外的自然の形而上学である。それは同時に、自然科学の形而上学的原理をも意味する。物理学は本来の科学でありうる。なぜならそれは、外的自然の、本質的に有限な、つまり完成可能でもある形而上学のほかに、数学的な純粋物理学という完成不可能な部分を含むある純粋部分をも所有しているから。ここで問題となっているのは、この完成可能な部分である。この部分が〔『純粋理性批判』の〕「原則の分析論」〔の章〕で詳説されている部分をどこまで超えてゆくのかは、この部分の中心概念である物質の概念に沿って解説するのが最もよい。

3　物質の概念

ここでは、われわれは経験の第一類推に結びつけて話さねばならない。そこでカントは、「立ち現われのあらゆる変移にあっても実体は不変であって、しかも自然の中の実体の量は増やされることも減らされることもない」（B 224〔四 - 三〇六〕）と言う。この定式化は『純粋理性批判』の第二版に由来している。プラースは、第一版から第二版へと導いた諸変更が、いくつかの箇所で、その間に達成された、物理学理論のより大きな明晰性に、なかでも特に、空間の強調に遡るという点に注意を喚起した。その間にくる

『形而上学的原理』では、空間が、第一版では全面的に主導的であった時間と並んで、はるかに強調されているのである。ここで問題となるのは、もう一つの、ただしこれと連関してはいる点である。すなわち第二版で初めて、第一類推の定式化の中ですでに、不変であり続けるものとしての実体のみでなく、その実体の量もが挙げられていることである。ヨーゼフ・ケーニヒのための記念論集に寄せた論考[5]〔“*Argumentationen*: Festschrift für Josef König”, Hrgn. von H. Delius und G. Patzig, Göttingen, Vandenhoeck & Ruprecht 1964, S. 256–275 に収録の ‘Kants “Erste Analogie der Erfahrung” und die Erhaltungssätze der Physik’〕の中でわたしは、第一類推が最近の物理学の思考様式にどれほど近いところまで来ているかを、示そうと試みた。この考え方にとっては、保存の諸法則、特にエネルギー保存の法則は、一般的な不変量原理から結果してくるのである。わたしからすれば、眼目は何よりもまず、カントの純粋悟性の諸原則が、今日の物理学の不変量原理に似て、特定の領域科目の法則ではなく、そもそもおよそ可能なすべての特殊的自然法則をカバーする法則であることを示すことにあった。しかし、われわれの不変量原理自体は今までは、それが正しいか正しくないかは別にして、その有効性が経験的に明らかになっているだけでしかない数学的仮説として登場してきているのみであるのに対して、カントの純粋悟性の諸原則は、本来の科学の意味での自然法則、すなわち必然的で反論を許さぬ確実なものと考えられている。それらの原則は、そのようなものでありうる。なぜなら、プラースが提示するように、それらの法則は、第一義的には質料的な（われわれの意味でのすべての対象と同義語の）意味における自然の法則ではなく、形相的な〔意味での〕、すなわち、「ある事物の現存在に属しているもの一切の第一の内的原理……」（*M. A.* III〔十-一九五〕）という意味での自然の法則なのであるから。つまり、事物は、それらの法則を満足させることなしには、現に存在すること（すなわち、時間の中で立ち現われること）は全くできないのである。

わたしがあの寄稿を書いていたときには、プラースの論文はまだ実際には存在していなかったし、それゆえ、わたしは『自然科学の形而上学的原理』の意義をまだ捉えきってもいなかった。（当時プラースは会話の中で、わたしの論稿を今までの文献を超える一つの進歩と賞賛してくれたが、それはいくぶん控え目な調子だったことをわたしは聞き逃さなかったし、彼自身の寄与〔論文〕に対するわたしの好奇心を掻き立てもした）。きょうわたしは、当時の捉え方を一点修正せねばならず、やっとそのことによって当時の捉え方をより精密にすることもできる。当時わたしは、カントを、まさにその論証の大いなる一般性のゆえに賞賛した。すなわち、その論証の一般性ということが、実体の定量の保存を根拠づけていたのであるが、それは例えば、実体を物質量と解釈するといったような、時間ないし対象と結びついた特定の量モデルに実体を結びつけることなく、なされていたのである。この論証の仕方に対する驚嘆の念をわたしは全く失わずにいる。しかし、当時わたしはまだ、さらにその先へと進んでゆく論証の重要性を理解してはいなかった。そして、これらの論証こそがカントに、第一類推の証明の方法的精密さを損なうことはなかったものの、その後、『形而上学的原理』の中で、まさに物質の量をこそ実体の適法なる描出として純粋物理学に導入させることになったのである。このようにわたしは何よりも特に、カントの捉え方によれば、実体はこのような仕方でのみ、すなわち、実体は物質であるかぎりでのみ、量として理解されうるとされているという点を見逃していた。ところで、量としての実体の理解にこそ、自然科学における数学の適用可能性は掛かっているのである。そしてそれは、この意味での実体にこそ、そもそも外的自然についての本来の科学の可能性が掛かっている、ということでもある。まさに、内的直観の領域においてはこの事態との類比物が欠如しているゆえに、合理的心理学という考えは挫折するのである（この連関においてプラースは、『純粋理性批判』第二版における誤謬推論の章に対する『自然科学の形而上学的原理』の影響を指摘している)。

以上のことからして、本来の自然科学の基礎概念は物質の概念である。したがって、物質についての科学を一定の根本的諸性向においてアプリオリに構想することが可能でなければならない。プラースが際立たせているように、今までの『自然科学の形而上学的原理』の大多数の解釈者たちのように、既成の物体概念から出発する場合には、いずれにしてもこれは可能ではない。「物理学的意味では、物体とは、一定の境界の中にある(つまり、ある形姿をもっている)ある物質である」(*M. A.* 86〔十‐二七六〕)。これは物体の単なる幾何学的概念以上のものである。物理学的な意味での物体は、現存在を、つまり時間の中での存在を、しかも持続をもっていなければならない。このようなものが存在することを、われわれは経験的に知っている。しかしカントは、自分が、この経験的事実のために、アプリオリに確実な根拠を何も挙げることができないことを十分意識している。「動力学についての一般的注」の中で、彼は少なくとも、持続する物体の可能性の根拠に関する調査のための視座となるべき観点を整理しようとしている。「つまり、固体はいかにして可能であるのか、普通の自然論がどれほど簡単にこの問題に片をつけることができると信じているとしても、これはいまだに解消されていない問題なのである」(*M. A.* 94〔十‐二八二〕)。この問題と、液体の可能性についての同種の問題とを、カントは『オープス・ポストゥムム〔遺稿〕』に至るまでも追っていっている。今日の物理学者はここでも、カントが、当時は迷い込んであたりまえだった自然研究における誤った道、まさに物体概念を基本的なものとして措定してしまうことを避けた鋭い感覚には驚嘆しなければならないであろう。

カントは、物質をむしろ「空間の中で運動しうるもの」と定義する(*M. A.* 1〔十‐二一一〕)。ついでながら、ここで「運動しうる」とは、プラースが注意しているように、厳密に受け取ると、今日われわれなら「加速しうる」と言うであろうことである。というのは、絶対空間に対する直線的＝同型的運動は、この点でマッハとアインシュタインの設問を先取りしているカントにとって、物質の何ら現実的規定ではなく、単に数学的＝可能的規定でしかないから。「つまり、絶対空間とは、即自的には何ものでもなく、全く客体ではないのである」（*M. A.* 3〔十一二一三〕）。カントは、『自然科学の形而上学的原理』の中では終始一貫して絶対空間を、彼自身が先験的弁証法の中でイデアに帰している諸徴表を用いて記述する。ちなみにこれは、先験的美学の解釈のために重要な注記である。

さて、空間の中で運動しうるものについてもアプリオリな認識は存在しうるのか。ここでわれわれはプラースの論文の核心問題に突き当たる。繰り返しカントは運動と物質を経験的概念と標示する。例えば、自然の形而上学は「ある物質についての、あるいはある思考する本質存在についての経験的概念を根底に置き、理性がこれらの対象に関してアプリオリにもつことのできる認識の範囲を求めている」（*M. A.* VIII〔十一一九八〕）。あるいは、「そこから、〈いかなる変化にもその原因がある〉という命題は、アプリオリな一命題ではあるが、ただ、純粋にそうであるわけでは決してない。なぜなら変化とは、経験の中からしか引き出されえない概念であるから」（B 3〔四ー六八—六九〕）。経験的諸概念についてのアプリオリな認識なるものは、どのようにして与えられうるのか。

4 可能性と客観的実在性

この問いに対する答えとなっているプラースの論文の心臓部分を、短い講演の中で述べることは、わたしにはとうていできない。わたしにできるのは、その成果を教条にも似せ簡潔に要約してレポートすることでしかない。

「経験的概念」という概念は多義的である。「ネコ」は、反省、比較、および抽象によって経験的諸表象の中から獲得された、普通の意味での経験的概念の一例であるかもしれない（イェッシェの『論理学』〔*Immanuel Kant's Logik. Ein Handbuch zu Vorlesung*, Hrgn. von G. B. Jaesche, Erläutert von J. H. von Kirchmann, II Aufl. Leibzig 1876〕参照）。この意味では、「物質」は経験的概念ではない。「物質」は、すなわち「空間の中で運動しうるもの」は、われわれがこれをアプリオリに構成しうる限りにおいて、アプリオリな概念である。この概念を構成するために必要なものは、対象の概念と、空間と時間の直観のみでしかない。とはいえ、この構成のより詳細な諸問題には立ち入らないことにする。(6) 他方、「物質」は、その客観的実在性が経験的にしか示されえない限りにおいては、一つの経験的概念である。この概念のもとに収まる何かが現実に与えられていることをわれわれが知るのは、経験の中からでしかない。

この区別をカントの意味で理解するためには、客観的実在性とはどういうことなのかを分析しなければならない。客観的実在性とは、概念の述語である。しかも、その概念の実在的可能性と言われることもあるものと同じ述語である。つまり、客観的実在性なるものの理解は、可能性というカント的概念の理解を前提する。ここでプラースは、シュネーベルガーの研究から受けた示唆を採り入れた。(7) 可能性とは、本来は事物についてではなく、概念についてしか述語たりえないものである。可能性とは、諸条件の合致を意味し、条件の種類に従ってそれぞれ別々の種類の可能性が与えられるのである。

ある概念の論理的可能性が述べていることとは、「その概念が自己自身と矛盾していないこと」（『再考録』5688〔Benno Erdmann により没後刊行物として 1882/84 に公開された "**Reflexionen Kants zur kritischen Philosophie**" の同名復刻合本版（1992）第二巻一一〇二番（通算六二九頁）には、「ある概念の可能性は、その概念が自己自身と矛盾していないことにその基盤を置いている」とある。〕）である。したがって、論理的に可能な概念がそれと合致していなければならない条件とは、矛盾律である。

ある概念の実在的可能性とは、その概念に対応する対象が直観の中で与えられうることを意味する。ある事物についてのある概念の固有性のうち、その概念に属する実在的可能性が存立しているという特性が、その概念の客観的実在性という名で呼ばれる。このことに対応するのが、「経験の形式的諸条件（直観と諸概念とに従っての）と一致するものは可能的である」という、「経験的思考そのものの〔第一〕要請」である（A 218, B 265〔四－三四二〕）。

可能性というものがそもそも登場しうること、そしてまさに諸概念の述語としてのみ登場しうるということは、本質的に、概念の一般性と連関している。すなわち、概念が、直観のように自らを無媒介に対象に関係づけているのでなく、媒介的に、「かなり数多くの事物に共通でありうるある徴表を媒介として」（A 320, B 377〔五－三九〕）関係づけていることと連関している。このゆえに、ある概念が、対応する対象がないままで、われわれの思考に与えられていることもありうる。そして、まさにそのような場合には、このような概念に客観的実在性が、つまりその概念のもとに収まる現存する対象なるものの可能性が加わってくるか否かが、問われることになる。

さて、われわれはいかにして、ある概念の客観的実在性を確認することができるのか。カントは、何かが可能であるか否かという問いと、いかにしてという二つの問いを区別する。与えられたある概念に対応するある対象が可能であるか否かという問いは、このような対象の現実性によって経験的に答えられうる。このようにして確保された客観的実在性は、より包括的なすべての概念へと自動的に転写されてゆく。わたしが一匹のネコを見ているとき、一匹のネコは現実に存在する。したがってネコたちは可能であり、したがって動物たちは、したがって諸有機体は、したがって諸物体は、したがって空間の中で運動しうるものは、すなわち、物質は可能である。いかにしてあるものが可能であるのかという、あらゆる先験的研究にとって決定的な問いの場合には、様子は全く異なる。この問いに回答するということは、当該の対象が可能となっている諸条件を洞察すること、それも完璧に洞察するということであるはずである。これはアプリオリにしか起こりえない。ネコたちがいかにして可能であるのかを洞察しようとしたなら、まず空間の中で運動しうるものがいかにして可能であるのか洞察せねばならないであろうし、ついで諸物体がいかにして可能であるのか、ついでどのようにして諸有機体が、どのようにして動物たちが、どのようにしてネコたちが可能であるのか、順にすべて洞察せねばならないであろう。ここではますます数多くの条件が加わってゆく。そして、すべての条件を完璧に洞察するとは、現実を洞察することになるだろう、すなわち、今まさに向こうのあの屋根の上にいるあのネコがいかにして可能であるのかを洞察することになるであろう。しかし、これは人間には不可能である。形而上学的原理は、空間の中で運動しうるものがどのようにして可能であるのかを、洞察できるようにすることをもって自らは足れりとする。

　ここで暗示されている諸思想の中に含まれている体系的諸問題をさらに追ってゆこうとするときには、カント的教えの核心へと、すなわち、諸カテゴリー、統覚の統一、そして先験的な時間規定という〔三者の〕間の連関の中へと導かれることとなるであろう。きょうは、カントの純粋物理学の遂行を一瞥するのであるから、この点はそのままにしておかねばならない。

5　純粋物理学

『形而上学的原理』は、四つのカテゴリー・タイトルに則して四つの章に分けられている。第四章、現象学〔の形而上学的原理〕は、三つの様態カテゴリーに則しつつ認識能力を扱う、先行している三つの章の関係づけを扱っていて、「物質とは、自らが運動しうるものとして経験の一対象となりうる限りでの、その運動しうるもののことである」（*M. A.* 138〔十－三一五〕）という言明で始まっている。

この章立てに従うと、量に割り当てられていた第一章、運動学は、同時に可能性という様態のもとにもあることになる。運動学は直線的＝同型的運動を単なる相対運動と定義する。選択された相対的空間に従って――今日の物理学者なら、基準系に従って、と言うであろう――空間の中で運動しうるものに、それぞれ任意の、直線的＝同型的運動を付与することができる。つまり、ここではまだ、現存在ではなく可能性のみが、すなわち単なる数学のみが話題となっているのである。速度の概念の構成をもって、空間と時間という純粋直観の基底の上で物理学全体の数学的工具が獲得される。純粋物理学における、そこから先のすべての概念はこの基本概念[8]を利用して構成されねばならない、まさにそれゆえに、どの特殊自然論でも、その中に数学を見出しうる限りでのみ、本来の科学を見出すことができるのである。われわれが、対象についてのわれわれの諸概念が直観に基づくものであると明らかにすることができるのは、それら概念が空間および時間の中における対象の概念である限りでのみ、つまり、空間の中で運動しうるものという概念の、より詳細な規定である限りでのみなのである。

第二章、質に対応する動力学は、現実性という様態にある。動力学には、「物質とは、空間を満たしている限りにおける、運動しうるものである」〔十－二三四〕と始まる説明が前置きされている。空間を満たすということは、質としては実在性であり、しかもそれは、様態が現実性である限りで、外的直観の中にある現存在でもある。カントは、空間を満たすことがいかにして斥力と引力という二つの力を必然的に前提するかを提示している。この論述は先験的である。すなわち、物質というものが存在しうるためには何が存在しなければならないかを告げている。これは、これらの根本的力の必然性をそれらの力の本質にもとづいてまず洞察し、その中から物質の実在を演繹しなければならないとする意見とは鋭く対立する。カントは言う、「根本的諸力の可能性を把握できるようにすべきであると言うのは全く不可能な要求である。なぜなら、これらの力が根本的力と称しているのは、まさに他のいかなる力からも導出されえない、すなわち、全く把捉されえないからである」(*M. A.* 61〔十一‐二七四〕)。換言するなら、根本的諸力が可能であること、この点に関しては、空間を満たしているものとしての物質はこれら根本的諸力によってしか可能ではないことをわれわれが洞察しさえするなら、その限りにおいて、物質の経験的実在がわれわれに教えてくれる。他方、根本的諸力がいかにして可能であるのかというこの問いに対しては、われわれは可能な回答を思い浮べてみることができるだけの意味を与えることすらまだなしえていない。「動力学についての一般的注」では、このあとで、「(物質の種的差異性の可能性に則しても同じように把握できるようにしなければならないわけではないとしても)物質の種的差異性が全体としてはアプリオリに由来していなければならない諸契機」〔十一‐二七五〕が検討されている。

第三章、力学は、相対関係に対応し、必然性という様態のもとにある。導入的説明は、「物質が運動しうるものであるのは、運動しうるものが、一個の運動しうるものとして、動かす力を持っている限りにおいてである」(*M. A.* 106〔十一‐二九一〕)となっている。ここでは相対関係の三つのカテゴリー〔実体性、因果性、相互性〕に力学の三つの根本法則が対応している。第一のものは、実体の類推を先鋭化している。すなわち、「物体的自然のあらゆる変化にあって、物質量は全体として同一であり、増加も減少もしない」(*M. A.* 116〔十一‐二九八〕)。この命題には、物質量の説明と、この量は「与えられた速度のもとでの運動量によってのみ見積られ」うるとの命題（*M. A.* 108〔十－二九三〕）とが先行していた。つまり、今日われわれが質量と名付けている定量の計測可能性の、真正な意味で力学的な一つの定義のためのある端緒が先行していた。第二の法則は、いかなる「物質の変化」にも何らかの「外的原因」があると見ることによって因果性原理と結合された慣性の法則である。この考えの中には、直線的＝同型的運動は何ら「物質の変化」ではないということが含まれている。つまり、カントは、前提されている運動の相対性の中から、われわれが今日知っているような慣性の法則を導いているのである。明らかにこの法則は、われわれが加速度と名付けている「物質の変化」によって力を計測することを教えるニュートンの第二公理をも、本質的にはすでに含んでいる。第三の法則は、作用と反作用が等しいという法則であり、相互性（相互作用）のカテゴリーに属するものである。

プラースはその論文の終わりのところで、ところで一体、カントは経験的物理学の可能性を物理学のこの純粋部分との関係でどのようなものと想定していたのであろうか、との問いを投げかけている。カント自身はこのことのためにはわずかなヒントしか与えていない。プラースは、首尾一貫させるならこのことに関してカントはどう考えねばならなかったのかという点について、重力の法則を手がかりに一つのモデルを構想する。万有引力が成立しなければならないということは、動力学の成果と見なしてよいとされる。そこでのカントの考察は、その力が二つの物体の中の物質量に比例することと、両物体間の距離の二乗に反比例することを、彼はアプリオリに確実と見なしていたのではないかとの推測へも導く。この推測をもってもまだ、比例の要素、いわゆる重力定数は経験的に規定すべき量として残る。このことの中には、裁判官である理性が証人である自然に問い質す様子を見ることができる。すなわち、求められている法則の一般的な数学的形態をすでに知っている者のみが、そもそも何が重力定数であるのか知っているし、それゆえ重量計測の結果がどのように言い表わされねばならないかをも知っているのである。とはいえ、任意の二つの物体についてのただ一回だけの計測によって重力定数を決定できると期待してはならないであろう。重力の法則は他の諸法則と、例えば静電磁気学におけるクーロンの力の諸法則とその数学的形式を共有している。つまり、検査物体がたまたま電荷を持っているとすると、計測結果は実際には、重力定数と、未知の係数を伴った電気素量（Elementarladung）とのある組み合わせとなるであろう。それゆえに、いずれの種類の実験が純粋に重力定数を教えてくれるか検討するためには、「動力学についての一般的注」の中で考察されているように、さまざまな力の可能的種に関する、アプリオリになされた展望が必要なのである。このような種類の考察が首尾一貫した形で実行されうるか否かは、いうまでもなく、もはやほとんど展望できないことである。

6　今日の物理学に対する関係

『形而上学的原理』の解釈についての自分の研究の時間中はずっと、プラースは彼特有の決断力をもって、見出したことを物理学のアクチュアルな諸問題に直接適用することは、それらが折に触れてなされる幾つかの例についての検討を超えてゆくものである限り、いかなる形でも自らに禁じていた。もしもっと長く生きていたら、彼は確かにカントの解釈で立ち止まってはいなかったであろう。わたしはこの講演の終わりにあたって、いまや全面的にわたし自身の責任において、わたしにとって、カントの理論のアクチュアリティーがどの程度大きいと、あるいは小さいと見えているかを示唆しておくことにしよう。

まず最初に明らかなことは、われわれは個々の細部のどの点でもカントの理論からは距離を置く心構えでいなければならないこと、否、個々の点のただの一つですらも、彼の理論に現実に従うことになるか否かは、前もっては疑問であるということである。より詳細に分析してゆくと、『形而上学的原理』の論証はきわめて多くの箇所で脆弱であることが明らかになる。すでにわたしがその幾つかを挙げた個々の天才的思想はわれわれを驚嘆させるかもしれないが、それらとて従うよう義務づけるものではない。この本が物理学の歴史において全く効用をもたなかったことも偶然ではない。しかしながら、効用のなさはこの本の欠陥のみにもとづくのではなく、この本の根本思想が物理学の史的な展開に約二百年先んじていたことにもとづいている、とわたしには見える。一人の著述家にとっては、同時代の科学的諸認識からの例証を挙げることはできないあることを知っている、あるいは勘づいているということは、絶望的な状況である。つまり、偉大な思想家たちの多くの錯誤は、正しい根本的洞察を誤った細部に即して描出したものなのである。

われわれの時代において、カントと似たような根本的洞察から出発していった――それも、わたしが見る限りでは、カントの影響はなしに――唯一の物理学者が、ニールス・ボーアであった。ボーアは、量子論以降においても、どの無媒介的現象をも、つまりどの計測結果をも、古典物理学の諸概念を用いて記述しなければならないという、われわれ若き物理学者たちを啞然とさせるようなテーゼを再三再四表明していた。冒頭で引用した同じ友人が、最近わたしに次のことをも想起させた。研究所の午後のお茶の際に、一度彼はボーアに、長期的にはやはりきっとわれわれは、われわれの概念と直観とを量子論的形式論に適応させ、そのことをもって、古典的記述への回帰はなしで済むようになるはずだということを明らかにしようと試みたことがあった。ボーアは両目を閉じたまま黙って聞いていた。そして終わりに、「すると、そうですね、われわれはこうしてここに掛けてお茶を飲んでいるのではなく、この一切をただ夢見ているだけなのだ、という言い方をすることもできるのですね」とだけ答えた。

ボーアはこのようなコメントで、カントが直観と名付けていた根本事実を示唆していたのである。それにもかかわらず、ボーアがわれわれを十分に満足させなかったことも分かる。いったい直観はなぜ、ほかでもなく歴史的に成立し、超克されてもいた古典物理学の諸概念をもって記述されねばならないのか。ボーアは整合的であった。われわれもこの点は直ちに見てとった。古典的諸概念なしですませられないものなら、作用量子の発見は目眩を起こさせるようなことであり、相補性もなしですませられない概念である。しかし、逆の方向で整合的であることもできるのではないであろうか。すなわち、われわれの直観能力が史的な展開に適応することができたら、古典的諸概念はなしですますことができ、最終的には再び相補性もなしでうまくゆくのではないのか。適応のこの道は若干のカント主義者たち自身が打ち出したものでもある。例えば、相対性理論および量子論に関するその美しい諸著作の中で、ユークリッド空間がすべての外的直観の形式であるわけではないし、決定論的因果性が合法則性の唯一考えうる種であるわけでもないことを検証しようとしたエルンスト・カッシーラーなどは、きわめて高度なレベルでこのことを行なっている。しかしカッシーラーの立場は、当時も全面的にわたしを満足させるものではなかった。わたしには、あの賢明な妥協は徹底的に闘い抜かれた闘争の価値ある果実をわれわれから奪うものと思われた。全面的に経験的である物理学と、厳密に堅持し抜かれたアプリオリズムとは、両者がまさに自らの原理に忠実であり続ける場合には、結局は、自ずから出会うことになる、とわたしには思われた。あるいは、シラーの言葉を借りるなら、「きみたちの間には敵意があり続けるように！　同盟はまだ早すぎる。探し求めることできみたちが互いに分断し合っているとき初めて、真実は認識されることになる。」〔(「自然研究者と先験論哲学者」) Fr. Schiller: *Sämtliche Gedichte*, Zweiter Teil, dtv 1965, "Xenien von Schiller und Goethe", 'Naturforscher und Transzendentalphilosophen』四二頁〕。同盟はカントの時代にあっては早すぎたし、カント主義者たちと物理学者たちとの間においても時期尚早である。ただし、ボーアにあっては同盟の可能性が予告されている。わたしは、ここでは、ほとんど教条の朗読のようにこの同盟実現のためのプログラムを素描することしかできない。

その史的展開が今日明らかに示している物理学は、真正な意味での体系的統一を目指しているという点で、十八、十九世紀の物理学からは区別される。量子力学は自らが一般力学であることを、すなわち、任意の客体に妥当する力学であることを、経験的には明らかにしている。そしてそれは、古典力学がそうありたいと欲していたのに、原子の領域では、基本的にはすでにカントの第二のアンチノミーから結論づけることができたはずであるようには、そうなることができなかったものでもある。素粒子論は、完成されたときには、どの物理学的客体がそもそも与えられうるのかを演繹することを原則的には認めることとなろう。自然科学一般の哲学的理論なるものがそもそも可能であるのなら、その理論は物理学全体のこの体系的統一の可能性の根拠に関して情報を与えることができるものでなければならない。これ以下の目標しかもたない野心など意味のないものである。というのは、単純なるもののみが、われわれが理解しようと欲することのできるものであり、しかも自然研究において、単純さというものがそもそも存在するのなら、的に理解されうるとするなら、その何かとは、物理学に統一を与えるものこそそれである。その場合、われわれの物理学を人間的認識の最後の言葉と見なすことは必要ではない。われわれの物理学がハイゼンベルクの意味での〈完結した理論〉であるだけで十分である。

物理学全体を一つの原理から構築することは実際にうまくゆくであろうと、わたしは期待しているし、わたし自身の、まだできあがってはいない研究がこの目標に貢献することを期待してもいる。内容的には、このような構築のための中心概念は、現在、過去、未来という時間様態の完備した構造をもつ時間の概念でなければならないと信じている。この〔意味での〕時間には、論理、数、確率、そして連続が結びつけられうるし、しかもさらに、時間の中にある諸客体についての理論として、あるいはもっと精確に言えば、時間を橋渡しするオルターナティヴの理論として物理学が構築されうる、とわたしは信じている。さて、このことの成否如何にかかわらず、素粒子の量子論では、カントをあれほどまで悩ましたあの境界、すなわちアプリオリに認識しうるものと彼が見なした基本法則と、経験によってしか学ぶことのできない特殊法則との間のあの境界は、確実に除去される。素粒子の量子論は、（数学的に複雑な諸問題については、実際にそうはできないとしても）経験的法則性をすべて演繹することを原則的には認める場合にしか、その名のとおりのものになることはないであろう。素粒子の量子論によっては、鉄のスペクトルの一本一本の線が説明されなければならない。ただ偶有的なことだけは、すなわち、われわれにとって道が通じている経験の中に、まさに鉄の原子が存在するか否かということだけは、明らかにはならない。繰り返すが、この種の一理論を目指して物理学は現に努力しているのである。少なからぬ物理学者たちはこの理論の事実上の完成可能性を疑っているかもしれないが、素粒子の量子論がまさにこの特性をもつ場合には、そしてその場合にのみ、この理論が完成されるだろうということを誰も真面目に否定しないであろう。この理論が完成した場合にも、歴史的にはこの理論が経験的な道の上で育っていっていたということは十分にありうるであろう。しかも他方では、完成されたその理論は明らかに数少ない原則から演繹されうるものとなっているであろう。カントとともにわたしが推測するのは、これらの原則は、カントの用語をもって言うと、超越的ではないが、経験的でもなく、先験的であろうということである。すなわち、それらの原則は、形而上学的諸仮説を定式化するものでも、特殊的諸経験を定式化するものでもなく、単に経験の可能性の諸条件そのものを定式化するのみであろう。

そうであるとすると、この枠組みの中で初めて、物理学者たちは、古典的諸概念なしですますことはできないというボーアの教えを、おそらく全面的に正当に評価することができるようになるであろう。空間的＝時間的＝記述とは、直観を意味し、因果論という要求は、概念的判断行為の最も重要な例である。そして両者は、カントが見ていたように、そしてボーアが知っていたように、経験を客体についての経験として一義的に記述する際には、つまり、わたしが好んでいる言い方をするなら、時間の橋渡しをしている、決定可能な諸オルターナティヴの中では合体しているのである。物理学的には、この経験は計測行為の不可逆性に依存している。すなわち、この不可逆性なしには、過去の記録は、つまり事実データは、直観の中に何ら与えられないのである。しかし、量子論から判定するなら、ある事象を不可逆的と記述することは、確率同士の干渉を考慮に入れない近似でしかなく、まさにこの近似においてこそ古典物理学が妥当している。つまり、ボーアの言っていることは全面的に正しいのである。われわれが古典的と言っている物理学を根拠づけようとする、〔『純粋理性批判』の〕「純粋悟性の原則」と『自然科学の形而上学的原理』におけるカントの諸論拠が、計測成果の客観化のためには古典的諸概念が必要であるというボーアの主張を、直接に、量子論を経由するという回り道をせずに、根拠づけるためにどこまで利用できるかを検討することは、きわめて興味ある課題であろう。プラースは、これは可能であると見なしていたのである。

ところでボーアは、出来事の相補的諸像は必要であるとしている点でも正しい。というのは、古典物理学はまさに一つの近似でしかないからである。徹底して非古典的であるような虚構的な量子論は経験科学ではありえない。このような量子論には、あらゆる経験そのものの基盤、すなわち経験されうる事実データが欠落しているからである。しかしわたしは、相補性を、時間の構造論からくる反省概念として扱いたい。相補性ということは、当然ながら量子論的非決定論と結びついている。すなわち、出来事を終始一貫して客観化するということは〈未来が開いている〉というところで挫折するのである。

ヨハン・ヴォルフガング・ゲーテ

全体によって活力を得たいのなら、
最小のもののなかにさえ全体を見なければならない。
〔「神と心情と世界」より、『ゲーテ全集』潮出版社、第1巻、二六九頁〕

言語における最小のものは語である。科学においては、語は概念として立ち現われる。われわれは、ゲーテの自然科学は全体として何であるかを、その概念の幾つかに即しつつ読み取ってみよう。ゲーテの自然科学はしかし、われわれにとって何を意味しているのか。

彼の自然科学はわれわれにとって、まず人間の、詩人ゲーテの一作品である。一人の人間の本質がその人間の手のしわ一つひとつの中にもなお固有の仕方で自らを表明しているように、ゲーテの科学の概念の一つひとつの中にもわれわれはゲーテを見出す。

とはいえ、ゲーテ自身を知るためにのみ彼の科学を利用したとしたら、彼はわれわれを叱ったことであろう。彼は、その人格や詩的作品についてのどんな共感よりも、それ自体において価値のある認識を求めていた。ゲーテは自らの科学を、近代の客観的自然認識の連鎖の中に、その不可分の一環として組み込むことを望んでいたのである。

主観的な色彩の調査、人間の顎間骨の発見、彼なりのメタモルフォーゼ概念における進化論の前奏曲といったような、この組み込みが彼にとってうまくいったところについて詳細に扱うことは、ここではしないつもりである。われわれの考察の出発点は、〔むしろゲーテが〕失敗したところであろう。

いかにもよくあることだが、失敗は論争を通じて明らかになる。支配的な色彩学の批判において、ゲーテはニュートンの言葉と実験の明晰な意味を四十年にわたって誤解していたし、リヒテンベルクのような賢明で専門知識を備えた対話相手の教示にすら耳を貸すことはなかった。

あれほど偉大で、あれほど包括的な精神がどのようにしてあれほどの思い違いをすることができたのか。わたしの答えはただ一つ、彼は思い違いをしたかったから、思い違いをしたのである。彼が思い違いしたのは、ある決定的な真実を怒りによってしか弁護できなかったからであり、この怒りの表現があの思い違いだったのである。

ゲーテの見方、考え方は一つの全体である。それは、近代自然科学における――歴史的に見るなら――さらに包括的な一つの全体と遭遇した。ゲーテは自分の科学をより大きなこの全体の中へ組み込む心構えをもってはいたが、ニュートンと抗争するうちに、自分にとって決定的であることを犠牲にしたくないなら、この組み込みは行なえないし、行なってはならないということが明らかになってきたのである。

論争におけるゲーテの不成功は、自然科学自身の本質のよりよき理解に向けて自然科学を回心させようという彼の希望が妄想にもとづくものだったことを示している。ニュートンは、ゲーテよりも近代科学の本質をよく理解していた。われわれ今日の物理学者は、この科目ではニュートンの弟子であって、ゲーテの弟子ではない。ただしわれわれは、この科学が絶対的真理ではなく、特定の方法的手続きであることを知っている。われわれは、この手続きの危険と限界について熟考するよう強いられている。ここから、現に支配的となっている自然科学におけるものとは別のものを、まさにゲーテの科学の中に問うてみるべき誘因をわれわれはもっているのである。

以下では、ゲーテの科学の最も重要な諸概念のうちセットになっている幾つかのものにただ一度だけすばやく目を通してみたい。そうすることでは、なるほど、それら諸概念の連関について何かが示されるが、それは単に一つの観点からのものでしかない。この観点を以下に予め示唆しておこう。

おおよそのところ、コペルニクス、ケプラー、ガリレイ、ニュートンという名で標示される系列の中で次第に大きくなってゆく明晰性へと自らの方法的意識を展開させてきたとともに、なるほど形而上学的にではないとはいえ、方法的にはおそらく今日もなお支配している思考様式を、われわれは近代の自然科学と標示する。この思考様式をここでこれ以上記述することはしないが、輪郭においては周知のものとして前提する。ゲーテの科学の方は、彼の科学を——同じようにそれ自身の中では連関し合っている思考様式としつつ——上記の思考様式からは区別してゆく中で記述する。われわれは次のように主張する——。

ゲーテと近代自然科学は両者の対話を可能とする一つの共通の土台をもっている。この共通の土台は、プラトンと感覚という定式で示唆することができる。この対話は、両者がこの土台の上に別々の建築物を打ち立てるところで挫折する。プラトン的イデアは、自然科学では一般概念となり、ゲーテのもとでは形態となる。そして、感覚世界によるイデアの分有は、自然科学では諸法則の妥当となり、ゲーテのもとでは象徴の現実となる、と。

もちろん、これほど単純な図式はいずれにとっても乱暴である。それでも、われわれは、これからの歩みで、もしかしたらこの図式を超克することができるかもしれないゆえ、この図式を堅持し続けてみよう。

その時きみは感覚を信頼することができる、
感覚はきみに偽物を視せたりはしない、
悟性がきみを目覚めさせているなら。
〔「神と世界」、「遺言」より。前掲『ゲーテ全集』第1巻、三二七頁〕

これは、経験認識に対する信仰宣言であり、ゲーテを近代科学と結びつけるものであるのか。然り、しかも否。詩はさらに続く、

爽やかな眼差しで喜びをもって気づけ、
そしてしっかりと、しなやかに歩め
豊かに恵まれた世界の沃野を。〔同上〕

近代科学にとっては、一人の研究者が感覚的経験をしたこと、そして他の誰もがその経験を原則的には反復することができるということで十分である。決定的なことは経験という行為ではなく、その経験行為が知らせてくれる事態である。しかもその事態も、それ自体が個別ケースとしてではなく、類型として重要なのである。つまり感覚印象は、まさにそれが反復可能であることで科学にとっての「経験」となるの

である。しかし、反復可能なことは代替可能でもある。

ゲーテの科学が根差している感覚経験は、彼固有の経験であり、代替不可能なものである。彼が自らの成果を記述するとき、読者を読者自身の、代替不可能な〈見る〉へと導くきっかけとなること、それ以上に心にかかっていることは、彼には何もない。いうまでもなく、見ることと、見ることを学ぶこととがどれほど重要なことかは、すぐれた自然研究者であれば誰もが知っている。われわれが真理のもとに留まろうと欲するなら、生きている人間たちの間には、無条件に、いかなる対立も見えてはならない。他方、差異がすべて判明に見られることは、あらゆる真正の意思疎通の条件でもある。自分自身の感覚的経験がゲーテにとってかくも重大であるがゆえに、われわれは、彼自身はどのように感覚的に経験していたのか、経験しようとしていたのか、思い浮べてみるべきであろう。たったいま引用した一節は、この点について述べている。

ゲーテの本性の中の最も流麗なるものと最も冷厳なるもの、すなわち、瞬時の忘我的な感受性と収集し整理することへの好みとが、この確かでしなやかに〈歩むこと〉の中で、この悦ばしい〈気づくこと〉の中で、一つになろうとしている。しかもこの〈気づくこと〉は、日々感覚経験の宝を増やしてもいるのである。地質研究者用ハンマーをもって、彼はどれほどの数の石を大きく育った岩塊から自ら割り取ったことであろうか！　どれほどの数の花々、木々を旅路に愛で、家で育んだことであろうか。どれほどの数の骨格を自ら眺め触れてみたことであろうか。自然の中へのどの視線にあっても、色彩のさまざまな立ち現われがどのようにしておのずから彼に立ち向かってき、しかもそれらが、戦争の騒音のもとでであれ、『西東詩集』の愛の詩の中においてであれ、どのように精確に気づかれ、かつ記述されることか！　この充溢を受け止めているのは幸運な両眼のみではない。逍遙しつつ、騎行しつつ、よじ登りつつ、泳ぎつつ、彼の肉体が自然を経験している。そして、感覚的なるもの一切がどれほど愛に近いかを知らないような人に、ゲーテを理解することなどできるであろうか。

区別することと結合すること

きみを無限なるものの中に見出すためには、
区別せねばならず、しかもその上で結合せねばならない。
それゆえ、翼を得たわたしの歌は感謝する
雲を区別した人に。
〔"Atmosphäre" より。*Johann Wolfgang Goethe Sämtliche Werke nach Epochen seines Schaffens*, Münchner Ausgabe, Carl Hanser Verlag 1985-（以下においてはMA）13-1, S.157〕

この一節はイギリスの気象学者ハワードに宛てられている〔原著者は「神と世界」中の「ハワードの名誉を記念して」（『ゲーテ全集』第1巻、三三六頁以降）に関連づけている。なお、『ゲーテ全集』第14巻、二九二—二九八頁に「ハワードによる雲形」という小論がある〕。この一節は、区別することと結合することについて述べている。区別することが最初にきている。

感覚世界の充溢は汲み尽くすことができないし、境界を置くこともできない。この充溢の中でわれわれはいかに身を処したらよいのであろうか。われわれはこの充溢を区分構成しなければならない。この区分構成は、朱書したり分類したりといった、ゲーテがその功を高く評価していた諸活動をもって始まる。正しくなされた朱書は恣意的なものではない。それは〈現実的なるもの〉の秩序の中の何かを反映しているのであって、暴力的なものの残滓がまだそれに付着しているところでも、それは、有限な本質存在であるわれわれが、無限なるものの中で身を処してゆくよう言われているとするなら、踏まねばならない道の最初の一歩なのである。

しかし、区別することには結合することが続かねばならない。否、区別することは、それ自体が常にすでに結合することなのである。雲の諸形態の、鉱物の、植物の、動物の充溢を——他と等しい個物は一つとしてその中には存在しない充溢——わたしが、この充溢を区分しようとするなら、類似のものを結合しなければならず、類似のものを非類似のものから区別しなければならない。わたしは、結合することができるからこそ、区別することができるのである。

しかし、わたしはいかにして結合することができるのか。

形態と法則

わたしが結合するものの類似性は形態の中にある。ゲーテの自然科学の圧倒的大部分は、比較形態論である。しかしこの、形態とは何を意味しているのか。

わたしと感覚的に出会ってくれる個々の現実的なるものを、わたしはどれも形態と名付けることができる。すなわち、きょう咲き誇り、あすは萎れることになるこの一輪の花、考えることもできないような時代から自らの場所に立っているこの一つの山というように。

しかし、両者は同じ形態——例えば、螺旋の、あるいは水晶の、あるいは人間の——をもっているという中で、わたしが二つの事物を比較するときには、わたしは形態なるものをもって、個々の事物とは異なる何かを言わんとしている。諸形態の比較を可能としている、この形態とは何なのか。

近代自然科学の通俗哲学は、この問いには、おそらく「即自的な形態それ自体」なるものなど与えられていない、と答えるであろう。つまり、形態というものはそれ自体が一個の事物であるのではなく、ある事態、すなわちまさに、さまざまな事物が特定の観点のもとでなら類似的と判断されうるという事態の名称なのであると、答えるであろう。しかし、「与えられている」といったような表現の多義性に注意するようにというこの正当なる戒めは、自然科学の本来の対象からは視線を背けさせるものである。自然科学全体が、本来は、異なる事物を類似的と判定するわれわれの行為を正当なものとしているものが何なのかを究明しようとするものなのである。

近代の支配的自然科学はこのことを、研究の本来の対象は個別ケースではなく、法則である、と表現する。個別形態が展開してゆくのは、等しい法則が常に妥当しているからである。「類似的な」から「等しい」への改竄の可能性は、この科学の思考様式にとって、法則の認識が形態のそれよりも深いところまで浸透してゆくものであることを示している。形態との関係においては、別々の事物は、初期条件と環境条件が別々であることが全面的に同種の展開を排除しているゆえに、せいぜいのところ相互に類似しているだけでしかない。しかし、法則というものは、その本質に従って常に同じである。法則は常に必ず〔妥当する〕個別の命題として表明されうるものであり、それゆえ、その適用のあらゆるケースにおいて、単にいつも同種であるのみでなく、同一であるという意味でも同じなのである。すなわち、法則は本質的に一者なのである。

この捉え方に従うなら、比較形態論は根本科学ではありえない。それは、一般法則に従った因果分析をその頂点とする、発生論的連関の探究の前段階であるにすぎない。いうまでもなく、十七世紀から十九世紀までの科学は、法則そのものを今日とは別の仕方で説明しようとしていた。当時はまだ、法則を、例えば圧力と衝撃による力学的必然性そのものの表現として把握できるようにすることが目指されていた。すなわち、人は、法則そのものの言明のもとに留まろうと願望していたのではなく、その言明を、多かれ少なかれ明証的と見なしていた、物質の本質についての表象から導き出そうと願望していた。われわれ現代人はこのことを断念した。そして、いわばあらゆる出来事の形態の、一般的規則を与えている法則を超えては何も知っていない、と宣言している。

とはいえ、ここでは、最新の物理学の途上でわれわれがゲーテに近づいていっていることになるのか否かは、保留としておかねばならない。まずは、ゲーテ的科学と、これまでの物理学全体との差異を把握しなければならない。ゲーテにとっては、形態が法則に根差しているのではなく、法則が形態に根差しているのである。

形態とイデア

『イタリア紀行』は、一七八七年四月十七日付けでパレルモから報じている。「いつもは桶や鉢の中でしか、いや一年の大半はガラス窓越しにしか見慣れていない数多くの植物が、ここ〔パレルモの公園〕では、戸外でうれしげに元気よく育っていて、その定めをまっとうしていることがよく分かる。新しい、そのまた新種の、かくも多種多様な植物を目のあたりにすると、この群の中に原植物を発見できるのではないかという昔の妙な思いつきがまたもや頭をもたげてくる。原植物は必ず存在する！　もしもこれらすべてが一つのモデルにもとづいて形成されているのではないのなら、何をよりどころにあれこれの造形物が植物であると認識できるのであろうか。」〔『ゲーテ全集』第11巻、二一九頁〕

科学が、せいぜいのところ、「植物の形態」、「植物の概念」、「植物の本性」といった題目で抽象的に考える心構えしかもっていないかもしれないもの、そのもの自体が、ここでは、一個の現実の植物として目の前に据えられている。二つの概念レベルのこの取り違えの中には、ここではまだ素朴なものであるかもしれないし、後の時期になってからは折にふれて皮肉を込めて口にされることにもなったものであるにしても、ゲーテの自然科学の原＝直観が身を潜めている。自分が見ていたものをよく理解することは彼にとって難しかったことも、考えねばならない多くのことをわれわれに残していったことも、驚くに当たらない。

ゲーテが原植物という考えをシラーに披露したとき、シラーは、「それは経験ではない。それは一つのイデアだ」と言った。この回答に接して、ゲーテの素朴さは粉砕されたかに見える。あのカント主義者〔シラー〕は、ここで、一見逃れようのないオルターナティヴを彼に強要している。しかし、このオルターナティヴがオルターナティヴであることを否定することこそが、ゲーテ的自然科学の意味のすべてでもあったのである。

原植物が科学的な経験行動の対象でないということには、ゲーテは同意せざるをえなかった。植物学者が呈示することのできる植物たちの中には原植物はない。かりに原植物がもう一度見出されるとしても、あるいは進化論としてははるかなる地質学的先史時代へと移し入れるべきものであるのなら、それは今日では何らの経験でもなく、一つの仮説であろう。

しかし、シラーはゲーテを、おそらくは植物学者がゲーテを理解できていたかもしれない以上に、よく理解していた。彼は、原植物を仮説とは名付けず、イデアと名付けた。われわれはこの語を、ゲーテがシラーに同意することを学んだときに理解していたに違いない意味で理解したいと思う。そのためには、われわれは、この言葉を、ギリシャ語におけるその本来の意味に可能な限り近づけねばならない。イデアとは、〈見る〉(ἰδεῖν)から派生していて、像、形態、見えている姿といったもののことである。ゲーテは原植物を現実に見ていた。われわれが、彼は原植物を内的な目をもって見ていたと言うなら、それはすでに二元論への逃避である。わたしならむしろ、彼は考えている目で原植物を見ていた、と言うであろう。つまり、考えつつ見ることができたがゆえに、彼は原植物を自分の肉眼で見ていたのである。ゲーテにとって原植物は、水晶を水晶にしているものが水晶のどの破片の中にも見ることができると同じように、あるいは――この詩人の場合にはこの対比も許容されるであろう――愛している者にとって、どのような挙措、どのような筆遣いにも、愛の相手が現在しているように、個々の植物のいずれの中にも現在していた。そこから、ゲーテは『西東詩集』の中で、愛し合っている人々という像に依りつつ自然自身に話しかけているる――

幾千の姿にきみは身を潜めもしよう、
でも、愛おしき人よ、わたしはすぐにきみを見分ける。
〔『西東詩集』、「ズライカの書」、「ズライカ」より、『ゲーテ全集』第2巻、一六一頁〕

しかし、詩人的な響きによってあまりに迅速にわれわれをどこかへ担い去ることをさせてはならない。シラーがイデアという言い方をしたとして、彼は一見まさにこのイデアのことを言わんとしているように見えていたかもしれないが、本当は何か別のもののことを言わんとしていたのである。彼にとっては、原植物とは一つの理念的なもの、まさにそれゆえに実在的な世界の中では決して十全に現実化されることのない真実でもある。経験的現実の中には精確にイデアに対応するものは何も与えられえないことが、まさにイデアの尊厳を構成してもいる。しかしゲーテは、彼にとっての統一的なるものを分割することであったこの区別づけには抵抗しなければならなかった。カント的認識論の意味では、イデアは人間の主観性の一構想物である。いうまでもなく、この構想物は、それがあって初めてあらゆる認識を、それがあって初めて、科学の言う意味での「自然」を可能とするものであるがゆえに、必要な構想物ではある。ここでこそ、人間の自由というシラーのパトスは点火されえた。しかしゲーテは、この意味で自由であることなど全く欲してはいなかった。彼は、自然を創造することも超克することも欲したことはなく、自分は自然の被造物であると思っており、自然を理解し、自然に耳を傾けようと欲していたのである。

これら最後の決断において人間たる者は、おそらく自らの本性に拘束されていて、自らの本性を忠実に繰り広げる以上のことをしてはならないのであろう。しかし、われわれはこの瞬間には、ゲーテの本性がどのように彼の自然科学を条件づけていたかと問うことはせず、ほとんど他の誰も見てはいなかったものを見る能力を彼の本性がいかにしてまさにその拘束によって彼に与えていたかと問うことにする。そのためにもう一度、シラーの回答に結びつけて話を進めよう！

もしシラーが、イデアをカント的な意味でなくプラトン的な意味で理解していたら、あの回答はより的を得たものとなっていたであろう。「これらすべてが一つのモデルにもとづいて形成されているのでないのなら、何をよりどころにあれこれの造形物が植物であると認識できるのであろうか」というゲーテの推論は、プラトン的な推論である。ゲーテをプラトンと結合し、カントから分離しているものは、おそらく彼自身なら客観的なるものと名付けたと思われるものである。彼にとってイデアとは、われわれの認識能力を規制する最高の表象ではなく、現実の植物たちがそれに従って現実に形成されている現実的なモデルなのである。

にもかかわらずゲーテもまた、プラトンと立場を全面的に同じうしているわけではないように思われる。あの哲学者は、生成と消滅に支配されている〈感覚的に知覚されうるもの〉は、真に存在するものではなく、精神にしか捉えることのできないイデアの存在を「何らかの仕方で」分有しているにすぎない、と幾度われわれに保証していることか！　プラトンから見れば、ゲーテは自分自身の自然本性の感覚性の中に囚われたままになっているのではないのか。原像と輝き出ている模像とを取り違えている詩人にすぎないのではないのか。ゲーテがシチリアの地ですべての植物の原像を両の眼で直視したいと希望するとき、それは、魂が以前の現存在において見たことのある原像の記憶についてのプラトン的神話の素朴な誤解ではないのか。

この緊張をわれわれは、プラトンと感覚という定式の中で暗示した。しかし、かりにゲーテが単に一プラトン主義者であるだけではないとして、だからといって、彼はできの悪いプラトン主義者なのであろうか。

プラトンはイデア論をもって一つの謎をわれわれに残したが、この謎はまだ解消されていない。論理学、形而上学、および数学的自然科学といった諸伝統がこの教えにその起源をもっている。論理学ではイデアは一般概念となり、イデアを分有する事物はその概念に包摂される特殊者となる。特殊者は、そのものが「外の世界」に属している場合には、感覚的に経験されうるが、一般者は「考えられることしか」できない。しかし、これはイデアの一面的な解釈であって、そこでは〈見る〉とイデアの関係は全面的に失われているのではないのか。逆の解釈も、全面的に厳密な意味でイデアが見ることのできるものであるとされるようなものも、必要ならさしあたっては同じように一面的な解釈としては考えられうるのではあるまいか。自分は「〈考える〉について考えたことは一度もない」と主張した芸術家、ゲーテ〔"*Zahme Xenien*"（「従順なクセニエ」）VII, *in:* J.W.Goethe Sämtliche Werke.（40 Bde.）J.W.Goethe Gedichte 1800–1832, DKV Frankfurt a.M. 1988（以下、FA）I, 2, 718〕は、もしかしたら、イデアを見るということについて、まさに論理学と、論理学に従う諸科学とが知ることのできないものを知っていたのではなかろうか。

普遍概念についての教義にぶつかるところでは、ゲーテはパラドックスによって抵抗する。

普遍とは何か。
この個別の事例。
特殊とは何か。
幾百万の事例。
〔「箴言と省察」より、『ゲーテ全集』第13巻、二七六頁〕

これは、どの事例も他の事例とは等しくないという自明の理であるだけではない。そうではなく、むしろここで暗示されているのは、論理学が一般者と理解しているもの、すなわち本性あるいはイデアは、どの個別事例の中にも感覚で感じとられうる仕方でわれわれの前に立っている、ということなのである。わたしがある植物を植物と見ているとき、そのことをもって、わたしは植物そのものを見ているのである。

そこでこの視点から、さらに幾つかの概念を検討してゆこう。

連関

もう一度、区別することと結合することに目を向ける。なるほど諸形態の世界は測り尽くすことのできないものであるが、この世界はどこもが連関し合っている。前もって区別されたものを結合するとは、現実的連関のさまざまなラインを後からなぞり描くことでしかない。分離することは必要不可欠な操作ではあるが、単に分離しただけでしかないものは、すべて人工的なものである。不連続なもの、個数が数えられうるものは考えられているだけのものでしかない。連続性こそが現実のメルクマールなのである。

それゆえ比較形態論は、諸形態の連続性の中に、現実的なるものの統一性を検証する。この検証に、ゲーテは全身全霊を捧げた。同時代の学説に従えば、人間は上顎の中の顎間骨の欠落をもって原則的に猿から区別されていた。物理的なるものの、それもこれほどたわいのない箇所での物理的なるものの、連続性のいわゆる断絶によって、固有の意味での人間的なるものに対する、すなわち、生ける精神というこの事柄に対する信仰を、自らの唯物論的不信仰に対する防衛線として確保しようとするとは、なんと実り乏しい傾向であることか！　人間はいかなる限りで猿でないのかをゲーテに言うことなど必要ではなかった。そして、まさにそのゆえにこそ、自然の中における連続性に対する彼の信仰は、骨におけるあの区別など二次的なものでしかないと期待してよかったのである。そこから彼は、人間の頭蓋骨を何ら囚われるところなく見つめ、その頭蓋骨にも顎間を外上顎から分離している微かな縫い目を発見したのである。

メタモルフォーゼ

イデアが個別者の中に現在しているのなら、イデアは立ち現われの変化を分有してもいる。すなわち、

> そして、創造されたものを創り変えるために、
> 創造されたものが防備を固めて硬直してしまうことのないようにと、
> 永遠なる生きた〈行為する〉が作用し続ける。
> 〔「神と世界」、「一と一切」より、『ゲーテ全集』第1巻、三二六頁〕

真に存在しているもののエレア的不動性ということの深い意味は、ヘラクレイトスの変化の教えによって弁証法的に乗り越えられてゆく中で、堅持され続ける。例えば、「一と一切」、および「遺言」という両詩を結びつけているフーガの中では次のようになっている――。

> 永遠なるものがすべてのものの中で身じろぎを続けている、
> というのは、一切は滅びて無に帰さねばならないから、
> かりに存在することに執着しようとも。〔同上〕

> いかなるものも滅びて無に帰することはない！

永遠なるものがすべてのものの中で身じろぎを続けている、
悦んで自らを存在せしめるがよい、と！
〈存在する〉は永遠である。というのは、法則が
生けるもろもろの宝を保ち続けているから、
そしてこれらの宝から得たもので一切は自らを飾る。〔「遺言」より、同上〕

ズライカが言葉を発するとき、われわれは同じ考えを三番目のもう一つの形式で耳にする。

鏡は言う、わたしは綺麗だ！と、
きみたちは言う、わたしも老いてゆく定め、と。
神の前では、一切が永遠に在らねばならない、
わたしにおいて一切が神を愛している、この瞬間には。
〔『西東詩集』、「観察の書」、「ズライカ　語る」、『ゲーテ全集』第2巻、一二〇頁〕

本性は過ぎ去りえない。本性はその立ち現われのいずれの中にも現在している。しかし、立ち現われは、それが〈存在する〉の中で踏み止まっているときには、本性の立ち現われであることを止める。そして、まさにそうしているときには、その立ち現われは無の中へと崩壊してゆく。過ぎ去りうるものとは、単に一つの比喩でしかない。というのは、過ぎ去りうるものの中に現在している本性は過ぎ去りえないのであ

るから。しかし、過ぎ去りうるものという不十分さの中でしか、われわれにとっては本性は現在しない。そして、われわれの〈存在する〉の成就とは、この不十分なるものが事象として立ち現われることなのである。

したがって、形態が事象となるのは、絶えざる形態変化の中においてでしかない。比較形態論はメタモルフォーゼについての教えとならねばならない。形態のこの変化が意味をもつものとなり、法則に則したものとなり、諸形態の連続性によって自らも一個の時間的形態となる。法則が生けるもろもろの宝を保持し続けている。形態変化とは、単に生成し、過ぎ去ることではない。それは、縁戚関係にある一連の諸形態を貫いて変化してゆくことであり、上って行って下ってくることであり、繰り広げてゆくことであり、現に生きてゆくことである。原植物、原器官、葉そのものは、無数の個別形態で自己を描出することができる。なぜなら、これら個別形態は本性の中から現実的変化によって生じてきているからである。

ここから、老年期のゲーテは生物学的進化論の初期段階を歓迎していた。いうまでもなく、有機体の進化についてのダーウィンの因果的＝統計的な解釈は、低次のものの法則を高次のものへ移し替えたものとして、おそらくゲーテは退けたことであろう。そのことをもって彼は、おそらくはニュートンに対する批判の場合と同じように、正しくなかったと同時に、正しくもあったのであろう。

極性と上昇

ゲーテも、メタモルフォーゼを始動させるものは何かを問うた。彼のものとされる論考『自然』（*Die Natur*）について、彼は老年期に書いている。

「しかし、それ〔論考『自然』〕に欠落している成就は、自然そのものの二つの偉大な駆動輪を観照することである。すなわち、極性と上昇の概念である。前者は、われわれが自然を物質的と考える限りでの物質に属しているし、それに対して、後者は、われわれが自然を精神的と考える限りでの自然に属している。前者は永続的な吸引と排斥の中にあり、後者はたえざる向上行動の中にある。しかし、物質が精神なしには、そして精神が物質なしには実在することも決してないし、作用を及ぼすことも決してできないのであるから、吸引し排斥する作用を奪い取ることを精神がさせないと同じように、物質も自己を上昇させることができる。つまり、十分に分離した者のみが、結合することを考えうるように、十分に結合した者のみが、再び分離しようと考えうるのである。」〔「箴言的論文『自然』への注釈」、『ゲーテ全集』第14巻、三七頁〕

これらの文章が内包している思想的諸形態の充溢の中から、わずかだが摑み出してみる。

極性とは、人間の把握行動の古くからの図式である。精神と物質——この両者に関してはまもなくもっと多くのことを言おう——は自らも一つの極性を形成している。ゲーテが極性を特に物質に割り当てるとき、彼は、比較的同種的で、鏡像どうしともいえそうな対を、すなわち、プラスとマイナスの電気、北と南の磁気などを念頭に置いていることもしばしばあるが、それほど対称的ではないもの、男性と女性、光と闇、息を吸うと吐くなどを念頭に置いていることもある。これらの対が人間の勝手な発明物でないことは明白であり、しかも、これらの対の現存在の中には、数の本質と現実とを課題としてわれわれに課してくる謎の始まりが身を潜めている。いうまでもなく、この点はゲーテにあっては覆い隠されたままになっている。

物質はその呼吸の終わりなき交替をもって自己自身の中で循環しているように見えているとして、精神は上を目指すということを知っている。精神は本来の意味での時間を知っている。つまり、未来と過去の区別を知っている。精神を超感覚的なるものの直視に対する憧憬によって動かされているものと考えることがプラトン的伝統であるとするなら、ゲーテも上昇について話していて、しかもそうすることをもって彼は自然の中の精神をも含めて論じている。しかし、自然の中の精神とは何であり、さらに上昇とは何であるのか。

精神と物質

さて、われわれは、引き合いに出した文章、「われわれがそのもの〔自然〕を物質的と……〔考える〕限りでの物質……、われわれがそのもの〔自然〕を精神的と考える限りでの自然……」を全面的に貫いている組み合わせに注意しなければならない。つまり、精神と物質とは二つの現実であるのか、あるいは一つの現実であるのか。

このような問いに答えるための、
正しい意味をわたしはおそらく見出した。
わたしの歌の数々にもきみは感じないのか、
わたしが一つであり、しかも二つであることを？

〔『西東詩集』、「ズライカの書」、「ギンゴ・ビローバ」より、『ゲーテ全集』第2巻、一四二頁〕

これらの詩句は『西東詩集』の詩作へのマリアンネの関与を露呈するとともに、隠蔽もするはずのものなのであろうが、それでもなお、ここでも正しい位置に置かれている。ズライカは同時に自然でもある。物質とは、精神との区別において考えられる限りでの自然以外の何物でもない。そして、物質に対する精神の関係は大昔から女性に対する男性の関係という比喩をもって描出されてきた。

それゆえ、われわれの問いに対してわれわれは何ら回答を得ることはないのか、あるいは皮肉な回答しか得ることがないのか。分離すると結合するとが一つの文章の中で言葉に表わされるものなら、その発言はおそらくは逆説的なものでしかないであろう。もしかしたらゲーテの戯れは、解説を加えながら次のように続けることも許されるのかもしれない――。

極性と上昇とは、双方とも運動している二つのものである。極性が物質に固有のものであるなら、そして精神と物質とはそれ自身も一つの極性であるのなら、精神は物質の中から生まれ出ていっている。ところで、上昇が精神的運動の動き方であるとすれば、この出生自体が物質のある上昇である。さて、上昇とは、自己疎外ではなく、本来のものとなること、本性へと接近してゆくことである。本性へのこの接近は、過ぎ去りうるものから区別することでなされる――「われわれを永遠化するために、われわれは現に存在しているのである」〔"*Zahme Xenien*" I, FA I, 2, 625〕。より低次の段階では無媒介に現実的に、ないしは真に立ち現われていたものが、より高次の段階では比喩となる。

ゲーテの同時代人でもっと若手の人々の哲学は、類似するいくつかの考えと戯れていた。シェリングの中に彼は、縁戚関係にあるといえる動きを感じ取っていた。ヘーゲルの構成的な生真面目さの中にあるこの哲学の硬直化からは、彼は注意深く、そして密かな揶揄を伴っていなくもない仕方で遠ざかっていた。実際には彼は、近代の形而上学と自然科学が精神と物質の対比関係を考えるために用いていたすべての概念を、単に詩人として暗示しつつ、比喩として使用していただけなのかもしれない。

デカルトは、精神と物質を、〈考えるもの〉(res cogitans) と〈延長をもつもの〉(res extensa) と考える。彼にとって物質は延長があるものであり、しかもそれ以上の何物でもない。なぜなら、延長という幾何学的な質は、諸物体の、数学的に見通すことのできる唯一の特性と彼には見えていたし、真理についての彼の概念は数学的確実性のみしか認識と認めていなかったから。したがって、物質は〈考えられる〉もの、精神は〈考える〉もの、と定義される。つまり、精神と物質とは、勝れて主体と客体なのである。しかし同時に両者は、両者が分離された実体と考えられていることによって、主体と客体という極性が、分離した上で結合するという事象において初めてその正しい意味を手に入れることになるはずだった関係づけを奪われてもいる。

ある端緒の結果を終わりまで試し尽くし、そうすることでその端緒を、うまくいった場合には、最終的には人間の手に合ったものにし、まさにそうすることで相対化もしなければならない、といった時代がある。例えば、近代の思想家でデカルト的図式から自らを解放できた人はほとんど一人もいない。つまり、まさにこの図式と闘った人々こそが、自分たちがこの図式に拘束されていることを明らかにすることとなったのである。しかし、その後次から次へと、主体の側をしばしば全面的に忘却していった自然科学者たちは、そのことをもって、自分たちの思考の被分断性をさらに危険な場所へと――無意識的なるものの中へと――ひたすら滑落させていった。その結果、その上での精神の再発見は、唯物論の原因を、すなわち現実の分断を、復元するものでしかなかったにもかかわらず、しばしばすでに「唯物論」のある超克と見なされることともなったのである。しかし、ゲーテにとっては、個々の形態の中のイデアと同じように、物質の中にはきわめて自明的に精神が現在していた。それゆえにこそ、自らの時代において彼は疎遠な姿で、そしてこの疎遠さのもとで苦しんでいる者として、しかもこの苦しみの中で豊穣さを保って立ってもいるのである。

真実性

「**豊穣なるもの**、**それのみが真である**」〔「神と世界」、「遺言」より、『ゲーテ全集』第1巻、三二六頁〕

これはゲーテの多少冒険的な、多少怒りを込めた命題の一つである。ここでは、われわれにとって、この思想が近代の最後の二世紀においてどのように乱用されえたかは関係ないし、さらに、この乱用にゲーテ自身が無実であったか否かが問題なのでもない。この命題はわれわれの連関の中ではどういうことなのか。論理学で「真の」とは、判断に付される述語である。しかし、ゲーテは極めて立派に、一人の真の人間という言い方をすることもできる。この場合の真実性は、誠実さとはどこか異なるものである。つまり、例えば幾つかの信仰宣言の場合などのように、真実ではない誠実さといったものもあるのである。ゲーテの場合には、人はしばしば〈**真実の**〉の代わりに「自然の」を置くこともできる。彼が**健康的な**もの、あるいは**有能な**ものと名付けているものが、**真実な**ものという彼の概念の中で共振していることが決して稀ではない。真実性とは、〈立ち現われ〉の中に本性が現在していることである。

しかし、このことは認識といかなる関わりをもち、豊穣とはいかなる関わりをもつのか。

ゲーテ自身は、対応という古くからの概念をもって、自らの洞察を解説している。「太陽のような眼」〔*“Über physiologe Farbenerscheinungen, insbesondere das phosphorische Augenlicht, als Quelle derselben, betreffend”*, MA 12, S.671 などに収録されている ‘Wär nicht das Auge sonnenhaft...’ を念頭においた表現〕にしか太陽を「視

る」ことはできない。そして、眼も偶然に光と縁戚関係にあるのではない。「眼は自己の現存在を光に負っている。まだこれと特定されていないさまざまな動物的補助器官の中から、光が自分に等しいものとなるはずの一器官を自分のために呼び出し、そこから、内的な光が外的な光を迎えに出ることができるようにと、眼が光のために、光に即して自己を形成してゆくのである。」〔『色彩論』、「序論」より、『ゲーテ全集』第14巻、三二三頁〕

つまり、全体を統べている本性が、同じ全体の一部分であるわたしの中にも現在しているゆえに、そして現在している限りで、この部分であるわたしは、全体を部分的に認識することができるのである。しかし、わたしの判断が、わたしの思いが、わたしの行為と姿勢が、この意味で真であるなら、それらは必然的に豊穣でもある。というのは、ある全体の本性が現在している一つの個物の中からは、その全体の充溢が暗示的には読み取られうるし、実際に繰り広げられてゆくこともできるから。そこから、豊穣ということは、真実性の述語となることも、テストとなることもできるのである。

この真実性の概念の中には、論理学的な判断真理は特殊ケースとして含まれている。すなわち、話された文章の中にも本性は立ち現われることができるのである。真実性の中のこの一つの種が歴史的に特に顕彰されてきたことは、おそらくは、非真実の可能性と、つまり不信ということと連関し合っている。非真実というものがあること、本性が立ち現われないことがありうるということは、それが隠蔽されていることであるにせよ、錯誤あるいは虚偽であるにせよ、それは、真実というものが存在していて、しかも直ちに周知となってもいることと等しく秘密に満ちたことなのである。論理学というものが存在しているのは、真実である文章が存在しているからだけではなく、誤った文章も存在しているからであり、真実が判断の的中と等置されえたのは、判断というものが最も操作しやすい真実、最もチェックしやすい真実を差し出しているからである。

ここで、近代科学の本性を研究しようと欲するなら、さらにその先を問い進めねばならないであろう。それはこのエッセイの枠をはるかに超えるものとなろう。とはいえ、ゲーテが近代科学に自らを組み込むことができなかったのはなぜなのかを見るには、述べてきたことでおそらく十分であろう。わたしが何を真実として承認することができるかは、どこでならわたしは信頼することができるかということに掛かっている。信頼することができるとは、意見の、あるいは決意の事柄ではなく、人間である在り方の事柄である。不信は、錯誤を防ぐことができるが、認識の源泉を封印することもできる。われわれがここで観照しようと試みているものは、ゲーテが信頼していたことを信頼することができるなら、見せてもらえるものである。

現象

〔ドイツ人の〕言語は時としてある単語の前に「原」(Ur) という綴りを置くことがある。科学的言語においては原因という概念が普通のものとなった。一個の事物 (Sache) は孤立化された客体でしかないのに、〔その事物を〕原因 (Ursache) 〔と見ること〕の中で、思考は客体の各勢力圏をそれら自体の中では堅固なものと化している。

ゲーテは「原現象」という概念を打ち出した。現象とは立ち現われてくる何か、自己を示してくる何かである。何かが自己を示すのは誰かに対してである。すなわち、ある現象が起こるときには、客体と主体とはすでに結合されているのである。デカルト的分断はすべての現象を第二級のランクに、単に主観的でしかないもののランクに追いやっている。すなわち、現象とは、客観的事象の、主体の意識の中における作用あるいは相関物なのである。しかし、原現象というものは何か最終的なもの、それ以上はもはや何ものからも導き出せないものであろう。すでにこの原現象という語そのものが、ゲーテの考えはデカルト的図式の中では考えることのできないものであることを示している。

　根本的には、原現象という概念は〈見る〉〔が中心〕の科目に、そしてゲーテ的信頼の学派に属している。われわれはこの贈り物を受け取るべきなのであり、原現象は「それらの探り尽くすことのできない栄光の中に」〔"*Neptunismus und Plutonismus*" *in:* J.W.Goethe Gedenkausgabe der Werke, Briefe und Gespräche, Hrgn. von E. Beutler, Artemis-Verlag Zürich 1952, 17, 600〕そのままにしておくべきものなのである。それらの背後の、立ち現われてはいない現実、それも機械論的ですらある現実を探し求めて問うなどは、不信に満ちた好奇心であろう。しかし、この、〈さらにその先を＝問うことを＝しない〉ということは、時にはやはり諦めと、いうまでもなく「人間にとっての限界のところでの」諦めではあるとしても、〔諦めと〕立ち現われることもあるとするなら、少なくとも、フォン・ミュラー翰長が意地悪く、しかも賢明に書き留めた対話の中にあるように、こういうことになる時もある。すなわち、「蛇〔の絵模様〕のある半透明なグラスを使ったゲーテ氏のちちんぷいぷい。それは一個の原現象で、もうそれ以上説明しようと欲してはならぬもの。それについては神様ですら、わたし以上にはご存じではないのだ」（一八二〇年六月七日〔『ゲーテ随聞記、フォン・ミュラー翰長手記』櫻井書店、六八頁〕）。イデアを十全に捉えきることは、哲学者たちによって常にこのような仕方で記述されてきた。原現象とは、最終的にはここでもまた、立ち現われているイデアなのである。

象徴

イデアが立ち現われうるのなら、立ち現われている個々のものは、イデアの代わりをすることができる。縁戚者は縁戚者の代理を務める中で自分がその縁戚者であるかのように振舞うことができる。より低次の段階では無媒介に現にそこに立っているものが、より高次の段階では比喩となる。無媒介な感覚的経験がすでにイデアを知覚している、というのが真実である。というのは、イデアとはまさに立ち現われるものであるから。ただし、そうではあっても、感覚的経験はこのことを明示的には知らないし、明示的に知ることを必要としてもいない。それゆえに、『メルヘン』の中にも、「どれが一番大事な秘密?」「明々白々のもの」〔"*Märchen*" より。MA 4-1 S. 525〕とあるのである。

このような考えをもつゲーテは、新プラトン主義千年の伝統の中にいる。ゲーテにとって感覚が何を意味するのかを理解するために、人間としてのゲーテについて話したと同じように、彼にとって象徴とは何なのかを知ろうとするなら、われわれは、詩人としての彼のもとへと立ち戻らねばならない。

人間なら誰でも人間的な所作を理解する。所作の中では、直前で言ったことがまさに日常的な現在となっている。すなわち、単純で、感覚的に知覚可能な事象が、同時に〈意味する〉ということの担い手でもある。否、この意味するということこそがそのような事象の本質なのである。というのは、この意味するということなしには、そのような事象はそもそも全く起こらないのであるから。〈感覚的に知覚可能なるもの〉、このものの中で、このものとともに、そしてこのもののもとで、われわれは、非感覚的とされているものを知覚している。所作の中では霊魂が話している。つまり、所作とは立ち現われている霊魂なのである。

いうまでもなく、霊魂は所作の中に自らを隠蔽することもできる。しかし、この隠蔽が隠蔽であるのは、この同じ所作が立ち現われることでも、示すことでもありうるからでしかない。それは、論理学者の判断が、その判断が真でありうるがゆえにのみ、誤りでもある可能性をもっていると同じである。丸太は何も隠蔽すべきものをもたないが、それは、示すべきものをも何らもたないからである。〈ともに同じ人間である人間〉の肉体はともに向かい合っている生ける相手であって、「延長をもつもの」(res extensa) などではない。

芸術家にとって所作は生の要素である。しかしゲーテにとっては、所作からは自然象徴への一直線の道が通じている。彼にとっては、人間のみでなく、動物、植物、そして石も〈ともに向かい合っている生ける相手〉である。愛の中では愛のどの行為もがすべて愛の言語となるように、彼の最初の大きな詩のほとばしりの中では、一見、人間に最も遠いところにあると見えるものの中で、すなわち、自然の所作の中で、人間に対する愛が最も無媒介に話している。

霧を衣にその樫の樹はすでに立っていた
塔と見紛う巨人のように、その場に現に、
灌木の茂みの中から闇が
数百の漆黒の目で見ていたその場所に。
〔*"Willkommen und Abschied"*, 'Es schlug mein Herz' より。MA 3-2 S.14〕

闇が見ている——夜のこの視線を今までに感じたことのない人などいるであろうか。

しかし、夜のこの所作は単に詩人的幻想の技巧手段にすぎないのではないのか。ここで詩人は、即自的には全く何も理解できていないところで、自分自身の霊魂の動きの中から何かを引っぱり出してきて理解しているのではないのか。

合理的な時代の人間はこのような問い方をしなければならない。ただ、これに答えるにはゆっくりと時間をかけるべきであろう。ここで詩人は一つの古い岩塊を叩いている。彼が、自由に、戯れてでもいるかのようにして再び湧き出させた泉は、神話時代の偉大な結合性の中で人類を潤していたのである。当時は、内なるものと外なるものとの区別はまだ言葉に表わされていなかった。所作と霊魂、徴と意味は、われわれがそれを表象してみることのできる仕方とは異なった仕方で、まだ一つであった。当時は、イデアが見えるようになりうるか否か、そしてどのようにしたら見えるようになりうるか、という問いは、不可能であった。というのは、逆を考えることなどできることではなかったからである。

反省的思考は、意味と徴を区別しなければならなかった。しかし、話すということ、理解するということはすべて、徴の中で意味が無媒介に把握されることにもとづいている。思考は言語を自由で可動的なものにした。しかし、思考の反省は常に、単純な語の言っていることをもはや聞くことができない不信となる危険の中に置かれている。詩作とは、もしゲーテの概念をここで用いることが許されるなら、〈上昇させてもらった言語〉である。言語が単純に言っていることは、詩作にあっては形式を与えられた所作となり、意識的な象徴となる。まさにこのことをもって、言われたことは日常的表現の自己忘却の中から目覚めさせられ、言われたものが〈本来〉そうであるものとして再び生気を与えられる。詩作とは、徴と意味をより判明に区別することで、徴に託されている意味をより無媒介に摑みとり、味わうという緊張の中で生きているものである。それゆえにこそ、詩作は、日常の言語が真剣なものであるところでは一つの戯れであるが、この戯れは、日常の言語の真剣さが到達することがないほどに真剣なものでもある。徴と意味の区別は、可動的な思考の世界において神話の宝庫を維持する能力を与えるだけの可動性を詩作に与える。しかし、詩作は、芸術全体と同じように、自らは秘跡となることができないようにもする、すなわち、自らが宗教の地位に就くことは許されていないようにもしているのである。

われわれは何を見てきたのか。ゲーテの自然科学はある詩人的前提をもっている。象徴の現実についての問いは、詩作の真実についての問いと連関している。詩作にも科学の場合と同じように厳密なある真実性があることを認めねばならないが、両真実性は別々のものである。真実性自体における両者の連関については、ここではもはや問うことができない。われわれはもう一度、詩人であると同時に自然研究者でもあったゲーテにおける両者の連関に目を向ける。あえて彼の道程に幾つかの段階を区別してみる。

ゲーテの青年期の諸作品では、意味と徴は、偉大な詩作においてはそれ以外に考えられないほどの仕方で、一つになっている。この無媒介な真実性の圧倒的な力を、彼は二度と手にすることはなかった。成熟した壮年期の歳月にあっては、シラーとの生涯の対話で、ほとんど耐え難いほどの意識化の作業の中で、意味と徴は分離し、しかも同時に、ある様式概念によって一つに保たれている。この作業が同時に真正のものでもあり技巧的なものでもあったがゆえに、ゲーテとシラーの古典性は教養の一つの理想となることができた。この内的作業の一部分が、開始しつつあった自然科学である。すなわち、青年期には感じられていたものが、いまや見られ、かつ考えられるものとなったのである。老年期においては、〈意味すること〉が意味することとして認識されていた。つまり、徴と意味が自明的に区別されている。しかもまさにそうであるがゆえに、両者の間にはきわめて自由な相互作用が、きわめて多彩な戯れが、存在するのである。いまや、自然科学的に理解された自然も、科学以上のものを意味する徴となる。『西東詩集』では、ズライカはマリアンネを、愛のパートナーである女性は自然を、色彩は愛を、愛しあう者たちの分離は世界の創造を、一つの最後の出会いは永遠の再会を、意味している。

それらすべてが真実である。しかし、それらが真実であるのは、それらが固定され続けてはならないがゆえである。「真理の手の中からの、詩作することのベール」〔*"Zueignung"*; 'Der Morgen kam...' より。MA 2-1 S.96〕をこの詩人は手に入れた。そして彼は、言いえないことはこのベールの背後に秘する。そもそも言葉に表わしがたいことのみが、言いえないことなのではない。自己の境界のところまできた、あるいは自己の境界を自らに引いたこの人が、黙していようと欲したことも、そうなのである。彼は自らの時代の運動に彼なりに参加してきた。近代の一方的に無条件的なるものの前では、彼は身を引いた。現実としてのそのものと彼が出会ったところでは、そのものは信仰の中に、科学の中に、政治の中にあろうとしているようであった。この歴史的な動きの外見上の素朴さの中の両義性を見通すことを彼は学び、そしてこの両義性をともに苦しんだ。しかし、それはもはや参加においてではなく、孤立においてであった。

この潮流は、自らはなおその上に根を張ることのできたこの大陸にわれわれを上陸させることなく、われわれを巻き込んだままはるか沖を流れて行ってしまった。われわれがその上に立っていることができるかもしれない土地を差し出すことを、この潮流はしない。しかし、比喩を少しだけ変えることが許されるなら——この潮流の光は、港を知らせてくれる灯台の光ではなく、どの旅の途上でもわれわれに伴ってくれるであろう一つの星の光であることを、われわれはようやくにして、はるか遠くから認識しているのである。

ロベルト・マイヤー

エネルギー保存の法則は、近代自然科学の、最も数多くの個別科目で適用される法則であるかもしれない。しかしそれは、物理学に対してはある特別な関係をもっている。エネルギー保存則は物理学から生まれたものであるし、その実力をまず最初に実証したのも物理学においてである。それゆえ、他の経験領域へのその適用は、物理学的思考法へのそれら領域の原則的屈服の第一歩と感じられたことも幾度かあったのである。エネルギー保存則は、「物理学的世界像」と言ってよいかもしれない、十九世紀後半に展開されたあの観方の中核をなすものとなった。

他方では、特殊な関心からであれ、あるいは「物理学的世界像」をより精確に検討するためであれ、エネルギー保存則の精確な意味に関して情報を得ようと欲する人は、物理学における同法則の役割をよく見なければならないことになる。ここでまず何よりも注目に値することは、エネルギー保存則が、二十世紀の理論物理学の、多面的な革命的展開に、なるほど影響を受けることが全くなかったわけではないにしても、微動だにすることなく、いずれにおいても参加してきたという事実である。エネルギー保存則は、「古典物理学」のほとんどの部分のように、特定の「妥当領域」に限定されるということもなかった。むしろ、エネルギー保存則は、〈閉じた理論的描出〉を今日われわれが所有しているあらゆる現象に確実に妥当しているし、それのみか、既存の経験についての当面の記述からすれば、同法則が破綻するかもしれないという仮説を立てることだけでもしておくほうが合目的的と見なせそうな経験すら、何ら知られてはいないのである。

この事実は、エネルギー保存則の妥当性はいかなる特殊経験からも独立にアプリオリに洞察されえなければならないだろうという推定を勧奨するものであるかもしれない。ただし、この種の推定については、現代物理学は、きわめて数多くのよくない経験をしてきたので、拘束力あるアプリオリな証明がなされるまでは(ただし、このような証明のためには端緒と言えそうなものすら実際に現われてきてはいない)、この法則の妥当領域が、経験的に条件づけられ、限定されるという可能性を受け入れる覚悟を固めてもいる。しかし、この法則の特性のうちのどれとどれとが、この法則に今までのあらゆる危機を免れさせてきたのかを追跡研究し、その研究にさらに、この法則が未来に対してもっていると推定される意義に関する少なくとも幾つかの考察を結びつけることは、興味あることである。

それゆえ、ここでの考察の主眼は、この法則の「構成的」意義、すなわち、物理学の思想体系の構築に際して果たしてきたとともに、この法則がその本質に従って果たしうる役割に向けられている。この設問は、哲学的設問と実践的設問の中間にくるものである。しかし、これら二つの問いも現在の物理学では同じようにその権利を要求しているので、少なくとも触れることはしておくべきである。とはいえ、エネルギー保存則の哲学的意義の検討は短くまとめるだけにすべきであるし、触れるのも、最新の物理学で多少変化した照明の中へ入ってきている点のみに、すなわち、エネルギー保存についてのマイヤーの両原理間の関係と、因果原理に対する始動の関係とだけにすべきである。同じように短く扱うことになるのが、この法則の実践的側面である。われわれは、エネルギー収支作成、あるいは類似の目的でエネルギー保存則を適用することが、今日の物理学的研究の決定的な一補助手段となっている数多くのケースについて、少なくともある展望を得るとともに、その二、三の個別例を手に入れておきたいと思う。

1　エネルギー保存則の構成的意義

一、古典物理学。エネルギー保存則は力学に由来するある法則の一般化である。同法則の最初の重要な適用分野は熱学である。そして、この点については、「熱力学の第一法則」というこの法則の標示が証言を行なっている。最後にこの法則は、古典物理学の諸理論の中で力学に還元されえなかった唯一の理論である電磁力学の構築に際して本質的に重要な役割を果たした。それゆえ、以下の考察はこれら三つの理論に則して区分組織される。光学については、電磁光学として電磁力学に還元されているゆえに、詳細に語ることは必要ない。

力学。力学のエネルギー保存則の定立にとっての歴史的出発点は、運動している物体の中に保存される力に関して、ライプニッツがホイヘンスに結びつけつつ行なった一考察である。この考察の内容を記憶に呼び起こしておくことは、これ以降〔の論述の理解〕のためには本質的に重要なことである。

デカルトは、運動している物体の中に含まれる力は、その物体の質量と速度の積（$m \cdot v$）によって与えられる、と主張していた。この見解にはライプニッツが、自由落下でその速度を得た物体に特に注目することによって、反対した。彼は、異なる高さに持ち上げられたあと落とされ、その結果、異なる速度で地上に達する異なる二つの物体を考察した。さて彼は、両物体をそれぞれの出発点となる高さに持ち上げるために等しい〔量の〕仕事を要するならば、両物体は地上に達した際にも同じ力を持っているものと前提していた。例えば、第一の物体が第二の物体の二倍の大きさの衝突速度をもっている場合、デカルトに従うと、第二の物体がこの同じ力を持つには、第一のものの二倍の重さがなければならないと推定される。しかし、ライプニッツは、そのためには第二の物体は第一の物体の四倍の重さがなければならない（つまり、力は速度の二乗に、すなわち、$m \cdot v^2$に比例する）と主張する。根拠として、彼はガリレイの落下法則を利用する。そして、この法則に従うなら、ある物体が二倍の衝突速度を得るようにするには、その物体を二倍の高さではなく四倍の高さに持ち上げねばならない。さてところで、確かに一ポンドを一フィートだけ四回次々と持ち上げるためには、つまり全体で四フィート持ち上げるためには、四ポンドを一フィートだけ一回持ち上げるのと同じ仕事を当てねばならない。つまり、実際、第二の物体の重さを第一の物体の四倍に選択するときに、同じ仕事を当てねばならないことになるのである。

　思考のこの歩みには、ある物体に内在する力の「真の」測度に関する長い争いが続いた。この争いは、われわれ現代人にとっては単に理解が困難であるだけでしかないが、それは、そこで問題になっていたことが、最終的には標示の問題でしかなかったからである。というのは、実際には、デカルトが考察していた量もライプニッツが考察していた量も力学ではともに重要であり、力学体系の構築に際して二つの量のいずれを「力」と標示するかは、われわれが任意に決めてよいことだからである。今日の物理学は、両方の量のいずれをも力と標示することはせず、デカルトが導入した量は運動量、ライプニッツが導入した量はエネルギー、と標示している。とはいえ、標示のこの自由の放棄が許されていると認識することは、一度は成し遂げねばならなかった重要な概念的作業を意味している。というのは、われわれは、ある特定の概念を任意のある名称で標示する自由をもってはいるが、この自由は、ある理論のすべての概念のためのものでは決してなく、ある定義によって明示的に、他の既知のものとして前提されている概念に還元される概念のためのものでしかないからである。ある理論がそもそも理解されうるためには、その理論は、まさにいま目の前の目的のためには十分に明晰と見なされうる諸概念の宝庫を日常言語の中からたえず摂取していなければならないし、これらの概念の助けがあればこそ、一定の比較的少数の概念を精確に定義することもできるのである。力学理論の構築に際して、日常語の中から提供されていたのが「力」という概念であり、この概念が十分明晰でなかったということも、言及したような種類の諸議論を経て初めて示されることとなったのである。

ライプニッツの考察法が豊かな結果をもたらしたのは、彼がその定義の中で、考察していた事象のさまざまな局面にあって「力」が保存されたままでなければならないということをすでに暗黙裡に前提していたからであり、その結果、まさに、後に「エネルギーの保存」についての一般法則のための出発点を形成することになる量へと導かれることにもなったからである。保存という考えは、力の産出のために等しい仕事を当てねばならないとすれば、力の大きさも等しい、という前提の中には入っている。その際、この力は決して直ちに知覚されうるようにはならない。つまり、この力は、最初は、仕事を当てることによって持ち上げられた物体の中にいわば隠された形で入っている。今日では、運動している物体の速度の「生きた力」はその物体の運動エネルギーと、仕事を当てることで成立していた（落下以前の）その物体の、運動エネルギーに到達しうる能力は、その物体のポテンシャルなエネルギーと名付けられている。物体が落下する中で、その物体のポテンシャルエネルギーは運動エネルギーに転換する。そして、衝突の後、その物体が弾んで再び当初の高度に上昇した場合には、運動エネルギーはポテンシャルエネルギーに転換する。一般力学は、作用している力にとっての特定の諸条件（例えば、摩擦の欠落）のもとでは、運動エネルギーとポテンシャルエネルギーの合計は一定であることを証明している。

この概念形成の中にはすでに、一般的なエネルギー保存則の基本原理が入っている。すなわち、経験は立ち現われの絶えざる変化を示しているとしても、あらゆる変化を貫いて不変のままに残る何かが与えられているとされている。この思想はわれわれの思考の、深いところに根ざしているある欲求に対応するものである。すでにその名からして単なる「可能性」でしかないと密かに告げている、ポテンシャルエネルギー概念のような、これほど抽象的な概念を導入し、それと総エネルギーの時間的な一定性とを交換しようとしたのである。しかし、「自然がわれわれの希望に沿ってくれる」ことは、すなわち、対象の観測可能な特性によって（われわれのケースでは持ち上げられた物体の高さによって）一義的に特定される量で、いかなる時にも一定の値になるように運動エネルギーに補足される量を、そもそも見出すことができるということは、自明ではない。実際上もこれはもはや可能ではないのである。摩擦を考慮する場合には、摩擦によって、物体からは力学的に捉えうる補償なしにエネルギーが失われる。ここで、ユリウス・ロベルト・マイヤー〔の理論〕が入ってくる。

一般エネルギー保存則。ここでは、マイヤーおよびその後継者たちの業績を歴史的に描写することは必要ない。つまり、あの業績を概念的に特徴づけるのみで十分である。

保存則に普遍妥当性を得させることに成功したのは、熱、光、化学的親和力、電気、磁気の中には〔これらの領域と〕同じ数だけの形式のエネルギーが身を隠しているという確信によってである。いまやエネルギーを、その形式の変化を貫いて追跡することができるようになった。例えば、摩擦によって失われた運動エネルギーは熱として再び見出されることとなった。この観方が基礎づけのある理論となったのは、一定の状態を規定している諸事項についての観測にもとづいて、その状態に含まれているエネルギーを現実に算定することを許す定量的法則を、上で挙げた立ち現われ領域のいずれのためにも、経験にもとづいて明らかにするのに成功したことによってである。その際、その理論構築は自然な成り行きで力学へと接続された。例えば、何らかのプロセスを介して成し遂げられた仕事は、与えられた重りをそのプロセスで持ち上げることができた高さで計測された。ある物理学的構造物のエネルギーの算出は、その後さらに、この構造物の状態に予め定められた変更が起こる際に成し遂げることができたはずの仕事、あるいは、このような変更を引き起こすために当てねばならなかったはずの仕事を算定することへと向かっていった。それゆえ、任意のあらゆる状態変化のためにこの「仕事当量」を告げることの中には、ないしは、まだ理論的に捉えられてはいない事象のためにもこの種の当量が実在しなければならないとの要請の中には、エネルギー保存則の本来の物理学的内容が入っていたのである。初期の誤認のあと、やはりマイヤーの方が先であったと認められたことは、おそらく自然のさまざまな力に関する彼の一般的な諸考察のゆえというよりは、彼が、思考の正しい歩みを介して経験にもとづいて獲得したある値を、熱の仕事当量として最初に発表していたことによると思われる。

いまやエネルギー保存則の内容は、次のような形式で表現することができることとなる。すなわち、ある状態変化の仕事当量は単に初期状態と最終状態とに掛かっているのみで、一方の状態が他方の状態にどのようにして移されてゆくかという移され方には依存しない、と。問題となっているのは、放出されたエネルギー全体の大きさのみであって、その放出のされ方ではない。永久機関、すなわち、機械自身の状態、またはその周囲の状態に何ら変化を起こすことなく、たえまなく繰り返し働き続ける機械は不可能であるという、数多くの経験によって蓋然的とされていた法則との連関が認識されることになる。というのは、ある系のある状態から別の状態への移行の際のエネルギー放出が、その移行の方式に依存しているのなら、より多くのエネルギーを放出する道を選び、系を最初の状態に戻すためにはより節約型の道を選ぶことができるはずで、そうすることによって、その系の最終状態が初期状態から区別されることもないようにし、全体としては解放されたエネルギーを残しておくようにしたことであろう。そして、このプロセスを規則的に反復するなら、願望していた機械を手にすることにもなるはずなのである。

この考察は、幾つかの既知の経験からすべての未知の経験について予想を立てる、エネルギー保存則のような種類の法則の中に隠れている大胆さがどれほど巨大なものかということを露呈している。というのは、世界中でただの一つでも永久機関が見つけ出された場合には、エネルギー保存則は誤りとなるであろうから。ただし、エネルギー保存則は、特定のある一つの種のすべての立ち現われの推移が従うはずの規則を告げているすべての一般的自然法則と、この大胆さを共有してはいる。集中的な物理学的研究の一世紀をかけて獲得された経験で、この法則の定立の時には未知であったすべてのものの中にも、この法則を打ち破ることになるような、信頼に値する例がただの一つも見出されなかったことに思いを馳せるとき、いつも改めて驚嘆しなければならない。

いずれにしても、今日、永久機関が発見されるなら、物理学の何が変わることになるのかと問うてみることはできる。自然の一般的法則性についてのわれわれの確信がこのことによって揺らぐことはおそらくないであろう。われわれはむしろ、この永久機関は、仕事をするために全く特定の物理学的規定を必要とすると期待し、これらの条件を経験的に突き止め、最終的にはこれら新しい経験にもとづいて新しい一般法則を定式化しようと試みることにはなるであろう。そしてその一般法則はおおむね、エネルギー保存則はこれこれの条件が充足されている場合に、しかもそのような場合にのみ妥当する、といった内容をもつことになると思われる。このことをもって、エネルギー保存則は一定の妥当限界内に限定されていることになるとともに、この法則が、より一般的な法則の一特殊ケースであることを遂に認識するようにもなると期待できるかもしれない。とはいえ、さしあたっては、この思弁をさらに追跡してゆくことは益なきことである。むしろ、もっとやり甲斐のあることは、まさにこの法則が一貫してその実力を実証し続けていることの根拠に対するある感触といったものを獲得することであろう。

一般エネルギー保存則の一つの特性をも、さらに指摘しておくべきであろう。ある状態変化の仕事当量は二つの状態のエネルギー内容の差を告げているだけでしかない。それに対して、エネルギーの絶対値、すなわち、ある物体のエネルギー内容の全体は、決定されないままに残る。このことは自由落下のポテンシャルエネルギーに即してすでに認識されている。すなわち、ある物体に、それもまさにこの物体が地表に横たわっている際に、ポテンシャルエネルギー＝ゼロとすることが恣意的であることは明白であろう。なぜなら、この定義は例えば海面からの高さに依存していることになるし、あるいはこの物体は掘られた穴の中に落下することもでき、したがってマイナスのポテンシャルエネルギーを受け取ることもできることになるからである。それゆえ、ある物体が移行しうる絶対的なエネルギー最小状態が分かっているのでないかぎり、エネルギーはある加法的定数となるというところまでしか規定されていない。この点で、エネルギー保存のこの法則は、すでに早い時期に並列的に対比されることとなった質量保存の法則からは本質的に区別される。この区別の止揚は、相対性理論における両法則の統一によって初めてなされたことである。

熱と電気への適用。熱学にとってのエネルギー保存則の歴史的意義には二重の本性がある。第一にこの法則は、熱をある特別な物質と捉えていた、いわゆる物質的〔質料的〕熱理論が正しくないことに関して決定を下した。そして、第二にこの法則は、熱のさまざまな立ち現われについての閉じた数学理論の構築のための基礎を提供した。後者はこの法則の「構成的」使用の特に美しい例ではあるが、ここでは、第一の点についての幾つかの論評に限定する。

物質的熱理論は熱を、生まれることも消滅することもできないような種類の物質と見なしている。熱は摩擦によって無制限に産出されるという観測が、すでにこの想定には異を唱えていた。しかも、熱を幾つかあるエネルギー形式の一つと承認することで、古くからの理論との断絶は成し遂げられていた。新しい教えは一般に「力学的熱論」と名付けられていた。この命名によってはまだ、熱が現実に運動の一形式であるという見解ではなく、さしあたり、熱は力学的な仕事に移し替えうるものであるという見解が標示されているにすぎなかった。マイヤー自身は熱を運動としてではなく、独立のエネルギー形式と捉えていた。彼は、ポテンシャルエネルギーを運動へと移し替えうることから、ポテンシャルエネルギーが現実には運動であると結論づけることはされないと全く同じように、熱を運動に移し替えうることから、熱自体がある種の運動であると結論づけることもできない、と言っていたのである。

それにもかかわらず、まさにエネルギー保存則は「力学的自然把握」の普及のために、最も貢献することとなった。ちなみに、「力学的自然把握」とは、観測可能な自然の全現象は、物質（および仮説的なエーテル）の最小の部分の純粋に力学的作用によって生じてくるとする、否、物理学的理論は自らが扱うさまざまな立ち現われを力学に還元しえていない限り、これら立ち現われの現実的説明を描出したことにはまだなっていないとさえする意見である。すなわち、この見解によれば、特別な自然法則としての一般エネルギー保存則はなしですむことになるのである。というのは、最小の粒子間に登場してくるあらゆる力がすべて、それら粒子相互間の位置関係のみに依存するあるエネルギーによって決定されていると（つまり、小さなものでは摩擦は与えられないと）想定する場合には、力学的基本法則によって自動的にエネルギー保存則が妥当するからである。その場合、同法則の経験的に一般的な妥当性は、単に、この隠されている力学の妥当性についてのある示唆にすぎず、経験の中で登場してくるさまざまなエネルギー種を最小粒子の力学的エネルギー形式に還元するようにとの勧誘であるにすぎない。したがってこの場合には、例えば、熱は運動エネルギーと、化学エネルギーは原子のある一定のポテンシャルエネルギーと見なされることになる。ヘルムホルツの先例に倣って思考のこの歩みが一般エネルギー保存則の根拠づけとして利用された。

熱が原子の無秩序な運動と捉えられねばならないことを、最終的には諸経験の充溢が実際に証明することとなった。これによって、エネルギー保存則に基礎を置く熱力学が原子の統計力学の上に打ち立てられた。それゆえ、力学に還元することができなかった電磁力学においてもエネルギー保存則が妥当するということは、原則的な立場からすると、いっそう重要なのである。

概念的に閉じた電磁力学の構築に際してのエネルギー保存則の適用については、再びここでも言及だけはしておくべきである。そこでは、エネルギー保存則は、簡単な補足想定を幾つか必要としつつも、帰納法則の数学的形式を導き出すことを認めている。しかし、エネルギー保存則に対する電磁力学の原則的な位置関係はいずれであるのか。

ことによると、電気的および磁気的な諸事象を力学に還元できることになるかもしれないやり方ではあったとしても、いずれにしても最初はその当のやり方に関して何も知られていなかったゆえに、電磁力学は、個々の経験を手がかりに「現象学的理論」として展開してゆかねばならなかった。その際、電磁力学は「場の理論」として構築すべきものであることが示されていった。ということは、すなわち、電磁的事象は遠く隔ったところに無媒介に作用するのではなく、それらの事象は空間全体を満たしていて、どの作用も、一つの点からその隣接点へ、そしてさらにその先へと次々に伝達されてゆくのみ、ということである。それゆえ、電磁的エネルギーも空間内に広がっていなければならず、しかもこのエネルギーは、その電磁場の状態を決定している物理量によって、つまり、電気的と磁気的の二つの「場の強さ」の両ベクトルによって一義的な仕方で決定されていなければならない。ところで、このエネルギーはいずれの数学的形式でこれらの〈場の物理量〉に依存しているのか。この問いのためには、場の仕事量に関する諸経験が一つの示唆を与えることができる。ただし、エネルギー保存則が妥当するであろうという条件から、最初から幾つかの結論を引き出しておくことができる。というのは、エネルギーは、場の任意の変化に際しても——エネルギーの追加的流入も流出も行なわれないかぎり——変化しないような、場の物理量の関数でなければならないことは明らかだからである。場の物理量の変化を規定している諸法則（マックスウェルの場の方程式）を既知のものと前提するなら、可能な関数の数をすでにこの条件を通じて異常なほど制限することができる。それだけでなく、場の方程式でさえあればどれでも、思いつきうる任意のものにもとづいて、要求されている特性をもつような関数を構成できるわけでは決してない。それゆえ、当該の方程式のためにあるエネルギー関数を定義することが可能であるような方程式しか考慮に入れることは許されない、という重大な制限条件を、エネルギー保存則は新しい理論の定立の可能性に対して設定しているのである。

場のエネルギーが空間を貫いて広がっているので、実践面では、エネルギーの空間的密度の概念を導入しなければならない。エネルギーは空間を貫いて流れることができる。こうして、ラジオ送信者からはたえずエネルギーが出て周囲に向けて流れている。そして、送信者のもとから出て行ったエネルギーが受信者に命中した場合にのみ、受信者は送信を知覚できるのである。さらにエネルギー保存則は、エネルギーの追加導入も除去もなされない空間に関してはエネルギー密度の積分値は一定である、と言う。ある空間領域を考察するとして、その領域の境界を越えてエネルギーが流れているとする場合、その領域の内部におけるエネルギー密度に関する積分の時間的変化は〔境界の〕表面を貫いてゆくエネルギーの流れの積分と等しくなければならない。つまり、エネルギーは流体力学における流動している物質と全く同じように扱われるのである。

この一切は、ある力学モデルを電磁力学の下敷きとすることができるか否かとは独立に妥当する。ところで、この種のモデルのあらゆる試みは、全面的に不満足な出来に終わった。そして、〔その存在が〕推定されるとともに、電磁力学の背後にはそのものの力学が入っているはずとされていたエーテルについて、最終的にアインシュタインが、マイケルスン＝実験にもとづいて、このエーテルに客観的に対応するはずの速度（ないしは、このエーテルがその中に憩っている〔はずの〕座標系）の確定をすら認めるものでないことを結論づけた。それゆえ、電磁力学の力学的モデルを求めてさらに探すことは、最終的に断念された。それのみか、逆に、力学を電磁力学の方式に従ってある〈場の理論〉の上に打ち立てようとする考えが地歩を獲得することにすらなった。このことをもって初めて、エネルギー保存則が力学的自然把握とは独立のものであることが疑う余地のない仕方で示された。同法則は独立の原理として理論物理学の現代的展開の中へと歩み入ったのである。

二、比較的新しい物理学。一九〇〇年以降の理論物理学に特徴的なことは、いま暗示したばかりのプログラムと真剣に取り組んでいることである。新しい諸経験の圧力に一歩一歩屈するようにして、自然全体に対する古典力学の、あるいは古典力学に擬して形成された理論の妥当性を前提することは、ますます完璧に断念されてきている。むしろ、古典力学によっては捉えきることのできないさまざまな立ち現われについて自立的な理論が展開されるようになり、逆に古典力学は新理論の一「極限ケース」、すなわち、特定の、限定された問いの範囲への新理論の適用の成果と把握されるようになってきているのである。

さていうまでもなく、新しい基底は、いわば一回のジャンプで攻略できるものではなかった。それはむしろ、方法的諸根拠のゆえに古典物理学とは解消不可能な連関にあり、しかも古典物理学を経由する道によらねば到達できないものでもある。というのは、古典物理学はすでに、われわれにとって容易に行きつくことのできる経験領域を包括しているからである。比較的新しいすべての理論は、極度に繊細化された検証技術をもってしか実施できなかった実験に立脚している。さて、試行の成果からある一義的な結論が引き出されるものとすると、これらの実験の際に使用される機器の作用様式は、もちろん理論的にきわめて精確に既知となっていなければならない。しかし、計測機器のこの理論が古典物理学から採られたものでなければならないことは明白である。というのは、第一には、当然ながら、実験の解釈が成し遂げられて初めて、この解釈が新理論の基底を産み出すことになるはずであるから。つまり、このゆえに、新理論そのものは最初の解釈のためにはまだ供用できないのである。しかし第二に、新理論の定立の後でも、計測機器の中における諸事象の大部分は古典物理学から見て正しい仕方で記述されているであろう。なぜなら、機器自体は——その機器の助けを用いて調査される諸結果と同じように——無媒介な知覚から没収されてしまうわけではなく、われわれの日常的経験世界の単に特別に設えられた対象であるだけでしかなく、このことをもって、古典物理学の妥当領域に所属してもいるからである。例としては、それ自体は手で触れ、目で見ることのできる対象であるのに、可見性の境界の彼方にある対象の像をわれわれに媒介してくれる顕微鏡を示唆すれば足りるであろう。

こうしてわれわれは、一歩ずつ、既知のものから未知のものへと向けて一本の道を敷設している。そして、それゆえに、新たに発見された客体を、最初は必要に迫られて——試行的に——既知の物理学をもって記述し、その上で、場合によってはさらに優れた記述法を経験によって教示してもらおうとしているのである。それゆえ、現代物理学の展開の歩みは、一歩一歩ますますラディカルになってゆく断念の歴史、古典物理学の個々の中心的テーゼを、侵食されずに残ったそのつどの残余には意識的に保存措置を施しつつ断念してゆく歴史なのである。現在までのこの展開の中には、三つの主要局面を区別することができるかもしれない。すなわち、相対性理論、量子論、そして今日ようやく生成過程にある素粒子論である。最初の両理論はエネルギーの概念を本質的に深め、そのことをもって、エネルギー保存則の意義を拡張した。第三の理論もある決定的な役割を演じることになると想定することができる。では、個々の理論に目を向けることにしよう。

相対性理論。われわれは特殊相対性理論のみを扱うこととする。一般相対性理論はなるほどある重要な概念的可能性を描出してはいる。しかし、この理論とともに踏み入ってきた展開は、おそらくまだ完結したものとすることはできないと思われるし、今の瞬間にはこの理論の可能的な経験的試験の数もまだかなり少ない。ここでわれわれが断念することにしている一般的宇宙論的諸考察から切り離してエネルギー保存則についての問いを描出することは、この理論では難しいと思われる。

われわれの設問のためには、相対性理論の最重要法則はエネルギーの慣性についての法則である。この法則は、質量保存とエネルギー保存という二つの基礎的法則を唯一の法則に融合させている。

物質が生まれることも消滅することもできないということは、大多数の自然科学者と比較的「唯物論的」な姿勢をとる哲学者たちの、太古からの一個の信仰命題である。力学が質量の概念をその二重の意味で、すなわち、慣性をもつ質量――自己の慣性運動の何らかの変化に対するその物質の抵抗で計測される――と、そして重い質量――その物質の重さで計測される――とを、精密に決定して以降、挙げておいた信仰命題は質量にとってのある保存則の形式を受け取った。この法則が経験的に検証されたのは、そしてそのことをもって、科学的に成功に満ちたものとなったのも、化学に秤量が導入されて（ラヴォアジエ）からである。あれ以降、この法則は経験の中ではいつも自らの実力を裏書きしてきている。エネルギーの保存法則の導入は、最初からこの法則への類比として起こったことである。いまや、エネルギーと質量、「力と物質」は物理的世界の本来的な二つの実在として立ち現われることとなった。

さて、相対性理論が予測していて、この点では、経験の充溢によって裏書きされてもきたことは、エネルギーのどの大きさとも、〔それに〕比例する大きさの質量が結ばれているということである。すなわち、エネルギー自体が慣性をもっているし、秤量されうるものなのである。光速に近い速度で飛んでいるある物質粒子（例えば、一個の電子など）は、いずれのさらなる加速に対しても、すでに到達している速度に応じて増大する慣性抵抗を対峙させる。すなわち、この粒子の質量は、運動エネルギーに由来する大きさだけ向上するのである。原子核の、予め分離されていた幾つかの構成部分（陽子と中性子）を一個の原子核を形成すべく一緒に合わせるとき、ある量のエネルギーが解放されるが、そのエネルギーの量は、核を構成している個々の基礎素材間の結びつきが安定であればあるほど大きくなる。エネルギーが漏失すると同じ程度で、核の質量は減少する。つまり、この量は、核の各構成要素の質量の合計に比べてある「質量欠損」を示す。エネルギーは電磁放射の形式で漏失しているのかもしれない。そうであるとすると、放射場は自らの「エネルギー密度」に比例する「質量密度」を繰り越していることになるが、今日では幾つかのケースではこの質量密度を再び「物質化する」（すなわち、電子対の産出のために使用する）ことすらできるのである。

これによって、行方不明となっていた、以前の絶対的なエネルギー測度が与えられる。というのは、どのエネルギーにも質量があるとすると、一個の物体は、いずれにしても、自分の全質量に対応するエネルギー以上のエネルギーを供出することはもはやできないからである（負の質量の登場を計算に入れる必要がない限り、いずれにしてもそうである）。もう一つの問いは、ある物体が、そうすることでその物体はおそらくは同時に自分自身の物質的実在を放棄することにはなるかもしれないとしても、自己の全質量をエネルギーの形式で供出することができるか否かである。物質の特定の種、すなわち、電子のためには、この問いには今日、実験的には肯定的な決定がなされている。物質の質量の主要部分をなしている原子核のためには、この種の経験は実際に目の前にはまだ何も置かれていない。

いずれにしても今日では、エネルギー保存の法則は、秤量されうる質量で、何ら無媒介的なエネルギー的作用を示してはいないものをも、すなわち、物質のいわゆる「静止質量」をも、エネルギー形式と見なしてエネルギー収支の中に取り込むのでなければ、保持することはできなくなっている。自明のことではあるが、質量保存の法則は、エネルギーをも質量の一形式と（あるいは質量の一「担い手」と）捉えるのでなければ、保持することはできない、と言うこともできるであろう。両原理はまさに完全に一つに融合しているのである。

注目に値するのは、さらにエネルギーが運動量とともに「エネルギー＝運動量＝四元ベクトル」へと融合していることである。空間における方向をも同時に示している量はベクトルと標示される。例えば、その大きさと方向が知られて初めて決定される、ある物体の速度などがそうである。物体の質量と速度の積としての、物体の運動量は、速度と同じ方向をもっている。つまり、一つのベクトルでもある。それに対して、エネルギーは確かにその数値によって特徴づけられる。つまり、空間的方向をもってはいないのである。この種の量はベクトルに対して「スカラー」と名付けられる（大きさの等しい二つのベクトルが、なお方向では区別されうるのに対して、あらゆる「スカラー」〔方向をもたず大きさのみもつ量〕はある

「スカラ」〔目盛り〕の上に並べることができる)。一つのベクトルは三つの数を告げることで初めて特徴づけがなされる。例えば、いずれかの三次元的直角座標系を恣意的に確定し、それら三つの座標軸上に、ベクトルを描出するために使うことができるような、空間内で確定している区間の射影を〔合計〕三個つくることでそのベクトルを標識づけることができる。これらの射影のそれぞれはそのベクトルの成分と言われている。しかし、これら成分自体は本来は何ら物理学的実在ではない。というのは、同じベクトルが、別の座標系が根底に置かれる場合には、もちろん別の成分をもつことになるからである。とはいえ、いずれかの座標系における各成分を知っていることで十分なのである。なぜなら、その場合には、他のどの座標系においても各成分を算出することができるからである。

さて、特殊相対性理論は、軸の位置関係が異なることで互いに際立っている座標系における物理学的実在の表現のみでなく、異なる速度で動いている座標系における物理学的実在の表現をも比較する。ある物体に帰される物理学的特性は、人がその中でその物体を考察しているその座標系に依存している。例えば、ある鉄道列車の速度を静止した地上から計測すれば、その速度はある一定の値をもち、それによって列車の運動量と運動エネルギーもある一定の値をもつ。それに対して、この速度を、この列車と等しい速度で一緒に動いているある座標系を基準にして計測するなら、列車の速度はもちろん値ゼロとなる。そして、この座標系を基準にするときには、運動量とエネルギーにも値ゼロが与えられねばならない。逆に、地球の外のある座標系、例えば太陽などから考えると、この列車は、地球の軌道の中にあって地球のきわめて大きな速度をも分有している。それゆえ、その列車の運動量とエネルギーも異常なほど大きいと見なさねばならない。すなわち、エネルギーと運動量とは、本来は関係性概念であるということである。古典物理学においては、いうまでもなく、「真の運動量」と「真のエネルギー」を問うことができたであろう。それは、両者が〔ともに〕ある「絶対に静止している座標系」を基準とする「真の速度」から結果するはずのものだったからである。とはいえ、この種の絶対に静止している座標系なるものは、物理学的には決して確定することのできないものであった。そして相対性理論は、直線的に同型的な諸運動の原則的相対性を、すなわち、互いに直線的かつ同型的に動き合っているあらゆる座標系の原則的平等性を、主張している。

形式的にはこのことは、運動量の三つの成分がエネルギーと一つにまとめられて、いわゆる「四元ベクトル」の四つの成分（その際、象徴的に導入される第四の次元が時間である）とされることにその表現を見出す。ということはすなわち、運動量とエネルギーを、それぞれ当該の物体に特徴的な特定の実在、いわばその物体の動力学的潜在能力の表現と考えるということである。しかし、この表現は座標系ごとに異なっているのであり、しかもわれわれは、座標系ごとの運動量とエネルギーとを知っていることをもって足れりとしている。ある物体の「真のエネルギー」を問うことは、あるベクトルの「真の成分」を知ろうとするのと同じように無意味なことなのである。どの座標系においてもエネルギー保存の法則は妥当する。ただ、われわれがある新しい座標系を、つまりある新しい立場を選択するごとに、そのエネルギーに付される数値は変化してゆく。

さて、相対性理論に特徴的であるのは、エネルギーがまさに、同じように保存則が妥当している運動量と一つにまとめられることである。物体の動力学的特性の表現としてのエネルギーと運動量とは、その物体の幾何学的運動学的特性の表現としての、特定の時におけるその物体の位置と対応関係にある。しかも、約めてエネルギー＝運動量＝法則とでも標示したいと思う人もいるかもしれないような統一的で動力学的な保存則も実在するのである。

もちろん、ある物体のエネルギーとともにその物体の質量も〔その物体がその上にあるとされる〕座標系に依存してはいる。しかし、ある物体に特徴的な質量といったものも与えられている。すなわち、それが、その物体は静止状態にあると見せている座標系の中で計測される質量の値である。この座標系においては、その物体の速度とともにその物体の運動量と運動エネルギーも値ゼロをもつ。その場合にも、なおそこに存在している質量がその物体の静止質量と、そしてこの静止質量に割り当てられているエネルギーが静止エネルギーと名付けられる。

量子論。量子論も、エネルギーをもう一つの物理学的量と、すなわち振動事象の周波数と、〔誰も〕予期しなかったほど密接に連関させることをもって開始する。プランクは量子仮説の定立に際して、ある振動物体（例えば一個の原子など）から出てゆく光放射を考察した。その際、振動エネルギーは放射場へ連続的に伝達されるのではなく、個々のエネルギー量子という姿で伝達されてゆくのであり、これらエネルギー量子の量 E は振動事象の周波数 v に、つまり、一秒あたりの振動回数に比例していて、$E = h \cdot v$ となる、と想定した。実験にもとづいて決定可能な比例因子 h はプランクの作用量子である。

この想定は経験によって勧奨されたものであったが、それ以降、その実力を輝かしい仕方で実証してきている。しかしこの想定は、古典物理学からは全く理解不可能なものであった。今日ではわれわれは、この想定が、原子レベルでの一切の出来事のある根本事実、すなわち波動像と粒子像の二元論に基づくものであることを知っている。物質的物体（つまり、例えば、原子とか電子とか）はどれも、特定の状況のもとでは、空間を貫いて連続的に伝播する波動として〈立ち現われ〉の中に登場してくることができるし、どの波動事象（例えば光）も位置を特定された個々の粒子の作用として〈立ち現われ〉の中に登場してくることもできる。物理学的客体がこれら二つの像のいずれのもとでわれわれの知覚に対して描出されることなるかは、設定されている実験の種類に依存している。ここでわれわれは、新たに開拓されたあらゆる領域への通路でもあるという古典物理学の、上述の特異な地位を想起すべきである。「粒子」と「波動」とは、目で見ることができる二つの像であり、古典物理学の概念宝庫に由来するものである。この二元論は、もし人が両概念を諦めて、古典物理学とは全く無縁な、第三の概念形成をもって置き換えたなら回避できるのでは、と考えることはできるかもしれない。しかし、二つの像は両方とも、人が実験の中で見ているものの素直な記述である。しかも両者の古典的特性は、自然の、古典的に記述可能な領域を経由する道によらねば、われわれが原子の作用についての感覚的知覚を受け取ることができないということによって、すでに条件づけられている。かりにわれわれが第三の概念を所有していたとしても、その概念から引き出すべき推論を経験と比較するためには、それらをやはり常に古典物理学の言語に翻訳し直さなければならないであろう。

さて、この二元論は、ある客体の状態を特徴づけようとするなら、並び立っている全く別々の二つのグループの概念を使用するようにという条件を課している。粒子像においては、ある粒子の位置、運動量、エネルギーが話題となり、波動像においては、ある波動の波長、周波数、伝播速度が話題となる。一方の像に従ってある状態を決定しているものが与えられているとき、それにともなって他方の像において決定しているものに関してもすでに何かが言われているのか、という問いが浮上してくる。ところで、実際にそのとおりになっているのである。プランクの方程式は両方の像の間におけるこの関係の表現である。粒子像においてある特定のエネルギーを持つ形成物は、波動像においては、このエネルギーに比例する周波数をもっている。これにはもう一つ、ド・ブローイによって発見された二番目の基礎的関係が加わってくる。すなわち、ある粒子の運動量 p は、並立する波動の波数 k (すなわち、一センチあたりの波長の個数）と、方程式 $p=h \cdot k$ に従って結ばれているのである。

これらの関係は量子論では、なるほど経験によって勧奨されたものではあるが、もはや他の原則から導き出すことはできない公理の役割を演じている。しかし、いずれにしても、相対性理論がこの法則に与えた表現でのエネルギー保存則は、波動像と粒子像の間の関係は、そもそもそれがあれほどまでも単純な方程式の形で書くことのできるものなら、まさにプランク＝ド・ブローイ形式をもたねばならないということを導き出すのを認めているのである。というのは、波動像のどの量とどの量がある粒子のエネルギーと運動量に対応しているかが知られる以前に、波動像のこれらの量は、第一に、時間とともに変化することはできないこと（保存則）、そして第二に、それらの量の、座標系に対する依存性はエネルギーおよび運動量のそれと同じでなければならないこと（四元ベクトルなるものの実在）は確実だからである。さて、空間中を一様に前進している光の列を観察しているとして、この〔前進〕運動に際して変化しない二つの量が、まさにその光の列の周波数と波長である。そして、周波数と、進行方向で計測された、一センチあたりの波長の個数とが、まさに四元ベクトルを形成しているのを示すこともできるのである。この考察はエネルギー保存則の構成的利用にとっての模範的一例を成している。

エネルギー保存則は、このような基本的役割にもかかわらず、量子論の今日的表現の成立にあたって、かつてある危機をくぐり抜けてきた。この危機の原因と解決とを考察することは示唆に富んでいる。この危機は、波動と粒子の間の関係は部分的には統計的本性のものでなければならないという認識に由来していた。一度われわれは、並立する粒子の位置に対応しているのは、波動像のどの量なのか、と問うとしよう。光の列は一つの位置にあるのみでなく、数多くの位置に同時にある。しかしそれにもかかわらず、計測についての適切な指示（顕微鏡、シンチレーション計測装置）によって波動で満たされている領域内部の粒子の位置を精確に計測することができる。その際見出される位置は、例えば波動の形などによって決定されているのではなく、波動励起が精確に等しいとしても、ケースごとに位置には揺れがある。示されてくることは、ある位置における波動励起の強度が、まさにその位置にその粒子を実際に見出す確率を決定しているということである。そして、この確率以上のものは波動像からは結論されないのである。

ところが、エネルギーとは粒子の一特性である。そして、われわれがある粒子を見出すところには、かなりの大きさのエネルギーがきわめて小さな空間の中に集中していることを見出す。さて粒子が、厳密に予測しえない仕方で空間の中のどこかに実際に見出されうる場合には、それにともなって、エネルギーの流れに関する〔全体〕展望は失われている。この場合にも、エネルギー保存則は保持されうるのか。

ボーア、クラーマース、スレイターは、実際に一九二四年、エネルギー保存則は個別ケースにおいては妥当しなくてよいとする一理論を試論の形で提案した。この理論は二つの想定にもとづいている。すなわち、一、波動の強度はある粒子が居合わせている確率を示している、二、ある位置で、ある粒子と遭遇することによっても、他の位置における、並立する波動の形が変化することはない。さらに例えば、一個の原子がエネルギー $h \cdot \nu$ のただ一個だけの光量子を放出することによって成立する波動の列といったものを考察してみよう。われわれは、その波動が入っているその空間を二つの等しい部分に分解し、まず一方の部分で、ついで他方の部分でその光量子を探す。両部分のいずれにとっても、その中で一個の光量子と遭遇する確率は想定一に従って等しく二分の一である。ところが、想定二に従って、第二の空間部分における波動関数の形は、第一空間部分における計測の結果による影響は全く受けない。すなわち、第一部分で光量子が見出されたか否かとは無関係に、第二部分で光量子を見出す確率は、相変わらず二分の一のままである。つまり、実験全体としては確率の等しい四つの結果が可能なのである。すなわち、両空間部分のいずれにも光量子が見つからないか、あるいは第一部分のみに、あるいは第二部分のみに、あるいは両方にそれぞれ一個が見つかるか〔の四つ〕である。さらに、波動の周波数vが、そしてそれにともなって、光量子のエネルギー$h \cdot v$が確定しているゆえに、波動全体のエネルギー単位は第一ケースではゼロであることが明らかとなり、第二と第三のケースでは$h \cdot v$であることが、第四のケースでは$2 \cdot hv$であることが明らかとなる。したがって、第二ケースと第三ケースでのみ、場の中に実際に見出されたエネルギーはつぎ込まれたエネルギーと等しい。そして、第一のものではそのエネルギーは消滅し、第四のものでは二倍になっている。つまり、統計的手段ではエネルギー保存則はまだ妥当しているかもしれないが、個別ケースでは妥当していないのである。

われわれがこの理論に言及するのは、原子現象の統計的本性を眼前にして、エネルギー保存則の厳密な妥当性を断念することがどれほど推奨されていたかを、この理論が示しているからである。この理論と反対の決定をしたのは、ただ新たな経験（ボーテとガイガーの試みとコンプトンとシモンの試み）だけであった。これらの経験が個別プロセスでもエネルギー保存則が妥当することを示したのである。これにともない、あの理論の二つの前提の一方が脱落しなければならなくなった。そして、第一の前提条件は波動像と粒子像とはそもそも一致させうるということに賛成するものであるので、第二のものが断念されねばならなかった。われわれの例ではこれは、あの波動場がまさに、エネルギー$h \cdot v$の一個の光量子を含んでいることが、最初から知られているということである。光量子が第一の空間部分に見出されるとき、それが第二のものの中にないことは確実である。光量子を第二の空間部分に見出す確率は、それゆえ、その光量子が第一空間部分に見出された瞬間に、瞬間的に二分の一からゼロに下がる。ということはすなわち、第二の空間部分での光波の強度は一瞬にしてある有限値からゼロに減少するということである。逆に、第一の空間部分に光量子がないことが判明するなら、その場合、光量子を第二の空間部分に見出す確率は一瞬にして二分の一から一に増大する。つまり、第二の空間部分での光波の強度は倍増する。観測行為にもとづく、波動関数のこの飛躍的な変更（いわゆる「波束の収縮」）の中で発言しているのは、量子力学においては波動は即自的に存在している物理学的実在ではなく、実験している人間の、計測によって入手された知識の表現であり、それゆえ、ある新しい知識の獲得によって実際一瞬にして変更されることもありうるという事実である。古典物理学の言う即自的に存在する波動場への境界移行は、波動の列の中の光量子の個数の増大によって起こる。というのは、その波動が数多くの光量子を含んでいる場合には、第一の空間部分においてただ一個だけの光量子と遭遇したという断定は、第二の空間部分における強度についてはほとんど何も変更しないからである。

しかしいまや、粒子の特徴的な固有性も——そしてそれとともにエネルギーも——即自的に存在する所与ではなく、計測によって獲得されたある知識の表現なのである。例えば、特定の瞬間に位置がきわめて精確に計測されているある粒子を考察してみよう。この計測をもって、観測された位置とは別のいずれかの位置にこの粒子を実際に見出す確率は等しくゼロである。つまり波動像では、このことをわれわれは「波束」によって描出しなければならず、その波束の強度は観測された箇所以外のどこにおいても等しくゼロである。さてしかし、この種の波束は定義された周波数と波長とを全くもってはいない。しかし、このことは、このような波束にはエネルギーと運動量についての定義された値も対応することができないことを意味する。つまり、先に考察した、特定の周波数と波長をもつ、拡張された波動の列は、粒子の位置に関しては統計的な予測のみを認めていたのに対し、いまやわれわれは、逆に、ある計測の際にその粒子に見出すことになるはずの運動量とエネルギーに関しては、何ら特定の予測をすることができない。つまり、実験のどの可能的結果のためにも、ここでもまた、ある確率を示すことしかできないのである(この確率は、当該の周波数ないしは波長の、波束のフーリエ＝分解への関与度によって与えられている)。

ハイゼンベルクの不確定性関係におけるこの連関の定量的定式化は、運動量についての精確な知識と位置についての精確な知識とは排他的な関係にあり、エネルギーについての精確な知識と時点の精確な確定との間の関係もそうである、と述べている。この点を、エネルギー計測のケースに即して解説する。粒子のエネルギーには、ある波動の周波数が対応している。しかし、定義されたある周波数を、そもそもある波動に付与することができるためには、その波動のかなりの数の山と谷が〔計測器の前を〕通りすぎてゆけるだけの間ずっと波動を振動させ続けなければならない。というのは、そうしないと、そこで問題の中心となっているのは周期的な波動では全くなく、「周波数」は何らついてこない一回限りの衝撃ということになるからである。つまり、すでにプランク関係から、ある粒子のエネルギーは、きわめて短い瞬間に対しては定義されず、一定の長さの時間のみに定義されることになるのである。比較的短い時間の中でエネルギーを計測するとき、手に入るのは不確定の値でしかない。このことからは実際面での帰結が出てくる。例えば、粒子は、古典物理学に従うなら、自分たちのエネルギーが足りないために超克できない障害物を、それにもかかわらず、量子力学に従うと一定の確率で通過することができ、しかもこれは経験とも調和することとなのである(「トンネル効果」)。ただ、そのためには、その障害物〔の幅〕は、その粒子がその障害物の上にいる時間が短すぎて、その粒子がこの状態で持っているエネルギーを精確に定義するためには時間が全然足りないほどに、狭くなければならない。そのようになっている場合には、その粒子が、その期間内に行なわれる計測の際にその障害物の前後よりも高いエネルギーを示し、そしてこのことをもって、エネルギー保存則に矛盾することなくその障害物を通過することができる一定の確率が成立する。

つまり、この考察における決定的な点は、なるほど障害物の前後には、粒子のエネルギーを任意の精確さで定義するための時間が十分あるのに、障害物そのものを通過している間だけはその時間がない、ということである。そして、それゆえに、障害物〔の幅〕が広ければ広いほど、つまり障害物通過の際のその粒子のエネルギーを精確に確定することができればできるほど、通過できるとされる確率も減少するのである。

この例は、量子力学においては、なるほどエネルギー保存則が誤りとされることは決してないが、特定のケースではいわば停止されることを示している。エネルギー保存則の妥当性は、この法則の妥当性の検証を少なくとも原則的には許す実験的諸条件が実際に存在している場合には、そしてそのような場合にのみ、常に前提することができるのである。ボーア、クラーマース、スレイターによる古い方の推定との比較は、この制限がわれわれの限定された自然知識の一結果であることを示しているのみでなく、この制限が古典物理学の体系の中に波動と粒子の二元論を組み込むための必然的論理的前提であることを示している。両像の一方の特徴的量を自然の即自的に存在している特性と捉えようとするなら、エネルギー保存則のような法則は経験的検証に際して実際に齟齬をきたすことを認めねばならないであろう。

素粒子論。量子論はわれわれが知っている素粒子のさまざまな種の特徴的固有性を説明することはしない。それゆえ、今までに知られていないある新たな理論によって、量子論がさらに補足されねばならないことは確かである。経験はすでに、この新しい理論の特性のための幾つかの手がかりをわれわれに提供している。経験に手を引かれつつ、この新理論においてもエネルギー保存則はなお妥当するかという問いも議論されてきたので、これらの考察にも手短に立ち入る。

特定の原子核は——いわゆるβ＝崩壊の際に——電子を放出し、しかもその際、別の種類の核に転換する。起点核のエネルギーと終点核のそれは、それぞれ精確に確定されている。それゆえ、エネルギー保存則に従って、特定の種類の起点核から出てゆくすべての電子は同じエネルギーを、すなわちまさに、起点核と終点核のエネルギーギャップ〔を結果しているだけのエネルギー〕を、もっていると期待できるであろう。というのは、この事象にあっては電子の放出以外に他の観測可能なエネルギー供出は行なわれないからである。しかし実際には、これらの電子は、すべて必ず値ゼロと特定の最大値との間にあるきわめてさまざまなエネルギーを持っている。それゆえにこそボーアは、この事象ではエネルギー保存則が傷つけられることになるかもしれないという可能性を考慮に入れたのである。ただし、この事象のさらに詳細な実験的調査は、パウリによって定立された別の推定が正しいことをきわめて蓋然性の高いものとした。すなわち、電子の放出と同時に、電荷を持たない一個の粒子（いわゆる「ニュートリノ」）が放出されていて、しかもこの粒子はごくわずかしか物質との相互作用をしないために今まではいかなる直接の観測からも身を引いてきていた、という推定である。すなわち、起点核と終点核の間のエネルギーギャップは、まさに放出された電子が持ちうる最大エネルギーに等しいことが見出されたのである。どのケースでもまさにこの値のエネルギーが放出されるのではあるが、両粒子の配分比率はケースごとに異なっている、と想定することが、いまやきわめて強く推奨されている。そして、この想定が正しい場合、さまざまなエネルギーを持つ電子が観測されることにはなるが、そのエネルギーは常にゼロと特定の最大値との間にあることになる。

つまり、経験は再び、エネルギー保存則に有利な形で決定をしたように見えている。しかし、特に興味深いのは、この問いに対するこの答えのためにランダウが掲げたもので、ボーア自身も引用している純粋に理論的な論拠である。とにかく一度、電子の放出に際して核が在る位置で一定量のエネルギーが跡形もなく消えてしまうと仮定してみよう。それと同時に一定の質量も消える。つまり、周囲に対するその核の重力作用も減少することになる。特殊相対性理論に従えば、いかなる作用も光速以上の速さで伝播することはできないので、この質量変化によって条件づけられている重力場の変更も、波動として（最大の場合）光速で外へ向かって走らねばならない。さて、重力場のためのいずれかの微分方程式（例えば、一般相対性理論のそれ）に従ってこの波動事象を記述しようとする場合、この事象は質量を繰り越していることがたえず示されてゆく。すなわち、この波動にあっては、内部で消えたと同じだけの質量が外へと流れ出ているのである。したがって、波動方程式はエネルギー喪失といったような想定を自動的に修正してしまっているのである。エネルギーが、補償されることなしに、どこかで消えたとするなら、そのエネルギーは重力波の形で再び登場していなければならない。つまり、もしかしたら、ニュートリノが重力波の並立粒子なのかもしれないのである。自明のことだが、この質量繰り越しを含まないような形に重力論を変更することは可能であろう。ただ、エネルギー保存則の想定が今日の諸理論の構造の中でどれほど深いところまで錨を打ち込んでいるかということ、そしてその結果、理論の骨格全体の形態をも同時に変更することなしにこの法則を消去できないということだけは、示しておくべきであろう。

きたるべき物理学におけるエネルギー保存則の役割に関して言えることは、今日ではまだ、これ以上はさしてない。

2　エネルギー保存則と因果性

J・R・マイヤーはエネルギー保存則を、「原因と結果は等しい」（›causa aequat effectum‹）という昔からの法則の物理学的に精確な表現と見なしていて、これをもってエネルギー保存則を因果性原理と密接に関係づけた。彼がこの考えに至ったのは、物質の運動の原因をエネルギー（あるいは彼の標示法では「力」）とする説明によってであった。とはいえ、エネルギー概念が物質的変化の可能的原因の総体を包括していないことは明白である。原因と結果が相互に数的に確定されている関係になく、むしろ「小さな原因、大きな作用」という慣用句を適用する方がよいような現象の、注目に値するさらなるグループを、彼は〈始動〉の概念のもとにまとめた。

われわれは三つの問いを手短に検討する。すなわち、マイヤーが主張した、エネルギー保存則と因果律の間の関係は、物理学の構築においていずれの役割を演じるのか。〈始動〉の概念は、現代の原子物理学におけるいわゆる因果律の危機によってエネルギー保存則も打撃を受けるのか。物理学に対していずれの意味をもつのか。

一、原因と結果は等しい（*Causa aequat effectum*）。エネルギー保存則が因果性原理の論理的結論であると主張することはできない。そのような主張をするためには、因果性原理はあまりに曖昧すぎるし、エネルギー保存則はあまりに特殊すぎる。むしろ、エネルギー保存則を一般的因果律の一部分の、より精確な定式化と、それも経験を根拠に初めて可能となった定式化と標示することはできるかもしれない。

通常、物理学で因果律と理解されているものは、同じ形成物の諸状態の間で、異なる時間に一義的なある機能連関が成り立っているという主張のみ、すなわち、「ある閉じた系の、ある時点における状態が完璧に知られているなら、それにともなって他のいずれの時点におけるその形成物の状態も原則的には決定されている」という連関が成り立っているという主張のみである。この原理が論理的にエネルギー保存則から独立していることは明白である。この原理は、エネルギーが保存されなくても、正しいものでありうるし（例えば、さまざまな摩擦力についての純粋力学で）、エネルギーが保存されるにもかかわらず、誤りでありうる（例えば、量子力学では少なくともこの原理の適用可能性において制限が加えられる）。とはいえ、短く決定論原理と標示することのできるこの原理は、「原因と結果」という概念対と結びつけることのできる諸表象の全体を包括してはいない。われわれは、このことを両概念の非対称性にすでに認識している。決定論に従えば、未来が過去によって決定されているのと同じように、過去は未来によって決定されているのに、われわれは、ある原因がある結果を生じるとは言っても、その逆は言わないのである。少なくとも日々の生活の中では、われわれはむやみやたらと、ある状態を別の状態の原因と見なしているのではなく、即自的に現に存在しているとともに、何かを「惹き起こす」能力を有している何らかの力を原因と表象しているということも、同じ表象複合体には属している。原因概念のこの側面こそが、マイヤーがその解釈によって再現して見せようと欲していたものであることは明白である。

現代物理学は〔マイヤーの〕この考え方とはきわめて疎遠になってしまっていて、前者のきわめて優れた代表者たちの数多くの人々が、決定論そのものを因果律の、そもそも検証可能で意味をもつ唯一の定式化と見なすようになっているほどである。それゆえ、もしかしたら、ここで別の言語用法の短い正当化を企ててみることが必要なのかもしれない。決定論的に推移しているある事象にあっては、〈より前に〉と〈より後に〉の区別へと還元されるものである、原因と結果の区別は、人間がその環境との間でのいかなる相互作用の場合にも、はるかに含蓄に富んだ意味をもっている。人間は恣意的な行動によって未来に影響を及ぼすことができるが、過去に対してはそうすることができない。人間の意志行為の因果〔論〕的記述を所有してはいないゆえに、この種の行動のどれをもってても、われわれにとっては、一方的に未来に向かって走るのみでしかない因果連鎖が始まる。われわれが行なう現実記述の中では、意志行為は原因としてしか登場せず、結果として登場することはない。実験とはどれもがこの種の行為なのである。つまりまさに、実験条件を好みに従って選択し、予測されていた結果を試験する自由こそが、自然の因果論的分析にとっての実験の価値を構成しているのである。それゆえ、物理学の法則は一般に、「状態Aが実現されると、そのことの結果として、状態Bが起こってくる」という形式にすることのできるものである。われわれが生じさせたのではない自然現象の分析も、この図式に従ってなされる。すなわち、われわれは、自然の中でおのずから起こってきた状態を原因と見なし、一般的法則の条件文的図式に従って、この原因にもとづいて結果を算定するのである。区別は、自分が影響を及ぼしてはいない自然的事象の場合には、人は自分の欲するところに起点を置くことができるということだけでしかない。しかし、まだこのことが全面的な決定論と同一でないことは、自然法則の条件文的形式を顧慮しなければ、そもそも全く解釈することができないものである量子力学において、明瞭になる。

したがって、原因と結果を区別することが自然記述で意味をもつのは、われわれが自然科学において、たいていの場合は明示的にではないにしろ、過去と未来の区別を利用しているゆえなのであるが、この区別そのものは、もしかしたら、過去とは事実的であり、それに対して未来とはさまざまな可能性の場である、と言いうるものかもしれない。自然的立ち現われの実際の描出において前提されているものが、全面的な決定論であることは決してなく、実践上においてであるにせよ、あるいは少なくとも、そのような描出の根底にある思考図式の形においてであるにせよ、実際の描出において常に前提されているのは、諸条件のバリエーションの可能性なのである。誤っていたのは、表明されている仕方においてであるにしろ、あるいはまだ表明はされぬままであるにしろ、「力学的〔機械論〕世界像」の中にあった前提、すなわち、与えられた原因がどの結果をもたねばならないかを、われわれはアプリオリに洞察することができる（圧力と衝撃によってか、中心力によってか、近接作用あるいは類似のものによってか、特別な仕方で結果を「把握できる」）という前提のみであった。原因と結果という図式の内容的実現と、この図式の適用可能性の何らかの意味での限界とは、われわれは経験の中から初めて学ぶのである。

さて、エネルギー保存則はいずれの意味で、この図式の実現になっていると言えるのか。マイヤーの意味では、この法則がいわば、因果性と実体という二概念の橋渡しをしている。「原因」は語源学的にはある特定の「事物」を意味する。そして、〔「原因」を意味するラテン語の単語〕»causa« は〔フランス語では「もの」、「事物」を意味する〕»chose« へと具体化されることとなった。実際、人間にとっては、あの事物を、すなわち、自分が特定の作用を及ぼしうるためには手中にしていなければならないその当の客体を、知っていることが重要なのである。さて、この種の一つの「客体」とは、疑いもなくエネルギーである。そこから、実際、物質とエネルギーとについての両保存則は事物と原因との保存則でもある、という感を抱くことができたのである。

とはいえ、これでは、一方で単に始動することとしかしない諸原因が脱落してしまっている。そして他方では、現代における両保存則の一体化は、エネルギー保存則を因果性カテゴリーからはますます遠くへと隔てるとともに、ますます実体カテゴリーへと近づけることにもなっている。古くからのこれら二つのカテゴリーがそもそも今日の研究状況にもなお適用できている限りでは、エネルギー保存則において視線が向けられているのは、今日ではもはや因果性図式の実現ではなく、実体図式の実現の方であろう。とはいえ、エネルギー保存則生成の歩みは、まさにこれらのカテゴリーの意味自体が科学の進歩の一つひとつの歩みとともに移ってゆくことを示している。

二、因果性問題の量子力学的分析に対する関係。前述のことによって第二の問いには本来はすでに回答がなされている。エネルギー保存則は決定論とは何らの関わりももたないし、一般に通用している姿での因果性とも、実体との関わり以下の関わりしかもたないので、決定論を修正することしかしていない量子力学によっては、エネルギー保存則は何ら影響を受けない。逆に、量子力学がもたらした思想面での決定的進歩、すなわち、事物概念に対する量子力学からの批判が、まさにエネルギー保存則の経験的妥当性によって強いられることになった様子をも、すでに見てきた。とはいえここで、論理的連関をわずかな言葉で標識づけることだけはしておくべきであろう。

量子力学は決定論の原理を、この原理の、条件文を含む形で保持している。もし、ある状態Aが知られているなら、先行していた、あるいは後にくる状態Bをも、状態Aにもとづいて算定することができる、それも、古典物理学の諸法則に従って。しかし量子力学は、「もし」に導かれている条件の実現可能性を限定していて(人が知ることができるのは、常に、ある状態の、互いに「相補的な」二つの決定部分の一方のみでしかない)、それにともなってこの原理からその適用領域の一部を取り去ってもいる。このことによって、決定論原理から、以前は引き出されていた結論、すなわち、あらゆる事象は即自的には決定されていて、決定の種類を探し当てることはわれわれの認識の事柄でしかないとする結論は、脱落するのである。それに対して、個別的な事象はどれも、依然として決定可能なままに残る。すなわち、もしその事象を決定する諸ファクターを探し当てるための実験的諸前提がつくりあげられるならば。ただ、これらの前提が決まるのにともなって、その時々の「相補的」事象〔の双方〕を同時に決定することだけは不可能となる。

つまり、量子力学的批判の客体は、因果的〈結びつき〉の概念そのものでは全くなく、「即自的な事物あるいは事象それ自体」という概念なのである。それゆえ、むしろ、実体カテゴリーのある批判という言い方をすることができるのかもしれない。とはいえ、エネルギー保存則の妥当性は、この表現法も少なくとも両義的であることを示している。もっとよい言い方は、量子力学は諸カテゴリーの〈相対的〉関係的性格を認識している、というものであろう。実体、因果性等々は実在それ自体を標示するのではなく、〈人間によって認識された実在〉を標示している。つまり、認識可能なある実在を仕立てることを可能とする諸条件がもはや実在していないところでは、この力学の適用はその限界に達している。したがって、ずっと前に示しておいたように、実験にかかわる諸条件がエネルギー計測を少なくとも原則的に認めている場合にのみ、エネルギー保存則の妥当性を前提することも許されるのである。

三、始動。ただエネルギー〈間〉の対比関係だけが事象の経過を決定するのではない。例えば、ある時計の重りが沈んでゆき、それにともなってその重りのポテンシャルエネルギーが時計〈の歯車〉装置の運動エネルギーを経由するという回り道を経て熱へと転換してゆくか否かは、振り子が突き動かされたか否かによる。振り子を突き動かすという小さな量のエネルギーが「始動的に」作用している。こう理解するとき、ある物理学的事象の詳細解析はいずれも、始動しているとともに「指揮してもいる」諸作用についての勉強なのである。

現代物理学のすべての計測機器の作用は、種的な意味で始動的である。これらの作用はすべて、もはやわれわれの感覚にとっては無媒介に知覚することはできなくなっている事象を、感覚的に知覚可能な作用を産み出すようにと、制御可能なある仕方で仕向けるはずのものなのである。顕微鏡、望遠鏡、先端計数管、拡声器等々を考えてみるだけでよいであろう。

理論的領域において最大限の意義をもつ始動の問題を示唆することだけはしておきたい。すなわち、生きている有機物における諸事象の物理化学である。すでに一個の卵細胞からのある有機体の生長が、そしてそれ以上に遺伝子の突然変異が、生命事象に対する決定的因子がきわめて狭い空間内に押し込められていること、否、部分的には原子レベルのサイズのものであることを証明しているのである。

3 物理学のさまざまなエネルギー領域

エネルギー保存則の適用は、さまざまな仕事当量のリストアップをもって開始する。異なるエネルギー形式のエネルギーの量を相互に換算することができなければならない。その際、物理学者たちは基礎的なエネルギー測度としてエルグを使用しているが、これは一グラムの物質が速度一センチ／秒で動く際の運動エネルギーの二倍である。これはきわめて小さな計測単位である。質量一〇キログラム、速度一〇〇〇メートル／秒の砲弾一個の運動エネルギーは$5 \cdot 10^{13}$（五掛ける一〇の一三乗）エルグである。

重力エネルギーは方程式 $1\ \mathrm{mkg} = 0.98 \cdot 10^{8}\ \mathrm{erg}$ に従って決定される。すなわち、およそ一〇の八乗エルグで、一キログラムのものを一メートル持ち上げることができるのである。

力学的測度で表現すると熱エネルギーはきわめて大きい。1 カロリー＝$4.19 \cdot 10^{7}$ エルグ＝0.427 mkg である。すなわち、一定量の水を一度温めるために要するエネルギーをもって、同じ量の水を四二七メートル持ち上げることができるということである。熱運動論に従って、このことは把握できる。熱とは、物質の、隠された、無秩序な運動であるが、しかも、例えば空気の分子は、常温のもとでほぼ秒速四〇〇メートルで飛んでいるのである。すなわち、隠されている熱運動と比べるなら、見ることのできる大多数の運動など微々たるものだということである。

さらに大きいのが化学的なエネルギーである。一八グラムの爆鳴気を水中で燃焼させて水にすると、六万八〇〇〇カロリーの熱を産出する。原子理論的に言えば、原子のポテンシャルエネルギーはそれら原子の中程度の運動エネルギーと比べても大きいということである。これは、原子のポテンシャルエネルギーは、運動エネルギーに転換されるとき、直ちにきわめて数多くの原子に熱として分配されることから、納得できる。

つい最近までは化学的なエネルギーが、われわれが活用することのできる最大のエネルギーであった。しかし、二重の視点で見て、自然の中には化学的エネルギーをはるかに超えるエネルギーが与えられている。そして、それらは原子物理学では大きなエネルギー濃縮として、そして天文物理学では大きなエネルギー集合として示されているのである。

原子物理学のエネルギー測度は電子ボルト（eV）である。これは、一個の電子が一ボルトの電圧を通過する際に受け取るエネルギーである。先に名指した爆鳴気反応の場合には、形成された水素分子一個あたり約三エレクトロボルトが解放される。一エレクトロボルトは$1.6 \cdot 10^{-12}$エルグである。つまり、このエネルギー測度は、個々の原子について計算したエネルギーを表現するものであるゆえに、きわめて小さい。それにもかかわらず、一八グラムの水は$6 \cdot 10^{23}$〔個〕の水素分子を含んでいるゆえに、それら分子のエネルギー総産出量はきわめて大きい。

あらゆる化学反応は、原子の殻内での転位にもとづいている。その際、一原子あたり、先に述べたようなものから、下は一エレクトロボルトといった小さな破片に至るまでの、エネルギーが解放されるのである。はるかに大きいのが、原子核の中での転位の際のエネルギー転換である。その大きさは一原子あたり約一〇〇万から一億六〇〇〇万エレクトロボルトになる。これらの反応が原子爆弾のエネルギー源になっている。

これらよりもはるかに大きいエネルギー濃縮があるのが、宇宙的な超放射〔宇宙線〕の中である。この放射は個々の、きわめて迅速に動いている粒子から成り立っており、まだ知られてはいない起源に由来しつつ世界空間を横切っていて、あらゆる側から地球に均等に命中している。この種の粒子一個の平均的運動エネルギーは約一〇〇億（10^{10}）エレクトロボルトである。とはいえ、宇宙線の中には 10^{14}、それどころか、もしかしたら 10^{16}eV の宇宙線も実在するかもしれない。

既知の最大のエネルギー集合を含んでいるのが恒星である。太陽の周りの地球の軌道上での地球の運動エネルギーは$2.7 \cdot 10^{40}$エルグである。太陽は一年に10^{41}エルグを放射している。太陽は地質学的データの示すところに従えば、少なくとも二〇億年間この放射を維持し続けている。この集合の一〇〇〇倍を毎年放射している恒星がある。

恒星の巨大な放射は、エネルギー保存則によって一つの物理学的問題となってきた。というのは、エネルギー保存則は、このエネルギーが太陽の中に予め含まれていたか、あるいは太陽の中へ継続的に持ち込まれていることを要求する。これによってエネルギー保存則は、このエネルギー供給のメカニズムについての問いを突きつけている。この問いをもって本来の太陽物理学が開始された。マイヤー自身はこの問いを投げかけ、放射されるエネルギーの場合に問題になっているのは途切れることなく太陽へと墜落していっている流星たちの可能態的重力エネルギーの転換したものであるという想定をもって回答とした。しかし、このエネルギーでは十分でないことが明らかとなった。他のさまざまな仮説を経て、問題のエネルギーは太陽の中心領域で転換を成し遂げている原子核のエネルギーであるという、理論的にも経験的にも立派な根拠ある、今日の見解が成立した。つまり太陽は、原子核エネルギーを利用できる姿に整える、自然自体によって据えつけられた一個の巨大な機械といってよいのである。このエネルギー源は、経験から要求される太陽の最少年齢の一〇倍以上という豊富さである。

アルベルト・アインシュタイン

数千年後になってもなお、人間の歴史の遠く過ぎ去った諸局面に興味を抱く人間が存在するとイメージしてみるとして、われわれの世紀のどの名が彼らにもまだ知られているチャンスが一番大きいかと問うてみよう。われわれ同時代人を最も震撼させたのは確かに政治であった。しかし、政治におけるさまざまな危機と、それらの担い手たちとは、その頃には、今われわれに襲いかかっている危機と、恩恵がわれわれを助けてくれるとして、〔これらの危機の〕解決との影に隠れてしまっていることであろう。それぞれそれなりの解決が見出されるとしても、未来からすれば、われわれのラディカルな政治家たちはあまりに非人道的であり、われわれの人道的政治家たちは十分にラディカルではないということになろう。そして、もしかしたら、われわれの世紀の偉大な人物たちの中で彼らの判定の前で合格するのはガンディーのみということになるかもしれない。われわれの時代の芸術のことは、もしかしたら、われわれの〔経験した〕数多くの地震〔大変動〕の地震計として想起されることがあるかもしれない。これらの地震は、技術的進歩によって始動されたものであり、この進歩は科学によって可能となったものである。とはいえ、科学が最も偉大であるとともに、最終的に最も効果的でもあるのは、科学が技術的な世界変革を探し求めているところにおいてではなく、真理を探し求めているところにおいてである。さて、われわれの世紀の最も著名な科学者はアインシュタインである。

われわれ科学者は、われわれの間でも、彼をわれわれの代表者としてさしたる異論もなしに承認するであろうか。われわれは彼の異常な名声を〔その功績に〕ふさわしいものと見なしているであろうか。物理学者の彼には〔そのような評価を受ける〕あるチャンスがある。というのは、諸科学の中にあって、自然科学は新しい世界像の第一の担い手であり、そして物理学は自然科学の基本科目であるから。われわれの世紀の始まりにあたって物理学は二つの革命的な歩みを進めた。すなわち、相対性理論と量子論である。両理論の一方はアインシュタインの作品であり、もう一方で彼はプランクとボーアと並んでその最初の局面に関与した。おそらくアインシュタインは、根本的にはわれわれの職業集団に全面的に属し切ったことは一度もないという理由のゆえにも、われわれの職業集団のふさわしい代表者その人であるのかもしれない。彼の周囲の世界では、彼は素朴な天才との印象をもたれていた。その際、まさに彼の素朴さ、彼のさまざまな問いの自然さこそが、その天才性の核心であった。彼はどの問いをも直接立てた。つまり、確かに、理性の知を軽蔑していたからではなかったとはいえ、理性のさまざまな問いにおいて通常行なわれている図式によることなくである。答えることは他の人々にもできた。ただ、彼は問うことの天才であった。しかも、いわば無意識的な達人であった。すなわち、直接問う以外の仕方では彼は問うことができなかったのである。

さて、われわれはアインシュタインの百回目の誕生日を祝っている。われわれは同時代の人々に彼をどのように描出したらよいのか。彼自身は何を描出するに値するものと見なしていたのであろうか。最新の、そしておそらく最善の伝記（B・ホフマンとH・ドゥカスの『アインシュタイン、創造者にして反逆児』フィッシャー文庫、一九七八年〔鎮目恭夫・林一訳『アインシュタイン――創造と反骨の人』河出書房新社〕）は、物語っている。「ある社交的出来事の際に一般の注目の中心点とされてしまったあと、憂鬱げに彼は確言した。〈若かった頃、生きるということから願望し期待してもいたのは、どこかの片隅に静かに腰をおろして、人々の注目を浴びることもなく自分の仕事をすることであった。それなのに、今ではごらんのとおり、こういうことになってしまった〉」〔上掲訳書四頁〕。六十七歳のとき、説得されて短い自伝を書いたことがあるが、この自伝を彼は――伝記作者の言うところによれば、「処刑直前のユーモアで」――自らの追悼の辞と名付けていた〔アインシュタイン／中村誠太郎・五十嵐正敬訳『自伝ノート』東京図書、三頁〕。彼自身の生涯のこの物語の言葉は、直截的で、人間味に溢れ、ユーモアに満ちたものであるが、この物語は何について報告しているのか。

この物語は、四、五歳の子供に磁石式コンパスが与えた印象、すなわち見えないある力の奇跡をもって始めている。そして、生徒、学生、研究者となってゆく自分に開かれていったさまざまな問いの行列を描写してゆく中で、この年老いた人は、いわばさまざまな問いの若き発見者としての自分自身と議論を開始する。つまり、自伝すらもなお、彼にとっては一つの真理探究なのである。彼は中断して〔言う〕。「驚いた読者の誰かは、〈これが追悼の辞となるのだろうか〉と問うかもしれない。本質的な点ではそうだ、とわたしは答えたいと思う。というのは、わたしのような類いの人間の生涯において本質的なことは、その人間が何を考えているか、どのように考えているか、にあるのであって、彼が何をしているか、あるいは〔何に〕耐えているかにあるのではないから。したがって、この追悼の辞は、主要な内容としては、わたしの努力精進の中でかなりの役割を演じてきたいくつかの考えに限定することができる」。

いうまでもなく、われわれに関わりがあるのは、これらの考えのみではなく、同時に、このような考え方をすることができた人間もである。それゆえ、まずは彼の生涯における最も重要な日付けを想起することとしよう。

アルベルト・アインシュタインは、一八七九年三月十四日、〔ドイツ南西部、バーデン-ヴュルテンベルク州の〕ウルムに生まれた。はるか以前から南ドイツに腰を落ち着けていたユダヤ人一家の新芽であった。自由主義的で、さして成功したともいえない商人であった父親はミュンヘンに移り、のちさらにミラノへと移り住む。息子はミュンヘンでギムナジウムに通うが卒業はしていない。高度の才能に恵まれていた生徒は自ら道を探そうとした。しかし、職業訓練制度と権威的制度には馴染むことができなかった。十五歳という年齢で何カ月か浪人生活をミラノで経験したあと、スイスで何人かのよき助言者を見出す。アビトゥーア取得はアーラウのカントン立学校、大学教育はチューリヒの連邦立工科大学においてである。かつての、学校レベルでの権威世界に対してと同様にアカデミックな権威世界にも同化できなかった若き工学士は、二年間は臨時雇いの仕事で何とかしのがねばならなかったが、その後、理解ある友人たちが彼に知的所有権のための連邦官庁（特許庁）に一つの職場を見出してくれた。そして、この職場が彼を養い、彼に研究のための余暇をも与えてくれることとなった。いまや彼は軌道に乗っていた。結婚。哲学的な友人グループ。一九〇五年には天才の爆発。別々のテーマに関する四つの公刊。しかも、それらのどれもが、今日の言い方をするなら、ノーベル賞ものである。すなわち、特殊相対性理論、光量子仮説、「ブラウン運動」にもとづく物質の分子構造の確認、固体の比熱の量子論的説明である。

その生涯における外見上失敗の局面は終わる。若き研究者はいくつかの専門家仲間の間で周知となり、著名となる。一九〇九年にはチューリッヒで、一九一一年にはプラハで、大学の教授職に就き、〔さらに〕ベルリンのアカデミー会員となった後、一九一四年には義務を伴わない研究職に就く。〔この時期の〕歳月は、量子論に含まれる概念的問題の解明と、ますます集中度を上げながら、相対性理論をさらに進展させてゆくという強烈な科学的研究活動で満たされている。一九一五年、一般相対性理論への突破。この理論によって予測されていた、太陽の重力場における恒星の光線の偏向は一九一九年、ある日食の際に、エディントンの観測によって確認される。このことが一挙にして世界的名声をもたらすとともに、それ以降彼の生涯を圧迫することとなる、陶酔的で＝無理解な公衆の興奮を〔もたらす〕。いまや彼は、一九三三年まではベルリンで、公の注目の中での私的実存〔といえる生活を送ることとなり〕、最初の結婚が離婚で終わった後、従妹のエルザ・アインシュタインと結婚し、世界中の物理学者たちとの絶え間なき生き生きした接触の中で、バイオリンを弾いたり、ヴァーン湖でヨットを操ったりしながら、実り多く充実した生活——ただし戦慄すべき未来の影が予めすでにきざしていた——を送る。

アインシュタインの心臓は、弱者たち、嫌われ者たち、抑圧された人々のために打っていた。彼は、戦争を無意味なものと感じていた。根っからの平和主義者で、真心と、迷うことなき判断力とを備え、健全なる理性を持していた。第一次世界大戦時ドイツの大学教授たちの国家主義的ないくつかの愚かな動きには、いささかもかかわることはなかった。一九一九年、ドイツが世界で追放の憂き目を見たとき、彼はかつて放棄したドイツの市民権を（取得していたスイス国籍に加えて）再取得し、外国からの招聘を拒否して、ドイツ人の共和主義的な発展に期待をかけていた。この瞬間に彼は、自分がユダヤ人たちと運命共同体をなしていることを認識もし、受容もした。二〇年代の危機的な雰囲気の中で、年輩の物理学者たちと伝統的な哲学者たちには理解できなかった相対性理論は、一般の人々の間で価値の相対論と合体させられた（「一切は相対的である」）。このことに対する不安に満ちたプロテストが、アンティセミティズムとの卑俗で、まもなく暴徒化してもいった連合を結成した。ユダヤ的信仰共同体からも、いかなる権威体制からも、身を遠ざけ続けていたアインシュタインは、いまや喜びをもってユダヤ人であることを、社会主義的シオニストであることを宣言した。そして、ワイツマンとともにシオニズムのためにアメリカ中を旅して回っていた。

ある外国旅行の途上でヒトラーの権力掌握の報に驚かされた彼は、ドイツへは帰らなかった。プロイセン・アカデミーからは、彼を除名する間を与えずに脱退した。生涯最後の二十年間の故郷を、彼はアメリカ合衆国、プリンストンの高等研究所に見出した。学問的には、最後の三十年間は彼にとって痛みを伴うものであった。名声は衰えることがなかったのに、一見無駄と見える研究の時代、そして物理学における、彼とは逆の立場の新しい思考様式に対する無駄と見える抵抗の時代でもあった。人間的にはそれは、他所の土地で隠され護られた幸運な存在であった——とはいえ、どこでなら彼は、他所者でなかったのであろうか。

慈善と政治とがたえまなく彼に要求を出した。皆が彼の名を必要としていた。そして彼も、責任をとることができ、実行することもできるところでは、要請に応えもした。平和主義も、彼は教義としてこれを推進したわけではない。ヒトラーに対する戦争を、彼は自由の擁護のために必要と見なしていた。一九三九年、彼はシラードが定式化したルーズヴェルト宛の、原爆製造を勧告する手紙〔邦訳は伏見康治・伏見諭訳『シラードの証言』みすず書房、一二五頁〕に署名した。アカデミックなアメリカの完成された〔市民的〕自由に馴化した彼は、晩年、アメリカの政治がどの大国にとってもお定まりとなっていた、帝国主義への道を歩んでいたとき、痛みを覚えつつ、しかも成果を挙げることのない批判を行なった。冷戦中のあらゆる平和努力には、彼は力のかぎり支援を与えていた。その死の少し前、彼は、バートランド・ラッセルのイニシアティヴで行なわれた、科学者たちの非公式外交活動の最も重要な形式の一つであるパグウォッシュ運動のもととなったあの声明に署名した。ワイツマンの死後、イスラエルの大統領にと薦められたが、彼は感動はしつつも、痛みを伴うことなしに拒絶した。最後の歳月の生活を、彼はある手紙の中でこう特徴づけている。「仕事はもはやそう多くはない。すなわち、それほど多くのことはもうできなくなっていて、老顕職者、ユダヤの聖者を演じることで満足しなければならなくなっている、ということです（それも主としてあとの方でです）……。」さらに同じ時代のもう一つの文章。「老いるって奇妙なことですね。ここと今との親密なる癒合を徐々に失ってゆき、多かれ少なかれ独りで無限性の中へと向けて引き据えられているという感じを抱くようになってゆく、〔それも〕もはや望むことも怖れることもなく、ただひたすら、より多くを観照しつつ……。」老人は、昔とは別の人になっているのではない、ただ一層その人自身になっているだけだ、と言ってよいのであろう。一九五五年四月十八日、彼は死んだ。

これがあの人物であった。彼の生涯の本質的なるものを構成していた考えとは何であったのか。

理論物理学とは、普遍妥当的な自然法則についての科学である。そこでの法則は単純である。それゆえ、それら法則の認識そのものは、そのための準備とその確認のためには知のゆっくりとした蓄積が絶対に必要であるとしても、ゆっくりと知が蓄積してゆく中で成立するのではない。単純な自然法則は危機――しばしば少数の人々にしか知覚されない――の真只中で、ある革命的な一歩の中で、ある突然の結晶化の中で、見出される。このような革命の系列へとわれわれを導く道は前もっては知られていないし、回顧の中でしか理解可能とはならない。近代物理学の今までの道を二つの大きな歩みで徴表づけようとするなら、まず、十七世紀における古典力学の成立を挙げねばならないし、ついで二十世紀の第一・三分期における古典力学の相対化を挙げねばならない。〔前者は〕ニュートンで頂点に達するものであり、〔後者は〕アインシュタインによって手を着けられたものである。実際、アインシュタインにとってニュートンは最大の対話相手だったのである。

アリストテレスの自然学は、世界をわれわれが現実に経験しているとおりの多様性において描写した。彼の自然学の統合原理は、意味をもったある全体という思想、一個の内在的目的論（目的と合目的性とについての教え）であった。古典力学は、数学的に定式化することが可能な厳密な自然法則が与えられているという、二度と後戻りさせることのできない発見にもとづいている。そこから、古典力学は諸現象を数学的に解析した。古典力学は諸現象の「背後の」単純性にまで肉薄し、まさにそうすることによって、諸現象を予測可能なものとし、手を加えうるものとした。いまや古典力学の統合原理となったのは、一連の事象系列を一個の機械が機能する様子と比較することであり、「力学的〔機械論的〕世界像」の中で世界そのものが大きな機械に比較されることとなった。そのために古典力学が必要とした概念は、ニュートン力学においてコード化された。本質的にはそれは四つ、すなわち、物体、力、空間、時間である。空間を満たしている諸物体が、それらに作用を及ぼしている力の影響のもとで絶対時間の中で運動している、すなわち、絶対時間の推移の中でそれぞれその位置を変更している。最終的には人は、さらにこれらの力をも「力学的に説明する」こと、すなわち、諸物体の圧力と衝撃に、つまり諸物体が空間を満たしていることに、還元できると考えていた。それにもかかわらず、唯物論的形而上学といったものが、古典力学の必然的帰結として立ち現われてくることはなかった。デカルトは二つの実体を主張した。すなわち、延長をもつ物体と思考する精神とである。そして、神は世界という機械の技師の地位に据えられうる、とした。

われわれの世紀の危機は、古典力学を相対化し、「力学的世界像」を破壊した。数学的に単純な自然法則の発見ということは堅持された。否、それはさらに大きな概念的単純性を備えたある場、それゆえ、さらに高度な抽象度を備えたある場へと向けてはるかに深いところまで推し進められた。その際、物体、力、空間、時間というニュートンの基本概念は、いずれにしても彼の構想のままでは、前景的な側面でしかないことが明らかになった。これらの概念についての批判的な考えはいくつか、哲学の中ではとうの昔にあった。例えば、ライプニッツ、カント、マッハにおいて。経験的関連づけがなされていて、実験による検証が可能な仕方で、意識的に、しかも成功裡にこれらの基本概念に手をつけた最初の物理学者がアインシュタインである。

第一歩が特殊相対性理論であった。「相対性」とは、この場合、運動の相対性を意味していた。すでにライプニッツとマッハが、ニュートンに抗い、立ち戻って、ある物体の位置は絶対的なものではなく、隣接する諸物体とのある〔相対〕関係であることを、したがって、絶対空間なるものを（対応して絶対時間なるものをも）要請することも必要ないという、アリストテレスの思想に手を伸ばしていた。すでに古典力学においても、事実上は、ある物体が運動する速度のためにはある相対性原理が妥当していた。慣性の法則に従えば、物体は、外的な力の作用が加わらないなら、静止あるいは直線的に同型的な運動を維持し続ける。このことからは、物体間の力の作用のいかなる計測によっても、それら物体のうちのどれが静止していて、どれが同型的に運動しているかを確定することは不可能であるということが結果する。つまり、確定できるのは、相対速度のみなのである。電磁力学（マックスウェル以降は光学をも包括することになった）において、平均するなら絶対に静止している媒質、エーテルを措定することができるという希望が生まれ、この媒質の振動がわれわれには光波として見えてくる〔とされた〕。マイケルソンが一八八七年、物体の運動をエーテルに対する相対運動として経験的に確定することはできないことを発見した。アインシュタインは、この発見を受け容れる場合、相対性原理は普遍的に、〔つまり〕電磁力学のためにも、要請できるはずであることを認識した。数学的にはこれは、彼の仕事より少し前に公刊されていたローレンツとポアンカレの仕事の中にすでに含まれていることであった。しかし彼の場合は、もはや複雑な成果としてではなく、より高度な単純性をもった原理として立ち現われていた。そのために彼は、「同時性の相対性」ということも認めねばならなかった。一個の物体（「基準系」）から考察して同時的である互いに相手からは離れている二つの事象は、その物体に対して相対的に動いている物体にとっては同時的でないことになる。ニュートンの絶対空間と絶対時間においてはこのようなことは考えられない。アインシュタインは、発明物であるこれら〈絶対的なるもの〉を断念することによって思考行為の解放を発見する。

「親愛なる読者よ」――と、ポピュラーな書き物の中では読み手にこう語りかけることを、アインシュタインは好んだ。それゆえ、これも彼の口調で言うのがよいであろう。親愛なる読者よ、物理学の基礎知識なしでは理解できないようなことを要求している著者を許されたい。貴兄はむしろある偉大な人物の伝記の演劇面を見物するだけの方がよいのか、あるいは少なくとも、なぜ彼があれほど偉大になったのかについても、せめておぼろげなイメージなりとも得たいと考えられるのか。

特殊相対性理論の方は、アインシュタインは熟れた果実を一つもぎ取るようにして手にした。さらに一般相対性理論へと導いていったのは、文句なしに彼自身の固有の功績である。既知のあらゆる偉大な物理学理論の中にあって、この理論は、実際にこれを見出した人物がもし生きていなかったとしたら、そもそも本当に見出されることになったか否か、疑念を挟むことができる唯一の功績である。形式的にはアインシュタインはこの理論を、相対性原理を直線的に同型的な運動を超えてすべての運動へと延長するものとして意図していた。実際にはこの理論は、彼がこの道を実際に歩み始めたときには、彼の同時代人たちも、彼自身も推定していなかった諸思想へと彼を導くこととなった。「どこへ行っているのか自分にも分かっていない人が一番遠くまで行ける」と、オリヴァー・クロムウェルは言ったことがある。アインシュタインはニュートンの空間と時間を、諸物体が出たり入ったりしている「賃貸兵舎」〔「安アパート」〕みたいなものだと批判していた。つまり、彼はライプニッツ、マッハとともに物体間の相対関係へと空間を還元しようとしたのである。実際は逆になった。アインシュタインは、数学者リーマンによってすでに一八五四年に構想されていた、彎曲した空間という考えを、それも位置の変化に応じて彎曲の形態が次々と替わってゆけるような空間を受け入れざるをえなくなっていることに気づいた。アインシュタインは、古典哲学に従うなら、鋭く分離せねばならなかったはずのもの、空間と重力とを、幾何学と経験とを結び合わせた。ニュートンによってまず要請された普遍的な重力〔万有引力〕は彼にとって、局所的な空間彎曲の測度と、つまり一個の幾何学的量となった。空間は、融通の利かない安アパートから、単なる〔相対〕関係になったのではなく、内的な力動性をもった、入れ替え可能な特性を備えた物理的実在となる。そしていまや、アインシュタインのはるかな目標は、逆に、諸物体を空間＝時間＝連続体の中における個々の位置であると宣言することだけとなった。自然の統一性は空間＝時間＝連続体という行列場の統一性であることが明らかとなるはずであった。

ここにおいて、アインシュタインの生涯の最後の歳月の悲劇が始まった。彼は、場の統一理論を、すなわち、当時、既知となっていたすべての場、つまり重力場のほかに電磁場をも包括する理論を探さねばならなかった。前景的に考察するなら、彼は、いわゆる非直線的な場方程式という数学的困難のところで挫折した。今日ではわれわれは、挫折の根拠はずっと深いところにあったことを知っている。まずわれわれは今日、アインシュタインが統一しようとしていた、あの二つよりもはるかに数多くの場を経験的に知っている。しかし、何よりもまず、われわれは、場というものを量子論的に、すなわち、諸粒子が登場するための確率場と捉えている。われわれにとっては、量子論は基礎理論そのものであり、場の概念の起源でもある。アインシュタインが〔指揮棒を〕振り上げた時からほぼ三十年後に、同じように老年期に入ってからの仕事として、〔それも〕目に見える成功へと導くことはない仕事として、場の一般理論の考えを取り上げたハイゼンベルクは、この理論を、自明のことのように場の量子論として構想した。しかし、アインシュタインは、それほどまでに基礎的な役割を量子論に認めることには決して首を縦に振らなかった。このことは一つの哲学的決断だったのである。

アインシュタインは、量子論の初期の局面に対しては本質的な貢献をした。〔しかし〕一九二五年前後にとった形態での量子論の勝利の行進に参加することは、もはやしなかった。今ではもう五十年も昔のこととなってしまったが、わたしが一九二九年に物理学の勉強を始めたとき、若い世代の精神的指導者となっていたのは、五十歳台のアインシュタインではなく、七つ若いボーアであった。二人は個人的には友人となっていたが、科学者としては、敵対者、対蹠者へと展開してゆくことが彼らの宿命であった。アインシュタインの方が天才的で、多彩かつ単純であったが、より深遠な思想家であったのは、おそらくボーアの方であった。

諍いの核は何だったのか。諍いの発火点は、古典的決定論を犠牲にするか否か、物理学的予知を原則的に確率に還元するか否か、であった。「神はサイコロを振らない」とアインシュタインは言い、これにボーアは、「問われるのは、神がサイコロを振るか否かではなく、神はサイコロを振らないとわれわれが言うとき、われわれが何を言わんとしているかである」と応じた〔N. Bohr: 'Discussion with Einstein on Epistemological Problems in Atomic Physics'（「原子物理学における認識論上の諸問題をめぐるアインシュタインとの討論」）. *in:* P. A. Schilpp（ed.）: *Albert Einstein: Philosopher-Scientist,* Evanston 1949（3rd ed. 1970）p. 218〕。問題となっていたのは、本来は、物理学的実在という概念をめぐることであった。アインシュタインは実在を、古典物理学の意味における客観的なるもの、すなわち、知覚されるということとは独立に考えられた何か、と理解していた。ボーアは、知識とはすべてわれわれの知であること、人間たちのある知であるという、主観性哲学のカント的思考を完遂しえていた。ボーアの思考は、われわれは知覚したものを、いずれの条件のもとでなら事象の「客観的」で「非両義的」な、あるモデルによって記述することができるのかという問いを中心に回っていた。彼にとって量子論は、これら可能性の諸限界のある追認であった。まさにそれゆえにこそ量子論は、彼には、精神と物質という理解不可能なデカルト的二元論の超克への道を敷設するものと見えていた。ボーアは、実体的二元論の中で考えていたのではなく、相補的な記述様式の中で考えていたのである。アインシュタインは、この思考様式を「実証主義的」にしか理解することができなかった。そして、そのようなものに従うことは、彼にとっては不可能だったのである。アインシュタインがその生涯の最後の時まで堅持し続けた抵抗は、少なくとも量子論の哲学的解釈には未解決の諸問題があることを標識づけるものであった。

この諍いでのアインシュタインの姿勢は、形而上学的に規定されていた。しかもそのことを彼は知ってもいた。サイコロを振るという例にも見られるように、対話の中で神という名を一見遊びのように利用しながら、哲学的論拠を持ち出すことを彼は好んでいた。例えば、自然法則の認識の困難さが話題になっていたときの言葉である。「主なる神は巧緻ではあるが、悪意の存在ではない」〔アリス・カラプリス編／林一訳『アインシュタインは語る』大月書店、一五九頁〕。誰かが彼を追いつめたときには、彼は直截に答えた。「わたしは、スピノザの神、存在者の法則的調和の中に自らを啓示している神は信仰している、〔しかし〕人間たちの運命や行為の相手となるような神は信仰していない」〔同上、一三八頁〕。このことをもって彼は、事実上、スピノザ自身と同じように、自らの宗教伝統の外に立ってはいたが、ギリシャ人たちに由来するヨーロッパの形而上学の内部にはいた。思考手段はギリシャ的であったとはいえ、スピノザとアインシュタインがこの思考手段を使用していた際、彼らの心底にあった道徳的真剣さの特別な様式は、深く深くユダヤ的であった。

われわれの考察の最後に〔付言するなら〕、この観想的形而上学は、おそらくは彼の存在本質の核を、彼の原経験を表明しているものであった、と見ることができる。人間たちに対して彼が距離を置いていたのも、このことに根差している。「社会正義と社会的義務づけに対する自分の情熱的な感覚とは、人間たちやさまざまな人間的共同体への無媒介な接続欲求が文句なしに欠如しているということが、たえず奇妙な対立関係にあった。わたしは、紛う方なき〈一匹狼〉であり、国家にも故郷にも友人仲間にも、否、もっと身近な家族にすらも、心の底から帰属したことは一度もなく、これら一切の拘束に対しては、決して静まることのない疎遠感とともに、孤独を欲する感情を持ち続けてきた。しかも、この感情は年齢とともにますます上昇してすらいっている。」そしてもっと後にはヘルマン・ブロッホに宛てて、その『ウェルギリウス』〔*Der Tod des Vergil*,『ウェルギリウスの死』川村二郎訳、集英社〕への感謝として、「あなたのウェルギリウスには魅了されています。そして絶え間なく彼に抗って身を護っています。この本は、わたしが頭の天辺から足の爪先まで自分を科学に売り渡したとき、わたしが何から逃げ出していたのか、わたしに見せてくれています。〈わたし〉というものから、〈わたしたち〉というものから、〈エス〉というものの中への逃避でした。」

自らの政治的思考において自己の判断のナイーヴな直截性に忠実であり続けることをアインシュタインに可能としていたものは、おそらく社会集団に対するまさにこの距離でこそあったであろう。しかし、まさにこのことをもって、彼は、現在の政治的予断の真只中で具体的効果を生むことができるために、現在の政治的予断を見かけ上、あるいは実際に信用するという譲歩を行なったわれわれの中の数多くの者たちよりも深く、未来における大きな政治的使命と結ばれてもいた。

彼は無時間的に考えていた。自分の死の八週間前に、彼は青春期の友ベッソーの遺族たちに書き送っている。「いまや彼は、この特異な世界からの別れという点でも少しばかりわたしに先んじることとなりました。このことには何の意義もありません。われわれ信心深い物理学者たちにとって、過去、現在、未来の間の分離が意味するところは、いかにそれが頑固なものであるとはいえ、単なる妄想であるということでしかありません。」〔『アインシュタインは語る』五七頁〕。

補遺

ここでわたしはさらに、アインシュタインに関する別なある論説の末尾をも転載する、これも同じように彼の百回目の誕生日を機に書いたものである(1)。前記の論文の政治的テーマの幾つかのバリエーションにしかすぎないものではあるが、——再読に際してわたしに見えているところでは——一層ポイントをシャープにしているだけに、はるかに誠実でもある一つのバリエーションとなっている。

伝記的には、彼の四つの国籍を一瞥することが必要である。ドイツ、スイス、アメリカ、ユダヤの四ヵ国である。すでに生徒のときに彼は、ドイツの伝統的な権威主義的な思考様式と行動様式には我慢がならなくなっていた。スイスの堅実なる自由の中では、若かった歳月の多くの困窮にもかかわらず、はるかに幸福であった。しかし彼は、第一次世界大戦後、彼のもとに転がり込んできた名声を、彼の祖国ドイツとその交戦諸国の間の理解のために用立てる心構えをもっていた。一九一九年、ドイツ人たちが世界の敵意に苦しむこととなったとき、彼はドイツ人たちと連帯した。激化してゆくアンティセミティズムを体験したとき、彼はユダヤ人たちと連帯した。彼自身に対するさまざまな個人攻撃はきわめて深い痛みを与えるものであったとはいえ、ドイツが彼を排除することになったのは、これら個人攻撃によってではなく、後には行動における非人間性をも結果するものとなった、対ユダヤ人感情の非人間性によってであった。そして、ここでは彼は、ドイツを決して許すことがなかった。アメリカの大学世界は彼に最後の、静かなる故郷を提供した。それも、完成された自由思想の中で。どの大国にとってもお定まりとなっていたように、アメリカが政治的に帝国主義への道を歩んでいたとき、このアメリカに対して彼は、痛みを覚えつつ、しかも成果を挙げることはないままに、批判を行なった。アメリカでは、権力の世界においてはどこでもそうであったように、彼は全く外国人なのであった。

自らの政治的確信という点では、彼は早い時期からすでに平和主義者であった——社会集団からの独立という彼のような性向の人間にとっては唯一自然な姿勢である。しかし、彼の平和主義は固定された教理ではなかった。ただ、平和主義ということは力の競争の諸結果に関するナイーヴに直截的で合理的な判断だったのである。そこから彼は、例えばヒトラーに対する武器をもっての抵抗が必要だと説くことで、平和主義者たちにショックを与えることもできた。シラードによって起草され、彼がサインしたルーズヴェルト宛の手紙、原爆の開発開始を導くこととなったこの手紙については数多くの人が彼を悪く言った。そして彼自身も、その結果についてはどうして良かったなどと思うことができたであろうか。自分でも必ずしもいつも精確に見通すことができたわけではなかった数多くの事柄に関して助けを求められたことは、彼の宿命であった。しかし、直接に反応し決断したのは、決定的な事柄では、彼に要求を出した人々ではなく、彼自身であった。シラードの論拠の中に彼は、能動的に参加している理性を見た——ヒトラーだけがあの兵器を手に入れてもよいのか——こうして彼は歴史的プロセスに自らを組み入れた。政治に関する彼の苦しみこそが、そもそも彼の政治的発言を信じるに値するものとしたのである。その死の少し前に、彼はバートランド・ラッセルがイニシアティヴをとり、パグウォッシュ運動を生み出すもととなった宣言文にサインした。政治的に見るなら、この運動は、全く重要でないなどとは決して言えない、非公式外交の道具となり、科学者たちが、後に政治家たちが採り入れることもできる幾つかのことを、公式の政治的負託からは自由な立場で予め議論する対話フォーラムとなった。直接の連関においてはさしたる作用をもってはいないとはいえ、道徳的にはこの運動はさらに重要であった。この運動は、権力の葛藤の中では抑圧されざるをえない真実が耳に聞こえるようになる幾つかの場面の一つであった。というのは、権力の闘いの中では人は、真実を言うことができない、にもかかわらず、歴史的な権力の闘いは、最終審においては真実によって裁定が下されるからである——その真実とそれゆえの結末が悲劇的であっても。

ニールス・ボーア

一九八五年、物理学者たちは、ニールス・ボーアの百回目の誕生日を祝っている。

この百年間の物理学者をただ一人だけ名指すよう言われるなら、それはアインシュタインである[1]。彼は、天性の創造力を備えた、今世紀〔二十世紀〕の天才そのものであったと言ってよいであろう。相対性理論は彼の作品であり、量子論は彼によってその軌道に乗った。彼より若い人々は、すべて彼の洞察の呪縛のもとにある。第二の物理学者を一人名指すとすれば、それがボーアである。彼は、原子理論において問うてゆく達人であった。アインシュタインが自らに閉ざしてしまっていた諸領域の中にまで、彼は侵攻していった。量子論の完成は彼の学派の仕事である。

二人は友人であった。アインシュタインの女性秘書ヘレーネ・ドゥーカスは、「彼らは熱烈親密に愛しあっていた」と言ったことがある[2]。老年期に入ってからアインシュタインは、原子構造の量子論についてのボーアの初期のいくつかの研究について、「思考の領域における至高の音楽性である」と書いたことがある[3]。しかし、量子論の解釈では、彼らの道は分かれていった。友人間の生涯にわたる論争に勝ったのはボーアであった、と言うべきであろう。

人間ボーア

ニールス・ヘンリク・ダヴィド・ボーアは、一八八五年十月七日、コペンハーゲンで生まれた。ボルンホルム島の高校長をしていた、父クリスティアン・ボーアは、自らもコペンハーゲン大学の生理学教授であり、精神的刺激に富む科学的友人仲間の一員であった。母、エレン・アードラーは、成功したユダヤ系銀行家で、政治的にも関心をもち、大慈善事業を計画的に進めようとしていた人の娘であった。ニールス・ボーアの弟ハラルドは、注目を浴びた数学者となった。一九一二年八月一日にボーアと結婚し、この冬まで、その家族の人々の中で、敬意と愛情に包まれて生きていたマルガレーテ・ノールンドも、同じようにコペンハーゲンの大学人世界の出である。

ニールス・ボーアは、コペンハーゲン大学で物理学を専攻した。勉学中に当時最新の理論物理学、例えばプランクとアインシュタインの論文を読んでいた。人間の認識の諸条件に関して深く省察をめぐらすにあたっての手助けは、父親の友人で哲学者のホーフディングから受けた。一九一一年、彼は金属の電子理論に関する論文で学位を取得した。その後まもなく、まずJ・J・トムソンの聴講生としてケンブリッジへ、ついでマンチェスターのアーネスト・ラザフォードのもとへ行った。ラザフォードとの出会いが科学における彼の生涯の道を決定づけることとなった。ちょうどラザフォードは、ガイガーとマースデンの衝突実験にもとづいて、原子の核モデルを提示したところであった。ボーアは、今日われわれが古典的と名付けている力学と電磁力学に従うなら、このモデルは安定状態にはありえないことを認識した。彼は、この不可能性の基礎的な本性を十分明晰に見ていたところから、モデルの方ではなく、古典物理学の基本法則の方こそが変更されねばならない、というあの決定的な一歩を踏み出すことになる。ボーアはプランクの量子仮説を原子物理学に導入した。一九一三年、彼は水素原子の量子論的モデルの作成に成功し、このモデルが、バルマー・スペクトルと、リュードベリ＝リッツ結合原理の一般的妥当性とを説明するものとなった。

これに続く一九二五年までの十二年間、原子理論面での研究の頂点を成したのはボーアであった。物理学において当時、比較可能なランクにあったのは、ラザフォードとその学派による原子核のさらなる開拓、一般相対性理論を目指していたアインシュタインの孤独な道の二つだけであった。しばらくの間、理論物理学でボーアの最も重要なパートナーとなっていたのはゾンマーフェルトであるが、彼のミュンヘン学派からはハイゼンベルクとパウリが出ることになる。この時期におけるボーアの、見える形での最も意義ある成功は、元素周期系理論であった。理論面での彼の最も重要な業績は、量子論の構造の解明のための休むことなく続けられた研究であった。とはいえ、最も影響力を発揮することとなったのは、物理学の歴史の中には比肩しうるものがないかもしれないような一学派をボーアが創り上げたことである。

ボーアにとって大きな模範は、ラザフォードであった。種牛のような体格をした、力持ちで、楽天的で、善良なこのニュージーランド人は、はにかみ屋で、博愛主義者、深く考えるタイプで、限りなく繊細なこのデンマーク人の師となり、その後ごく短時間のうちに友人となった。ラザフォードの実験研究所は、世界中の優秀な若手研究者たちのために開かれていた。ラザフォード自身の集中度と、意欲に溢れているとともに、耳を傾けることのできる能力とが、〔発言を〕カードに記録されることもなく、〔意見を〕小出しにされることもない、全く自由な討論の雰囲気を創り上げていた。そして、ここからはさまざまな新しいアイディアが生まれ、加工されていっていた。ボーアは同じものを理論のために創り上げようとし、そのことに彼は成功した。コペンハーゲンの彼の研究所は、一九二一年に開所式を行なった。この研究所において、次の十年間に量子論の究極的形態の解明がなされることとなった。

その故国におけるボーアの名声と影響力は大きかった。しかしこのことは、同時に、仕事面での負担がたえず増大してゆくことをも意味していた。研究所の設立と指導だけでもすでに、一見あれほど不器用に見えたあの人にとっては、組織面での大事業の連続であった。さらに、政府の諮問委員や名誉職の責務が幾重にも加わってきた。一九三三年、ドイツ出国者たちの世話が緊急の課題となった。永続的な地位をこの人々に供することは、デンマークにとってはほとんど不可能であった。しかし、きわめて大きな意義をもつ出国物理学者たちの多くが、ボーアの目配りの利いた厚意と、彼の組織面、資金面での援助の力で一時的な宿や仕事、人間的暖かさを見出していた。〔ノーベル物理学賞受賞者の〕ジェームス・フランクをすべての人々の代表として一人だけ挙げておこう。

一九四〇年、デンマークはドイツの諸部隊に占領された。ボーアはその研究所の指導の職に留まっていた。一九四三年、移送の危機にさらされていた人々がドイツの高官からの時宜を得た警告にもとづいて、オレスンドを経てスウェーデンに逃れたとき、それらの人々の中にボーアもいた。イギリスを経て、彼はアメリカに行った。弟子たちや友人たちに諸手を挙げて迎え入れられ、まもなく彼は、マンハッタン計画、すなわち原爆建造の中枢にいることになる。数年間にわたって彼は、自分の力のかなりの部分を、この爆弾の政治的諸結果を国際的なある平和秩序創設へと移し替える試みに振り向けた。ルーズヴェルトやチャーチルとの対談、一九五〇年の国連宛の公開書簡は効果をもたらすことなく終わった。このテーマにかかわる事柄には、きょうの講演では立ち入らずにおくことが正しいと思う。第二義的なランクで扱うには、物理学のあまりに重い事柄だからである。その上、わたしがきょうお目に掛けたいと思っていることは、基礎に寄せられたボーアの今なお汲み尽くされてはいない、いくつかの思想の方である。それらの中にこそ、彼の世界史的な働きもあるのである。

一九四五年、ボーアはデンマークに帰国する。彼は一九六二年十一月十八日に死んだ。その間の十七年間、彼は倦むことを知らぬ昔の根気で活動を続けた。国際的な科学協力の再構築に、例えばスイスのCERN〔欧州原子核研究理事会。今日では「欧州原子核研究機構」と訳される〕などの諸機関の創設に、彼は指導的立場で貢献した。

一九六三年、彼の水素原子理論五十周年を機に開かれたコペンハーゲン会議は、同時にニールス・ボーア追憶の会議ともなった。

おそらくは、概念よりも、イメージやエピソードをもってする方が、ある人間をうまく特徴づけることができるのかもしれない。わたしはまず、わたし自身が彼とともに体験したことから少し語ってみたいと思う。その際、わたしが数年前に公刊した追想記から若干部分をそのまま引用するとしても、お許しいただけるであろう。

わたしがボーアを初めて知ったのは、一九三二年一月のことである。あの折、ハイゼンベルクは、ノルウェーでわたしの家族と一緒にクリスマス休暇を過した後、わたしとともにコペンハーゲンを経由してライプツィヒまで帰ることになった。彼はコペンハーゲンでの列車の乗り継ぎの間の空き時間をボーアとの対話に利用した。そしてこの話し合いに、彼はわたしも伴ったのである。三時間にわたって両者は量子論の哲学に関して話した。わたしは黙ってそこに掛けていた。それは、思想的にはおそらく、わたしの生涯の中で最も重要な出会いだったであろう。あのあと、わたしは日記帳にメモした。「生まれて初めてわたしは一人の物理学者を見た。彼は考えるという病にかかっている。」

当時ボーアは四十六歳で、十九歳のわたしからすれば老人であった。中くらいの背丈で、姿勢は軽く屈み加減であった。ものを考えている時にはしばしば、それもはにかんでいるかのように、少し傾けられる頭は、半分ずつ別々の部分からできているように見えた。深い省察に沈んでいる際に掻きむしっていた髪は多少まばらで、すでに白いものも目立っている。髪の下方の狭く高い額には深い皺が何本も刻まれている。思考するということの奇怪なほどの強烈さ。顔の下半分は多少豊かな感じ、ソーセージのような両唇、多少垂れ気味の両頬。人の好さそうな一デンマーク市民。しばしば稲妻のように顔を横切る、はにかんだような微笑みが二つの部分を一つにした。茂みのような眉の下、奥深くにある両眼は精確に諸事物を睨んでいると同時に、諸事物を貫いてわれわれ余人には究めることもできないような遙かなところを覗きこんでいるようにも見えた。〈ともに同じ人間である人間〉には、その両眼は、はにかみと同時に、ほかのどこでもわたしが見たことがなかったような慈愛を湛えて向けられていた。

両手に関して一言。華奢で、金髪の若い男性、ハイゼンベルクは、芸術家的な、和音全部に届く、引き締まった、ピアニストの両手を持っていた。ボーアは、多少肉づきのよい、幅のある、太めで、頑丈そうな、木彫り職人の両手をしていた。彼はいろいろなことに手を染めることができた。若い物理学者の頃は実験をしていたが、使用する試験管を自分で吹いて作ったこともある。ハイゼンベルクのスキー小屋で客となっていたときには、風車作りの競争に勝ったこともある。彼のが一番単純な作りで、しかも問題なく回った唯一の風車だった。

彼を粘り強いスポーツマンと見る人はまずいなかった。にもかかわらず、一九〇九年頃のデンマークでボーア兄弟は、一九七五年頃のドイツにおけるフランツ・ベッケンバウアーと同じくらい有名だったのである。いうまでもなく、ニールスよりもハラルドの方が有名だった。ハラルドはオリンピックで銀メダルをとったサッカー・ナショナルチームのハーフバックだった。ニールスはゴールキーパーだった。ということは、彼は、オリンピック代表チームで弟が占めていたポジションでプレーするにはほんの少しだけ及ばなかったということである。ボーアはバルト海でのヨット遊びを愛していた。スキーもした。そのために、自分には馴染みのなかったアルプス山中で、何年も続けてハイゼンベルクの客となりもした。

わたしを魅了したのは、彼の「日常の哲学」である。ハイゼンベルクとわたしが、高いところにあったスキー小屋から、オーバーアウドルフの駅まで〔降りてきて〕彼を迎えたあと、一メートルはあった新雪に降りる際にわれわれが付けていたシュプールを辿りつつ再び登っていったとき、彼は言ったものである。「君たちが前もって降りてきてくれていたとは何とすばらしいことだろう。しかも、それが全く当たり前のことではないのだ！ なぜなら、山というものは普通は下から始めないといけないのだから。」ヒュッテで彼は、本能と知性の基本的区別に関して長いこと哲学していたことがあるが、知性について、彼は言語を引き合いに出して締め括った。「人間の乳飲み子は一個の動物であるが、話すことを学ぶことができる。」「われわれ人間には本能もあるのではないのですか」との問いに答えて、彼は言った。「そう、われわれがそうとは気づいていない、あらゆるところにある。」

解説のためのエピソードを二つ。ボーアとハイゼンベルクは、ある時シュラント島を初めて二人で歩いて回ったが、その折、的に石を当てる競争をしたことがある。最後にハイゼンベルクがすごく遠くの電信柱の方向に向けて大して意識もせずにいい加減にもう一つ石を投げ、電柱に命中させた。ボーアは言った、「あれに当てようと思っていたら、当たらなかっただろう」。カシミールが物語っていることであるが、ボーアは、彼のところへ来る外国からの若い客人たちと時に気晴らしのため西部劇を観に行くのが好きだった。善玉の方がすばやく撃つので、いつも最後には悪玉の方が負けることになる道学者的非現実主義を、誰かが批判した。ボーアは言った。「そうはいっても、悪玉はやはり四分の一秒の戸惑いの閾を超克しないといけない。善玉の方は良心に自信があり、必要となればすぐに撃つのだ。」実験で試してみることになった。子供用の玩具の鉄砲を二挺買ってきた。ボーアと、例えばガモフが、互いに向き合って席についた。もちろん、ボーアが演じるのは善人の役でなければならず、相手方が構えるのを見てからでないと構えてはならない、とされた。テストは何回も行なわれたが、毎回ボーアが相手方を射殺したのである。

教師としてのボーアについては何百というエピソードが伝えられている。彼の昔の弟子たちは、フリーメーソンの合い言葉のような彼の語り口の数多くを今日もなお話の種にしている。皆は彼を、しばしば理解していなかったし、ほとんど限りなく賛嘆し、限りなく愛してもいたので、彼を多少茶化すこともしたのである。

話をするときには、ボーアはどう聴かれるかも文法も論理も忘れていた、と皆は言ったものである。皆がもう知っていることを、彼は、小声で、吃りながら、同じことを何度も繰り返しながら言った。その上、本当に重要なことを言うときには、さらに、口に両手をあてさえした。しかしその後、別の誰かが――かりにハイゼンベルク、あるいはディラック、パウリとしておこうか――レポートを発表しているときには、独特の途方にくれたように友好的な語り方の砂糖パンに包み込んださまざまな問いで、その人物〔の話〕を中断したものである。「ほんとに、とてもとても面白いですね……。われわれはもちろん……あなたが考えているよりはずっと一致してはいる……のです。わたしが言おうとしていることは……批判しようというのではなく……ただ学びたいだけなのですが……わたしは言わざるをえません、わたしは言わざるをえません……。」全く愚にもつかない人の場合には彼は諦めて、「おお、とてもとても！」とだけ言ったものである。そしてそのあと、容赦なく一切が明晰になることとなったのである。ウィリアムズのあるレポートをボーアの要望にもとづいて補足を加えながら書き留めたとき、評価してもらうためにわたしは書き上げたものをボーアに提出した。そのあとわれわれは、わたしの論文に関して三時間語りあった。ボーアはすごく疲れた状態で開始した。ほとんど散漫と言ってよかった。そしてわたしは、最初は彼のすべての問いに答えることができていた。しかし、最後の一時間、わたしは追いつめられ、ボーアは勝ち誇ったように、しかも全く悪意はなしに言ったのである。「いま分かりました。いまポイントが分かりました。ポイントは、一切があなたの言われたこととはまさに逆だということなのです。そこがポイントなのです！」

このような経験を幾度かすることで、人は物理学を学んでゆく。あの折にわたしは、コペンハーゲンで成立する論文のどれにも筆者名が付されておらず、「コペンハーゲン大学理論物理学研究所」という名称だけしか記されていない理由を見出したのである。

わたしは何をボーアから学んだのか。この点に関してこれから話そうと思う。

量子論の歴史におけるボーア

一九〇〇—一九一二年。ボーア以前の量子論

Lasciate ogni speranza, voi che non entrate
〔一切の望みを捨てよ、この門に入るを欲せざる者は〕

〔ダンテ『神曲』「地獄篇、第三歌」にある詞のパロディー〕

プランクは、正門を通って量子論の中へ入ってきた。すなわち、古典的基礎物理学の不可能性の認識を通って。白状するが、これは、まずはわたしの主観的な解釈である。ただし、わたしは、これはボーアの意味でさらに先まで考えられた解釈であると思ってもいる。あの保守主義者、プランク自身は、事をこのように見ることはできなかった。問題は、最初はただ一つだけの、一見きわめて特殊な古典的理論の不可能性であった。すなわち、ある熱交換物質（「炭素ダスト」）と相互作用をしているマックスウェル放射場の熱力学〔の不可能性〕であった。ただし、この理論は、統計力学の諸方法を信頼できる程度で自らに適用できるところまで十分に精密化されていた唯一の理論だったのである。この理論の問題は古典物理学全体の問題にとっての範型的なものであることが徐々に明らかになっていった。

　この問題には一つの前史があった。ボルツマンは、ほかにもあるにせよ、何よりも動力学的連続はその無限に多くの自由度のゆえに熱力学的平衡をもつことができないとの論拠をもって原子論を根拠づけていた。しかしそうだとすると、連続体力学を原子の内部に適用することは禁じられねばならなかった。通常の物理学を原子の内部にまで適用する場合、原子論が齟齬をきたすことは、プラトン、アリストテレスからライプニッツを経てカントにまで至る哲学者たちにとってはすでに明らかなことであった。祝福された素朴さの中で十九世紀の化学者と物理学者たちはこの問題を理解することはないままに、しかも幾百万もの経験的事実を整合性を欠くモデルを用いて正確に記述していたのである。

　アインシュタインは、一九〇五年初頭、量子論に関するその最初の仕事、ついで特殊相対性理論に関する最初の仕事を数週間で執筆した。同じ時期に友人、Ｃ・ハビヒトに宛てて、相対性理論に関する仕事について「その運動学的部分は君の興味を呼ぶはずである」とだけ書いている。それに対して量子論に関する論文の方は、彼はこの手紙の中で「きわめて革命的」と呼んでいる〔A・パイス、上掲書〔本章原注（2）参照〕三〇頁〔前半部分については、西島和彦監訳『神は老獪にして――アインシュタインの人と学問』産業図書、一七六頁〕〕。革命的なるものとは、プランクの帰結の不可避性の精密な解析であった。後年の自伝（『自伝的なるもの』、上掲書〔本章原注（3）参照〕四四頁〔アインシュタイン／中村誠太郎・五十嵐正敏訳『自伝ノート』東京図書、五九頁〕）の中で彼は、「しかし、物理学の理論的基礎をこれらの認識に適応させようとするわたしのすべての試みは、全く挫折した。構築できるだけの堅固な根拠が示されることのないまま、両足の下の土台が取り去られてしまったようなものであった」と書いている。この箇所に続くのが、これほどまでに揺れている基礎の上でもなお原子殻の諸法則を見出すことができたボーアの「音楽性」に対する、冒頭で引用した賛美である。

こうして、アインシュタインの思考の中では、一九〇五年すでに、後年ボーアと剣を交えることになる試合場が、さしあたっては、いわば量子論におけるアインシュタイン自身の諸発見との間の闘いのような姿で準備されていた。それに対して相対性理論の方は、立派に根拠づけられている古典物理学の首尾一貫した発展的形成物としか、アインシュタインは感じていなかったのである。

一九一三―一九二五年。ボーアとボーア学派

量子論の歴史は、今日では数多くの描出の中によく記録されている。ボーア理解のために、わたしは特に、K・M・マイヤー＝アービヒの『対応性、個別性と相補性』（*Korrespondenz, Individualität und Komplementalität*, ヴィースバーデン、一九六五年）と、E・シャイベの『量子力学の論理的分析』*The Logical Analy-*

sis of Quantum Mechanics（ニューヨーク＝オックスフォード、一九七三年）の第一章を参照することを奨める。

ボーアがラザフォードの原子モデルの不可能性を古典物理学に則して検証したとしても、彼がしたことは、基本的には、アインシュタインがプランクの仕事を手がかりに古典的電磁力学のため引き出していたと同じ結論をこのモデルのために引き出したにすぎなかった。それゆえ、彼がプランクの量子条件を水素原子に適用したことは全く首尾一貫していたのである。クーロン＝場における非古典的な量子条件と古典的軌道の雑種がたまたま定量的に、正しいスペクトルを結果したことは幸運なケースであった。とはいえ、量子論に含まれる革命的なるものを塗り込めてしまうことなく、練り上げることこそが彼の課題であることは、彼には初めから分かっていた。

ボーアの理論の最初の十年間は、『原子構造とスペクトル線』（*Atombau und Spektrallinien*, Braunschweig, Friedr. Viewe & Sohn 1924）というゾンマーフェルトの本のタイトルに標示されたフィールドにおける勝利の進軍であった。この関連でわれわれに関わりがあるのは、ボーアがこの研究を前進させてゆく中で量子論の基礎をいかにしてさらに深いところに置こうとしていたかということである。最初の重要な一歩が対応原理であった。ゾンマーフェルトはこの原理の中に、閉じられていた扉を開く「魔法の杖」を見た。この言葉をもって彼がきわめて判明に標示していたものは、哲学的に基礎づけられた思想の、彼には必ずしも全面的に把握できているわけではない成功に対するこの数学的＝美学的功利主義者の密かなる戦慄であった。実際には、対応原理は、もっと古い、きわめて成功に満ちたものであったある理論——ここでは古典的電磁力学——と、この理論に取って代わることになるはずで、まだこれから創り上げてゆくべきある理論との間の関係についての反省から生まれ出る。この対比関係をハイゼンベルクは後年、理論物理学の歴史を「完結した諸理論」の逐次継承とする記述——今日なお科学論が齧り続けている一個の巨塊——の中で一般化した。

ボーアの道に恐ろしい危機が生じたのは、一九二三年―二五年である。ボーアは、その時まで――大多数の物理学者と同じように――真正の粒子としての光量子というものを信じることは決してできなかった。彼はあるとき言ったという。「もしアインシュタインが、光量子の究極的証明をついに見出したという無線電報をわたしに送ってきたとしても、そのことが証明していることは、ただ、その電報が着き、電磁波の理論が正しいこと、したがってアインシュタインの言っていることが正しくないという事実だけでしかない。」光量子仮説が予測していた、電子による光の散乱の際の運動量収支を一九二三年、コンプトン＝効果が証明した。一九二四年にはボーア、クラーマース、スレイターは、放射場の統計的解釈によって、光量子抜きで、この成果を説明しようと試みた。放射は単に「潜在的な場」として、粒子間の相互作用を媒介するものと想定された。そして、場の強さは入射プロセスと吸収プロセスの確率に比例するとされた。放射の伝播はいつも厳密に古典的なマックスウェル方程式を満足しているとされた。つまり、「波束の収縮」は光の吸収あるいは拡散の際にはありえなかった。まさにこのことの中から個別プロセスにおける保存則違反が結果してきたのである。この帰結はその後、ボーテとガイガー、およびコンプトンとシモンの諸実験によって一九二五年に論破された。彼らによる論破が、量子論の正確な表現へ向けてのおそらく最も重要な一押しを与えることとなった。一九二五年七月、ヘルゴラント島でハイゼンベルクが量子力学を構想していた際に、決定的な請求となったのは、個別的なプロセスにおけるエネルギー保存の検証だったのである。

ボーアはボーテとガイガーの実験のあと、ただし量子力学の提示よりはまだ前に、自分が入手していた教訓を原子プロセスの個別性の概念にまとめ上げた。マイヤー＝アービヒがその本のタイトルで列挙しているボーアの三つの基本概念、対応性、個別性、相補性の中では、個別性が中心的概念である。対応性と相補性はむしろ認識論的概念である。対応性とは、古典理論と比較的新しい理論の間の関係を標示するものであり、相補性は、古典的諸概念が新しい理論の中で使用される際の両者相互間の関係を標示している。それに対して個別性は、実在を標示する一概念である。この概念は、原子的な諸プロセスが現実にどのように推移しているのかを言明する。ボーアは、これらの語彙をそれらの本来的なラテン語の意味で使用していた。個別性とは、分けることのできないもの、不＝可分なるものを標示する。コンプトン＝効果の際の不＝可分なるものとは、まずは、ボーアもいまや認めざるをえない光量子である。しかし、アインシュタインに対する降伏は完璧なものではない。本来の意味での不可分なるものとは、光の生成、散乱、吸収のプロセスそのものである。粒子の古典的概念によっては、光は説明されない。というのは、光の伝播は場の方程式を満足しているとのボーアの論拠は保持されたままであるから。われわれはむしろ、粒子と場という両概念についての一つの批判のきっかけとして、両概念を光のために用いるよう強いられているのである。

量子力学の完成がこの問題の解明を可能とした。

一九二六―一九三五年。ボーア、ハイゼンベルク、そしてアインシュタイン――解釈論争

対決は、二人の王様それぞれの将軍同士でといった格好で、ハイゼンベルクとシュレーディンガーの間で始まった。ハイゼンベルクは、原子という古典的モデルを全面的に回避する中で革命を完成しようと試みていた。シュレーディンガーは、物質をも場として記述する中で、革命を撤回することを望んでいた。シュレーディンガーの数学的方法はまもなく、特に、ハイゼンベルク、ボルン、ヨルダンによって定式化された行列力学との等価性が検証されてからは、量子論者全員の標準装備となった。しかし、シュレーディンガーは、彼の波動が粒子現象を説明してはいないことを、つまり彼は統一的な連続理論を創り上げたのではなく、粒子と波動の二元論を物質に移し換えていたのであることを、認めねばならなかった。ボルンはいまや、アインシュタインが「幽霊場」という冗談半分の名のもとにすでに早い時期からマックスウエル場のために検討していたものであるとともに、ボーア、クラーマース、スレイターにとっては中心的なものであった波動の統計的解釈をも、シュレーディンガーの波動方程式に移し換えた。このことをもって新しい量子力学の解釈の問題は解決されたわけではなかったが、明晰な形で立てられることにはなったのである。

後年「コペンハーゲン解釈」と名付けられることになった解釈は、一九二六年から二七年にかけての冬に、ハイゼンベルクとボーアの間での友好的な格闘の中で成立した。両友人は別々の出発点をもっていた。後になってハイゼンベルクは、「わたしはゾンマーフェルトからは楽観主義を、ゲッティンゲンの人々からは数学を、ボーアからは物理学を学んだ」とわたしに言ったことがある。彼の量子力学は、楽観主義と数学抜きには決して成立することはなかったであろう。理論を原理的に観測可能な諸量の間の数学的諸条件に限定しようとするということは、あの二十三歳の青年自身が追加した哲学的楽観主義であった。アインシュタインはある対話の中で彼に、「何が観察されうるかを決めることは理論にしかできない」と諭した。この認識のハイゼンベルクによる適用が不確定性関係であった。出発点は物理学者全員の信仰箇条「観察されうるものは実在する」であった。その上で、不確定性関係は「観察されえないものは実在しない」という、論理的には誤った反対命題を言明することはせず、「実在しないものは観察されえない」という正しい反対命題を言明する。数学的仕上げを施された量子力学では、同時に位置と運動量〔双方〕の固有状態となっているような状態は実在しない。もし量子力学が正しいなら、位置と運動量とを同時に計測することは原理的に不可能でなければならない。このことは思考実験が検証している。

それに対してボーアは、数学的構造から出発することは決してせず、われわれが概念を用いて経験を記述する際の記述の仕方の分析から出発していた。彼は、波動として知られている光の記述にも粒子概念が必要であったし、粒子として知られている物質の記述のためにも波動場の概念が必要であることを学ばねばならなかった。粒子と場という両概念は、光と物質の両対象に妥当した。ボーアは、両概念は両対象の真の本性を単に不完全に表現しているのみであり、現実は原子的プロセスという個別性〔不可分性〕である、と推論した。ここで登場するのが相補性という概念である。粒子と場という両概念は相補的である。すなわち、同一の客体に厳密に適用される場合には、両者は互いに相手を排除し合う。しかもそれなのに、その客体の経験的振舞いの完璧な記述のためには両方が必要なのである。

多分さらに深いところまでゆくのが、両概念それぞれが経験の厳密な記述であると言わんとされる場合には、諸プロセスの個別性は両概念のいずれをも排除しているという考察であろう。つまり、そうであるとすると、それぞれ他方の概念を導入することも、最初に考察されていた方の概念を個別性が排除していくる仕方を見えるようにすることでしかない。この考察のためには、字句どおりにボーアのテクストに関連づけることはできないが、彼の意図から大きくは外れていない論述をしているものとわたしは思っている。空間＝時間＝連続は、どの連続もがそうであるように、思考上は分けることができる。いずれの体積も、思考上は、さらに小さな体積に分解することができるし、いずれの時間的長さもさらに小さな時間的長さに分解することをさせる。場と粒子軌道は、空間＝時間＝連続体の中で定義されている。つまり、真正に不可分のプロセスは、ある場の、あるいはある粒子の運動としては、あるいはそもそも全く空間＝時間＝

連続体の中では記述されえないものなのである。「真正に不可分」とは、分割に対して超克不可能な抵抗を対峙させているようなプロセスが、実際に存在するものとして、ここに置かれているということではない。それはむしろ、物理的分割は、強引に強要されるときには、そのプロセスを破壊する、ということである。ある静止状態における運動、例えば水素原子の基底状態における運動は、ある（この場合には静止的な）不可分なプロセスのための一例である。まさにこのゆえに、この運動を粒子軌道として記述することはできない。そして、まさにこのゆえにこの原子は安定してもいる。いま現に電子が原子の内部のどこにいるかということをガンマ線顕微鏡で経験しようとする人は、光波の長さの精度で電子をある位置に見出すことにはなるであろうが、その人はその原子を破壊してしまってもいることになるのである。

ボーアは、一九二七年の秋、どれほどアインシュタインの反応に好奇の念を抱いていたかについて語っている(4)。ボーアとハイゼンベルクは、自分たちの実験的定義に対する諸概念の依存性を分析するアインシュタイン流のやり方で、さらに一歩前へ進めることができたと信じていたのである。彼らは、アインシュタインが彼らの解釈を拒否したことに深い落胆を味わっていた。この理論の数学的構造については、アインシュタインは受け入れた。つまり、この理論の経験的な大きな成功を彼は妬むことなく承認したのである。ハイゼンベルクはわたしに語ってくれた、アインシュタインは一九二五年、短い、手書きの手紙の中で、彼の理論に対して祝辞を述べ、その理論の基礎について口頭での議論を求め、「誠心からの賛嘆の念のうちに、貴殿のA・アインシュタイン」というサインを付してきた、と。アインシュタインが受け入れることができなかったのは、この理論がそのコペンハーゲン解釈の形では、完璧ではない人間的知を記述したのみで、知から独立している自然のある現実を記述してはいないという点であった。長さと時間の定義が物差と時計に依存しているということについての彼自身の分析は、何か全く別のことと彼は感じていた。というのは、物差と時計も実在的な自然的客体であるから。量子論の非完璧性についての判断基準となっていたものは、アインシュタインにとっては、単に統計的でしかないという量子論の特性であった。

ボーアとハイゼンベルクの間にその先も存在し続けた、解釈に関する、多分重要なのかもしれないニュアンスの差が何を言わんとしているものであるにせよ、アインシュタインの反応に対しては両者は全く一致していた。一九二七年のソルヴェイ会議の席上、アインシュタインとボーアの間の巨人的な闘いが始まった。後年ボーアはこの闘いのことを一九四九年の彼の壮大な論文の中で細部にわたって描写している（「アインシュタインとの討論……」、上掲書〔本章原注（4）参照〕）。アインシュタインは不確定性関係を考慮に入れる必要のないことを示すであろう、ますます複雑さを増してゆく思考実験を次々と考案した。ボーアはそれらをすべて論破した。頂点は、一九三〇年のソルヴェイ会議における、重力場の中にあって光を放出する箱〔光子箱〕を用いたアインシュタインの思考実験であった。この思考実験では、箱の中にある一個の時計が放出の時点を精密に確定する一方、この箱の計量が放出前後の光エネルギーを精密に特定するものとされた。あの会議の折のものとしては、路上で撮ったアインシュタインとボーアの写真が一枚ある。つばの広い帽子をかぶったアインシュタインは陽気な様子で自信に満ちて前を歩いている。彼の左後ろ一歩半のところをボーアが歩いている。細いまっすぐな帽子を細い頭にかぶり、憂慮に満ちた顔で友人を納得させようとしている。しかし、眠れぬ一夜が明けると、ボーアはアインシュタイン自身の武器を用いて彼を打ち破っていた。計量中、床の上方にある時計の不特定の高さが、重力場における時計の進行を、まさに必要となる測度だけ不精確にしている、と。

この敗北の後アインシュタインは、量子論の非矛盾性をそのコペンハーゲン解釈の枠組みの中では受け入れた。しかし、量子論の非完璧性という非難は堅持し続けた。アインシュタイン、ポドルスキー、ローゼンの一九三五年の思考実験は（その五十周年が一九八五年、ある特別の会議において祝われる(5)）ボーアの意味での個別プロセスなるものが、アインシュタインの空間的＝時間的実在というイメージとはいかに一致させがたいものであるかを、劇的に示していた。この思考実験の議論は、本日の講演では——残念ながら——あまりに遠くまで導くこととなろう。ボーアは三人宛の回答の中で彼の現象概念を精密化した。この概念はある経験的状況の全体を標示している。感覚の単なる感じが現象なのでもないし、あるスケール上で針の指している所だけですらまだそうではなく、例えば一つの部屋、つまり研究所の技師によって建造された装置が、すなわち、放電される電流の強さを実験者が読み取る装置類が置かれている部屋全体が、現象なのである。ボーアは、この記述様式の枠組みの中でなら、アインシュタイン、ポドルスキー、ローゼンの結果がパラドックスではないと示すことができた。

自分には自明となっていることを相手にも理解できるように媒介することが、両者いずれの側にももはやできないということは、精神的友情の悲劇である。アインシュタインは、実在はわれわれの知覚には依存せずに存立していなければならないということに固執していた。それゆえ、ボーアの現象概念は彼の慰めとはなりえなかった。それに対してボーアにとっては、科学ではわれわれの知りうることしか語らないということは自明のことであった。彼の現象概念は、知の実在的諸条件を自らの内に取り込んでいた。すなわち、体をもって生きているとともに、互いに交流している人間、直観的に理解可能であるとともに、自分で作ったものでもある諸装置と付き合っている人間を。

交流には言語が属している。「われわれは言語の中で宙吊りになっている」とは、ボーアが、その晩年の協力者、オーゲ・ペターセンに対してよく口にしていたことである。諸概念の相補性は、われわれの表現手段の限界性と少し関わるところがある。われわれの自然記述は、ボーアによると、何よりも特に、われわれが実験を常に古典物理学の諸概念を用いて記述しなければならないということによって限界づけられている。歴史的に成立し、歴史的に超克されていた古典物理学に、ボーアがここまで特別な役割を付与していたことは、われわれ若い者には驚きであった。しかし彼は説明していた。実験というものには空間＝時間＝記述が属している。というのは、もしそうでないなら、われわれは実験を仕立てることも知覚することもできないことになるから。しかも、実験というものには厳密な因果性も属している。というのは、もしそうでないなら、計測結果から計測客体の状態を一義的に推論することはできなくなるから。しかし、空間＝時間＝記述と因果性とを統一することは古典物理学の中でしかできなかった。量子論では両者は相補的なのである、と。この点はここでは議論しないことにして、わたし自身は問題の核心を計測プロセスの不可逆性の中に探しているとだけ注記しておく。

冒頭でわたしは、生涯にわたる友人間の論争にボーアは勝ったと、慎重にだが述べた。経験という場では、この論争は今日まで継続している量子論の勝利の行進となった。一九五〇年代初期から炎を上げていった、隠された、場合によっては局地的なパラメーターの想定によって量子論を補足しようというさまざまな試みは、アインシュタインが目指して努力を傾注していたものではなかった。彼自身は、場についてのある非直線的で統一的な理論の中に解を探し求めていた。その生涯最後の歳月に彼は、この理論の基盤をもはや微分幾何学的にではなく、純粋に代数学的に定式化すべきではないかと考えていた。目に見える成功は、彼に対して拒否されたままとなった。いうまでもなく、成功の不可能性は証明されてはいない。

しかし、ボーアとて単純に勝者であったわけではない。量子論は確かに彼の諸成果との調和の中で展開されてゆきはしたが、終始、彼の精神においてというわけではなかった。

一九三二年—今日。ボーア以後の量子論

ボーア以後の量子論の開始として、わたしは、J・フォン・ノイマンの『量子力学の数学的諸基礎』(*Mathematische Grundlagen der Quantenmechanik*〔ベルリン、シュプリンガー社。井上健ほか訳『量子力学の数学的基礎』みすず書房〕)という本が現われた一九三二年を当てることにしたい。この年は、量子論において数学が権力を掌握した年であると言えるかもしれない。ボーアはノイマンの描出を全然好んではいなかった。彼〔ボーア〕は、数学を言語の一部としてしか、それも「純粋に象徴的な」一部としてしか捉えていなかった。彼にとってオブザーバブルとは、ヒルベルト空間における一個の自己共役演算子などではなく、そのもののためにならある計測機構全体が古典物理学の諸概念で記述されうるほどのものであった。

しかし、この思考様式をもってボーアは、文句なしの名声と、依然として持続していたコミュニケーション面での活躍の真只中にあって、ゆっくりと孤独になっていった。ボーアの文章スタイルは、物理学者の間では例のない入念なものである。長い、入りくんだ文章を用いて、彼はどの問題でも直接話し掛けるとともに、同時に全体の連関と均衡を維持しようともしていた。どの一語も長い検討と度重なる変更の後に、精確に選択されたものであった。しかし、まさにこのことが読み手たちに過重なものを要求することにもなっていた。つまり、彼〔の書くもの〕は理解不可能とされていたのである。それに対してノイマンの本は、法体系と対比するなら、法規範の法典化のような作用をすることとなった。すなわち、いまや知は聖別されていた人々にだけでなく、全員に道の通じているものとなったのである。法典化によって規範の内容も変更になっていっていることに気づいたのは、聖別されていた人々のみであった。

法典化の成功は例のないものであった。ボーアとハイゼンベルクは当初、原子殻のために開発された量子力学をある長い階段の中の一段と思っていた。つまり、彼らは極小の長さと高いエネルギーのためには、

それはそれでまた、根源的に新しい理論を期待していたのである。この種のことは何も起こらなかった。ヒルベルト空間の中における量子論は今日に至るまで手を加えられてはいない。相対論的粒子物理学もこの理論の枠組みの中で論じられている。未解決の数学的、経験的な諸問題を前にして出される疑念も、この理論の成立以降の時間の経過が長くなるにつれて、単に、特殊な端緒にかかわるもののみで、概念的枠組みそのものにかかわるものではなくなってきている。

今日の問題状況についてのわたしの主観的捉え方に関して、一言述べてみたい。抽象的量子論の成功の根拠を問うことは意味をもつ。わたしは抽象的量子論を、確率概念をただ一つだけの要請によって拡大した一般理論と捉えたいと思う。こうする場合、われわれに既知となっている量子論の彼方にあるはずのある理論というアインシュタインの問いは、意味あるものであり続ける。しかしわたしは、量子論を空間＝時間＝連続体へ還元することによってではなく、アインシュタインの希望とはまさに正反対の方向で、空間＝時間＝連続体をある純粋量子論の古典的極限ケースとして導き出すことによってこの理論を獲得すべきである、と想定してみたい。これらは主観的な推定であり、それらが正しいとするなら、これらの推定はボーアが踏み入ることはしなかった一つのフィールドを開拓するものともなるであろう。しかしこれらとても、迅速であるとともに、まさにそれゆえに移り替わってもゆく形式的端緒のいずれに対してよりも、ボーアの解析の厳密さの方により多くを負っている。

わたしはこのことをもって、今日の数多くの物理学者がもはや知ってはいないことを言いたいと思っている。ボーアの歴史的役割は、原子モデルと量子論の一解釈を創り上げ、最大の学派を創立したという完結したことだけではない。彼の歴史的役割には、次にくるであろう物理学的理論の大きな一歩がそれ抜きには不可能であるはずの一つの問い方を教えたという、完結してはいないものもある。それがどのようなものであったかということをこそ、わたしはこの講演の中で描出したかったのである。

哲学者としてのボーア

これだけで講演の一テーマとなる。ゆえにここでは、いくつかの示唆に限定しよう。

アインシュタインが、自分もその追随者であると感じていた哲学者はスピノザであった。ボーアは、スピノザなら今日、どちらに味方するであろうか、と一九三七年にアインシュタインと楽しく徹底的に剣を交わしたことがあると語っている。きっとアインシュタインであると、わたしは信じたい。スピノザは西欧形而上学の存在論的伝統に立っているが、この形而上学は存在者についての肯定的言明を探し求めることを基盤としている。それに対してボーアは、われわれは何を知ることができるのかという問いをもって開始したカントの追随者に属している。実際、ボーアの思想の細部にもカント的要素はある。彼が古典物理学を、空間＝時間＝記述と因果性とを一体化させうるということをもって特徴づけるとき、それは、カントが自然についてのわれわれの知を空間と時間という直観形式と純粋悟性の根本法則との共演へと向けて根拠づけてゆくやり方を想起させるものである。しかも、これら根本法則の中では因果法則がある際立った役割を演じているのである。これら諸原理を一致しうるものとはせず、相補的なものとしているような科学が与えられうるということは、いうまでもなく、カントを超えてゆくことである。

とはいえ、わたしがボーアの口から最も頻繁に耳にした哲学者は、ソクラテスとウィリアム・ジェームズであった。ソクラテスとボーアの親縁性は一目瞭然である。ボーアの相補性概念に対してジェームズの概念分析が与えた影響についてはマイヤー＝アービヒが明らかにした。最後に彼自らの同国人キルケゴールとの深い精神的親縁性も見紛うべくもない。

同時代の哲学に対しては、経験論的＝実証主義的なものであろうと、実在論的なものであろうと、あるいは先験主義的なものであろうと、ボーアは終始一貫、距離を置く関係を貫いた。三つの方向すべてに対する彼の懐疑は同じ根をもっていた。すなわち、それがその見解の言う無媒介な感覚的経験であるにせよ、古典物理学におけるように空間内の諸対象の知であるにせよ、数学におけるようなアプリオリな知であるにせよ、知の揺るぎなき基礎を提示できるとそれら三つの方向すべてが信じていたという点である。ボーアのソクラテス的本能は、これらの試みには深い懐疑とアイロニーをもって反応していた。彼の晩年の現象という根本概念は、いうまでもなく、三つの学派すべてが代弁しうる思想を含んでいる。ボーアの意味での現象とは、われわれが予め概念的に解釈している実在的諸対象に即した感官知覚なのである。

ボーアは、自己の哲学を体系的に描出したことは一度もない。彼は同時代の物理学者たちの中では最も深い哲学的思想家であった。ただし、彼は専門的哲学者ではなかった。どのようにしたら彼が哲学的な専門教育を自分のものとすることができたであろうかなどとは、わたしは想像してみることすらできない。そのようなことができるためには、彼の哲学的な頭は、いわば情熱的すぎた。彼は本を読み始めると、読み終える前に、その本と議論を開始してしまうのであった。他人の思想をそれらの思想自身の連関の中で解釈するという精神科学者を構成しているものは、彼の性には合わなかった。彼にとっては、直接的すぎる仕方で、それも直ちに真理そのものが中心となっていたのである。しかし、彼自身が真理の前に立っていたとき、彼は言葉に表わすことのできない深淵の前に立ってもいたのである。

論理的な諸帰結に軽々しく手を伸ばすことからこの深淵を引き離しておくことこそが、おそらくは相補性という彼の概念の最も深い目的であったと思われる。これは第一義的には物理学的な概念ではなかった。

この思考様式は彼にとっては大昔から馴染んできていたものではあった。一九二七年の偉大な発見は、彼にとっては、物理学の基盤の中にすらも、相補的にしか記述することのできない状況が与えられているということであった。後年彼は、この概念を多様な連関において適用した。すなわち、ある語の直接的使用とその語の意味分析との間の関係に、生命事象の直接記述とそれら事象の物理学的説明との間の関係に、正義と愛との間の関係に。実定的な宗教性に対する彼の異議は、そのような宗教性が形式的なるものによって、旧約の詩編と中国の知恵の話し方があらわなままに保っている、幾つかの最終的事物の思考の深淵を覆ってしまっていると見えていたということであった。

ボーアはこのような人物であった。誰が彼に比肩しえたであろうか。

ポール・アドリエン・モーリス・ディラック

ポール・アドリエン・モーリス・ディラックは、一九八四年十月、フロリダの隠居地において八十二歳で没した。通信社からの一通の短い記事が彼の死を報じた〔朝日新聞縮刷版では十月二十二日夕刊。なお、同日朝刊ではポピエルシュコ神父の誘拐が報じられている〕。偉大なインディラ・ガンディーと殉教者ポピエルシュコの死〔首相が撃たれたことと神父の遺体が発見されたことは、朝日新聞縮刷版ではともに十月三十一日付け夕刊に記事〕が当然にもわれわれ皆に感動を与えた同じ週のことである——ディラックの訃報に誰が気づいたであろうか。しかし、そのようなことはどうでもよかったのかもしれない。滝口めざし奔流となって流れ下っている、われわれのこの生を去っていったこの人がどのような人だったのか、今日〔なお〕誰が知っているであろうか。

ディラックは、一般大衆の間でよりも専門家の間ではるかに大きな名声を得ている学者に属していた——つましい、きわめて高貴なタイプの人間。われわれの世紀最大の理論物理学者を四人数え挙げよと言われたら、わたしはアインシュタイン、ボーア、ハイゼンベルク、ディラックを上げるであろう。一九二八年五月、まだ高校生であったわたしが、先行する三年間に量子力学と不確定性関係を発見していた、当時二十六歳のヴェルナー・ハイゼンベルクを訪ねた折に、彼は半分は冗談で言ったものである。「わたしは物理学を止めねばならないと思っている。すごく若いイギリス人がのしてきている。ディラックという名だ。すごく頭がいい――彼と競争するなんて、見込みのないことだ。」

ハイゼンベルクの発言は、ディラックがちょうど見出したばかりだった、電子の相対論的波動方程式に関係づけたものであった。この方程式はある例を手がかりに、――まさに個々の電子を例に――特殊相対性理論の要求と量子論の要求が互いに一致しうることの、数学的にきれいな最初の証明を提供しようとするものであった。同時にこの方程式は、その少し前に経験的根拠から推定されていたいわゆる電子の「スピン」を、この結合可能性の必然的帰結として説明してもいた。

ディラックのこの最も著名な発見を記述しようと試みる際には、わたしは、彼を非専門家に理解できるようにすること自体に伴う困難を痛感する。アインシュタイン、ボーア、ハイゼンベルクとは異なって、彼は、自分の思想を一般にも理解できるような著作で解説しようと試みることはしなかったし、数学的に精密なこの思索家は哲学的な解釈の曖昧さは避けていた。その業績の内容の短い要約をする前に、わたしは、彼の人となりと研究スタイルを描写しようと試みる方がよいかもしれない。

彼は平均よりは多少背が高く、華奢で、物静かな人であった。幅が広くまっすぐな額、そこからすっきり通ったまっすぐな鼻、賢そうな、多少夢見るような両眼、まっすぐな頤。口の上には、小さな、英国人らしいチョビ髭。口数は少なかった。誰かが彼に質問すると、しばらく熟考してから、友好的な落ちついた声で、可能で精確な最短の回答を与えた。そのあと再び沈黙に戻った。

研究のスタイルもそれに似ていた。時として彼は、方法的原理を定式化したことがある。「困難は分断し、一つずつ扱ってゆかねばならない。」これは一切が一切と連関し合っているとしていたボーアの思考タイプとは逆のものであった。ボーアを口をきわめて賛嘆していたディラックは一度、ハイゼンベルクに質問したことがある。「ボーアはすばらしい詩人になれたとは思いませんか。」「なぜ?」との驚きの問いにディラックは答えた。「さまざまな言葉を不精確に使用するということは詩作では有益ですから。」ディラック自身の天賦の才は、手綱の効いた＝創造的、数学的な想像力であった。彼は、最も単純で、可能な定式化を見出すまでは、どの問題に関しても熟考し続けた。彼の書く方程式はどれも簡潔であり、美的に完全で全体展望を得やすいものであった。彼の単純な数学的発明の一つ、「デルタ＝関数」は、まもなくすべての数学的物理学者の工具となったのであるが、著名なJ・フォン・ノイマンを頂点とするプロの数学者たちは、この関数にはいくつか自己矛盾的な特性があり、それゆえ、本来は認められるものではないと確言したものである。十年後にフランスの数学者ローラン・シュワルツが、デルタ＝関数を全面的に正当化することになる、関数概念の一般化を見出した。

友好的で批判的な一匹狼、ディラックの表現様式に関しては、仲間内では無数のエピソードが語られている。一九三二年、コペンハーゲンのボーアのところでのある集まりの席上、わたしが彼を知ることになった際のこと、彼は量子場理論の新しい理論的端緒を提示した。これには一時間以上にわたる議論が続いたが、それは主として、ディラックはいったい何を言いたかったのかということに関してであった。ディラックは黙ってその場に掛けていた。問われて彼は答えた。「繰り返さないといけませんか。」ハイゼンベルクが黒板のところへ行き、二つの文章を書き、両者のいずれが主張しようとしていることかとディラックに質問した。ディラックは黙って立ち上がり、一方の下に「イエス」と書き、他方の下に「ノー」と書いて、また腰を下ろした。議論は続いた。十五分後、ディラックは立ち上がり、「イエス」を消して、その代わりに「ノー」と書いた。彼は、一つの考えにはその考えの精密な表現はただ一つのみしかなくて、しかもそれを自分はすでに言葉に表わしたと確信していたのである。別のある集まりの際に、ディラックの講演のあとで聴衆の一人が、講演の中のある部分が分からなかったと言い、いくつかの質問を始めた。

ディラックは黙っていた。司会者が言った。「ディラック教授、質問にお答えいただけませんでしょうか。」ディラック、「質問などありませんでした。あれは一つの主張でした。」

ある時、ディラックは講演の中で、三メートルの高さのスライドボードに一つの数式を書き、この式を計算で証明するとまず告げた。彼は何行も次々ときれいに数式を書き連ねてゆきながら、黒板を上の方へスライドさせていって、ついに最初の数式は裏側に消えてしまった。それでもまだ書き続けた。計算が終わって一押ししたとき、その計算で証明された最初の数式が精確に正しい行間隔で再び下から黒板上に現われた。

皆で紅茶を飲んでいた際のある時のこと、パウリが、周りに掛けていた仲間が陽気に抗議するほど多量の角砂糖を自分の茶碗に入れたことがある。黙したままのディラックに、最後に誰かが彼の意見を尋ねた。彼はよく考えて言った。「パウリ教授のためには砂糖は一個で十分だと思います。」話題は変わった。ところが二分したとき、ディラックは言った。「誰のためにも砂糖は一個で十分だと思います。」会話はそれには構わず流れていった。しかし、ディラックは自分の思考過程の結末に到達して言った。「角砂糖の塊は〔どれも〕一個で十分なように作られているのだと思います。」

ところで、このスタイルで考えていたこの人は、何を陽の光のもとに掘り出してきたのか。

彼が理論物理学へと入ってきたのは、ちょうどハイゼンベルクが量子力学を見出したばかりの時であった。この理論に、ディラックは端正なまでに仕上げられた形式的描出を与えた。この描出は、後に彼がある著名な教科書の中に書き記し、古典的となっているものである。彼は量子力学を粒子のみでなく、電磁場にも適用した最初の人である。前述の彼の電子の波動方程式は、数学的には天才の一筆であった。しかし、この方程式は、既知の経験には反して、電子が負のエネルギー状態をも持ちうるという結果を引き起こした。一九三〇年、ディラックはその「空孔理論」を公にした。すなわち、負のエネルギーはすべて占拠された状態にある。そしてただ、占拠されていない状態、「空孔」のみが、海の中の気泡のように、逆の電荷の粒子としてわれわれの経験の中へと入ってくる、と。このようなことは誰も信じようとはしなかった。屈託のないあるゼミ＝裁判の席でフェルミは、この不条理の廉をもってディラックに「有罪判決」を下したものである。しかし、一九三三年に実験で陽電子が発見され、しかもこの陽電子がまさにディラックが予言していた特性をもっていたのである。

あれ以降に流れ去っていった五十年間にはディラックは、それほどセンセーショナルな発見をすることにはもう成功しなかった。新大陸などというものはそうはない。しかし今日、理論物理学の仕事をしている者は誰でも、再三再四、一連の重要な考えの始めのところでディラックの論文と遭遇することになる。わたし自身の経験から三つの例を挙げることを許していただきたい。R・P・ファインマンは一九四八年、その間に同じように古典的となった量子力学の定式化を呈示したが、この定式化からは古い力学の基本法則、いわゆるハミルトン原理が見通しの利いた様式で出てくる。そして、この考えは一九三七年のディラックのある研究に由来している。同年ディラックは、原子の力の特徴的諸定数と重力の諸定数との間の関係を宇宙全体（ウニヴェルスム）の中でのそれぞれの年齢に比例すると措定することを提案した。そして、今日、天秤はこの仮説に不利な側に傾いているように見えてはいるが、この仮説には大いに触発するものがあった。一九三六年ディラックは「共形空間」における特殊相対性理論に則った波動方程式を描出した。そして、この方法は一九六七年以降、L・カステルのいくつかの研究の道具となっている。そして、「原オルターナティヴ」というわたしの仮説も、数学的には［カステルの］これらの研究を支えとしている。

ディラック自身の控えめな姿勢には抗うことになるが、彼の業績が何を意味しているのか、哲学的に言おうとすると、われわれは、比較的新しい物理学についての、すでに決着している解釈論争が勧奨する方向とは全く別の方向へ目を向けさせられる。自然法則の高度な数学的合理性ということが謎なのである。哲学的言語を用いてこの合理性を適切に特徴づけることは、今日までできていない。そもそもこの合理性について話そうとするときには、美学的な諸カテゴリーが、避けようのない仕方で押し迫ってくるのである。ディラックは、この美学の意味で偉大な芸術家であった。ただし、彼は自発的に、彼自身には知られていなかったゲーテの警句、「形造れ、芸術家よ、口は開くな!」〔詩「芸術」の冒頭に置かれたモットー。『ゲーテ全集』潮出版社版、第一巻、二四九頁〕に即した生き方をしていたのである。芸術は、何が芸術かは言わない。ただそのものを、芸術は眼前に持ってきて見せるのである。ディラックが沈黙がちだったのはそのためである。

ボーアとハイゼンベルク。一九三二年のある思い出

一九三二年の元日を挟んで約十日間、ヴェルナー・ハイゼンベルクがオスロのわれわれ一家を訪ねてきた。わたしの父は一九三一年の夏の初めから当地でドイツ公使をしていた。わたしはライプツィヒの大学に行っていたが、一九三一年八月にはすでに両親を訪ねていた。そして、クリスマスの時期にも再びそうした。ヴァイキングや彼らのスカルド詩人〔北欧の宮廷詩人〕たちの一風変った曾孫たちで、ビョルンソン、イプセン、ハムスンの同国人でもある、あの国の住民自身には自分たちがパラダイスで生活していることがもはや分かっていなかったとしても、経済危機と失業、ワイマール共和国の政治的断末魔の呻きの時代にドイツからノルウェーへやって来たわれわれには、あの国は極楽島と映った。輝くばかりの夏、イエーテボリからオスロ＝フィヨールドに沿って首都の北を目指して夜行列車で行ったある週日の午前、わたしは、すべての岸辺が海水浴の人々で一杯になっており、しかもその中には沢山の若い男性がいるのを見た。オスロに着いたわたしに誰かが説明してくれた。数週間前からストライキになっているが、心配する必要はない、海水浴シーズンが終わればストライキも自然に終わるから、と。その間にも、ベルリンでは突撃隊と赤軍前衛隊が代わるがわる通りを練り歩き、小競り合いを繰り返していた。

冬のノルウェーは夏と同じくらい美しかった。ハイゼンベルクはわたしの弟妹やわたしと一緒に何日間ものスキー滞在のために、オスロの北、汽車で二時間ぐらいの中央山脈に出かけた。人里離れた一軒家の

農家に泊めてもらっていた——村というものはなく、互いにはるか離れた個々の農家が「教会堂区ごとに」まとめられているだけであった。だいたい八時頃に夜が明け始め、およそ十時頃太陽は地平線を横切って、南にある木々の梢を忍び足で掠め、二時には沈んでゆき、そして四時には黄昏も消えていた。明るい何時間か、森の中の果てしなく続く滑走コースを深く冷たい粉雪を貫いて滑った。そして〔途中〕幾度も幾度も、青みがかってキラキラ光る彼方の森の頂きへの視界が開けていたものである。夕方はいつも、暖かい台所に掛けて談話をした。農家の主婦が、われわれのためにヴォリュームたっぷりのご馳走をつくってくれたし、熱い飲み物を出してもくれた。

一月七日頃であったか、ハイゼンベルクはわたしと一緒にライプツィヒへ戻った。コペンハーゲンで彼は、ニールス・ボーアを訪ねるために汽車旅行を半日中断した。彼は前もって電話をし、学生を一人連れて行ってもよいかと尋ねたが、もちろん好意的に承認された。これがボーアとの最初の出会いであり、所も同じコペンハーゲンでの、五年前のハイゼンベルクとの出会いとほとんど同じくらい重大な結果を産むこととなった。われわれは研究所のボーアの執務室に掛けていた。ボーアは量子論の哲学的諸問題についてハイゼンベルクと語りたかったのである。彼らはおよそ三時間ほど話し合った。わたしは黙ってその場に掛けていた。あとからわたしは日記帳にメモした。「生まれて初めて一人の物理学者を見た。彼は考えるという病いにかかっている。」

ボーアは四十六歳、ハイゼンベルクは三十、わたしは十九だった。わたしからすればボーアは老人であった。彼は中くらいの背丈で、もしかしたらわたしより二センチほど低く、姿勢は軽く屈み加減であった。彼を粘り強いスポーツマンと見る人はいなかった。ものを考える時にはしばしば、それもはにかんでいるかのように、少し傾けられる頭は、半分ずつ別々の部分からできているように見えた。深い省察に沈んでいる際に掻きむしっていた髪は多少まばらで、すでに白いものも目立っている。髪の毛の下方の狭く高い額には深い皺が何本も刻まれている。思考するということの奇怪なほどの強烈さ。顔の下半分は多少豊かな感じ、ソーセージのような両唇、多少垂れ気味の両頬。人の好さそうな一デンマーク市民。しばしば稲妻のように顔を横切る、はにかんだような微笑みが二つの部分を一つにした。両眼はどうであったか。これについては一つの物語をしなければならない。一年後のこと、わたしはボーアと一緒にハイゼンベルクのところでのスキー滞在から帰ってきた。彼とわたしは、ベルリン行きの同じ列車に乗ったにもかかわらず、ミュンヘンの駅で別れの挨拶をかわした。彼は、ベルリンでシュテッティン駅までのタクシーを捕まえようとの意図で列車の前の方の寝台車に乗り、わたしは後ろの方の三等車に掛けていた。わたしは三等車でもよく眠れる術を身につけていたのである。ベルリンでは、わたしはプラットフォームを端から端まで歩いて行かねばならなかった。そして改札のところでわたしの母がボーアと親しそうに話しながら立っているのを見た――わたしは驚いた。というのは、彼らはその時まで会ったことはなかったのである。あとから彼女は説明してくれた。「あなたを探して見張っていたの。ところがその時、一人の男性がやって来たの。わたしはその人の眼を見つめずにはいられなかったわ。ボーアの写真が何枚か頭に浮かび、彼に声を掛けてみたの。そしたら彼だったのよ。」茂みのような眉の下、奥深くにある両眼は精確に諸事物を睨んでいると同時に諸事物を貫いてわれわれ余人には究めることもできないような遙かなところを覗きこんでいるようにも見えた。〈ともに同じ人間である人間〉には、その両眼は、はにかみと同時に、ほかのどこでも見たことがないような慈愛を湛えて向けられていた。両手に関して一言。華奢で、金髪の若い男性、ハイゼンベルクは、芸術家的な、和音全部に届く、引き締まった、ピアニストの両手を持っていた。ボーアは、多少肉づきのよい、幅のある、太めで、頑丈そうな、木彫り職人の両手をしていた。

「生まれて初めてわたしは一人の物理学者を見た。」——もちろんこれは、ハイゼンベルクに対しては一つの攻撃であった。わたしは、彼とはごく近い人間的関係にある人との間にしか生じえないようなある緊張関係の中で生きていた。彼が一九二七年四月、タクシーの中で不確定性関係をわたしに物語ってくれたとき——「ぼくは因果法則を論破したと思う」——あの時、あのことを理解するために、わたしは物理学を勉強することになるものと決まったのである。いまや彼は、わたしの先生であり、年長の友人ともなっていた。理論物理学の技術的なことすべてで、彼はわたしより絶望的に優っていた。彼が計算を開始したときには、わたしは止めて成果を待つことにした。しかしわたしは、彼は物理学の哲学的諸問題と自らを対決させることはしないという印象をもっていた。それも、それらの問題ゆえにこそ彼がわたしをこの専門領域へと誘い入れることになったのに、認識論的＝存在論的諸問題とも、——彼の言葉を用いるとして——「何かを意味している事物と、人が一致することのできる事物」とへという生の知的分裂の倫理的諸問題ともである。例えば音楽は何かを意味している。例えば数学に関しては人は一致することができる。それなのに、両者は互いにごく近いところにある。まさにこの要求を彼に突きつけたからこそ、わたしを可愛がってくれたのだと、わたしは確信している。しかしこの要求に対して、彼は教育的＝防御的な態度をとった。教育的には、「物理学というものは、真面目な手仕事である。この手仕事を学び終えてからなら、物理学について哲学してもよい」〔と言った〕。教育的に見るなら、この言葉をもって彼が言っていることは正しい。わたしが、まあ何とかさまになっている物理学者にできあがったのは、彼のおかげである。そして、わたしが何とか物理学者と言える者にならなかったとすれば、哲学面でのわたしの参加も、倫理＝政治面でのわたしの参加も、土台を欠いたままだったであろう。しかし彼は守りの姿勢で、「わたしにできることはわたしにさせなさい。その上で残りを君がするのもよいだろう」と言うこともできた。ここでは彼は、自らの天性であった慎ましさで、誰にとっても関わりのある、ある課題を避けようとしている、とわたしは感じた。わたしが厳しく迫ったときには、彼は、「人は時に深淵の中を覗き込むことはできる。しかし、深淵の中で生きることはできない」と言うこともできた。これには反論できなかった。当時わたしは、過大な要求を彼に突きつけていたことを知らなかったし、おそらくは彼も、どこで自分がわたしに過大な要求を突きつけていたのか、知ってはいなかった。

この状況下では、ボーアとの出会いはわたしにとって一つの救済であった。それまでに知り合っていた他のすべての物理学者とは違って、自分自身の認識に苦しむことを回避しない、世に認められた、一人の偉大な物理学者が、ここにいた。他の物理学者はすべて、何かを証明できることを誇りとしていた。自分たちが証明したことを理解してはいなかったこと、自分たちの証明したことが意味していることが何なのか分かってはいなかったこと、このことに彼らは気づかなかったか、あるいは気づくことを必要としないことをその心理的目的とするような認識論を彼らは発明していた。あるいは単一のものである生を二分し、他方の半分では例えば音楽をやっていた。ボーアにはこのことが分かっていた。相補性という彼の概念は、このことについて語ることができるために発明されたものである。例えば、彼がある概念の分析とその概念の無媒介的使用の間の排他的関係について話した場合などが、そうである。思考というものを、彼はリーマン面と比較していたが、これは数学者でない人には一つの螺旋階段を用いて〔目に〕見えるものとすることができる。すなわち、特異点（螺旋階段の軸）の周囲を回っていって、再びその面の同じ点の上方にくる、ただし別の段階において。これは彼にとって、簡単に言葉に表わすことのできる抽象論ではなかった。そして、そのことが同時に実存的な苦しみでもあったのである。彼の、あれほどしばしば描写され、友好的にアイロニー化もされた〈吃り口調〉、事が重要になればなるほどますます分かり難くなっていった彼のあの吃り口調は、この苦しみに源を発していた。彼は、ほとんど見込みのないままに、しかも繰り返し幾度でも、倦むことなき楽観主義で対話相手の理解を求めて訴えかけた。例えば、後のことだが、ある時、彼はわたしとの哲学的な会話を、黒板に一語「思考する」と書きつけることで始めたことがある。それからわたしの方を向いて、言ったのである。「何か別の一語をここに書き記しでもしたかのように、何か全く別のことをここに書き記したのだと言いたかっただけでしかありません。」

あの日、彼がハイゼンベルクと何を話していたのかは、わたしはもう覚えてない。ただ、あの日の話の香気はいまだに感じている。その後、われわれは旅立った。一九三二年のあの最初の六カ月の間、十九歳の少年の場合には当然のことでもあるが、わたしの中では、ここで描写した連関とは別の連関において、情緒的に一切が上を下への大騒ぎをしていた。しかし、上下する波の中から再三再四、ライトブイのようにあの一つの問いが顔を出した。「ボーアが言わんとしたことが何なのかを、そして彼の言っていたことが正しいのはなぜなのかを言うことができるためには、わたしは何を理解せねばならないのか。」どこまでも続く孤独な散歩の途上、わたしはこの問いで自分を苛め抜いていた。少年らしい全知＝功名心でわたしは、今こそ、ボーアとの面識を得た今こそ、「自分の」哲学への突破口を見出さねばならず、それを今しないなら、見出せる時は二度とないであろうと信じていた。

おそらくは三月十二日頃だったと思うが、わたしはハイゼンベルクと一緒にグローセ・トレイテンの南斜面にあった彼のスキー小屋に行った。列車で午後ミュンヘンからバイリッシュツェルへ行き、ツィッフルヴィルト（「吹雪が木々の梢を薙いでゆくところ」）に泊まるためにリュックサックとスキーを背負ってさらに一時間半歩いた。

それから翌朝ネッセルタールを抜け、ウンターベルガー・ヨッホを越えてシュタイレン・アルムへと登って行った。そこには、ハイゼンベルクのボーイスカウト・グループが朽ちたアルム小屋を修復し、その代わりに、農夫と交渉して冬の間スキー小屋として利用する権利を得ていた小屋があった。あの年、われわれは二人であそこへ行った。その次の年には、ニールス・ボーアと彼の息子クリスティアンとフェーリックス・ブロッホも一緒だった。後にハイゼンベルクは、その著作『部分と全体』〔本書五八頁参照〕の第十一章「言語に関するディスカッション（一九三三年）」の中で、一緒に過ごしたあの時のことをこの上なく適切な形で記述している。あれはわたしにとって、ボーアの「日常の哲学」と知り合う最初の機会であった。しばしば物語られたことのある〈コップを洗う物語〉を、わたし自身は次のように記憶している。ボーアは自らの業を誇らしげに眺めながら言った。「汚い水と汚い布巾で、汚いコップをきれいにすることができるとは――こんなことは哲学者に言ってみたところで、信じてはもらえないだろうね。」トレイテンの頂上からのわれわれの滑降時間の方は、わたしは精確に覚えているつもりである。すなわち、ハイゼンベルクは八分要し、ブロッホは十二分、わたしは十八分、ボーアは四十五分を必要とした。デンマークの広葉〔の落葉に積もった雪〕の上ではアルペン式のスキーを習うことはもちろんなかったのである。しかし彼は、決して降参しなかった。彼は粘り強かった。そして彼が作った風車は、完全なバランスで回った唯一の風車であった。

　ところで、一九三三年には、わたしはボーアの哲学に関してすでに落着いていた。わたしはすでに、いわば彼の哲学に光を当てるためのエピソードを蒐集していた。〔しかし〕今は、〔つまり〕その一年前には、彼の哲学はわたしを絶望せんばかりに追いつめていた。バイリッシュツェルから、わたしはフライブルクのゲオルク・ピヒトのところへ行った。芸術家的な刻印を帯びた彼は、わたしより一つ若く、わたしと同じように追いつめられていたのであるが、プラトンやニーチェ〔に対する〕と同じように現実全体に対しても開いていて、わたしにも哲学の充溢全体が分かっていると思っていた。彼に対してわたしは、矛盾する命題の真実性を擁護した。ただし、その一方でわたしは同時に、矛盾する命題がなぜ真実なのかに関していくつかのきわめて深い疑いにとらわれていたのである。

ライプツィヒでの学期が始まった。聖霊降臨祭の休暇の間はいつも、ハイゼンベルクは花粉症を避けて花粉の少ない地方へ逃げることにしていた。おそらくは五回、彼はこの逃避行にわたしを伴った。一九三〇年にはヘルゴラントへ、（年についてのわたしの記憶が正しければ）一九三三年から三五年まではスュルトへ。一九三二年には、われわれは〈テューリンゲンの森〉地方のゴタ近くの海抜の高いブロッテローデ村へ行った。ここには若いブナ広葉樹林があり、その緑は太陽の中で、まだ乾ききっていない水彩色のように繊細に輝いていた。長い夜間には丘歩きが、そして朝方には、レンウェーク連山の遙かな、多少メランコリックな眺望が、できた。バイエルン人ハイゼンベルクがフーゴー・ヴォルフの〔歌曲〕『ビテロルフ』から引用した、

闘いに倦み、陽に灼けて、
遙かハイデの浜に、
森も緑のテューリンゲンの地よ、
そなたをこそ、わたしは想う。

「森も緑のテューリンゲンの地よ」と彼は繰り返した。「いみじくも言い当てている。これは真実だ。ドイ

ツというところはそうなのだ。」

そのほかのことでも、ブロッテローデでのわれわれ二人はきわめて勤勉であった。一九三二年一月、チャドウィックが中性子を発見した。このことが物理学理論のさらなる進展に関するハイゼンベルクの期待にある小さな革命を産み出した。一九一二年のボーアの基礎的認識は、原子の安定性の説明は単に原子のある新しいモデルを要求するのみでなく、物理学の新しい基本法則を要求する、というものであった。一九二五年、ハイゼンベルクは二十三歳で、これらの法則に、量子力学の名称のもとで今日に至るもなお究極的とされるその形態を与えていた。科学論的反省のレベルでは、このことは、基礎的理論物理学は均等な知の積み上げという形ではなく、それぞれ〈完結した理論〉の一系列という姿で前進してゆくという思想のモデル的な例となっていた。ボーアも彼も当時は、量子力学を最終的な基礎理論とは見なしていなかった。つまり、彼らは早晩この段階を超えてゆくさらなる進歩を期待していたのである。ハイゼンベルクは、青年時代の仕事が生涯最後の偉大な霊感であったという考えには決して耐えられなかった。ボーアとハイゼンベルクは当時、電子がいかにして原子核の中にあることができるのかという問題は、その解決のためには、量子力学の彼方のある新しい基礎理論を要求することになろうと期待していた。核構成のための可能な基本単位として知られていたものは陽子と電子しかなかった。しかし、軽い電子を核の中に確保しておくことは、量子力学的には不可能と見えていた。ボーアは、核の中からの電子放出の際に起こっているのかもしれない可能的なエネルギー法則違反に関して、連続的なβ＝スペクトルを手がかりにして熟考していた。ちなみに、この問題は結局、もう一つの粒子、ニュートリノというパウリの考えによって保守的な仕方で解決された。いまやチャドウィックの発見は、ハイゼンベルクを、核は陽子と中性子のみから成り立っていて、電子は、いわばそれらの放出の際に初めて造り出されるという考えへと導いた。核の中における陽子と中性子は量子力学を満足させることができた。こうして、原子核の安定性は、二十年前にボーアによって原子殻の安定性が説明されたときとはまさに逆の方向で説明されたのである。すなわち、新しい基礎的法則によってではなく、もっと快適な仕方、つまり一つの新しいモデルによって。新たなる一大革命への性急すぎた希望にとっては、ちょっとした落胆である。しかしいまや、倦むことを知らぬその職人的功名心でハイゼンベルクはこのモデルの仕上げに当った。今日、ハイゼンベルクの刊行された著作中の核物理学に関する幾つかの仕事についてコメントを書くという役がわたしに回ってきている〔C. Fr. v. Weizsäcker: 'Structure and properties of nuclei. An annotaiton'〔「原子核の構造と属性―注記」〕*in: Werner Heisenberg: Gesammelte Werke*, Band A II, Springer, Berlin usw. 1989, S.183–187〕が、これらの仕事の最初のものはブロッテローデで成立したのである。

わたしの最初のテーマは、さして興味をもてるものではなかった。わたしは多少退屈な、ただし決して全面的に易しいものでもなかった学位論文の仕事で自分を苛めていたが、この仕事は、ハイゼンベルクの山案内人のような引き上げたり押し上げたりがなかったら、あの当時、終わりまでもってゆくことはできなかったと思われるような登攀であった。しかし同時に、わたしの頭の中を哲学が歩き回ってもいた。ある朝、わたしは自分では直接的霊感のように感じていた一連の文章をメモ用紙一杯に書いた。門を開けてくれた最初の文は、「意識とは、一つの無意識的行為である」というものであった。この霊感の本質について、わたしは三十年後にようやく教示を受けることとなった。クラウス・マイヤー＝アービヒが一九六二年頃、ハンブルクのわたしのもとでボーアに関する学位論文を書いた。彼にこの文のことを話したとき、彼は、「その文はウィリアム・ジェームズにあります。ボーアは、一九三一年から三二年にかけての冬、たえずウィリアム・ジェームズを読んでいました」と言った。すなわち、この文は〔三二年の〕一月から五月まで、それがわたしにとっての門を開けてくれるまで、わたしを深く苛んでいたのである。

あのメモ用紙はもう実在しないようである。一九三四年頃であろうか、わたしは「認識の概念に関して」という、公刊はしなかった長い論文を書いたが、その中央にわたしはあのメモ用紙の内容を収録した。始めのところは文字どおりに、続く部分は滑らかにするとともに拡大もした形で。そこから幾つかの段落を書き写したいと思う。

「意識とは一つの無意識的行為である。子供はさまざまな事物を意識するようになる。少年は自らの意識を意識するようになる。大人は自分が自分の意識を意識するようになったことを意識している。しかし、最後の〈意識するようになる〉は、またもや必ず一つの無意識的行為であることは、歩いていること、食べていること、呼吸していることと同じである。わたしが今まさに何を考えているのかを知ろうとするときには、わたしはもはや考えることはできなくなり、果てしなき後戻りの螺旋階段を落下してゆくこととなる。

無媒介に理解可能な文章なしには認識は与えられないであろう。しかし、無媒介に理解可能な文章は、いわば無意識な行為である。それらの文章を構成している単語は、還元されぬままで妥当しているし、定義されてもいない。それらの単語を定義することはできるし、意識的にすることもできるが、それは別の、定義されていない、無意識的な単語の助けをもってしかできないことである。意識的にするという素的〔基本的〕な行為（elementaler Akt）は、無意識的な現実事態を〈固定する〉とか、〈指し示す〉といった単語でしか標示することができない。科学の課題も証明することではなく、指し示すことであり、経験による証明は、すでに固定されているものの間の連関の、ある特別な種を指し示すことであり、演繹による証明とは端的な〈指し示す〉ことそのものである。

意識的にするとは、固定する行為である。固定されているものをわれわれは表象可能と名付ける。つまり、無意識的なるもののカオスを貫いている〈意識的にする〉ことへの道は、固定することで確保されている。そしてそうすることで、われわれは意識的としたものを再びわれわれの前に据えることが、自分たちで表＝象することができる。……残りは、〔つまりまだ〕片がついていないことは、いうまでもなく、生の実存根底であり、認識の内在的正当化である。

われわれはいつも、一般的なものしかもってはいない。そして、特別なものとは、そのつど特殊化された一般的なものでしかない。……認識の目標点に関するあらゆる仮説にあって考慮しておくべきことは、言語に関してもやはり、人は〈話す〉しかできないということである。……

いうまでもなく、認識には『付けられた』結末というものが本質的に属している。この結末がその認識の内的連関を保証し、そのことをもって初めて、ひとたび指し示されたものを堅持し続ける可能性をも保証している。この連関が初めて、その認識を認識としている。

意識的にしている固定はすべて、象徴するという行為によってなされる。……そのつどわれわれがすることのできる、内的に結合された象徴行為の総体が意識という名をもつ。……ある象徴が孤立していればいるほど、その象徴が対応している現象は、意識の中からは出て、単に微かに勘づかれているにすぎないものの中へと移ってゆく。このことの中に、『意識的』という概念が相対的であることが見えている。……
……

認識とは、意識を拡大することである。認識には二つの種が与えられている。すなわち、現にここにある象徴素材（……収集中の認識、覚醒）の助けをもって固定することと、手許にある複合体に有機的に組み込むことのできる新たな諸象徴（創造的認識、誕生）の助けをもって固定することとである。——」

これらの文章がジェームズ、ボーア、ハイゼンベルクのいずれともそのままには同定することのできないものでありながら、彼らを反映していることは明白である。

わたしは一九三二年九月に初めて、ボーアに再会した。当時、彼は必ず秋に、絹の光沢をもつコペンハーゲンの九月の青空のもと、彼の研究所で研究会を催していた。そして、一九三二年から一九三八年までわたしはこの研究会に参加していた。これらの研究会は、わたしがかつて体験した集まりの中で、学問的には最も実りあるものであり、その経過において最も人間的なものであった。毎年ボーアは自分が最も信頼する友人や弟子の中から四人ないし六人を招待するとともに、同時に各々に一人、二人の協力者を自分で選んで連れてくるよう勧めてもいた。その上で毎回、研究会開始の前夜、ボーアは信頼している小さなグループを自分の住まいに招待し、「ところで、これからの数日間、何に関して語り合いたいと思いますか」と質問した。つまり、予め原稿が用意されることはなく、その時々の最もアクチュアリティーの高い問題が取り上げられたのである。しかも研究会は、昔のよき歳月にあって、参加者が念頭に置いていたものの倍近い時間数をとっていたところから、そうする甲斐のあるどの問題にも議論を尽くせるだけの時間が与えられていた。

一九三二年の研究会でボーアは、原子理論におけるアクチュアルな諸困難に関して基調報告を行なった。わたしは、内容は思い出せないが、すでにずっと以前から周知となっていた、彼の語り口の分かりにくさに関する参加者たちの新たなるフラストレーションの方はよく覚えている。苦んでいる人の顔で、頭を傾げて、不完全な文章を吃っていた——使用していた言語すらも一定してはいなかった。ドイツ語、英語、デンマーク語の間で揺れ動いていた——そして、全面的に重要な点になると、両手を顔に押し当てて口籠ってしまった。われわれ悪童たちは、言葉で言うと、「よりもはるかに大きい」、「よりもはるかに小さい」、「ほぼ等しい」にあたる数学記号≫、≪、≒しか彼は見たことがないのだと言っていたものである。あの日彼はしばしの間、右手にチョーク、左手に〔黒板消しの〕海綿を持っていた。彼は右手でいくつか数式を書き、すぐに再び左手で消し去った。突然、聴衆の中から古くからの友人パウル・エーレンフェストの「ボーア君!」というエネルギッシュな声が響き渡った。「ボーア君! 海綿をこっちへ寄越したまえ!」苦しそうに微笑みながらボーアは彼に海綿を渡し、エーレンフェストはといえば、講演の残りの間中それを自分の膝の上にしっかりと握りしめていた。

しかしその後、別の誰かが——かりにハイゼンベルク、あるいはディラック、パウリとしておこうか——レポートを発表しているときには、独特の途方にくれたように友好的な語り方の砂糖パンに包み込んださまざまな問いでその人物〔の発言〕を中断したものである。「ほんとに、とてもとても面白いですね!」「批判しようというのではなく、ただ学ぶためだけなのですが、わたしは質問せざるをえません[1]……。」「われわれはもちろんあなたが考えているよりはずっと一致してはいるのです。」(全く愚にもつかない人の場合には彼は諦めて、「おお、とてもとても!」とだけ言ったものである。)そしてそのあと、何時間かの経過の中で容赦なく一切が明晰になることになったのである。

わたしはここで、口頭ではしばしば語ったことのある、もう少し後の思い出をもう一度織り込みたいと思う。一九三三年九月の研究会のあと、わたしは何カ月もコペンハーゲンに留まっていた。わたしは、魅力的でエネルギッシュな老婦人、ヘッレルップのフローケン・タルビッツァーさんのところに泊まっていた。ちなみに彼女は、あの後まもなく、わたしが彼女に八十一歳の誕生日のお祝いを手紙で述べたとき、今の自分の歳になっても、二つの数字が入れ替っているような感じがしているという返事をよこした人である。研究会でイギリス人のウィリアムズが、高エネルギーのもとでの散乱断面積の近似計算法について講演した。ウィリアムズの方法の改良について長い議論があり、その議論にはかなり多くの人が参加したが、その中にはロシアから来ていたランダウとわたしもいた。他の全員が旅立っていったが、ボーアはわたしに、議論の成果をわたし自身の論文にまとめるよう要請した。（彼は、口頭の対話ではどこまでも攻撃的であったランダウに、そのことについて手紙を出してもいたのであるが、ランダウは六カ月後、一文しか書かれていない手紙で回答してきた。ボーアはその手紙をわたしに見せて言ったものである。「ランダウ君は話すほどの量は書かないようですね。」）わたしは数週間かけて論文を書き上げ、ボーアの秘書室に提出した。ボーア自身には稀にしか会えなかった。彼はきわめて多忙で、頻繁に研究所を空けてもいた。おそらくは政府への助言だけでもすでに多かったのに、その上、ドイツ出国者の世話にも倦むところがなかったのである。

彼との面談日時は二週間後と指定された。彼は遅れて来た。限りなく疲れているように見えた。あの論文を引っ張り出して言った。「おお、とてもとても……、とても立派な論文になりましたね……、ええ、いま一切が明らかです……。あなたがこの論文をまもなく公刊されるといいですね……。」わたしは、「気の毒に！　きっとこの人にはこの論文を読む時間が全くなかったのだ」と考えた。彼は続けた。「学ぶためだけなのです。十七頁の〔数〕式は一体どういう意味なのですか。」わたしは説明した。彼——「ええ、それは分かります。でしたら、しかし、十四頁の脚注はこういう意味にならないといけませんね。」わたし——「わたしが言わんとしたのは、そういうことです。」「でしたら、しかし、……」といった調子で続いて行った。そして、彼は全部読んでいたのである。一時間が流れ去った。彼はますます元気になり、わたしは一度説明に詰まった。二時間後には、彼は輝くばかりに元気になり、みなぎるような、しかも素朴な熱情をもって、全面的に本題にのめり込んでいた。そしてわたしはといえば、疲れを覚え、窮地に追いつめられたと感じていた。しかし、三時間目には、ボーアは勝ち誇ったように、しかも全く悪意はなしに言ったのである。「いま分かりました。いまポイントが分かりました。ポイントは、一切があなたの言われたこととはまさに逆だということなのです。そこがポイントなのです！」そして、当然でもある限定を「一切」に加えるなら、まさにそのとおりでもあったのである。自分の先生との間にこのような経験を何回かしたことのある人なら、他の仕方では学びようのない何かを学んでいる。

一九三二年はゲーテの没後百周年であった。大筋の演出はマックス・デルブリックが行なったファウスト＝パロディーをもって研究会は終わったのであるが、これはアクチュアルな理論物理学をファウストになぞらえたものであった。〈魔女たちが集うという〉古典的なヴァルプルギスの夜〈の無礼講〉と並ぶ量子論的なヴァルプルギスの夜、中性子の発見を祝うことにもなっていたので、最後にわれわれを高揚させたのは、〈永遠に＝中性的なるもの〉であった。しかし始まりは、天上におけるプロローグであった。三位の大天使が三つの争い好きの天文物理学者エディントン、ジーンズ、ミルネの面をかぶって登場した。エディントンが口火を切った、

太陽は輝いている、周知のように
適応性豊かな諸領域の光輝のうちに、
そして予め定められていた彼女の旅は
わたしの〈数〉式をすべて追認している。

しかし、彼らの論争が終了したあとでは、あの三位がユニゾンで言った。

彼女の眼差しはわれわれ全員に強さを与える、
誰も彼女を根拠づけることはなしえないから。
捕捉できないほど高貴な諸々の業は
第一日目におけるようにすばらしい。

いまや、いまだ除幕が済んでいない記念碑のように主なる神を覆っていた布が引き降ろされた。講堂の実験机の上には彼が背の高い背もたれ椅子に掛けていた。頭にはシルクハットを載せて。演者はフェリックス・ブロッホであった。そして見紛いようのない面はニールス・ボーアのものであった。レオン・ローゼンフェルトが演じたメフィストは、見紛いようがないという点では勝るとも劣らないヴォルフガング・パウリの面をつけて、実験机の上に飛び乗り、主の両足の前に座して、始めた――

あなたは、主よ、また再び近づいて来られ、
われわれのところではすべてはどうなっているのかとお尋ねになられる、
そして普段からわたしのことを好もしいとご覧になっておられたこととて、
〔今も〕あなたはわたしを見ておられる
――（聴衆に向かって大げさなジェスチャーをしながら）――

召し使いたちの一人として。

ここではわたしはテクストどおりに繰り返しているのではない。しかし、このような感じであった。ボーアについては、われわれはしばしば彼を理解しておらず、ほとんど限りなく彼を賛嘆しており、しかも限りなく彼を愛していたあまりに、お手上げして笑うしかなかったのである。

ヴェルナー・ハイゼンベルク

ハイゼンベルクは、かつて師事した人たちに関して言ったことがある。「ゾンマーフェルトからは自分は楽観主義を、ゲッティンゲンの人々からは数学を、ボーアからは物理学を学んだ。」楽観主義、数学、物理学という三語のいずれもがここでは、一方では研究方法を、他方では自然の捉え方を含意している。これら六つの要素がハイゼンベルクの物理学概念の中には含まれている。それらは、この概念に含まれる要素を標示してはいるが、この概念を完結する対称はまだ示していない。

ゾンマーフェルトとハイゼンベルクの楽観主義に共通するのは、両者にとって物理学が一つの芸術、それも職人性と美しさという二重の意味で芸術だったということである。職人と芸術家は一連の個性的な特性を必要とする。両者は、自分たちの仕事に関して語り、考えることができるのみでなく、実行することができねばならない。両者はともに才能、訓練、意志、勤勉さ、感動、頑固さを必要としている。

ゾンマーフェルトは特別な器用さをもって、かなり単純な数学的技術を多彩な経験的問題に適用していた。当時われわれは、彼の本――例えばあの有名な『原子構造とスペクトル線』――を彼の〈料理の本〉と名付けていた。ハイゼンベルクの数々の著作の中には、彼の後期の諸理論に至るまで、われわれは、複素積分の中にゾンマーフェルト譲りの器用さや、接近法のための思いつきの豊かさを見出す。クラーマースがあるとき、ハイゼンベルクについて、「いろいろな接近法を考案し、しかもそれらを、それらが収束しているその唯一のケースに適用するという類いなき天賦の才が彼にはある」と言ったことがある。そして「ピューリタンたち」と「預言者たち」の間の、すなわち、公理的な場の理論の支持者たちと、場のなんらかの統一理論のハイゼンベルク流試論の支持者たちとの間の後年の討論においては、ミッターが、森の中で一羽のウサギを狩ろうとしている狩人たちとの比較によって双方の、正反対の方法を記述したことがある。ピューリタンたちは有刺鉄線の柵で森全体を取り囲み、その上で、注意深くどの木をもすべてうまく迂回しながら、鉄条網を狭めてゆく。ついには、柵の内側の最後の一平方メートルの中にウサギを見出せると願望しつつ。預言者は——つまり、ハイゼンベルクは——自分の銃をとって、森の中へ入って行き、ウサギが見えたら、直ちに散弾を命中させてやると考えている。

職人あるいは狩人の楽観主義の背後には、自然の基本法則の数学的美しさに対する芸術家の、深く根を張った信仰があった。原子殻の初期量子論の中で、ゾンマーフェルトは整数のピュタゴラス的調和に魅了されていた。ボーアの対応原理をゾンマーフェルトは魔法の杖と名付けたものである。ハイゼンベルクの最大の発見、量子力学は神秘に満ちたこれらの和音の覆いを外し、背後にある単純な、一切を包括する数学的法則をあらわにした。真の自然法則の、圧倒するような透明な単純さ、このような法則が開いてくれる、外見上の諸パラドックスの間の二つとないすばらしい道——これはおそらく物理学についてハイゼンベルクだけしかもっていなかった最も深い経験であろう。この経験の中から、彼は単純性を一つの仮説の真実性のための判断基準として使用するというその用法を導き出した。ある単純な基礎的仮説はまだ正しいものではないかもしれないが、複雑な基礎的仮説は死と同じくらい確実に誤りであるか、最も好運な場合でも、まだ理解できていない真実を表現するための不器用な表現法でしかない。

ハイゼンベルクは、この判断基準についてはきわめてはっきりと明言していた。例えば彼は、その著

Der Teil und das Ganze（ミュンヘン、一九六九年、一四一頁以下）〔本書五八頁で紹介した『部分と全体』では一五二―一六〇頁〕の中で、アメリカの実験物理学者バートンとの一九二九年のある会話について記述しているが、この対話の中でバートンは、物理学の功利的捉え方を代弁している。この会話の中でハイゼンベルクはまず、アメリカ人たちがヨーロッパ人とは違って新しい量子論の非古典的諸性向に対して始めから防衛線を張らなかったことに驚いた様子を見せる。バートンは答える。経験データの記述のためには単純すぎることが明らかになった定式を、より繊細化された、つまりより複雑な定式に置換することに対してすら、技術者というものは防衛線を張ることはしないであろう。そうであるなら、原子物理学の新しい形式論に対しても、それがもし成功しているものであるなら、なぜ防衛線を張らねばならないのであろうか、と。しかし、この好意的姿勢をもってしてもバートンは、パートナー、ハイゼンベルクを喜ばすことにはならない。ハイゼンベルクは、量子力学を受容するためのこの根拠は、この理論を放棄するための、アインシュタインのような偉大な物理学者たちや、伝統的哲学者たちの諸根拠よりももっと質の悪いものと見ている。これらの敵対者たちは、ある理論が基礎的なものであるためには満足させていなければならない諸条件を少なくとも理解してはいた。物理学の古典的諸理論は「完結した理論」であり、それらにはもはや何らの小さな改良も加えることはできない。完結した理論とは、単純な公理的定式化を認めるものであり、小さな改良とは、公理的枠組みの単純さを破壊するということである。それゆえに、理論物理学においては進歩はそれぞれ不連続な歩みの中で起こっていて、その歩みのどれもが、ある単純な理論から、別の、もっと単純な理論へと導くものであり、しかも自己の先任者を一極限ケースとして含んでいる、あるいは内包しているものなのである。この科学の基盤における連続的進歩という考えは、この科学から「いかなる力をも、あるいはこうも言えようか、いかなる厳しさをも奪うことになるであろうし、どの意味で

なら、それでもなお厳密なる科学について話すことができるのか、わたしには分からない」(一三八頁〔上掲訳書では一五九頁の記述が対応〕)。

ハイゼンベルクの生涯の最後の歳月に、わたしが彼に、科学における不連続的進歩という考えを自然科学史家たちと自然科学哲学者たちのもとでポピュラーなものにした、トーマス・クーンの『科学的諸革命の構造』〔中山茂訳『科学革命の構造』みすず書房〕を読むように薦めたことを付け加えることが許されるかもしれない。わたしには、クーンはハイゼンベルクと同じ構造を史実に即してもっと詳細に記述していると思われた。しかしハイゼンベルクは、彼との最後となったある会話でわたしに言った。「ところで、クーンの本を読んでみた。しかし、がっかりした。史実としては彼の言っていることはもちろん正しい。しかし、彼はポイントを捉え損ねている。彼がパラダイムと名付けているものは、現実には〈完結した理論〉なのだ。それらは互いに不連続に連なってゆかねばならない。なぜなら、それらは単純であるから。本当の哲学的問題とは、真である単純な理論がなぜ与えられているかということなのだ。この問題をクーンは素通りしてしまっている。しかし、これこそが自然科学の歴史の鍵なのだ。これが理解できない限り、科学の可能性については何も理解できない。」この点では、わたしはただハイゼンベルクに賛成することしかできなかった。今日の科学論は、基礎科学なるものがなぜ、あるいはいかにして可能であるのかという問いに答えることができなかっただけではない。問題がどこにあるのかを見ることすらしていなかったのである。ポパーは問題への入り口のドア近くまで来たし〔本書一六頁参照〕、クーンには卓越した史的現象学がある。しかし、入口のドアの鍵はハイゼンベルクの言葉の中にしかない。わたしは、ハイゼンベルクがこの問題を解いたとは主張しない。彼は、厳密な意味での哲学者ではなく、一目撃証人なのである。彼は物理学が何であるかを理解している。それは彼が自ら物理学をしていたからである。わたしは〔ハイゼンベルクの〕これらの言葉を楽観主義と称して導入した。これらの言葉の本性をわたし自身の直接経験として強調するためである。ハイゼンベルクの概念の幾つかはわれわれが受け取る必要のないものであるとはいえ、彼は自分が何を見たのかは知っていた。コロンブスはその旅行から帰郷し、自分はインドに行ってきたと言った。この点では、彼は勘違いしていた。しかし、他の二つの点では彼の言ったことは正しかった。すなわち、第一に、彼が発見した土地は本当に存在したし、第二に、彼の道をさらに追って行ったとすれば、本当にインドに到着せねばならなかったからである。

楽観主義についてはこれだけにする。

数学、それもハイゼンベルクがゲッティンゲンで知った意味での数学は、単に一つの技法であっただけではない。それは、一つの科学でもあった。一九二五年六月にヘルゴラントから帰ったとき、彼は、力学的量の、乗法について非可換な複素因数の平方図式を用いた新しい描出をボルンに物語った。数日後、ボルンは彼に言った。「あなたの代数学的量を数学者たちはよく知っています。彼らはそれらの量を行列と名付けています。」

ハイゼンベルクは、科学としての数学──技法としての数学とは区別されたものとしての──をも受容した。なぜなら、この意味での数学は、思考の訓練であり、不可欠の道具であり、いまだわれわれの直観的理解の彼方にある諸構造についての一つの示唆であったから。しかし、この数学は、彼の心からは多少遠いところに留まっていた。彼はこの道具を時としてみごとな無頓着さで援用した。厳密で体系的な数学に対する彼のアンビヴァレントな関係は、哲学的に研究する価値があるであろう。わたしが彼と知り合ったとき──それはコペンハーゲンでのことで、彼は二十五歳、わたしは十四歳であった──、彼はわたしに、ボーアの研究所とそこの図書室を見せてくれた。わたしは感銘を受けるとともに、理論物理学者になろうとするとき学ばねばならないことになる数学がやたらと多いことに多少狼狽もした。彼は言った。「それでも、それは君には必要なのだ。いうまでもないが、自然は計算することはしない。しかし、われわれは、もし自然を理解したいと思うなら、計算しなければならない。」彼は、「数学の方がわれわれより賢い」という言い方を好んでいた。彼が言わんとしていたことは、数学は、正しく用いる場合には、われわれの直観能力がまだ弱すぎて捉えきることができないような構造を含んでいるし、あらわにしてもくれる、ということである。しかし研究者としてのハイゼンベルク自身の強味は、わたしが知的直観と名付けたいと思っているような才能にあった。彼は、計算によってしか見出されなかったような成果には決して満足することはなかった。彼がその成果に信をおくようになったのは、その成果が直観によって判明になったときである。わたしは、わたし自身の学生時代の思い出であるが、ある若い理論家が行なったボルンとハイゼンベルクとの比較を想い起こす。すなわち、ボルンとハイゼンベルクが物理学的な問題によってある積分に導かれるとすると、ボルンは、「とにかく算出してみて、それがどういう意味なのか見てみよう」と言い、ハイゼンベルクは、「とにかくどういう意味なのか見てみよう。その上で、いかにして算出したらよいか見てみよう」と言う〔のであると〕。

このようなエピソードの中では、数学は道具としてしか、あるいは、ハイゼンベルクが好んだ言い方をするなら、形式論としてしか登場していない。しかし、数学は当然ながら一個の自立した科学である。この科学をハイゼンベルクはほとんど、何か神秘的な畏怖の念をもって賛嘆していた。この点を説明しようとした際には、彼は振り返って美的な話し方になってしまうこともしばしばあった。彼は数論をバッハのフーガ技法と比較していた。それが類似しているとの感じを彼に抱かせることになったのは解析関数論でしか証明されえなかったある。彼は、数というもの全体に関する一定の法則が、連続的な関数の助けをもってしか証明されえなかったという事実の背後にある現実の深い秘密を自分は感じ取っていると思っていた。連続というものの秘密とは何なのか。このような問題に関する支配的な諸見解をあっさり放棄することには、彼は何のためらいも感じなかった。ライプツィヒの彼のもとで物理学を勉強していたとき、彼は一度わたしに、数学ではちょうど何をやっているところかと質問したことがある。彼は、わたしが数学的訓練を必要としていることは、明白に見ていたのである。「集合論を学んでいます」とわたしは答えた。彼——「あんなものは学んではいけない。」わたしは、「しかし、集合論はやはり基礎でしょう。それに集合論には哲学的にも興味を覚えています。」彼は応じた——「違う。あれはみなナンセンスだ。実際に無限な点集合などといったようなものがあるなどと、数学者たちが君にご託宣を下そうとも、彼らの言うことを信じては駄目だ。無限の点集合など観測できたりするものかね?」

このような発言の背後に彼が隠していた哲学、この哲学はナイーヴなものではなかった。むしろ、この哲学を明示的なものとするはずであった彼自身の力量に対して、この哲学の方が深すぎたのである。彼は一度わたしに、直観論と形式論に関してヒルベルトと自分との間で展開された熾烈な闘いの最高潮の時期にゲッティンゲンでブラウワーが行なった客員講義に関して語ってくれたことがある。講義の後、聴衆の一人が議論を要求した。しかしヒルベルトは、「このような講義のあと、このような講義について一言発する前に、家に帰り、まず何週間も熟考する以外のことをする人は、この講義を何も理解しなかった人だ」と言ったのである。ハイゼンベルクが心中秘めていた見解は、多分、数学も物理学も最終的実在について、つまり、別々の手段を用いてではあるが、同一の実在について論じているということだったのであろう。確かに人は、無限の点集合を考え出すことができるし、もしかすると幸運に恵まれて、それが何ら矛盾を含まないことを証明することもできるかもしれない。しかし、それにもかかわらず、これらの点集合は考案物であって発見物ではない。逆に、ニュートンの諸法則は、人がそれらの法則をまず発見した上で、二百年後に、近似的に適用可能なだけでしかないある領域にそれらを限定することにはなるかもしれないが、その場合でも、それらの法則は発見物ではあり続けていて、単なる考案物ではない。整数論、解析関数論、おそらくはリー群理論も、ハイゼンベルクは発見と感じていたように見える。ただし彼は、数理哲学の専門知識が自分にあるとの主張を掲げたことは一度もない。彼をよほどよく知っている人でなければ、そもそもこのような点に関する彼の慎ましい見解を耳にすることなどなかった。しかしこれらの見解は、現実を見る彼の見方に一つの光を当てているようにわたしには見える。

今まで言ってきた一切は、楽観主義と数学にかかわることで、まだ物理学にかかわるものではない。ハイゼンベルクには他の人々から学ぶ心構えがあった。彼にはかなりの数の先生もいたし、批判的な友人もいた。そして、後者の中で抜きん出ていた人物はパウリであった。しかし、世界中でただ一人の人間しか、彼は自分のマイスターとは認めていなかった。すなわち、ニールス・ボーアである。「物理学」という言葉の意味は、彼にとって、現実に向かうボーアの姿勢によって定義されていた。ハイゼンベルクの見るところ、ボーアが体現していた意味における物理学とは何であったのか。

再びまず人間に関して一言いわせていただきたい。ボーアの思考の重点は、ハイゼンベルクの思考のそれよりも、実質的に実験することに近いところに、そして数学からは遠いところにあった。ボーアは手仕事、彫刻、絵画を愛していた。ハイゼンベルクは音楽家であった。ボーアの両手は家具造りのそれであり、ハイゼンベルクのはピアニストの両手であった。物理学におけるボーアの思考作業は、現実の中の意味についての倦むことなき探究であり、そしてその意味とは、一語、一文、一理論がもちたいと思ったかもしれないものだったのである。ボーアの数理哲学は、ハイゼンベルクのそれとは全く別の物であった。ボーアにとっては、数学は単に言語の一部であった。ボーアと出会った誇り高き数学的物理学者たちは皆、数式は、その数式の諸記号が何を意味するのかを言うことができない限り、それも、その言語が日常の言語に十分に近い言語であり、その記号が標示している量を計測する道具はどのようにしたら建造できるかを研究所の作業場に対して説明できるような言語で言えない限り、そもそもまだ全く物理学にはなっていないということを学ばねばならなかった。物理学に対するボーアの測り知れない影響は、水素モデルから対応性および相補性を経て「複合核」としての原子核のモデルにまで至る彼のさまざまなアイディアの作用を挙げるだけでは十分ではない。この影響は、ボーアの深い、そして常に未完のままの哲学でも同じように十分には説明されていない。おそらく物理学に対する彼の最も強い影響は、あれほど数多くの第一級の物理学者たちの意識を深いところで変貌させたことであろう。つまり、ボーアは自分たちの数学的理論をもって何を言わんとしているのか言うよう彼らを強いていたのである。研究方法をよく見ること、これが、ハイゼンベルクが、ボーアからは自分は物理学を学んだと言った際に、言わんとしていたことである。

ボーアとハイゼンベルクの共同の業績、〔つまり〕量子論のコペンハーゲン解釈と、いま普通に行なわれている哲学的諸見解との一つの比較が、物理学追究のこの仕方の意味に関する哲学的議論の中へとわれわれを導き入れることになるかもしれない。コペンハーゲン解釈は、実証主義、科学的実在論、カント主義者に対していかなる関係にあるのか。あの解釈はこれら三つのすべてと明らかに違っているようにわたしには見える。

数多くの人々、例えばアインシュタインや比較的新しい哲学的実在論者たちは、コペンハーゲン哲学を実証主義と見ていた。しかし、史実からすれば、ボーアはむしろ実証主義を近づけないようにしていたし、ハイゼンベルク自身の哲学も、彼の生涯の推移の中で実証主義放棄の傾向は次第に鋭さを増していった。

とはいえここでは、個々の人物の記述に限定することはわれわれには許されない。ハイゼンベルクはその晩年の著作の中では、不確定性原理の論理構造はどこで実証主義的諸論証の通常の構造とは区別されるのか、非常に明晰に表明していた。すなわち、一九二五年におけるハイゼンベルクの出発点がマッハ的な要請であったということは当たっている。物理学は単に、観測可能な諸量の間の結びつきのみを記述すべきものとされていた。しかし、『部分と全体』で(九一―一〇〇頁〔上掲訳書、九六―一一四頁〕)、ハイゼンベルクは、アインシュタインが一九二六年のある長い会話の中で、この出発点の認識論的弱点を彼に明晰にしてくれた様子を物語っている。「人が何を観測しうるかは、理論が初めて決定する」とアインシュタインは言った(九二頁〔上掲訳書、一〇四頁〕)。不確定性関係を見出す前に、ハイゼンベルクはこのことを把握していた。あの関係は、量子力学が正しいと仮定する場合には、まさに人が何を観測可能と、そして何を観測不可能と見なさねばならないかということをこそ教えているのである。立論の論理的な筋道はここでは、通俗的な描出によく見られる方向とはまさに逆の方向で進んでいる。立論は、「位置と運動量は同時には観測されえない。ゆえに両者は同時には実在しない」とはなっていない。これは論理的に何ら有効な立論ではないであろう。むしろ、端的にナンセンスであろう。そうではなく、立論は、「量子論においては、位置と運動量とが同時に実在しているような状態は与えられない。ゆえに、量子力学の諸法則と合致させつつ両者を同時に計測することは不可能でなければならない」となっている。この理論に則する場合、実在していないものが、それでもなお、われわれの古典的諸概念に従えば観測可能でなければならないという、外見上のパラドックスは、量子論では、それら古典的諸概念の使用がこの矛盾を結果することとなる、まさにそこでは、それら諸概念の適用自体が不可能となるという証明によって消去されるのである。

さて、いうまでもなくこの論証も、たいていは科学的実在論（scientific realism）と名付けられることが多い教説と一致させることができないという点では、実証主義的論証と大差ない。自分自身を実在論的としている学派は、われわれは、科学的諸理論を所有する前にすでに、現実の最も重要な諸属性は知っていて、しかも人はこのようなアプリオリな知の光の中でこれらの理論を判定するであろう、と言わんとしているように見える。これは確かにハイゼンベルクの見解ではない。彼の確信しているところに従えば、われわれは、現実がわれわれの考えてきたものとは全く別のものであるということを学んできた——彼が好んでいた言い方をするなら——「自然から学んできた」。そうだとすると、もちろん、現実のどの構造が量子論によって包含されることになるのかを明示的に言うことは、哲学的使命であり続けることになる。他方では、この論証は実証主義的論証でもない。アインシュタイン＝ハイゼンベルク的な視点からは、実証主義は実在論と全く同じ誤りを犯している。ただ、手がかりとされている概念が別なだけである。実在論者は、「実在性」が何を意味しているかはアプリオリに知っていると思い込んでいる。そして、実証主義者は、「経験」が何を意味しているかはアプリオリに知っていると思い込んでいる。両者はともに勘違いをしている。というのは、現実に存在するがゆえに観測されうるものとは何なのか、これは初めて理論がわれわれに教えてくれることなのであるから。これら二つの哲学よりも深くまで進んでゆくのが、理論の一定の要素を経験の可能性の諸条件と解釈しようとする、カントの考えである。観測はすべて古典的諸概念において記述されねばならない、というボーアの有名なテーゼの中にはこの考えが反映している。ただし、伝統的カント主義者なら、観測可能なものに関しては非古典的理論など不可能でなければならないと立論するであろう、それに対しハイゼンベルクは、ある一定の事象は、検証可能な観測の部分としては利用されえないと結論づけることになるのである。

わたしは、認識論のこの比較の成果を、ハイゼンベルクの見解は、伝統的経験論が先験主義的でない以上に先験主義的ではない、という命題に集約してもよいのかもしれない。認識論のこの交代は、量子論が強要している、存在論の交代と結びつけることができるものである。物理学的系の状態の定義に際しての観測者の役割は、観測する者と観測される者、主体と客体の伝統的な鋭い対峙を維持し続けることは困難であるという結果を招く。ハイゼンベルクは、しばしば次のような話し方をしていた。いうまでもなく、常に、いわば手探りするような仕方でではあったが。これらの事柄を明晰に述べるために必要なだけの進化を哲学はまだ遂げていない。しかし、一つのことは確かである。すなわち、先に挙げた三つの伝統的認識論はすべて、主体と客体の鋭い区別を前提している。それらは少なくともこの区別はアプリオリに知っているという意見である。しかし、この区別自体が疑わしいものとなる場合には、それらのアプリオリな記述は、それが主体のものであろうと、客体のものであろうと、その基盤を失う。ここでも再び、カントの哲学は、三つの中では唯一、少なくともこの問題意識をもっている。しかし、ここではこの哲学に深入りすることはしないことにする。

これらの伝統的哲学を放棄することは、認識論的な一つの問いをわれわれに残す。もし、何が観測されうるかは、理論が初めて決定するということが本当なら、われわれはどのようにしたら、どの理論が正しい理論なのかを知ることができるのか。量子力学の途方もない経験的成功そのものに疑いを向けることは、いまだかつて誰もしなかった。しかし、もし、その理論を手にする前には、観測を定義することが許されないのなら、その理論が経験的に成功をおさめるということが何を意味しているのか、われわれはどのように記述したらよいのか。科学の発展における〈完結した理論の順次継承〉というハイゼンベルクの概念が回答へのある示唆を与えている。量子力学以前にはわれわれは観測を、量子論に先行していた理論、すなわち古典力学の中で記述していた。量子力学が与えられてからは、われわれは古典的記述を、量子論と合致しないところでだけは修正しなければならない。そして、まさにそれをしているのが不確定性関係なのである。

しかし、これは回答の一部分でしかない。ハイゼンベルクに従うなら、われわれはもっと野心をもたねばならない。まさにこれらの理論——古典力学、熱力学、相対性理論、量子論——がこれほど成功したのはなぜなのか。ハイゼンベルクは、理論のための一判定基準として単純性ということを利用した。まさにこれらの理論がどのような意味で単純なのか、われわれは理解し、かつ言うことができるのか。「数学的単純性」はまだ、多少印象派的な表現らしく立ち現われている。その晩年の歳月にハイゼンベルクは、特殊な方向を追っていて、単純性とは対称性であると、そして対称性とはある一定のリー群のうちの不変量であると、解釈していた。彼がこの方向に目を向けていた際にその哲学的枠組みとなっていたものは、プラトニズム、あるいはより精確には、プラトンの哲学であった。プラトンの『ティマイオス』の中に彼は、数学的物理学における対称性の今日的意義のある前形式を見出した。プラトン哲学全体の中に彼は、数学的な科学、芸術的な美しさ、現実の中心的秩序の結合を、すなわち、経験という姿でその科学生活を貫いて彼を導いていたものと同一の結合を見出した。そしてここでも再び、彼はこの結合を、プロの哲学者の仕方でではなく、一目撃証人の仕方で表現したのである。

きょうの集会でわれわれは、場の統一理論というハイゼンベルクの試みを議論することにしている。この理論をわたしはパネルディスカッション用のメモの中で、D・フィンケルシュタインおよび〔わたし自身が追ってきた〕シュターンベルク・グループの試みと比較した。わたしは、ハイゼンベルクの最後の理論が、ここで解説してきた彼の物理学概念の中からどのように生まれてくるのかを述べて、この講義を終える。

素粒子の理論なるものが熱望されていることは誰も否定しないであろう。ハイゼンベルクはこのことを、ずっと以前から、いわゆる素粒子の個数が成長を開始して以降、あるいはそれ以前からすでに見ていた。わたしが一九三〇年頃、ライプツィヒの彼のもとで勉強していた頃、すでに彼は、ゾンマーフェルトの微細構造定数とか、陽子と電子の質量比といったような、いくつかの純粋数のための可能な説明に関して熟考していた。彼の認識論的見解に則するなら、新たな完結した一理論を、ほかでもなく素粒子に関するものを、一般量子論の彼方に期待せねばならなかったのである。始めのうちハイゼンベルクは、この理論が、量子論が古典力学に対して行なっていたことにも似て、近似的なものとして適用することができるある場に量子論〔の適用範囲〕を限定することになるものと推定していた。ここでの端緒に属していたのが、最小の長さに関する、そしてまたS＝行列の導入に関する彼の思弁である。しかし、そうこうする間に、素粒子論は、可能な物理学的客体というもののリストを若干の追加的公理によって限定するにすぎない、全く普通の量子論となると期待できる強力な根拠がいくつか与えられている。ハイゼンベルクが一九五八年以降ずっと追っているのに、本質的にはもはや変更することのなかったその究極的な提案は、このモデルに対応している。このモデルの唯一通常のものとは異なる要素は、ヒルベルト空間の中で定義されていない ある計量〔メトリック〕の形式的援用であるが、実在的な粒子の究極的記述の中では、この計量そのものも、もはや前面には現われてこない。ここでわたしは、量子論のこの信じられないような歴史的安定性はそれ自体が一つの興味ある問題であるということを付言したい。われわれは、ハイゼンベルクの言葉を用いるとして、この理論の「単純性」をさらに先まで説明できるのであろうか。しかし、この問いに答えようと試みることはハイゼンベルクもしなかったことであるし、この問題がこの会議の対象であるわけでもないので、ここでは触れないでおく。

ハイゼンベルクの最後の理論の根本想定が言っていることは、素粒子と、素粒子から組み立てられうる一切とを確定している追加的公理とはまさに、対称群の下には不変量があるはずという要求である、ということである。〔この想定には同意するとしても〕彼がその上でこのグループを正しく選び出していたか否かに関しては多くの議論が行なわれてきた。パネルディスカッション用のわたしのメモでは、わたしは、すべての考えられうる素粒子論それぞれの基礎的諸問題がすべて解決されるまでは、この問いは脇に置いておくことを提案している。基礎理論として理解するなら、ハイゼンベルクの理論は粒子物理学についての今日の大多数の捉え方よりもラディカルである。それらは——例えば、クオーク＝理論はいずれも——第一にまず、素粒子なるものが与えられており、その上で第二に、それら素粒子の可能な諸状態は一定の対称群によって決定されている、と想定している。しかしハイゼンベルクは、基礎的な群を描出している唯一のある〈場の演算子〉の実在以上のものを想定してはいない。その上で、粒子の実在はこの理論から帰結してくるのでなければならない〔とされる〕。この意味においては、彼の理論はその認識論に則した一つの完結した理論たらんとしている。彼の理論は、粒子の実在が一般量子論の論理的帰結では決してないという事実をわれわれに想起させるものである。量子力学においては粒子は経験的事実として前提されているが、それら粒子の実在は一般的公理からは出てこない。新たな完結した理論への進歩は、たいていの場合、以前の理論段階においては論理的に非依存と立ち現われていた概念的諸成分の共属性を導き出すことを認める。こうして、例えば、一般相対性理論は幾何学と重力を、量子論は物理学と化学をある統一へと合体させた。場の新理論は、単にすべての素粒子を一つの場から導き出すものであるのみではない。この理論は、さらに、経験的に成功してきたすべての量子論が今までのところ粒子の量子論であったのはなぜかということの説明をも目指している。もちろん、よく言われるように、プディングを食べる人がもしいるとすれば、コックこそが最初の人であることが証明されてゆく。わたしはここで、ハイゼンベルクの〈場の統一理論〉は、彼の物理学概念の自然な一結論であるということを示そうとしたのみでしかない。しかし、あの理論は一つの仮説的結論である。そして、あの同じ哲学は多少違った諸想定をも認めているのかもしれない。しかし、この二十年間にこの哲学が突き当たってきた困難の多くは、粒子の基礎理論のいずれにも登場してこなければならなかった困難であると、わたしは思っている。より現象学的な諸理論といえども、これらの困難を取り除いてくれることはなく、それらと関わりあうことを単に遅らせるのみでしかない。わたし自身個人的には、あの預言者はその最後の狩りにおいても、自らがよき狩人であることを実証したという意見である。しかし、この問いはわれわれの集会そのものに属することであって、わたしの先生であり、わたしの友人でもあった一人物の栄誉を称えるこの講義に属することではもはやない。

ハイゼンベルク、物理学者にして哲学者

親愛なるエリザベート・ハイゼンベルク、ご列席の皆さん！

ご子息がご父君とどのように過ごし、どう記憶しておられたかを聴かれた後では、先生の弟子として、個人的なことについて喜んで付け加えたいと思っていることが幾つかあるとしても、そういったことについては、この上さらにあまり多く述べようとは思わない。まず何よりも、彼の活動と彼の生涯のうちの、別の幾つかの領域のことについて話すつもりである。もう何年も前に一度用いたことのある定義を字句どおりに引用させていただきたい。それは彼の著作集のうちの一巻の裏表紙に印刷されたことがある〔編者によると、原著者がこれを最初に書いたのは、*'Werner Heisenberg—Physiker und Philosoph'*「ヴェルナー・ハイゼンベルク——物理学者にして哲学者」、*in: Werner Heisenberg*, Carl Hanser, München 1976 においてである〕。当時わたしは、「彼はまず第一に内発的〔で自然〕な人であった、ついで天才的な科学者、その上でさらに、生産的な天賦の才の真近にいた一人の芸術家、そしてようやく四番目にして、〔それも〕義務感から〈政治的人間〉(homo politicus) であった」と言った。

以下においてわたしは、いずれにしても、一つの原則的な問いを絶えず携えてゆきたいと思う。すなわち、ハイゼンベルクが受けていた幾つかの大きな賜物——われわれの中には自分で自分をつくった者は誰

もいない。誰もが自分をまず自分の眼の前に見出したのである——は、彼にとっての使命として何を規定づけていたのか、そしていずれの規模で彼はこの使命を、彼自身が抱いていた感じも含めて、達成することができたか、という問いである。わたしは、とにかく素直に、彼と知り合うこととなった経緯に関するわたし自身の若干の個人的・人間的な思い出をもって始めよう。そのあとで彼の科学、物理学に関して報告する——もしわれわれの世紀〔二十世紀〕の理論物理学者三人を名指さねばならないとするなら、わたしはアインシュタイン、ボーア、そしてハイゼンベルクを挙げるであろう。最後にわたしは、ハイゼンベルクの哲学について話そう。彼の哲学は、われわれの集会全体に明確に定められているテーマの一つであるとともに、彼の本性の芸術家的側面とも特別な関わりをもっている。わたしは、政治的帰結を回避できない仕方で政治的領域において行動するという——部分的には辛い——義務に関するコメントをもって終える。

わたしがどのようにしてハイゼンベルクと知り合うことになったかについては、幾度も物語ってきた。わたしは十四歳であった。わたしの父はコペンハーゲンのドイツ公使館で仕事をしていた。わたしは、自分が天文学者になりたいと思っていることは分かっていた。一九二六年の一般天文ファン向けの雑誌の中で天文物理学における現代の諸進歩に関するある記事を読み、その記事に関して自分なりに独りいろいろと考えをめぐらしていた。それらの考えとは、他のこともあったが、特に次のようなものであった。すなわち、原子は一個の小さな惑星系であるとわたしは学んだ。もし原子が小さな惑星系であるなら、電子は惑星である。ところで、われわれ自身は、一個の大きな惑星の上で生きているのであるから、これらの小さな惑星の上にもまた、きわめて小さな人間が生きていると推定できる。それらの人間の体もまた、すごく小さな原子から成り立っている。そしてもちろん、これらの原子も小さな惑星系である。このようにして、際限なく続いてゆく。もしかしたら太陽を中心とする、われわれの大きな惑星系も、巨人か何かの鼻の中の一原子でしかないのかもしれない。この一切がわたしには愉しげに見えるとともに、明らかに誤っているとも見えていた。しかし、それが誤りであるのなら、なぜそうであってはいけないのかということについての根拠がなければならない。そして、おそらくその根拠は、自然法則は、われわれの周囲の〈普通の〉大きさのものの中では、われわれが身の回りで見慣れている法則を結果しているのであるが、原子の中では、われわれの惑星系内では既知となっていない自然法則が妥当しているということにあるのであろう。先の雑誌の記事が触発した考察とは、ほぼこのようなものであった。

さて、わたしの母がある日言った。「きのう、友人のところでの〈夕べの音楽会〉に行ったところ、その席で大変興味深い、とても若い男性と知り合ったの。すごくピアノが上手な人でした。わたしは彼と、青少年運動についてごく友好的に言い争いまでしてしまったわ。その人はドイツ人の物理学者で、ここコペンハーゲンで、あの有名な物理学者ボーアのところで仕事をしている人なの。」そこでわたしは、「その人は何という人？」と尋ねた。「ハイゼンベルクという人。」「うん、その名前ならもう知っているよ。その人をすぐに招待してよ。」

彼はわれわれの家へやって来た――後に母の日記から知ったところでは――一九二七年二月三日のことであった。そして、先のテーマに関してはわたしと語ることはないままに、一夕のうちに彼は、物理学を勉強しなければならないということをわたしに得心させてしまった。というのは、原子の中ではどうやら別の法則があるのではないかというわたしの問いに、物理学はきわめて精確に答えていたからである。ちょうどこの時期、ハイゼンベルクは不確定性関係を構想していた。ただし、考察はまだ完結してはいなかったし、この考えに関してボーアと争ってもいた。彼がこの理論を結末までもっていったのは、ボーアがスキーをするためにノルウェーに発ってからのことであった。わたしは偶然この状況の中へと入り込んだのである。そのあと、ハイゼンベルクは自分がそこに住んでもいた研究所にわたしを招待してくれた。そして彼は、わたしが、教科書で微分計算を学び始めたと言ったとき、わたしの言っていることが本当か、試験もしてくれた。そこでわたしが成し遂げたことは、〈きわめて優秀〉と言えるほどのものではなかったが、彼は受け容れてくれた。図書室を見せてくれ、物理学のためにはこれほどまで数学を学ばねばならないことにわたしが動揺をきたし始めたとき、彼は、「自然は計算することはしない。しかし、自然を理解しようとするなら、われわれは計算しなければならない」と言った。そして、ここでは物理学と哲学に関して語られるだろうということを念頭においておられるなら、皆さんは、このような発言の中にはもちろんすでにかなり多くの哲学が含まれていることを眼前にしておられる。自然自体が全く行なっていないことをわれわれが行なうとき、われわれが自然を理解していることになるとは、一体どのようにして起こりうることなのであろうか。これは不思議なことである。

その少しあと、われわれはベルリンへ移った。そして、四月に彼はわたしに葉書をくれた。「ベルリン経由でミュンヘンへ行こうと思っている。ひょっとして、シュテッティン駅まで迎えに来てもらえるだろうか?」こうしてわたしは、シュテッティン駅からアンハルト駅まで、彼と一緒にタクシーでベルリンを抜けて行くこととなった。その車中、彼はわたしに、「君、わたしは因果法則を論破したと思う」と言った。彼はわたしに、もちろん技術的にはわたしには理解できなかった不確定性関係について物語ってくれた。しかし、わたしは自分の胸に銘記した。ここここそが世界の中のその箇所、わたしにとって重要であることが起こっているその箇所である、と。こうしてわたしはその後、もちろん物理学者になった。

この先もわたし自身の個人的体験の形式で物語りを続ける。一年後には、わたしは、天文学に対するわたしの関心は、全体を理解したいと思っていたことにあったのだということを理解していた。しかし、全体とはまさに、星々や宇宙（コスモス）だけではない。つまり、それには全く同じように原子も、人間も属している。それも、人間の霊魂とその歴史も含めてである。さらには、宗教がわれわれに教えているものもそうである。どのようにしたらこの一切を一緒に考え合わせることができるのか。そうすることのためには一つの名称が与えられていることをわたしは学んでいた。すなわち、哲学である。

それゆえ、ある時ハイゼンベルクに、本来わたしは、やはり物理学ではなく、むしろ哲学の方を勉強したいのかもしれない、と書いた。彼はきわめて彼らしく、「君はそうしなければならないわけではない。『美しい』哲学はすでにかくも多く存在するが、『良い』物理学は今なおわれわれに必要なのだ」と返してきた。当時はもちろん、これらの形容詞はわたしを少し混乱させた。しかし、今は直ちにこれらの形容詞を、彼が言わんとしていたと、後にわたしが理解したように、解釈する。物理学は正直な手仕事である。すなわち、そこでは人は、作品が良いものになったか、劣悪なもの〔になった〕かについて合意することができる。この意味で、彼は「良い」と称したのである。そして「良い」物理学をわれわれは今なお必要としている。哲学に関しては、彼は後になってわたしに言った。

「哲学をすることができるという自信があるなら、もちろん、やってみるがいい。しかし、今世紀の最も重要な哲学的出来事が何であるかを理解していないかぎり、われわれの世紀において良い哲学をすることは決してできないということ、これだけはハッキリと知っておきなさい。そして今世紀の最も重要な出来事とは現代物理学です。そして、君〔自身〕がその中で、それも長期にわたって活動したことがなければ、現代物理学を理解することはできない。しかも、早い時期に始めなければ、その中で活躍することはできない。それゆえ、とにかく物理学から始めなさい。そして、プラトンを読んで確かめることができることだが、いずれにせよ、五十歳にならなければ、善のイデアのことは理解できない〔『プラトン全集』岩波書店、第十一巻所収の「国家論」五五六頁参照〕。そして善のイデアこそが哲学全体の核なのだ。だから、この点でも君にはまだまだ時間は十二分にある。」

これは、わたしが今までにもらったことのある最善の忠告であった。彼の言ったことは、完全に正しかった。

時としてわたしは、ハイゼンベルクは若い頃にはもともと哲学にさして興味を抱いていなかったとか、見方によっては非哲学的であった、といった主張を聞いたり読んだりしたことがある。わたしは、それは誤解だと主張する。〔以下のようなことには〕わたしは同意する。その後わたしがライプツィヒの彼のもとで勉強していたとき——わたしは六年間ライプツィヒにいた、そしてきょう、アウグストゥス広場と呼称の復活が許されることとなった広場にいることをたいへん嬉しく思っている——、わたしはしばしば彼について少し不満を抱き、彼に、「あなたはわたしよりずっとずっと物理学ができます。あなたのところで何か学ぶことができることを、嬉しく思っています。しかし、それでもやはり、あなたはこの物理学から哲学的帰結を引き出すこともなさるべきなのでは」と言ったことがある。その時、彼はこう答えることができた。「人は時に深淵の中を覗き込むことはできる。しかし深淵の中で生きることはできない。」これは哲学に対する深い崇敬、深い敬意そのものであった。すなわち、哲学は深淵なのであり、そしてこの深淵の中で生きることは超人的なことなのである。それでも哲学について語ろうとする人は、芸術家的に哲学について語るのがよい。プラトンはそうした。そして、それゆえにこそ彼は偉大な哲学者なのである。それゆえにこそハイゼンベルクは、「美しい哲学」と言ったのである。つまり、美しいとは単に「綺麗」ということのみでなく、他のどこにおいてもそのように語ることはできないような仕方で、哲学について人は芸術家的な仕方で語ることができる、と真面目に言わんとしていたのである。そうであるから、その後、他の人々がやって来て、実証主義や、アプリオリということ、実在論等々に関して哲学的に議論をしかけてきたとしても、そのすべてにハイゼンベルクは全く興味を示さなかったということを、わたしは生き生きと表象してみることができる。彼にとってそれらのものは哲学ではなかった。ハイゼンベルクは、それらの討論が、なるほど哲学することの技術的補助手段には属しているにしても、彼をそもそも哲学そのものに縛りつけることができたもの自体を再現するものでないことを見通していたのである。

さて、こうして、わたしは彼のもとへと来た。ゼミナールがどのようなものであったかを詳細に描写することは、今のわたしには必要ない。わたしはすでに学生生活三ゼメスター目にこのゼミナールに受け入れてもらった。このゼミナールは当時、わたしを含めて五人のドイツ人、ほかに五人の日本人*〔訳注、四四三頁〕、さらにこれら以外の国の人々五人ほどから成り立っていた。日本人たちはきわめて活発なグループを形成していたが、わたしはこのグループと大層良いコンタクトを得ることができた。ドイツ人はハイゼンベルクと彼の同僚のフント、わたし、そしてさらに別の二人であった。そのうちの一人はおそらくヴォルフガング・ブッフハイムではなかったかと思う。さて、ゼミナールでは当然、まさに研究がなされていたが、そこには生活もあった。個々の点を描写することはしない。スポーツ面をも少し満足させるために、火曜日の夕方はいつも〈卓球の夕べ〉としていたことに言及しておくべきであろう――当時はピンポンと呼ばれていたのであるが。誰かがその脇で物理学的議論を始め、結論に達しなかったような場合は、ピンポン試合で決着がはかられた。そして、ハイゼンベルクは確かに議論でもどっちみち勝ったろうが、ピンポン試合の方ではもっとずっと確実に勝っていた。彼が15対20で劣勢にあったとしても、ぎゅっと口元を引き締めて、どんなボールも決して受け損なわないようにプレイした——彼はリスクは冒さなかったが、何でもできた。そして最後には22対20で勝っていた。つまり、スポーツにおけるあの、ある種の功名心のようなものは彼にあっては大きかったのである。

いまやわたしは——これがわたしの第二の点であるが——狭義の物理学へと話題を移す。彼がしていた、その物理学とはいったい何であったのか。この点に関しては、われわれはこの集会の中で数多くの詳細を聴くこととなるであろうし、わたしがそれをすべて先取りすることも必要ない。周知のとおり、ハイゼンベルクは、もしかすると、偉大な物理学的発見をしたすべての人々の中で、最も若い歳でこれらの発見をするという独自の宿命をもっていた。すなわち、彼は一九二五年、二十三歳のときにヘルゴラント〔島〕で、量子力学に一つの数学的形態を与えた。この時のことは、彼がわたしに物語ってくれたことである。彼はいつも聖霊降臨祭の休みには、どこか花粉症に罹らずにすむ所へ行くことを好んでいた。五年後に彼は一度わたしをヘルゴラントへ伴ったが、一緒にチェスをしたのはあの折のことである——その様子はほぼ、ヴォルフガング・ハイゼンベルクが描写しているとおりである。2対2となり、相手を打ち負かそうという功名心は二人のどちらにももうなかった。そうでなければ、もう物理学に戻ることがなくなるかもしれなかったからである。あの折に、彼はわたしに、その五年前のヘルゴラントでの自分がどんな様子であったか物語ってくれた。「眠るのはわずかだった。時間の三分の一は量子力学の計算をしていた。三分の一はあちこちの断崖をよじ登っていた。そして三分の一は『西東詩集』の中の幾つかの詩を暗誦していた。」つまり、芸術家的側面は彼の全く本質的な構成要素なのであった。彼は物理学をもそのように眺めていた。例えば、誰か非常に頭のよい同僚の論文としようか、誰かが彼に新しい論文を見せたとすると、彼はその論文を眺め、多少批判的に読み、そして言ったものである。「これは美しくない、これが合っているということはありえない。」彼にとっては、何かが「美しく」ないということは一つの否定的論拠であった。この美とは、一つの形態知覚である。そして後に、正当にも彼を会員として受け入れていたバイエルン美術アカデミーにおいて、高齢になっていた彼は「厳密なる自然科学における美しきものの意義」に関してきわめて美しい講演を行なった〔*Werner Heisenberg, Gesammelte Werke,*『ヴェルナー・ハイゼンベルク著作集』 **Band C III** 所収〕。その中で彼は、形態を知覚するということが同時にいかなる規模において〔人を〕幸せにすることのできるものであるかを示すとともに、形態が、美しいと経験されることを通して、どれほどわれわれに真理を見せてくれるかについても示した。これは、彼にとっては非常に重要なポイントであった。この講演の終わりのところで、彼はおよそ次のように言った。

「美しさの体験というものは存在する。まさに、ある認識が獲得されるその時には、その体験が存在する。完全に震撼させるものであるとともに、他のあらゆる体験とは全く別なものでもあるその経験が。そして一切がそのものをめぐって回転しているとともに、一切の問題の要でもあるあの中心的秩序とわれわれとを無媒介に結合してくれるその体験が。」

量子力学を創造したとき、疑いなく彼はこの根本体験をした。

さてところで、彼の主観的なことは度外視するとして、客観的には何がこの理論の意義であるのか。古典物理学は幾つかの概念の壮大なる単純性をもって構築されていた。古典物理学の存在論は本来は四つの基本概念しか含んでいない。すなわち、物体、力、空間、そして時間である。それに加わってくるのはきわめて単純な諸法則である。これら数少ない法則から、幾千年もの惑星の運動が結果してくる。それも、本当に何か計算してみることができたところでは、どこでも似たような精密さと確実性が結果した。同時に、最終的には古典物理学が全き真理ではありえなかったことも示されることとなった。このことを示すための最も重要な歩みの一つがマックス・プランクによって進められた。ルートヴィヒ・ボルツマンによってすでに準備がなされた上でのことではあったが。すなわち、技術的に言うと、古典的連続体の統計熱力学は不可能である。なぜなら、この熱力学は何らの〔熱〕平衡をも許さないから。というのは、無限個の自由度ゆえに無限である諸事象の系の中で、有限な温度で平衡していることになるから。このことの不可能性を、プランクはマックスウェル理論の例に見てとっていた。そして、残念に思いつつも、しかも本来は自らの意にも反して、彼はこれを自らの量子仮説のための基底とした。この量子仮説をその本来の根源性において初めて理解したのが、一九〇五年のアインシュタインである。当時、彼は友人コンラート・ハービヒトに〔手紙を〕書き、光量子のことは「革命的」と告げた。彼は、ここには古典物理学との根源的な断絶があることを見ていた。そして、その美しい自伝の中でこう書いたのである。「しかし、この領域で両足の下に何らかの堅い土台を見出すことには、残念ながら一度も成功しなかった。そして、これほどまでに揺れ動いている地盤の上に自らの原子論のすばらしい建造物を打ち立てることにニールス・ボーアが成功したことは、思考の領域における至高の音楽性である。」〔本書三五四頁、三六四頁参照〕と。ここで彼は再びボーアを名指し、しかも興味あることに音楽性という特質と関連づけているのであるが、厳密にとるなら、これはアインシュタインの特質であり、ボーアのではない。

さて、〔ここで次の〕問いが生じる。すなわち、古典物理学に似た単純性をもちながら、古典物理学には解けない諸問題を解くような一理論をつくることができるか。それが、この理論自らが示したように、量子力学であった。そして、その理論の形式的な形態を最初に見出したのが、ヴェルナー・ハイゼンベルクであった。しかもこの量子力学は、今日に至るまで現実的修正を受けることはなく、ひたすら解釈され、構築されてきたのである。いうまでもなく、この理論の解釈、哲学的な解釈あるいはどのような呼び方がされるにせよ、それは今日に至るまで議論を惹起している問いであり続けている。しかし、この理論の異常なほどの単純性と、その圧倒的な成功は全く特別に大きなものであり、この点に関して熟考することが、最終的には、ハイゼンベルクが本来行なったことについて熟考するということの核心なのである。

われわれがライプツィヒで一緒にいた頃に、そしてそのさらにあと、わたしがもういなくなってから、ハイゼンベルクが成功した数多くの、きわめて美しく、かつ重要でもあるいくつかの研究に立ち入ることは、今はしない。わたしの貢献などささやかなものでしかなかった。しかし、きわめて優秀な別の人々がいた。例えば、当時いろいろな金属における電子伝導の理論を展開していたフェリックス・ブロッホや、水素分子のモデルの計算をつめていたエドワード・テラーなどである。ハイゼンベルク自身は強磁性の理論を見出した。さらに、パウリとともに彼は、量子電磁力学と場の量子論との基本思想を構想した。そのあと、彼はますます深く素粒子の問題へと突き進んでいった。そして、その最晩年の二十年間、彼は、非線形スピノル場の理論の形態で、量子力学〔の場合〕と全く同じような基礎的な仕事をもう一度成し遂げたと考えていた。物理学者たちの職人組合はこの仕事をまだ受け容れてはいない。わたしの感じたところでは、彼は実際に決定的に重要な場にいた。すなわち、彼は本質的ないくつかの問いを精確に見ていた。しかし彼が与えた積極的な回答は、多分まだ特殊すぎ、まだ一般的ではなかった、すなわち、まだ十分に抽象的ではなかった。

量子論は、彼が元来は運動学と名付けていたものの一つの基礎図式である。つまり、彼が古典物理学から無造作に引き継いだ状態量の意味が変化したものなのである。空間と時間は相対性理論に則して与えられている。量子論でも古典物理学におけると全く同じように、粒子は与えられており、場は与えられている。量子力学を受け継いでいて、しかもさらに先へと導いてゆく基礎理論にとっての本来の課題とは、量子論が古典物理学から取り出してきたこれら具体的な諸前提をも、第一原理自体から導き出すことであろう。彼の最後の仕事の中心はまさにこれをすることであった。しかしながら、すでに述べたように、端緒としたものがまだ少し特殊すぎたのかもしれない。

今わたしは、彼の物理学に関して話したが、その際すでに、事柄の哲学的側面をも常に強調するよう試みてきた。いまや一方では哲学との関連で、その一員である彼自身は何をし、何を考えていたのか、という問いが生じてくる。そして他方では、その点で、まださらに何をすることができ、何を考えることができるのであろうか〔との問いも〕。この点については、わたしはまず、今日では科学論と称するものへの一つの重要な貢献を挙げておきたい。彼はこの貢献を、「現代自然科学における〈完結した理論〉の概念」（“Der Begriff ‘abgeschossene Theorie’ in der modernen Naturwissenschaft”）という一九四八年の論文の中で描写した〔Werner Heisenberg, *Dialectica* 2, S. 331–336; *in: Gesammelte Werke* C I, S. 335–340〕。トーマス・クーンが十四年後に、科学の歴史に関して有名になった一冊の本を書いた（*The Structure of Scientific Revolution*, 1962）〔既出『科学革命の構造』〕が、その中で彼は、科学の歴史を通常科学と科学革命の交代してゆく逐次継承として描出した。「パラダイムのもとでパズルを解いてゆく科学」を、あるモデルに従って、その解のあるモデルに従って個別問題を解くことを、彼は通常科学と名付けた。そして革命は、解のこのモデルのある変更にあった。わたしは、ヴェルナー・ハイゼンベルクの生涯の最後の年に、クーンのこの本を一度読んでみてほしいと手渡した。その後、彼はわたしに、「しかし、〔クーンは〕ポイントを捉え損ねているではないか。ポイントは、彼がパラダイムと名付けているものは、完結した理論であるということなのだ」

と言った。これは、歴史的な成り行きがクーンの描写したようにはなっていない、ということではない。そうではなく、本質的なことは、パラダイムとは単に、何らかの新しいトリックであるのみではなく、遂行され、完結した理論だ、ということである。このような理論は、一般的には、数学的要請のきわめて単純なあるグループと、予め実際に存在している言語にぴったりと接続しているある単純な意味論とを含んでいる。というのは、そうでないとすると、それらの数学的諸概念を用いて言わんとしていることが何であるのか、全く分からないからである。この理論は、小さな変更ではもはや改良することができないという意味で完結している。しかし、この理論は決して最後の言葉ではない。革命とは、全く新しい基礎的諸概念への、新しい、しかももっと大きい、もっと包括的な単純性を許す基礎的諸概念への移行ということであろう。彼は〈完結した理論〉を、ほぼこのようなものと描写していた。そして、彼にはそうすることができたことも、人はきわめて判明に見た。なぜなら、彼自身がこのような一理論、まさに量子力学を構想していたからである。このようなことがどのように進行してゆくものなのか、彼自らが体験していたのである。

この考えの重要性は、わたしの感じでは、今日の科学論において必ずしも常に十分に認識されてはいない。今日の科学論は、科学をその内容からではなく、方法から評価しようとする方向を指向している。ハイゼンベルクに従うなら、探究方法は本質的に内容に依存している。つまり、ある新しい理論の新しい内容とともに、変化した研究方法も現に存在しているのである。このことと関連しているのが、彼がアインシュタインとの間で交わした注目に値する一つの会話で、自著『部分と全体』の中で描写しているものである〔上掲訳書『部分と全体』、第五章、特に一〇二頁以降〕。一九二六年、アインシュタインは彼を招待した――ハイゼンベルクはかつてわたしにアインシュタインの明晰で単純な筆跡で書かれたごく短い一通の手紙を見せてくれたことがある。「あなたの理論に関してあなたと話すことができたら、たいへん嬉しく思います。あなたの理論はわたしにはきわめて重要と見えます。衷心よりの賛嘆のうちに、敬白、アルベルト・アインシュタイン。」「衷心よりの賛嘆のうちに」についてハイゼンベルクは、「ここで彼は、おそらくわたしを少しからかってやろうと思ったのだ」と言っていた。しかし、そうではなく、あれは真正の賛嘆であった、とわたしは信じている。その後アインシュタインは、彼に会話の中でおよそこのように言ったのである。「あなたがあなたの理論と結びつけられた哲学、つまり観測可能な諸量についての理論をつくることとしかしないという哲学、そのようなものはナンセンスだ。」わたしに対してハイゼンベルクは、マッハやウィーンの実証主義者たちの理論についてアインシュタインが「くだらない（クワッチ）」と言った、と精確に引用した。その上でアインシュタインは、ハイゼンベルクに言った。「何が観測されうるかは、まず理論が決定するのです。あなたが理論をもたれる以前には、どの量が観測されうるかは、あなたは全く知ってはいないのです。」さて、ハイゼンベルクが当初つくろうと考えていた理論は、観測されうるとわれわれがすでに知っている量はいずれにしてもすべて記述していて、しかもその上で、さらにまだ何かを追加的に受け取らねばならないか否か、成り行きを見守ってもいるような理論であった。

いずれにしても、経験的認識そのものがそもそも理論によって初めて可能となるというアインシュタインの立論は、彼にきわめて深い影響を与えた。つまり、経験的認識をもって始めることができ、そうしたあとで、一つの理論を手に入れるのだ、という意見でいてはならないというのである。アインシュタインの立論は彼にとって、不確定性関係を見出す際の道そのものであった。そもそも不確定性関係が意味しているのは、位置と運動量を任意の精確さで観測することはできないゆえに、両者が同時に存在することはないということでは全くない。このようなことは全く馬鹿げたことである。人が観測することのできない事物は数多くある。それでもなお、それらの事物は存在している。そういうことではなく、不確定性関係において述べられていることは、量子論が正しいなら、位置と運動量を任意の精確さで計測することは同時にはできない、というのは、両者は交信し合ってはいない二つの演算子の固有値であるからということなのである。もちろん、両者を観測することはできる。示されねばならないことは、ただ、もしこの理論が正しいのなら、両者を任意の精確さで同時に観測することはまさにできない、ということだけである。そして、これこそがハイゼンベルクの立論のポイントなのである。

それゆえ、このことの中には科学論的な問いの一定の変化が含まれている。いまやハイゼンベルクは、カントの哲学と確かに多少関わりをもってはいるが、彼の主観的意識の中ではそれ以上にプラトンとの関わりをもっているある哲学へと近づいている。わたしは実際、彼がプラトンを引き合いに出したことは正しかったと信じている。そして、このことをわたしが今、まずは今日の物理学に由来する一つの形式で表明するなら――この形式は量子論のあの捉え方、もう一つの完結した理論を展開しようとのハイゼンベルクの願望をわたしが自分なりに追求してゆく中でわたし〔自身〕が形成してきた捉え方にもとづいている――、〔次のように〕言う。すなわち、もし人が、三次元空間の概念を抽象的量子論から導き出すことをも成し遂げうるなら、そしてわたしの見るところ、これは成し遂げうることであるが――そしてその導出をもって、場と粒子という両概念をも抽象的量子論から〔導き出すことができるなら〕――、その場合には、量子論とは、第一義的には物質に関する一理論ではなく、情報に関する、より精確には「時間の中におけるビットに関する」一理論なのである、と。ところで、情報とは、形態のある集合の測度、形相のある集合の測度、と定義づけうるものである。そして、形相とはプラトン哲学の根本概念である。ハイゼンベルクは、〔ミュンヘン〕大学の向かいの〔神学校の〕屋根の上で、日向ぼっこをしながらプラトンの『ティマイオス』を読んでいたときの彼のごく初期の回想〔上掲訳書『部分と全体』一一一―一一三頁〕の中ですでに〔次のことを〕示している。プラトンにとって、火の原子は小さな四面体であるが、四面体の形態をもつ物質的な物では決してない。というのは、この意味での物質なるものは彼の哲学の中には全く存在していないからである。いうまでもなく、ハイゼンベルクのこの主張は、すべてのプラトン＝解釈と合致しているわけではない。しかしハイゼンベルクにとっては、これでもまだすべてではなかった。彼はそのほかに、プラトンの哲学を「美しい」と見ていた。それも、彼がプラトンの数学を美しいと見たがゆえのみでなく――かつてわたしに言ったところでは、ハイゼンベルクにとって数論というものはフーガ技法のようなものであった――、プラトンが、論証をもってはもはや終わりまでもってゆくことが全くできないような事柄を、最初は対話形式で、そして決定的な箇所では、最終的に神話として表明していたからでもあった。本来はこのことこそが、プラトンにあって彼を感動させたものなのである。

さて、ハイゼンベルクはかつて、戦争の真最中の一九四二年に、つい最近公刊されたばかりの一篇の論文を書いた。すなわち、「現実の秩序」（"Ordnung der Wirklichkeit"）〔*Werner Heisenberg, Gesammelte Werke* C I に収録〕である。現実の中のゲーテ的領域にぴったりと接続するものであるこの論文には、次のような段階が存在する。すなわち、「偶然的、力学的、物理学的、化学的、有機的、心理的、倫理的、宗教的、天才的」。そのあとハイゼンベルクは、宗教的なるものが天才的なるものに結びつく点について論じる。そこでもわたしは、再び宗教に関する一節を自分のために探し出したが、これは彼にとってきわめて重要であるとともに、特徴的な一節でもある。

「一切の宗教はいずれも、宗教的体験をもって始まる。しかし、この体験の内容に関して人は、それぞれこの体験といわば内側から出会うか、外側から出会うかに従って、きわめて異なった話し方をする。われわれ自身に関して言うなら、この体験の内容については、そもそも比喩でしか語ることができない。例えば、われわれは、われわれに対して、突然、別の、もっと高いある世界との結合が、全生涯に向けて義務づけをするような仕方で現われ出てきたとか、あるいは、一定の状況の中では神が無媒介にわれわれと出会ってくださり、われわれに向かって話されたとか言うことができる（わたし自身はここで例えば、一九二〇年夏のパッペンハイムの廃墟のバルコニーでの夜などにまず思いを馳せる）〔『部分と全体』の中で彼が描写している青少年運動の際の体験（一五一―一七頁で述べられているプルン城での一九一九年の体験と思われる）――C・F・v・W〕。あるいは、われわれの生命の意味がわれわれに対して一挙に明らかになった、そしていまや、価値あるものと価値なきものとを確実に区別する仕方が分かるようになっている、というように表現することもできる。「ひとたび炎の周囲をめぐる者は炎の衛星のままであれ」（Wer je die Flamme umschritt, bleibe der Flamme Trabant）……」

この最後の一行は、青少年運動で当時多く読まれていたシュテファン・ゲオルゲのある詩に由来している〔富岡近雄訳・注・評伝『ゲオルゲ全詩集』郁文堂、「盟約の星」、「第三の書」二六七頁〕。ハイゼンベルクが物理学をしていたときに何を経験したのか理解しようと欲する人が、自分で見なければならない何かが、ここでは表明されている。その何かから体系的な哲学を創出することは、彼の意見に従うなら、根本的に、この経験を理解していないということでしかないであろう。その限りにおいて、彼は何らかの体系的哲学を企てるということはしなかったのである。

彼の政治的思想に関して、なお二、三付言させていただきたい。これらの言葉をもってわたしは、いま再び多くのことが話されるようになってきている事柄に触れる。そして、わたしはこれらの事柄に対しても一つの貢献ができたらと思っている。もちろん、これらの事柄は、至高の諸体験から、われわれの現実生活の日常性と戦慄すべきことの中へとわれわれを引き戻すものである。ここで物理学者たちに起こったことは、きわめて特徴的なことである。そして、即自的にはわたしも陰険なものと見ているあのテレビ映画〔一九九一年四月二十九日にARDが放送した、制作ヴォルフガング・メンゲ、監督フランク・バイヤー『無垢の終わり』〕は、いずれにしても力をもっている。なぜなら、あの映画は「無垢の終わり」を――その名のとおりに――実際に目に見える形にして示すことができるから。わたしは、あれ〔あのテレビ映画で描かれている時期〕以前にかつてオットー・ハーンのもとで仕事をしていたことがあったが、そのハーンが一九三八年のクリスマスの少しあと、わたしに電話をかけてきて、質問してきたことを思い出している。「フォン・ヴァイツゼカー君、表象してみることができますか。どの化学的分離に際してもバリウムとは行動をともにするある種のラジウムが、〔他の普通の〕ラジウムとは行動をともにしないのです。」もちろん、わたしは尋ねた、「それで、一体そのようなものを手に入れられたのですか。」そのとき彼は言った、「手に入れたと思います」。わたしは言った、「もしかしたら、それはバリウムなのかもしれません。」そのとき彼は言った、「ええ、しかし、そうだとすると、核が炸裂したのです！」

ハーンは、中性子を用いてウランから手に入れることのできる一定の化学物質についての彼の勉強の際に、完全に予想外にウラン〔核〕分裂を発見した。そして二カ月後には、世界中で二百人の核物理学者たちが、多分いまや原子爆弾を造ることが可能であろうということを知っていた。そしてわたしもその一人であった。事を理解したその晩に、わたしは哲学者である友人ゲオルク・ピヒト――わたしと同じ歳か、あるいはわたしより少し若い人物――のところへ行き、われわれ若い二人はその点に関して長いこと語り合い、次のような結論に至った。もし原子爆弾が可能であるなら、誰かそれを造る人間も出てくるであろう。そして、もし原子爆弾が造られるなら、その時には誰かそれを実戦で投入する人間も出てこよう。そして、もし人類が戦争という制度を超克することを学ばないなら、その時には人類は自らを絶滅させることになるであろう。これが、あの一晩の間にわれわれに明らかになった結論であった。

わたしは、そう、この物理学者ども、連中は、自分たちが〔核〕反応炉や爆弾を造ることができるということに有頂天になっていて、その結果について思いをめぐらすことは全く忘れていた、という意見の人々に対抗するためにこの報告をしている。そのような想定は、そもそも物理学者についてこれ以上全くありえないほどのひどい誤解である。ハイゼンベルクも当時、わたしと全く同じであったし、アメリカの物理学者たちとてそうであった。彼らにも事がどれほど明らかになっていたかを見るためなら、少し前に刊行されたヴィクトール・ワイスコップの自伝を読むだけで十分である〔*Privilege of being a physicist*, W.H. Freeman, New York, 1988. 長澤信方訳『サイエンティストに悔いなし——激動の20世紀を生きて』丸善〕。戦後になって初めて知り合うこととなったレオ・シラードは、特に早い時期にこのことを判明に認識していた。問われるのはただ、言及した三つの文章が正しいとして、人はどうするか、だけであった。さて、この状況の中でわれわれは〈ウラン〔計画〕〉の仕事に踏み入った。わたし自身が当時、ハイゼンベルクに参加することを勧め、彼もそうした。わたしは、われわれがこの研究をしている期間中にすでにこの研究から現実に原子爆弾が製造されてしまうのではないか、そしてその場合はいかなる結果をもたらすことになるのであろうか、と最初の何年間かはきわめて不安であったことも白状する。当時わたしは、本当は功名心に駆られていて、軽薄であり、事をよく理解してはいなかった。否、アドルフ・ヒトラーのような男とも語り合い、彼をよりよき政策へと動かすことができるだけの力が自分にはあるとさえ考えていたのである

——もちろん、そのようなことはグロテスクなナンセンスであった。

ハイゼンベルクは〔当時のわたしの〕この感じを共有していなかった。一九三九年十月に、さまざまなことに関してわたしと話し合ったとき、彼は言った。

「言ってみれば、あのヒトラーはルークを一つ欠いた状態でチェスの決勝戦をしている、一年後には彼はこの戦争に敗れることになる。しかしその時まで、われわれは少なくとも物理学者たちを、この時代を切り抜けて生き延びさせよう。そして戦争に敗れたとき、その後も、この政権によって壊滅させられなかったものがなお何かドイツに残っているように配慮しよう。」

これは意見であった。さてここで、一つの問いが生じる。後には、彼はヒトラーがその戦争にそれほど早く敗れないことを認識し、例えばヘンドリック・カシミールなどに、幾つかの発言をしていたのであるが、カシミールはそのことを明示的に報告し書いている。一九四三年、カシミールをオランダに訪ねたとき、ハイゼンベルクは言った、「しかし、やはり、ロシア人に対する戦争にはヒトラーが勝つよう願望しなければならない。というのは、ヨーロッパをロシアが支配するのは、やはりドイツ支配よりもっと質が悪いものだろうからだ。」このような言葉が、ちょうどドイツ人たちによって制圧されたばかりの一オランダ人を喜ばすことはできなかったことを、彼は十分には気づいていなかった。自分のパートナーの可能的反応で彼が気づいたことには、一定の限界があった。

それにもかかわらず、これが彼の意見であった。当時はすでに、ひょっとすると原子爆弾を造らねばならないことになるかもしれないというわれわれの心配は小さくなっていた。というのは、われわれにはそれができないことが見えてきていたからである。アメリカ人にはそれができたことが、広島の日に、〔ハイティンドン近郊の〕ファーム・ホールに〔収容されて〕いたわれわれを文字どおり恐怖で気を失うほど仰天させることとなった。

あるちょっとしたエピソード、一九四一年秋にニールス・ボーアとヴェルナー・ハイゼンベルクの間で行なわれた、失敗に終わった対話をもって終えさせていただきたい。というのは、この会話についてはわたしは一番近いところで関わっていて、若干のことを報告できるからである。わたしは一九四一年初頭にデンマークを訪れていた。そしてその折、わたしの父の良き知人であったドイツ公使と話をしていた。彼とは完全にオープンに語ることができた。そしてわれわれは、ニールス・ボーアの母親がユダヤ人であったことから、彼が危険な状況にあることについても話をし、ボーアを保護するために何かできないか、相談した。しかし、公使は〔次のような〕意見であった。「残念ながらボーアは、わたしとは、他のすべてのドイツ人に対してと同様に、いかなるコンタクトをも完全に絶っている。彼のためにできることは、わたしにはさしてない。」わたしは、一度ハイゼンベルクをコペンハーゲンへ連れてきて、ボーアのために何かしてもらったらよいのではないか、と答えた。そしてその後、招待の手はずが整えられた。ところで、一人のきわめて勤勉なアメリカ人科学史家、マーク・ウォーカー、彼はドイツのウラン計画に関して一冊の本〔M. Walker, *German national socialism and the quest for nucleal power 1939–1945*,『ドイツ国家社会主義と原子力研究　一九三九―一九四五年』、Cambridge Univ. Press, 1989〕を書いた人物で、彼とわたしはこれらの事柄に関して長期にわたって手紙のやりとりをしたことがある。この人物はまず、ハイゼンベルクがあそこへ行ったのは、文化的宣伝をするためであった、と主張していた。これは周知のことでもある。実際にドイツ人がデンマークである文化的宣伝をしようと思っていたことは、公文書で検証することができる。すなわち、ドイツ人は天文物理学会なる学会を開催し、その学会にはハイゼンベルクも、彼自身がすでにやはり立派な宣伝にもなったので、参加することになっていた。したがって、とにかく彼は宣伝のためにあそこへ行った。ボーアがコペンハーゲンで生活していたので、さらにハイゼンベルクはそのついでに彼と語ることもあった。――その後、わたしはウォーカーに資料を見せてくれるよう依頼した。ルスト〔が大臣をしていた〕帝国教育省のものだった資料は、文化的宣伝のためにハイゼンベルクの招待を、コペンハーゲンのドイツ公使館が提案していたことを実際に裏打ちしていた。ルスト〔の所管する〕省は、嫌っていたハイゼンベルクの招聘を受け入れた。それを見てわたしはウォーカーに書いた。「あなたのテーゼのための証明とあなたが見なしておられるものは、わたしが主張したことのまさに正確なる裏づけそのものです。」というのは、それは、わたしが公使と一緒に行なった「陰謀」だったからである。真の理由は、もちろん記録文書には載っていない。というのは、このような考えが記録文書に載らないようにするだけの賢明さはわれわれにもあったからである。人がこれらの考えに則して行動を起こしてくれるだけで十分であった。

原子爆弾の問題に関するハイゼンベルクとボーアの間の会談は、残念ながら失敗した。ボーアが何を言ったか、まず話そう。これについては、ボーアが一九八一年〔実際には一九五〇年代とのこと〕、モスクワでオイゲン・フェインベルグに報告している。フェインベルグは一九八七年、わたしがアカデミーの招待客としてモスクワに行った際に、この件に関して話し合うために、わざわざ空港まで迎えに来てくれたのである。ボーアは彼に言っていた。「奇妙なものですね。ハイゼンベルクは根っからの誠実人間なのですが、あれほどの人間でも、徐々に自分の見解を変えていってからは、自分の以前の見解がどのようなものであったか、完璧に忘れてしまうものなのですね。彼は、原子爆弾のことでドイツ人に協力するようわたしを動かそうとしたのですよ。」

そもそも一九八五年に初めて噂でわたしの耳に届いてきたこの考え――わたしが当時この噂を聞き知ったのは、コペンハーゲンで催されたボーア生誕百周年の幾つかの祝賀会においてであった――は、奇異なものと思われた。しかし、どうやらボーアはそう信じていたようである。ボーアはどうしてそう信じるようになったのか。わたしはボーアとの、もう一つの体験をも物語るのがよいのかもしれない。あれは一九五二年、プリンストンで戦後初めて彼と再会した折のことであった。彼はきわめて友好的にわたしを迎えてくれた。そしてわたしは、しばらくしてから、この機を利用して言った。「ついでですが、一九四一年にハイゼンベルクがあなたをお訪ねしたことがありましたね、わたしも一緒でした。あの折のことに関して二、三お話してはいけませんでしょうか。」その時ボーアは答えた、「ああ、あれは止めておきましょう。あの時のことに関しては話さないことにしましょう。あなたもご存じでしょう。戦争では、誰だって自分自身の国を最優先にするということは、わたしにも完全に明らかですし、当然わたしも完璧に受け容れていることなのです」。わたしは直ちに気づいた。ここでわたしがかりに、「そうではなかったのです。そのようなことをせずにすむよう、ボーア〔先生〕に手をお貸しするという点はさておくとしても、会談の目的は、原子爆弾を造ることを世界中で物理学者たちが回避するよう手配をすることが、ボーア〔先生〕にならおできになるのではないかということだったのです。なぜなら、彼らは、自分たちがそれを回避するなら、誰もそれを造ることができないことを知っているからです」と言ったとするなら〔どうだったか〕。〔実際には〕ボーアはこのことを全然理解していなかったのかもしれない。一九五二年にボーアは、「今わたしはこのヴァイツゼカーに、嘘をつかずにすむよう手を貸してやった。にもかかわらず、いま彼は嘘をついている」と考えたかもしれない、というのが答えである。それゆえ、わたしはあの時のことに触れることは止めにした。もしかしたら、あれは誤りだったのかもしれない。

一九四一年に戻る。ハイゼンベルクは、外からの印象では――わたしはその場にはいなくて、あの会談については、残念ながらそれが完全に失敗に終わった、と彼がわたしに物語ってくれただけであった――ボーアはやはりドイツの公使館とコンタクトをとる方がよい、と言うことから始めたようである。そして、この言葉で言わんとしていたことは、言ったように、公使はボーアに手を貸すことができるかもしれないということであった。これをボーアは、どうやら――フェインベルグへの発言から見えてくるように――ハイゼンベルクはこのやり方でボーアとドイツの公的政府機関の間に関係を創り上げようとしていて、しかもこれらの関係はその後、ボーアがわれわれと協力するための前提となるはずのものである、と捉えたのである。そして、そのあと――とハイゼンベルクがさらに描写したことだが――彼が原子爆弾の問題に慎重に話を近づけて行ったとき、ボーアは恐ろしく驚愕し、彼が本来言おうとしていたことに耳を傾けることができるだけの余裕をもはや全くなくしてしまっていた。ハイゼンベルクはといえば、いまやボーアが、われわれが現実に原子爆弾を造ることができるかもしれないと想定しているのではないかと恐れていた。こうして、ハイゼンベルクが本来言おうとしていたことは、外からの印象では、ボーアの耳には全く届かなかったか、わずかに耳をかすめたかだった。わたしはなるほどその場にはいなかった。したがって、実際に事がどのように運んだのかも精確には知らない。しかし、コペンハーゲン港のロング・ライン〔波止場〕で行なわれた会談が終わり、二人が非常に友好的に別れてから十分後に、わたしはハイゼンベルクを見た。そして彼は、「君、全くの失敗に終わったと思う！」と言った。両者の間にこの件に関して全面的な了解が成立することは二度と再びなかった。

このエピソードは、わたしの感じでは、物理学の諸発見が、それら自体の側においては最初は単にわれわれの高貴なる好奇心に源を発しているものであるとしても――わたしは、称賛の意を込めて「高貴なる」と言うが、それでも、それはやはりまさに好奇心なのである――、どれほど宿命的なものを造りうるかという、もう一つの、それもいまや霊魂のレベルでの寄与をしているものである。原子爆弾は宿命を造り出した。そして、原子爆弾は、ほかにもあるにせよ、特に、あの後も――わたしはあえてこういう言い方をするが――互いに愛し合っていたあの二人の友人、ボーアとハイゼンベルクですら、あれほどの愛にもかかわらず、結局、決定的な事柄に関して本当の意味でともに語り合える状態にはもはやないほどになっていた。まさに物理学の真理とは、その諸作用において、これほど深いところにまで及んでゆくものなのである。この点について、ハイゼンベルクはきわめて多くのことを知っていた。しかもそれは、それでもやはり彼の生涯全体にわたって彼に随伴していたものの一部なのである。

*〔訳注〕当時、ハイゼンベルクのもとに留学・研究した日本人は、木内政蔵（一九二八－三一）、菊池正士（一九二九－三一）、水島三一郎（一九二九－三二）、藤岡由夫（一九三〇－三二）、酒井佐明（一九三〇？－？）、有山兼孝（一九三三－三六）、梅田魁（一九三三？－？）、落合麒一郎（一九三五－三七）、渡辺慧（一九三七－三九）、朝永振一郎（一九三七－三九）らである。ヴァイツゼカーは、一九二九・三〇年の冬学期から三三年までライプツィヒ大学にいたとされ（マルティン・ヴァイン『ヴァイツゼッカー家』平凡社）、ハイゼンベルクは、「十八歳になったばかり」のヴァイツゼカーが同大学の自らの「グループ」に加わったことを記している（『部分と全体』みすず書房）。これらから、ヴァイツゼカーのハイゼンベルク・ゼミナール在籍期間を一九三〇－三三年と見れば、上記七人のうち、木内政蔵～酒井佐明の「五人」と推定される（江沢洋氏のご教示により、日本物理学会編『日本の物理学史』東海大学出版会、その他の資料・文献から推定）。

現代物理学の哲学的解釈

I　発展と科学

この第I講義のタイトルは両義的である。わたしが話そうとしているのは、科学の発展（Entwicklung）についてなのか、あるいは発展の科学についてなのか。ここでわたしは、双方について話し、しかもある意味では両者が一つになることをも示してみたい。より精確に言うなら、科学の発展は一方では数多くの科学への分化がますます激しくなる方向へと導いているとともに、他方では自らが統一物理学であることを明らかにするはずの、統一された基本科学へと導いていってもいる、とわたしは信じている。さて、この基本科学は「発展についての科学」という概念で記述されうるものであろう、とわたしは主張する。この意味で、科学の発展には発展についての科学へと向かう傾向がある。より抽象的、したがってより正確には、科学の発展は時間についての科学へと導くと言わねばならないであろう。第I講義では、この科学の一般的背景について、第II講義では、この科学の種的な内容について話すこととする。

これほど包括的なテーマを簡潔に描出するには、二つの可能性がある。すなわち、幾つかの選び抜いた例をもってするものと、圧縮した輪郭像においてするものとである。わたしは第二の道を選択した。理由は、例示では問題が必然的に断片となりやすく、科学の統一というテーマはその意味しているものだけからしても、すでにそのような描出を閉め出しているように見えるからである。

1　発展についての科学

われわれは今日、発展についての科学としてはどの科学を所有しているのか。進化（Entwicklung）は、一般には生物学的プロセスと見なされる。進化論と結びついた、有機生命の歴史といったようなものなら、われわれは所有している。われわれの地球の過去の歴史でほぼ五十億年程度とされる期間のかなり早い時期に、有機分子、とりわけアミノ酸とデオキシリボ核酸〔DNA〕が形成されたこと、それらはさらにタンパク質、螺旋へと、単細胞の、さらに多細胞の生命へと、植物、動物、そして人間へと自らを構築していったことを、われわれは真面目に疑うことはしなくなっている。とはいえ、進化の概念は、この生物進化史の両端の彼方の領域にまで延長することができる。われわれは天体の、岩石の、海の、さらには大気の進化についても話している。つまり、宇宙の進化について話すことも、仮説的になら認めることができると思われる。他方では、人間文化のプロセスがしばしば発展の概念を用いて記述される。これら二つの講義でわたしは、文化の発展については一つの側面のみを扱うことにする。他方、無機的な発展全体については、考察の中に取り込んで関係づけたいと思っている。無機的発展と有機的発展との間の連関が本節の主要対象である。なぜなら、この連関が自然の統一と関係しているからである。とはいえわたしは、自然の歴史を個々の細部において記述することはしないつもりである。重要なのは、発展の一般形態あるいは一般法則である。

発展とは、不可逆的な変化である。この「不可逆的」という言葉の使用には異を挟もうとする人もいるかもしれない。なぜなら、エントロピーの増大は、熱力学の第二法則によれば、逆転することはさせないのに、高度に進化した植物や動物のある個体群は何らかの壊滅的な事件によって絶滅することがありうるからである。わたしはこの言葉の使用をもっと詳細に擁護することになるが、さしあたっては直ちに、開いている系の中ではその系の一部分のエントロピーが壊滅的惨事という表現に値するような外的妨害によって文句なしに減退することもありうるとしても、十分に閉じられているビオトープ〔独立生態系〕の中ではこのような壊滅的惨事は確率的には起こりそうにない、と応答しておいてよいであろう。

発展〔進化〕の原因に関する支配的意見は、分子発生論を考慮に入れて現代化された姿での、ダーウィンの淘汰理論の中にその表現を見出す。地球の所与の年齢内の生命の進化を説明するためにこの理論で十分であると証明されているわけでは決してない。しかしこの理論の、この権利主張を疑うよう強制する根拠もわたしにはなく、当面は満足するに足る仮説としてこれから先も受け入れてゆくこととする。この前提条件のもとで、われわれは精確に二つの不可逆的プロセスを所有している。すなわち、統計熱力学と淘汰説である。両者の内的連関はどうであろうか。

これら二つの理論がきわめてうまく噛み合っているということは、広く認められている見解である。熱力学の第二法則は無秩序が拡大する傾向を、そして淘汰説は秩序が増大する傾向を、表現しているように見える。外見上のこの矛盾を解決しようとする有力な意見は、次の四つの命題に集約することができる。

一、第二法則は、有機体にも無機的物質にも妥当する。

二、さらなる、そしてより高度な有機体の成立の結果、エントロピーが減少する。

三、しかし、このエントロピー減少は、有機体の新陳代謝の結果としてのエントロピー増大に対してはわずかである。

四、したがって、エントロピー増大と〔有機〕進化（Evolution）という二つの傾向は、互いに矛盾してはいない。

わたしは三十年間、自分がこの見解を共有してきたことを白状するが、この見解は不必要に複雑であるとともに、前記の第二の命題は端的に誤りでもあることをつい最近になって発見したと信じている。有機的な発展の場合には充足されている一定の条件のもとでは、発展自体がエントロピーの増大を意味しているというのが、真である。つまり、発展とは、第二法則の無媒介的結果なのであり、取り除くべきパラドックスなど何も残っていない。パラドックスがあるという印象は、エントロピーを無秩序とする不精確な記述によって成立したものである。

この主張を短く説明するためには、わたしは、第二法則を統計的に導き出すにあたって、十分に注目されてこなかったという意見をわたしが抱いている一つの点に立ち戻らねばならない。エントロピーとは、ある系の、外見上拡大鏡的状態（マクロ状態）にあるものの、さまざまな顕微鏡的状態（短く言えば、ミクロ状態）における個数の一測度と定義できる。そしてエントロピーとは、実際、この数の対数なのである。ミクロ状態の個数が最大の場合のマクロ状態は、すなわち、エントロピーが最大の場合のマクロ状態は、もしわれわれがどのマクロ状態にも等しいアプリオリな確率を付与するなら、最大のアプリオリな確率をもっている。ある系がある特定の時点にエントロピーが最大ではないマクロ状態にあるとするなら、後のある時にこの系がもっとエントロピーの高い状態にあることになる確率が高い。以上が第二法則の普通の統計的説明である。ところで、ここまでのところでは、立論は時間的に全く対称的である。まさに同じ理由が、その系は以前のある時点にエントロピーがより高い状態で見出される確率が高い、と言うようにわれわれに強いるはずであろう。しかし、これは過去における第二法則の経験的妥当性とは矛盾することになろう。事実、われわれが現実の経験にもとづいて第二法則を知っているのは過去についてのみで、当時エントロピーの増大をわれわれは知っており、今のこの立論はわれわれに、現時点でエントロピーが最小となっていること、そしてもちろん今からは増大してゆくのであるが、現時点までは減少してきていた、と言うように強いるかもしれない。この不条理な帰結を避けようと欲するなら、われわれは確率概念を過去に対して適用することを排除せねばならない、それも、この概念がここで使用されている意味で。過去の事象は、事実上は起こったか起こらなかったかである。つまり、過去の事象が起こることになるはずの確率を定義するといったことは、何らの意味ももたない。〈事実的な過去〉と〈開いている未来〉の間のこの質的な区別、これは、再来させることのできない過去と、未来的可能性の場との間の区別と言うこともできるものであるが、この区別は数多くの観点のもとで「発展についての科学」のためには基盤を置くものであることが示されてくる。この瞬間にこの区別は、統計的理論がどのようにして過去と未来の非対称性をそもそも導入することができるのかを、われわれに認識させている。つまり、ある事象が起こる確率とは、直接の意味では、未来にしか関係づけられないものなのである。ここでは、確率が二次的に意味するものの位置づけは脇に置いておかなければならない。わたしは第II講義で確率論に戻ってくることになる。

今は、発展は第二法則から結果してくるという主張に立ち戻る。この主張は、単純ではあるが高度に抽象的な言い方で表現することのできるものである。すなわち、エントロピーとは情報のことであり、したがって、情報とは第二法則に則して時間的に増大してゆくものであり、そして最後に、情報増大とはわれわれが発展という言葉で理解しているものである、と。この言い方の場合、われわれは、情報を負のエントロピー、あるいは「ネゲントロピー」と標示し、その結果、エントロピー増大は情報の喪失を意味するとするのが普通になってきている、という意味論的困難に突き当たる。しかしながら、シャノンの第一論文〔Claude E. Shannon, *"The mathematic Theorie of Communication"*, Univ. of Illinois Press 1971 (Repr. Orig. 1949). C・E・シャノン、W・ヴィーヴァー著、長谷川淳・井上光洋訳『コミュニケーションの数学的理論——情報理論の基礎』明治図書出版、に収録〕を読むと、彼は情報測度をプラスの符号を伴うエントロピーと定義していることが確認される。外見上のこのパラドックスの解は、両定義とも意味をもってはいるが、両者は別々のものを定義している、ということである。エントロピーとは——大ざっぱに言うなら——可能態的な知の一測度であり、ネゲントロピーとは現実的な知の一測度なのである。シャノンの意味での情報は、あるシグナルの「新しさの値」の期待値と定義できるものである。あるシグナルの新しさの値とは、このシグナルを他のすべての可能なシグナルから区別するためには決定されねばならない〈単純なオルターナティヴ〉の個数と定義できるものである。つまり、熱力学的なあるマクロ状態の情報とは、あるシグナルの新しさの値の期待値であり、その系の厳密なミクロ状態を知ることの中にあるはずのものである。この期待値が、わたしが可能態的知と標示したものである。そして、それこそがまさに、マクロ状態を知っているだけでしかない場合にわれわれに欠落している現実的知なのでもある。さて、発展ということは区別可能な別々の構造の個数の増大を意味する。所与のあるビオトープの中にこのような構造が数多く実在するようになればなるほど、それら構造の分布の精密な記述の新しさの値、すなわち、そのビオトープの可能態的情報は大きくなる。この情報は、熱力学的定義に則したエントロピーと同一ではない。熱力学的エントロピーは比較的数多くの「部分エントロピー」のある総和から成り立っていて、しかもこの「数多くの構造に属している情報」もこれら部分エントロピーの一つにすぎない。第二法則は、総エントロピーが増大せねばならないということしか言っていない。つまり、この構造情報も増大するためには、特別な条件もすべて満たされていなければならないのである。これらの条件のうち最も重要なのは、構造条件はそれらの平衡からははるかに隔たっていなければならないというものであり、生物学的な発展においてそうなっていることは容易に確認できることである。

わたしは、言葉によるこれらの主張の根底にある数学的理論をここで展開することはできないが、一つの簡単なモデルを持ち出すことはできる。ある系が一定の個数の同種の原子を含んでいると想定してみよう。k個の原子群のどれもが、kという種の分子とわれわれが標示しようとしている一分子を形成しうると想定しよう。どの種の分子が実際に存在しているかをわれわれが言うとき、そのことの中で、一つのマクロ状態が定義されることになる。そして、一つのミクロ状態が定義されるのは、どの原子がどの種の分子の中にあるかをわれわれが言うことにおいてである。発展〔進化〕は、$k=1$という種しかその中には実際に存在していないような、すなわち、すべての原子が個々に実際に存在しているような、あるマクロ状態をもって開始する、と想定してみよう。このマクロ状態は一つのミクロ状態のみしか含んではいない。なぜなら、$k=1$という種の分子一個の中には一個の原子が存在していることは、どの原子についても知られているから。最大のエントロピーは一見したところ、別々の種の分子がかなりの個数その中には実際に存在しているような一つのマクロ状態に帰属することとなろう。そして発展は、このような状態を目指して進むこととなる。言いたいなら、この状態を無秩序の状態と言うこともできる。しかし、ここで問題となっているのは、疑いなく、複雑度の高いある状態であり、この意味では高度に発展した状態である。

この先もさらにわたしが利用してゆきたいと思っているものは、単に、発展ということは時間の構造の結果であるという主張のみである。発展についての科学の複雑な事柄はすべて脇に置いたまま、わたしは科学の発展に目を向ける。

2　科学の発展

科学の発展は、科学史において記述される。そして自然史におけると同じように、われわれはその主要な道程を十分に知ってもいる、とわたしは単純に想定する。また、わたしは一般的な発展のメカニズムに関心を向けているが、このメカニズムとはいまや、科学の発展のメカニズムである。つまり、わたしの関心は認識論に向けられているということである。

科学の認識論的自己解釈で、現に支配的であるのは経験論である。科学は経験を収集し、その経験を数学的理論においてモデル化し、それら理論をさらなる経験の予測のために用い、そして予測したものと現実の経験との比較を理論の改良のために利用する。経験論がこの文章で表現されている限り、経験論は科学の発展において実際に起こっていることを正確に記述している。しかし、この記述的経験論は互いに結合している二つの弱点をもっている。すなわち、この科学記述はさして精確ではないし、この経験論は経験、理論、および両者の相互作用がそもそもいかにして可能なのかを説明してもいない。記述的経験論は発展といったものについて多少表面的な記述をしてはいるが、この発展のメカニズムを本当に理解してはいない。他方、わたしは教条主義的経験論、この立場をわたしなら、前記の記述を基盤として科学の発展を十分に説明することが実際にできるとする意見と定義するが、この教条主義的経験論は、あるいは明晰な主張では何らないか、あるいは誤った主張である、と主張する。本節と続く二つの節とはこの問題の分析に捧げられている。

わたしは、教条主義的経験論に対する攻撃を、ヒュームの問題を想起させようとする月並みな筆致をもって始める。プラトンとヒューム、カントとポパーは、科学的理論を経験から論理的に導き出すこともできないし、経験によってその真実性を証明することもできないという事実を同程度には自覚していた。わたしはこれらの〔二つの不可能性という〕事実をヒューム流の時間的な言い方で表現する。すなわち、一つの科学的法則はせいぜい過去の全経験を記述することはできるかもしれないが、われわれはこのことから、この法則が未来の諸経験に対しても妥当性をもつと論理的に結論づけることはできない。それなのに、これこそが科学が現実に引き出している結論なのであり、しかもほとんどの場合にその結論が成功しているのである。わたしが経験論は自分が説明できはしない現象を記述していると言うのは、この意味においてである。〈習慣にもとづく科学の信仰〉というヒューム自身の心理学的説明は、この信仰がうまくゆくことを常に繰り返し自ら明らかにできる理由の説明にはもちろんなっていない。ここではヒュームは誠実にも、自然とわれわれの思考との間の予定調和という言い方をしている。しかし、それがどこでなされるにしろ、予定調和といったものに手を染めるところでは、現実にはわれわれは、自分たち自身まだ理解してはいないものを持ち込んでいる、とわたしは信じている。

科学の可能性を把握しようとするかなりの数の試みがなされている。わたしは、確率論的経験論については、すなわち、経験的法則に経験的に正当化される確率度を付与しようとする試みについては、短く言及することしかできない。再びここでもわたしは、この試みの記述的価値を否定することはしない。一定の条件のもとでは、経験的法則に経験的確率を付与することは意味をもちうるし、有益でもありうる。しかし、法則の経験的真実性の証明可能性を、この理論がどのようにして自らの非確率論的先駆者たちよりうまく説明できるのかを洞察することはわたしにはできない。経験から話せば、この理論の擁護者たちは、この説明がどのようになされてゆくのかについて何らの一致にも達していないように見える。そして理論的にも、確率というものの導入によって、いかにしてヒュームの問題の反復を回避することが可能となるのかも、わたしには理解できない。過去の経験にもとづいてある確率を導くことが、この確率が未来において妥当することを論理的に包含しうるのは、いかにしてなのか。

つまり、わたしは、過去から未来へというわれわれが普通に行なっている推論は論理的には正当化されていないという事実に一定の力点を置いている。論理学の役割のこの強調は、第4節および第5節で分析することにする。今は、経験科学を記述するとともに、あるいは説明しようともしている若干の別の試みに目を向ける。

ポパーは、論理学的根拠からしても、経験によってある一般法則の真実性を証明することはできないが、たった一つの経験に基づく反証だけで誤謬性は証明されうる、と言う〔前掲『科学的発見の論理』〕。彼の見解によると、科学の発展は、最も巧妙なものが生き残るとする疑似ダーウィン的図式に従っている。すなわち、今まで誤謬性の証明がなされたことのない理論が使用されてゆくことになる、とされる。わたしは、この記述は、科学的な理論にも、無機的、有機的な物体にも、進化という一般概念を適用することに立派に意味があることを暗示している、と信じている。しかしそれでもなお、ポパーの認識論は二つの弱点を示している。すなわち、

一、ある法則の誤謬性を経験的に証明することも、厳密な意味では可能ではない。

二、ポパーの理論は、生き残る力量をもつ法則が与えられているのはなぜなのか、を説明していない。

ポパーは、第一の困難は原理的に自覚している。彼自らが、例えば「ここにコップに入った水が置いてある」といったような経験的断定はどれも、「コップ」とか「水」といった概念の意味ある使用を前提し

ていることを際立たせている。例えば固体や液体の振舞いを記述する法則のような一定の法則のコンテクストの中においてしか、この使用は可能でない。われわれは、顕在的法則の誤謬性を証明するたびごとに、含蓄的法則を適用している、と言うことができる。しかしこの事実は、誤謬性証明の事実上の価値を矮小化している。本物ではないある経験が立派に根拠づけられているある法則を誤謬と証明しそうになるたびに、われわれは、その経験における含蓄的法則の使用は全面的に正当化されていたのか、と疑い始める。歴史的に見るなら、地歩を確立している理論は、経験的な誤謬性証明に対して極度に鈍感であることが明らかになる。そして、その点がまさに、ポパーの理論は諸理論のこの安定性がいかにして可能となっているのかを説明していないという、彼の理論に対するわたしの第二の異論でもある。それゆえわたしは、ポパーの理論＝ダーウィニズムは、誤謬性証明についての彼が行なっている強調よりも高い記述的価値をもっていると信じている。しかし、もしわたしのこの評価が合っているとすると、経験によるある理論の真理性証明の可能性をも、誤謬性証明の可能性をも、実際われわれは今まで理解してはこなかったことになる。われわれは、現象を説明しようと欲することができるようになる前に、その現象をより精確に記述することに努力を傾注せねばならないであろう。

科学の現実的発展についての文句なしに最も優れた構造的叙述は、わたしの知るところでは、トーマス・クーンのものである〔前掲『科学革命の構造』〕。クーンは通常科学を、あるパラダイムの手引きのもとでする謎解きと、そして科学革命をパラダイムの変更と、記述する。彼のアクセントは、かなり均質なある研究者グループの社会的活動としての科学に置かれている。諸規則に対するパラダイムの優位性を彼はこう記述する。すなわち、研究活動をしている科学者たちは、しっかりと方向づけられた振舞いを示してはいるが、自分たちのこの振舞いを方法論的規則について、あるいは自然法則についてすらも、ポイントのすべてを列挙し何らかの形で明文化できる状況にはない、と。物理学において事はどのように運んでいるのかを把握しようという、とりわけ量子論を理解しようといういろいろな試みの中で、まさにこれと全く同じ経験をわたしもしてきた。物理学者が自分たちの仕事に関して言っていることを信じてはならず、それよりもむしろ、彼らが現実に行なっていることを参加を通して学ばねばならないのである。

一般的には、一つの科学革命には、現に支配しているパラダイムのある危機が先行する。しかし、現に支配しているパラダイムは、一見このパラダイムの誤謬性を証明していると見える経験によってのみ倒されるのでは決してない。むしろこのような経験は、通常は未解決の謎と捉えられるのであって、誤謬性証明と捉えられることはないのである。パラダイムは新たなパラダイムによってしか倒されることはない。クーンは、このプロセスを記述する際に、明示的に、そしてそれは当然でもあるが、淘汰説の言語を援用している。われわれは類比性を顕在的に定式化してみよう。壊滅的変化が起こるのでない限り、ある生態学的ニッチを持っている一つの種が消去されるのは、その種がこのニッチを十分にうまく満たしきっていないということによってではなく、このニッチにもっとうまく適応している別の種によってである。

この新種の側からすると、この新種が突然変異によって予めすでに登場しているということもありうるかもしれないが、ある一定の時点に自らのチャンスを手に入れることになるのは、何らかの環境変化によって、すなわち、ニッチの変化によってということもあるかもしれない。そして、そのような場合に初めて、その突然変異は、それまでは試す機会のなかった、いくつかのさらなる突然変異によって、単なる変種から全くの新種へと進化してゆくことになるのかもしれない。類似の仕方で、新しい実験（新しい「ニッチ」）が科学者たちを、古い理論的諸概念を再び蘇らせて（アインシュタインがライプニッツとマッハの空間の相対性というアイディアを再生させたように）、それらを全く新しい理論へと形態づけるよう仕向けることはありうる。

クーンは、自らの認識理論を認識理論自体の発展に適用した。彼は経験論の危機を記述しているが、この危機は、いわゆる経験的事実についてのわれわれの知識が、われわれ自身の理論的パラダイムにきわめて高い程度で依存していることの発見とも、感覚的所与、記録文章等々といったような、経験の安定的、究極的基盤を固定することの不可能性とも、結びついている。彼は自分自身の描出したものを一個の新しいパラダイムと見なしている。わたしとしては一応彼に賛成はするが、彼のパラダイムは、わたしが今回の両講義の中で寄与したいと思っている決定的な一構造が欠落している限りで、完璧ではないと信じている。この構造とは、科学の発展が多様性の増大へ向けてのみではなく、同時に科学の統一性の向上へ向けても導いていっているという史実と連関しあっているものである。われわれはこの事実をまず認識し、その上で、説明も試みなければならない。

3 統一へと向かっている物理学の道

クーンは、科学的な発展についてのその理論を、ダーウィンが自然淘汰という思想によって目的性〈原理〉を退位させたことに対比している。古生物学的証明資料の増大という印象のもとで、進化ということはすでにダーウィン以前にも数多くの生物学者にとって十分に受け入れうる表象となっていた。しかし、初期のこの進化論は多かれ少なかれ目的論的であった。進化は、歴史によって最も完全な生物——かりに人間と言っておこうか——が創り上げられた道と見られていた。ダーウィンの創造性——そして彼の理論によって換起されたショック——は、彼が「への進化」という表象を「からの進化」という思想をもって置き換えたことにあった。この進化には、起点はあるが目的地はあってはならない。つまり、この進化〔の先〕にあるのは、むしろ〈開かれたままの終わり〉と見えるのである。

わたしは、原理的にはこの描出に同意するとしても、それでもやはり、自分たち自身も自然法則に則して可能な形式であるとともに、自分たちの環境の中で生き残ることができる種のみが進化しうるということも忘れてはならない、と付け加えたいと思う。これは、単なる進化の表象のみでは生命の謎はまだ解かれていないことを意味する。科学的生命論なるものは、細胞、植物、動物が自然の諸法則に則して可能な系であるとともに、それらが、連続的な一連の可能的系を貫いている進化の道を経て到達されうる系でもあることを示さねばならない。このような種類の系の事実的可能性は、以前の諸時代にあっては何らかの客観的目的性という仮説をもって記述されていた諸事実から〔受け継がれ〕、ダーウィニズムの中にもまだ残っているものである。この講義の始めのところで輪郭を描いたような厳密に進化論的な理論では、これら二つの意見は、両者の歴史的対立が与えているかもしれない外見よりも互いに近いところにある。この発展が、現時における事実的状態より情報量の多い、未来の可能的状態へと向って動いているということは、時間の構造の中にともに含まれている。客観的可能性なるものをアリストテレスの言うさまざまな目的因から区別するものは、単に、通常は数多くの競合する可能性が与えられているのに、一つのプロセスの目的因は一般にただ一種と見なされるということでしかない。

その上でクーンは、科学によって達成されるべき最終的真理の思想を生物学的目的因のコンセプトと対比する。彼は、科学の発展も同じように「への発展」ではなく、「からの発展」であるゆえに、科学の認識論なるものはこのような真理概念なしに済ますことが立派にできる、という意見である。これは魅惑的な表象ではあるが、それにもかかわらず、わたしはこの表象に対してはきわめて本質的な一点においていくつか異を挟みたいと思う。有機的歴史においては現実に可能な種のみが進化することができるのと同じように、科学の歴史においても現実に可能なパラダイムや理論だけが発展に成功しうる、とわたしなら期待するであろう。一パラダイムないしは一理論を〈現実に可能なもの〉と標示するということがどういうことなのかは、もちろん難しい問いである。しかしクーンは、これが一つの実在的な問いであることを完全に自覚している。その本の最後の節で彼は、「論証をここまで追ってきた人は誰でも、それにもかかわらず、進化のプロセスが機能するのはなぜかと問うよう促がされていると感じることであろう。科学というたものがそもそも可能であるためには、人間をも含めて自然はどのようにできていなければならないのか。特別でなければならないのは、科学的専門世界のみではない。この専門世界は世界の中にあって世界の一部を描出しているのであるが、その当の世界そのものも、同じように全く特別の固有性を有していなければならない。しかも、われわれは、どれがこのような固有性でなければならないかという知識には、始めのところにおける以上に近づいてはいないのである」と言っている(『科学革命の構造』一七二頁〔前掲訳書一九五頁〕)。わたしは、あるパラダイムの、あるいはある理論の現実的可能性とは、われわれがそのパラダイムないしはその理論の真理性と標示しているものである、ということについて議論したい。さらに、この可能性の理論は与えられうるし、この理論の若干の根本性向を提示することもできる、という点についても議論したい。

この理論を導入する中で、わたしは、もしかしたらクーンは彼自身の描出を根拠に時代遅れと見なすかもしれない幾つかの見解へと立ち戻っている。規則に対するパラダイムの歴史的、実践的な必然的優位を妥当とし、力説するとしても、それでもなお、例えば、オイラーやラグラーンジュ、ハミルトンの研究に従って採ることとなった形式でのニュートン力学のような、あるいは今日の量子論のような、かなり優れた一般理論がある、とわたしは信じている。ここまでは、疑いなくクーンも同意するであろう。わたしはさらに、一般理論というものは、かなりの数の、以前のパラダイムに対して、そして自らが排除抑圧しているその当のパラダイムや理論の成功についても、ある事後的＝正当化を与えていると信じてもいる。そしてこれが、新しい理論は自らの先任者を極限ケースとして含んでいるという通俗的フレーズでは、必ずしもそれほど明晰に表現されていないことなのである。新しい一般理論はより高度の反省水準を意味していて、以前の諸意見はその中に包摂されうるのが通常である。ハイゼンベルクが、理論物理学は、彼が〈完結した理論〉と標示する個々の大きな歩みの中で前進してゆくと言うとき、彼が言わんとしているのもこのことである。かなり一般的な新しい理論的パラダイムすら、その先行パラダイムがすでに立てることも、回答することもできていた問いの、意味をもつ幾つかのものを、通常は排除しているとクーンが指摘するとき、彼が言っていることは、歴史的には正しい。ちなみに一例をあげるなら、ラヴォアジェからダルトンまでの化学革命は、金属がそれら金属の原石以上に互いに類似し合っているのはなぜかという問いを排除していた。しかもこの問いは、以前のフロギストン説においては意味のある問いだったのである。しかしクーンは、まさにこの問いが改めて立てられ、量子論によって答えられたとも言っている。そこからわたしは、道は事実上、統一へと導いていると信じている。もしこのことが正しいとすると、科学の発展は、科学自身の以前の諸パラダイムの現実的可能性の、次第によくなってゆく事後的＝理解といったものへと導いているし、この意味で、依然として唯一の一般的真理へと向っている道と言えるものでもある。しかしわたしは、この真理概念が本来意味しているものに入ってゆく前に、この道における進歩に関して二つの注を付さねばならない。その際、一方はこの進歩のメカニズムに、そして他方はこの進歩の射程に関するものである。

同じ一つのプロセスのメカニズムが、いかにして科学の多様性の拡大と、統一性の向上とへ導くことができるのか。答えは全く単純である。それは一般性という概念の中にある。核物理学、固体物理学、およびプラズマ物理学は、今ではきわめて包括的であるとともにきわめて違ったものともなっていて、それらの実践者たち自身が互いに理解し合うことは困難と見ているほどである。しかし、これらがすべて、物質の、異なる状態への量子論の適用であることに疑いを挟むことは、誰もしないであろう。一般理論というものは、その理論の諸客体のどの状態が可能であるか、そしてどの法則がこれらすべての状態が服さねばならない一般法則であるかを定義する。量子論においてはこの定義は、ヒルベルト＝空間の一般理論によって、一個のハミルトン＝関数を選択することで、そしてこのハミルトン＝関数を用いてシュレーダー＝方程式を解くことによって与えられる。こうして、理論自体が可能な多様性の程度を規定していて、ある理論が一般性の度合いを上げてゆけばゆくほど、そしてこの意味で統一の度合いを上げてゆけばゆくほど、その理論が多様なものに適用されうる余地は大きくなってゆく。一般理論のこの発展のための類比物は、無機物質と生命の発展〔進化〕の中にはない。その〔双方の発展の〕区別は、理論は現に存立している知についての反省という特別な精神的活動によって生み出されるものであるという事実に導き戻すべきものである。つまり、反省ということは有機生命の中には実在しないのである――多小の遊び心をもって、種としての人間を一般理論の類比物と見なすことをしないとするなら。

このような統一の事実的射程はどれほどのものであろうか。一般に、偉大な理論的歩みは、それまでは可能的な、あるいは現実的な経験科学の特化された領域と理解されていた、あるいはそもそも全く理解されてすらいなかった、別々の領域を統一する。例えば、古典力学は地上と天上の諸物体の運動についての理論を統一した。古典的電磁力学は電気、磁力および光についての理論を統一した。そして、特殊相対性理論は力学と電磁力学を統一した。さらに、この理論はある見地においては空間と時間をも統一した。一般相対性理論は特殊相対性理論、重力論と経験幾何学を統一した。量子論は物理学と化学を統一した。第II講義の終わりのところでわたしは、量子論はおそらくは宇宙論と素粒子物理学とともに、ある統一物理学へと統一されうるとわたしが信じているのはなぜかについて述べるであろう。他方で分子生物学は、生物学が物理学および化学と統一することができるという希望をもたせている。サイバネティックスは、意識についての科学といったものをも統一科学の領域の中へ取り込もうとする一つの試みを意味している。それゆえ、わたしは、本節に統一へと向かっている科学の道という仮説的タイトルをあてることもできたであろう。しかしわたしは、より確かに根拠づけられている諸事実のもとに留まり、したがってわたしの考察を主として、ある形での統一物理学への接近の試みに限定することにしたいと思う。

4 認識の前提条件

さて、「そもそもいかにして科学は可能であるのか」という問いへと立ち戻る。科学といったものが可能であるためには、人間をも含めて自然はどのようにできていなければならないのか。目的に則して一歩ずつ進んでゆこう。

わたしは、より後の、そしてより一般的な理論は、自分たちの先任者の可能性をわれわれに理解させてくれる、と言う。ニュートン力学は、ケプラーの諸法則の可能性もガリレイの諸法則の可能性も説明した。しかし、この説明を理解し受け入れるためには、ニュートン的諸概念で考え、彼の想定を信じ、彼の目で世界を見なければならない。同じように量子論も、古典力学、古典化学を説明しているという権利主張をしている。われわれは量子論の数学的装置をためらいも疑いもなしに適用しているのに、それにもかかわらず、ここでは、「量子力学的な目」で世界を見ることを自分たちが現実に学んだのか、すなわち、量子論の意味するものを本当に理解しているのか、ということについての確信はない。ニュートンははるか昔に死んでいて、彼の躊躇したことはどれも忘れられてしまっているゆえに、もしかするとニュートンの目で世界を見る方がわれわれにはたやすいと思われているのかもしれない。解釈上のこの問いに、わたしは第II講義の中で立ち戻る。

しかし、あらゆる既存の、すでに立派に一般的となっている諸理論は、それら以前の、それらに包摂されうるパラダイムの可能性を説明しているだけでしかない。今のこの論証をその最後の帰結まで追ってゆくなら、あらゆる科学の可能性は、究極的で、一切を包括し、統一された科学によってしか把握されえないであろう。もしこのことが当たっているなら、科学の可能性をそれとして把握することは、科学の統一の可能性をも同時に理解していることの帰結としてしか可能ではないこととなろう。しかし、この表象に対しては直ちに少なくとも二つの異論を挙げることができる。

第一の異論は、比較的形式的な性格のものである。そもそもわれわれが、統一された究極科学を見出せると期待できるのはどのようにしてか。そのようなものは、どの世紀においても体系構築家たちを騙してきた素朴な希望ではないのか。この形式的異論に対しては、一つの究極的理論なるものを表象してみるということは、ますます一般性の度合いを上げてゆくような、可能的で無限な一連の未来的理論を表象してみるのと同じ程度に混乱をきたすものである、という形式的回答を与えることはできる。わたしはこの形式的論証はこの問題と対等に張り合うことはできないものと信じている。もし科学の可能性についての一般理論なるものが与えられるならば、その理論は、少なくとも発展の理論といったものを、すなわち、

〈開いている未来〉を伴ったある時間論を、自らのうちに内包していなければならないはずである。このような理論は不可能ではない。そして、統計熱力学と淘汰説とがその例なのである。とはいえ、一般時間論なるものが時間の中で与えられうると表象すること、考えてみるということは、依然として混乱をきたすものではある。わたしはこの問いは難しすぎるとして脇に置いておき、とにかくわれわれがどこまで到達できるのか、突き止めようとしてみることを提案する。

これは第二の異論の検討によって始めることができる。科学における一般化の最後の一歩といったものが、つまり、一切を包括する最後の一般理論なるものが存在すると想定してみよう。いまやこの理論には以前のすべての理論が包摂されていて、しかもそれらすべての理論をこの理論は「説明している」はずである。しかし、ある。しかし、この理論は科学の可能性そのものを説明することになるであろうか。そうなっている場合には、この理論は自己自身の可能性をも説明していなければならないはずである。つまり、われわれの論証は悪循環（*circulus vitiosus*）へと導いているように見えていて、始めからすでに誤っていたのかもしれない。異論を増幅してみよう。科学的理論が正当化されたものとなるのは経験によってである。これは、この正当化がどのようにして達成されるのかを把握するのは困難であることが明らかになった場合でも、真実である。われわれの究極理論も、見るところ、何らかの経験的正当化を必要とすることになるだろう。しかし、科学の可能性についての理論たるものは、経験と、理論の経験的正当化とがいかにして可能なのかを自ら説明していなければならないはずである。これは、任意の一般性を備えた経験的理論なるものによってできることなのであろうか。この異論の内容そのものを受け入れることはするが、この内容自体は何ら異論とはなっていない、というのが、この異論に対するわたしの回答である。そもそも、もし最も一般的な科学的理論なるものが存在するものなら、その理論はまさに経験の可能性の——そしてそれ以上の何でありえようか——理論でなければならない。この見解を明晰にするために、まだ解かれてはいないヒュームの謎に立ち戻る。

この問いはたいていの場合、毎朝太陽が昇るという法則、あるいはニュートンの重力法則を例として、過去の経験にもとづく特殊法則が未来に向けて妥当することをいかにして検証することができるのか、といった方向で理解されてきた。すでに述べたように、このようなことは論理的には証明できないことである。このような証明を、反省の、次のような一歩を用いて試みてみよう。以前の経験に根拠づけられた諸法則が未来にも妥当するとする、あるいは多分、未来妥当的であるとする方法論的規則は、帰納原理として知られたものである。過去にこの原理がきわめて成功度の高いものであったことは実証ずみである。しかし論理的には、このことからは、この原理の未来妥当性について何も引き出すことができない。このような導出はこの同じ帰納原理を前提として必要とすることになろう。つまり、このような導出は悪循環ということになろう。しかしわれわれは、そもそもわれわれが論理的導出といったことに関心をもつのはなぜなのか、と問うことができる。ヒュームがこの問いに関心をもっていたのは、彼が論理学の非経験的本質を信じていたがゆえである。論理学の中に彼は、少なくとも経験に依存しないある種の真理を見出していたのであり、それゆえにこそ、論理的証明というものは、経験が確実なる知の源泉となりうることを正当化することができるとされたのである。この見地からすれば、ヒュームは十分には懐疑論者でなかったとわたしは信じている。真正の懐疑論者であれば、論理学の妥当性、それのみか、何らかの未来が与えられるはずという意見の妥当性にすら、疑いをかけていたことであろう。

わたしは、絶対的懐疑論を論破できるなどといった希望は露ほどももっていないし、したがって、そうしようとの意図も露ほどももってはいない。わたしは、絶対的懐疑論などといったものは絶望と同じものを意味すると信じている。わたしがまだ生きているという事実そのものが、わたしが絶対的懐疑論者でないことを証明している。とはいえ、わたしの言っていることが正しいと証明しようとするのも無意味であろう。つまり、このような証明を検討しようという心構えそのものが、すでに絶対的懐疑論を超えている一歩なのである。この講義の最後の節でわたしは、論理学というもの自体が、経験というケースでヒュームに疑いを抱かせる端緒となったまさにその時間構造をこそ前提していることを、そしてこの意味で彼の懐疑論は自己矛盾を起こしていることを示しうると期待している。ただし、この論証自身は、認識論的にはこれよりはるかに控えめな姿勢を前提している。とはいえ、この姿勢は自分が科学的にははるかに野心的であることをも明らかにすることになる。わたしは、経験が未来においてもその妥当性をもつ特殊法則の源泉として可能でもあり意味をもってもいるという点では、われわれ全員が一致していると、とにかく単純に前提する。その上でわたしは、経験からのこの学習が可能であるためにはどれだけの条件が満たされていなければならないか、と現象学的に問う。そしてわたしは、そのようにして見出されることになる体系、すなわち、あらゆる可能な経験の前提条件でできあがっている体系そのものこそが、まさに最も一般的な科学的理論なのである、という仮説を提示する。

この仮説は、一見して分かるようにカントの影響を受けている。しかしこれは、カント自身の理論ではない。この理論は一点においてカントから区別されているが、その一点とは、われわれを彼から分離している二世紀間の科学を反映するものである。カントの見解によれば、経験の前提条件は単に、例えば因果律のような、諸法則の上にくる法則と理解されうるような基本原理の定式化のために十分であるだけでしかなかった。特殊法則はどれも経験によって見出されねばならなかった。特殊法則についてのみではあるにしても、それら特殊法則を経験が正当化できるはずであるのはどのようにしてなのかというあの問題を解いたことはカントは一度もなかった、とわたしは信じている。つまり、ヒュームの異論は依然として特殊法則にも経験にも妥当しているはずとわたしは信じている。しかし、ちょうど分子内部における原子の相互作用へと分化することによって量子論が化合の諸法則へと導いてゆくように、考慮に入れるべき諸状態が特化されることによって、特殊法則がすべて、少なくとも原理的には、そこから導き出されうるような、物理学の唯一の一般理論なるものが遂に与えられることになると想定してみよう。この想定のもとでは、まだ正当化しなければならない唯一の法則はこの基礎理論の法則群のみということになろう。もしこれらの法則が経験の単なる前提条件にすぎないことが検証されうるなら、その時には、特殊法則を特殊経験にもとづいて個々独立に基礎づけることはもはや必要とはされなくなる。

化学に対する量子論の関係を出発点としてみよう。疑いもなく、化合の諸法則は、クーンが記述したような経験的な道の上で科学革命によって見出されたものである。しかし、信頼をもってこのパラダイムを予測のために使用することができるほどにまで、このパラダイムが成功してきたのはなぜか、という問いは背後に残されたままになっていた。現在のところ可能な回答は、なぜなら原子粒子が量子力学に服しているから、である。この限りでは、哲学的な問題は、量子論がこれほどまで成功しているのはなぜか、という次の段階へと押し戻されただけである。わたしのさしあたっての回答は、なぜなら量子論は自らが、統一された物理学の部分あるいは極限ケースであることを明らかにすることになるから、というものであろう。次の問いは、統一物理学が、かりにそのようなものが見出されるとして、信頼できるものであるのはなぜか、である。この問いには、わたしの仮説は、なぜなら統一物理学は経験の前提条件以外の何物をも定式化することをしていないから、と答える。これはそもそも、もし未来の事象の予測のために以前の経験を利用する可能性が与えられているのなら、経験に手を引かれつつ、以前の経験にもとづいて予測をしている諸法則そのものにこの予測が従っているということを意味するとともに、さらに、これらの法則が統一物理学の法則以外の法則ではないことをも意味している。

経験というものがそもそも可能でなければならないという前提と同じくらい弱いものでしかない前提から物理学の全法則を導き出そうと望むのは、不条理と見えるかもしれない。わたし自身、個人的には、統一物理学は自らが十分条件であることを結局は明らかにできる、と信じている。しかし、それを証明することはわたしにはできない。わたしは、われわれが十分に集中的に熟考し、その上で、それら経験の前提条件と、われわれが今日知っている姿での物理学との間の間隙を埋めるためにはさらにどの追加的要請が必要なのか、探ってゆくときに念頭に浮かんでくる、経験の前提条件を列挙してテストしてみたいと思う。その上で、これらの追加的要請がわれわれの最初の構想においては忘れられていた、経験の前提条件を現実に確定するか否か、あるいはそれらは、われわれの前提条件の、われわれ自身も気づいていなかったような帰結であるのか、あるいは両者のいずれでもないのかを、見つけ出すよう試みることとする。これは物理学の基盤領域における探究のための一戦略である。この講義の残りは、わたしがこの方向で今までに見出してきたものの描出に捧げられる。

5　時間的論理学

経験の第一の前提条件は時間である。経験とは、未来のために過去の中から学ぶこと、と緩やかに言うことができる。ここまでの三つの節での検討はすべて、経験がこの意味で時間に依存していることをめぐってなされていた。すなわち、ヒュームの問題の認識論的検討も、歴史の中での発展プロセスとしての科学の描出もそうである。発展の科学に関するものであった第1節の関連づけも、今こそ判明に認識されることであろう。もし科学が本質的に発展的プロセスであるなら、そして発展が時間の構造の一帰結であるなら、その場合には、われわれが時間の構造を理解している場合にしか、科学のプロセスそのものをも理解することはできない。今はもうわたしの苦心も過去の科学史のよりよき理解といったものへは向かわず、時間についてのある一般理論の可能的枠組みをスケッチすることへと向かう。この理論の第一の基礎は、「雨が降っている」、「昨日は雨が降った」、「明日は雨が降ることになる」、「いつも雨が降っている」というような、特別な時に関係づけられている言明の論理学といったものでなければならない。

「雨が降っている」、あるいはより顕在的には、「今ここで雨が降っている」といった、少なくとも幾つかのこのような時間的言明にあって混乱のもととなっているのは、それらの言明が、きょうは誤っているかもしれないが、昨日や明日なら真でありうるということである。ある文章の真理値自体が時間に依存しているということはありうるのか。今日の論理学は一般に、そもそもこれらは真正の文章では全くなく、「一九七一年四月三十日、ロンドンでは雨が降っている」というように、特定の時、特定の所に関係づけられている確言の短縮形であるという見解を代弁している。人が客観的時間と名付けるかもしれないものに関係づけられているこのような確言は、古典論理学がどの言明についても想定している意味で、無時間的に真であるか、誤りであるか、であるように見える。しかし、この見解はあの謎をまだ解いてはいない。今はまだ未来のある客観的時間に関する主張は、今は真なのか、あるいは誤りなのか。わたしは、あす行なわれるかもしれない海戦に関するアリストテレスの有名な章〔山本光雄訳「命題論」『アリストテレス全集』第一巻、岩波書店、第九章、九七–九八頁〕の中の彼の言葉を、このような言明はどれも真でも誤りでもないと言おうとしているものと理解する。なぜなら、もしそうでないなら、論理的な前提のみからすでに決定論が結果されてくることになるはずであり、そのようなことは不条理な帰結であるように見えるからである。

われわれは、過去は事実的であるゆえに、過去に関する主張は客観的に誤っているか正しいか〔のいずれか〕であると言うことができる。未来に関する主張は誤りでも真でもなく、〈可能な〉、〈必然の〉、〈不可能な〉等々といった様態性によって描出すべきものである。なぜなら、未来は開いているから。現在に関する主張は、捉えることがさらに難しいように見える。なぜなら、現在と呼ばれる期間が関係づけられている期間よりも長い期間にわたって現在に関する主張のままでありつづけるような言明をある客観的時間に関してすることは不可能であるから。つまり、「いま雨が降っている」という定式を、固定されたある客観的時間に関する主張で置き換えることは、意味をもつ仕方ではできない、まさにいま以外には——なのにもうできない。

わたしは、このことを、時間的言明の論理学なるものの実在的で、しかも重要な構造と見なすことを提案する。なぜなら、これらの構造は時間の現象学的構造を反映しているから。しかし、そうすると直ちに、この時間的論理学は古典的な無時間的論理学とどのようにして結合させうるのか、という問いが生まれてくる。わたしは、結合は二様の仕方でなされていて、ある意味では循環的であると信じている。両結合はどちらも特別な反省様式の上に基礎づけることのできるものである。

一方では、無時間的論理学は時間的論理学の表現のための基盤を置くものであるように見える。われわれがどれかある科学の諸法則を定式化するとすれば、それらの法則は、それらが言明と見なされる限りでは、論理学の諸法則に従わねばならない。そして、われわれはある科学の真の法則は常に妥当すると見なしているのであるから、それらの法則は無時間的論理学の諸法則に従わねばならない。このことは、もしわれわれがこの論理学がそもそも何らかの法則をもっていると想定するのなら――そして、もしそうでないとするなら、この論理学はいかにして論理学と標示することのできるものなのであろうか――、時間的論理学の諸法則にも妥当する。ちなみに、この考察は、量子論は特別な量子論理学といったものを前提しているかもしれない、という表象を批判するために利用されてきたものである。量子論は経験から導き出された理論であるゆえに、理論としての自己の本来的性格にもとづいて、無時間的で古典的な、あるいは直観主義的ですらあるかもしれない論理学に服する一理論から導き出された経験的論理学がありうるということは不合理と思われた。しかし、この異論は誤っていた。なぜなら、量子論理学はこの理論の内部における時間的言明にのみ関係づけられているのであるから、そしてさらに、時間的言明に関する無時間的理論が時間的言明の論理学といったものを含んでいることも、当の時間的言明の論理学の諸法則自体がある無時間的論理学に服している場合には、矛盾することではないのであるから。そのほかにもさらに、わたしは、時間的諸言明の現象学的論理学から直接に何らかの量子論理学を導いてくることが可能であろうと主張する。これは、量子論理学が特殊経験に根拠を置くものではなく、経験の可能性の諸条件に根拠を置くものであることが明らかになることを意味する。他方でわたしは、時間的論理学は無時間的論理学の正当化のための基盤を置くものであると信じている。この主張の擁護は、さらに難しい。なぜなら、この主張は無時間的論理学の意味についての一理論を前提するからである。わたしは、もしわれわれが教条主義的に古典論理学を信仰しているのなら、古典論理学を正当化せねばならないという圧力を感じることもないとのみ言っておく。しかし例えば、古典的二値論理学や直観主義論理学といったような、かなりの数の、無時間的論理学の形が提案されてきた。もし論理学を単なる取り決めの総体といったものにすることを欲しないなら、われわれはさまざまな提案の長所をすべて議論しなければならない。そしてそうすることは、まさに論理学の正当化といったことへと向かってゆくことなのである。わたしは論理学の作用的正当化といったものへの偏好を標榜している。わたしは、この偏好を擁護する心構えはもっているつもりであるが、この講義でそうする気はない。この偏好は、ある意味では論理学も数学も、統一された仮説的科学の部分なのであって、前提ではないという意見と連関している。擁護されぬままのこの偏好の中に横たわっている原理請求の誤謬（*petitio principii*）は、わたしももちろん自覚している。作用的な立場なるものが論理学というものを行為に、すなわち時間的事象に、関係づけていることは明らかである。もし行為を、「もし……なら、その時には」といった時間関係による結合も含めて、詳細に記述しようとするなら、われわれは何らかの時間的論理学を必要とする。残念ながら、その描出は今までのところできあがってはいない。ただし、わたしはこの描出がどのようにしてできあがってゆかねばならないかは知っていると信じている。

無時間的論理学と時間的論理学との間のこの特異な循環的関係に関して、締め括りの言葉を二、三述べることを許していただきたい。これら二つの論理学の一方が実際に基礎的であり、他方はそうでないと想定しようとはしないほうがよいのではなかろうか。厳密に作用的な立場のみからするなら、時間的論理学を基礎的と見なすことができるであろう。作用的に言うなら、無時間的構造に関する科学が意味をもつのは、この構造を一瞬であれ、あるいはある期間であれ、無制限かもしれない時間であれ、もっている実在的な事柄なり事象なりのあるモデルが可能である場合のみでしかない。そのような場合には、構造の描出はそのモデルの描出と同型とならねばならないはずであり、その描出が外見上無時間的に意味しているものは「一瞬のために」、「常のために」〔永劫に〕等々といった〈意味づけ〉へと還元されることとなろう。それゆえ、無時間的論理学とは、古典物理学が量子論のある極限ケースであるのと同じような、時間的論理学のある「極限ケース」ということになろう。

この理論の困難が見えるようになるのは、われわれがこの理論を助けとして反省のようなものを記述しようと試みるときである。反省は、否、一切の科学的思考はどれも、われわれが普遍者として利用している諸概念を用いて、すなわち、一般的で無時間的と想定されている〈意味づけ〉を用いてなされる。時間的事象すらをも、われわれは、それらのための概念をわれわれがもっている範囲でしか記述することができない。つまり、作用的理論というものも、普遍者についての存在論といったものにもとづいている理論と全く同じように無時間的概念の中で定式化されているのである。他方、新たな事象をいつでも認めてゆく〈開いている未来〉を伴っている時間の構造は、普遍者の意味するものにある本質的制限を課すことができる。われわれの概念的思考手段の適用可能性には、これらの手段をわれわれが適用する際に関わってくるまさにその時間の本質によって限界が置かれているということはありうる。

わたしは、ここではこの困難を抽象的な仕方で記述している。第II講義では、この困難は、ニールス・ボーアが記述したように、量子論における古典的諸概念の基礎的役割というタイトルのもとでもっとよく知られた形式で再び姿を現わすことになる。

II　物理学の統一

1　確　率

第I講義においてわたしは、物理学の基盤領域での研究のための一つの戦略を定式化した。その戦略は、経験の最も明白な前提条件を探すこと、それら前提条件と今日の物理学の基礎的想定とを比較すること、両者の間の間隙を適切な要請をもって埋めること、そしてこれらの要請を経験の前提条件という意味で再解釈するよう試みること、にあった。第I講義の終わりのところでわたしは、この道の上での最初の一歩を、無時間的論理学といったものをスケッチすることで試みた。次の一歩は未来形言明の特殊論理学を確率理論によって繊細化することとなるであろう。

時間的論理学においてわたしは、未来の事象に関する言明には「真の」と「誤った」という古典的真理値を付与することはせず、その代わりに「可能な」、「必然の」、「不可能な」という様態性を用いるよう提案した。例えば、「明日は雨が降るだろう」は、イギリスの気候ではほとんどいつも可能な言明であり、サハラではほとんど常に、実際上は不可能な言明である。ところで、このような主張に量的確率を付与するという繊細化をこの評価が認めるものであることは明らかである。未来形言明のための量的様態性という確率定義は、わたしが提案している一般確率論の基盤である。

われわれは、提案されているこの理論にひとまず科学体系の中で席を与えてみよう。この理論は、科学的経験の前提条件の比較的精密な加工と見なすことのできるものである。なぜなら、それは科学的予測の理論をある仕方で定量的に加工することであるから。われわれは、確率予測がどのようにして経験的に検査できるものなのか、調査しなければならないであろう。この調査が成功したことが明らかになれば、成果を熱力学の第二法則にも、発展の理論にも、無媒介に適用することができる。なぜなら、そこではわれわれは、まさに未来についてしか適用できない確率概念をこそ必要としていたからである。この適用からは直接に、われわれはもう一つの、本質的に確率論的な物理学理論、すなわち量子論に移行する。

われわれは、われわれの理論を他の確率理論とも比較しなければならない。われわれの理論は客観的に計測可能な確率の理論であるとともに、そのような確率のよく知られた諸困難と向かい合うこととともなろう。この理論は、確率概念の、意味をもつ他の適用、例えば、知られてはいない過ぎ去った事象への適用、あるいは一般に、主観的確率の提示といったような適用をどのように解釈するか、説明しなければならないことになる。もちろん、わたしは本講義の一つの節の中でこの一切に片をつけることはできない。ただ、これらの問いをわたしが自覚していることを言うために、これらに言及しておく。わたしは、われわれがどのようにして確率を計測しているかという問いに集中する。

M・ドリーシュナーによって提案された定式化をもって始めよう〔例えば、Drieschner, M., *Voraussage, Wahrscheinlichkeit, Objekt: Über die begrifflichen Grundlagen der Quantenmechanik*［『予測、確率、客体――量子力学の概念的基礎』］, Berlin, New York Springer, 1979 参照。ただし、編者によると原著者は長年にわたってドリーシュナーと共同研究を続けていて、ここで言われる定式化も特定の一著作のみの中に特定することは困難とのことである〕。すなわち、確率とは相対的頻度の予測である、というものである。最初の一瞥では、この定式は素朴とも混乱をきたすものとも見えているかもしれない。確率は個別ケースを精密に予測すべきものでもないし、相対的頻度を精確に予測すべきものでもない。サイコロに五という数が出現することに確率六分の一を付与するとして、そのことでわたしは、六回振るうちのまさに精確に一回は五の目を示すことになると言おうとしているのではない。既存の確率論の正確な主張は、確率とは、その確率が関係づけられている事象の相対的頻度の期待値である、ということである。わたしはよく知られているこの言明を、次第に精度を増してゆく一連の確率定義における第二の一歩としてわたしの理論の中に取り入れる。

しかしこの第二の定式は、定義の中に循環を含んでいるという異論に突き当たることになる。期待値とは確率概念を前提する概念である。確率の定義の代わりに期待値の定義といったものをもって開始すればこの循環を回避できるとは、わたしは信じていない。つまり、立論端緒のこのようなとり方においてもこの循環は回帰してくることになるのである。わたしの方法論的意図はむしろ、まさに、一つの経験的概念としての確率〔概念〕の導入のための、不可避であるとともに意味をもってもいる一部分としてこの循環を受け容れてしまうことにこそある。ここでの困難は、確率概念に種的なものではなく、ヒュームの問題のまだ解かれていない残滓なのである。つまり、経験の絶対的正当化などといった不可能なことを試みる代わりに経験の現象学といったものから出発するのであれば、この困難を甘んじて受け入れる心構えをもっていなければならないのである。より形式的に表現すれば、われわれがここで関わっているものは、厳密に循環的な定義でも包含的な定義（それらの意味が何であるにしても）でもなく、「退行的定義」とわたしが名付けたいと思っているものであることを、われわれは見ることになろう。サイコロに五という目が出る相対的頻度がサイコロを振る総回数に関係づけられているのなら、その場合、五の目が出る相対的頻度に関する期待値そのものも数あるこのような総回数のうちのある総回数に関係づけられている。そして、この期待値の定義に利用される、五の目が出る相対的頻度のある特定の値という確率は、それ自体も、〈ある特定の相対的頻度の相対的頻度〉の期待値なのである。この新しい方の期待値はサイコロを振る〔という行為の、どこまでも遡りうる〕諸総回数のうちのある総回数に関係づけられている。この定義にはある〈開いている終わり〉があり、そして確率論の数学的な特別構造が実践のあらゆるケースにおいて——そしてひとり実践のみが決定的なのでもある——、より高い平面において、確率を、われわれが実践面で願望する範囲では、1あるいはゼロに同化させることを可能にする。そうであるとすると、われわれは単にあと一つの要請を必要とするだけでしかない。すなわち、確率が値*1*に近づけば近づくほど、われわれは未来に関する主張の可能な様態性の一つである必然性をもって同定することが実践上できるケースが数多く与えられている、という内容の要請が必要となるだけである。

これが経験の現象学においてわれわれが望みうるすべてであることは、次のような仕方で認識することができる。位置、温度などといったような計測しうるいずれの量にも、有限回数の一連の反復計測である経験値を付与することができるが、それは、統計的配分の内部においてだけでしかない。先鋭化し、それゆえ多少不精確でもある表現を用いるなら、経験的量はどれもある一定の確率度をもってしか計測できない、と言うこともできる。さて、われわれは確かに確率を経験的で計測可能な量と見なしている。ということはつまり、これらの量自体が一定度の確率をもってしか計測されえないことを意味する。ある確率の計測とは、定量的経験というものを定義するために役立つある量の定量的経験である。退行――循環という語を回避するためにこの語を用いるとして――は、経験的に制御されたある経験という単なる概念の中にのみにしかない。この意味で確率とは実際に、まさに相対的頻度の予測そのものなのである。

古典的な公理的確率論においては、ある事象の確率という概念が導入され、この特別なケースにおいて可能な事象と想定されるすべての事象を数え上げることをもって開始される。これらの事象はブール束を形成する。これは古典論理学から結果してくることである。上程されているケースについての特殊理論にもとづいて知られているはずの素事象（Elementarereignisse）A、B、C、……が与えられているとともに、「AあるいはB」、「AあるいはBあるいはC」等々といったように「あるいは」という関手（Funktor）を用いて形成された事象の組み合わせもすべて与えられている。さて、事象はすべて時間の中で起こる。それゆえ、事象には時間的論理学を適用しなければならない。そこでは、われわれの理論にあってはそれら事象が再び一個のブール束を形成することになるということは、月並みなことではない。そうなるということは、ある一定の事象がまさにいま起こっていることをわれわれが検証できるための諸条件に依存している。つまり、それは、第I講義の最後の節でわたしが、現在に関する言明の、摑まえることが困難な本質としておいたあのことが決め手となる。この理論の個々の細部に立ち入ることはできないが、今は、時間論理学を詳細に論じてゆこうとするとき、何が起こりうるかということを示すための一例として量子論理学を示唆しておきたい。量子論では、可能的事象の束はヒルベルト＝空間の線形部分空間の束と同型なのであり、したがってブール束ではないのである。

2 量子論

意図するところは、量子論を、経験科学の一理論以上の何ものでもないものとして、時間的論理学に則しつつ公理論的な仕方で構築することにある。古典的確率論との主要なズレは非決定論という一公理であるが、これは〈開いている未来〉が単に知のある欠如を意味するだけのものでないことを表現するはずの公理である。もし非決定論が知の欠如を意味するものでしかないなら、未来が自らを過去から区別することもないし、発展も説明されぬままに残ることになろう。『量子論、さらにその先へ』（*Quantum Theory and Beyond*）という本〔執筆は一九六八年。Ted Bastin (ed.), Cambridge University Press, Cambridge 1971, SS. 1–7, 25–31 に収録〕の中でわたしは、ドリーシュナーの公理論的量子論について報告した。そしてドリーシュナー博士とわたしは現在、その改訂版を準備している。この公理論における根本概念は経験的に決定しうる「オルターナティヴ」という概念である。オルターナティヴとは、ここでは、二つ以上の回答を許すものと見なされる。われわれは、*n* をいずれかの整数として、〈n＝項のオルターナティヴ〉という言い方をしている。最後の二つの節で、わたしは n が無限でありうるか否かという問いに帰ってくる。われわれがどのようにしてあるオルターナティヴを決定しているかは、一般理論にとっては問題とならない。この理論は、オルターナティヴが決定されうるとの想定の帰結をとにかく素直に調査する。それゆえ、次のように言うこともできる。すなわち、われわれは量子論をオルターナティヴの決定の結果に関する確率論的予測の一般理論と解釈する、と。われわれが理解の最終段階に到達していないことは、勧奨されているかのように立ち現われているのに、経験の必然的前提条件とは見えないかなりの数の公理を導入しなければならないという事実に見てとることができる。非決定論という原理は、この文脈の中では、一公理として定式化されることになるが、この公理とは、どの決定可能なオルターナティヴのためにも、このオルターナティヴ自体の決定可能性とは統一することのできない決定可能性をもつオルターナティヴが与えられていなければならないと要求している公理である。言いかえれば、決定可能でありながら、統一されえないオルターナティヴが与えられているのである。ということはすなわち、それらオルターナティヴのいずれについても決定はなされうるのであるが、ただ、その一方について決定がなされうるのは、他方が決定されていない場合のみでしかないようなオルターナティヴが与えられている、ということである。

さてわたしは、量子論の解釈の要となるポイントへ移る。そしてわたしは、すべての観測は古典的概念で記述されねばならないというボーアの確言を、このようなポイントと見なしている。われわれの量子論描出はいかなる特殊物理学をも前提しないものであるゆえに、古典物理学を前提することもできない。それゆえ、ボーアの確言を時間的言明の論理学の言語へと定式化し直さなければならない。n = 項のあるオルターナティヴの可能的な諸回答は、「あるいは」という古典論理学の関手によって組み合わされてブール束を形成することのできる、可能的な「素事象」の一セットを記述している。この束にとっては、量子論の予測は古典的確率論へと還元される。これは驚くようなことではない。なぜなら、この集合の任意の要素間に設定されるオルターナティヴはすべて互いに統一されうるのであるから。ところで、われわれの理論では、オルターナティヴは、〈観測されうるもの〉の代理者と見なされる。したがって、われわれの量子論の描出では、ボーアの確言の中の「古典的」という語は古典論理学へ関係づけているものと解釈することができる。このことは、古典的諸概念が必要とされるのは、観測したことをわれわれは非両義的言語で記述せねばならないゆえであるという、ボーアがいつも繰り返していた論証と密接に結びついている。ある主張が真であるか否かが経験的に決定されうる場合、その主張は、ボーアの意味で疑いなく一義的である。古典論理学とは、統一されうる決定可能なオルターナティヴの論理学である。つまり、この論理学はボーアの意味で非両義的言語の論理学なのである。

それゆえ、量子論の諸法則が古典論理学に服しているのは、それら法則が幸運にも非両義的言語で表現されうるがゆえなのである。ところが経験の中には、統一されえないオルターナティヴが存在していて、しかもわれわれの解釈では、それらのものの実在は〈開いている未来〉を表現しているのである。それらのものの論理学、これは通常は量子論理学と標示されるのであるが、これが「両義的言語」の論理学なるものの量子力学的代表者ということになろう。この意味でわれわれは、事柄について直接的に話す際には、両義的言語を回避することはできない。つまり、与えられているある粒子がある特定のポジションにいるか否かは、あらゆる状況のもとで一義的に主張されうるわけではないのである。量子論においては、直接言語の両義性は、統一されえない一義的記述を実験状況に則しつつ使用する必要性へと還元される。世界の唯一の非両義的記述などというものはない。相補性というボーアの基本概念はこのことを言おうとするものである。統一されえないオルターナティヴによって描出されている〈開いている未来〉が、確実性の代わりに可能性を使用することをわれわれに強いているゆえに、K・マイヤー＝アービヒの定式化を用いて、相補性とは事実間の関係ではなく、可能性間の関係である、と言うこともできる。

両義的言語を回避する一つの試みをわたしは、遡って間接説話に手を伸ばすことと標示したいと思っている。それは、この試みが、客体を直接に記述することは決してすべきではなく、常に客体についてのわれわれの知のみを〔記述するようにと〕要求しているからである。量子論のこのような論理的叙述をE・シャイベが練り上げた（『物理学における偶有的諸言明』*Die kontingenten Aussagen in der Physik*, フランクフルト、一九六四年）。もちろんシャイベは、論述範囲を古典論理学に限定することができる。人は、所与の粒子が所与のポジションをもっていることを自分が知っているか否かについては、非両義的に言うことができる。シャイベの論理学では、現在という概念は出てこないゆえに、彼の論理学はわたしの意味では時間的ではない。つまり、彼の論理学は「客観的時間」に関係づけられているのみなのである。そうであるからにはもちろん、シャイベはそのあとで量子力学的確率の諸規則を導出しようと試みることはできず、それらの規則を経験的検証が済んでいる法則として受け入れている。この可能性にも言及しておかねばならなかったし、次節でわたしは、この可能性に戻ってくることになる。しかし今のところは、われわれが事物を記述する際に用いている直接言語で先へ進むこととする。

すでに述べたように、量子論は特殊物理学を前提していない。原子をも、三次元空間をも前提せず、前提するのは、単に決定可能なオルターナティヴのみである。同じような一般性をもつもう一つの理論が与えられている。統計熱力学である。両者はどのように連関しあっているのか。両者の関係はまたもや循環的であり、しかもそれは、古典論理学と時間的論理学の間のものと同じ方法論的循環である。量子論は決定可能なオルターナティヴの実在を、あるいは物理学者なら用いるかもしれない言い方をすれば、計測の可能性を、前提する。しかし、計測は常に不可逆的行為である。われわれが知っている姿での量子論は不可逆性を記述することはしていないゆえに、計測の描出は熱力学を前提する。他方、熱力学における不可逆性とは、時間構造の、とりわけ〈開いている時間〉の帰結である。わたしの分析が正しかった場合、〈開いている時間〉は統一されえないオルターナティヴの実在によって、すなわち、量子論の基礎的公理によって表現されている。この意味で熱力学は、量子論を、いわゆるミクロ状態を定義する基礎理論として前提するのみでなく、はるかに基礎的なところで、時間の構造の表現として前提している。もしこれが正しいなら、人は、熱力学と古典物理学が全面的に満足のゆく形で調和されることが決してなかったという史実によってそれほど驚かされることももはやなくなるであろう。

わたしはいま再び、何をすべきかは分かっているのに、事実上はしてこなかった一つの点に近づいている。ボーアの言明を全面的に分析しようと欲するなら、われわれは最後に、あの言明が関係づけられている古典物理学を考察せねばならない。それは二つの歩みでなされねばならない。われわれはまず、論理学的一般性の関心を優先させて、今までは等閑視してきた、現実の物理学の特別な固有性を幾つか考察の中に取り込まねばならない。つまり、われわれは三次元的空間、相対論的不変量、およびそれぞれ特徴的な相互作用を伴った素粒子を導入してこなければならない。わたしは最後の諸節で、いかにしてこれが体系的になされうるかという問いに戻ってくることになる。ここでは単に、それは既存の諸パラダイムを実践的な仕方で承認する中でなされうると見なしておく。

その上で第二の歩みは、この量子論にとっての「極限ケース」の定義である。そしてもちろん、これが古典物理学となるはずのものでもある。ここでも、われわれは発見的（ヒューリスティック）に根拠づけるだけでよく、歴史的な諸パラダイムにもとづいて体系的に根拠づけることは必要ないと、わたしは信じている。体系的な道は、古典物理学を、統一されえないオルターナティヴがその中には一つも与えられていない一極限ケースと定義することにある、とわたしは信じている。このような極限ケースは一義的ではないこととなろう。そこから例えば、場の量子論にとっては、古典的粒子物理学に対応する一つの極限ケースと、古典的波動物理学に対応するもう一つの極限ケースとがある。これら二つの極限ケースを特徴づけるオルターナティヴは統一されえない。それゆえにこそ、粒子「像」と波動「像」という二つのものがボーアによって相補性の例と標示されたことは正当だったのである。とはいえ、わたしはここでは、ボーアを解釈するという困難で美しい課題からは身を引いておくこととする。そのようなことは、これら二つの講義の中ですることのできる以上の哲学を前提することとなるであろう。

この節を閉じるにあたって、わたしは、この「古典的極限ケースへの移行」の数学を実際には勉強してこなかったことも言っておきたいと思う。この数学の実現は容易な課題ではないし、統一物理学の中への量子論の受容がなされてのち初めて、満足のゆく仕方で可能となるだろう、とわたしは想定している。

3　物質と意識

〔第II講義の〕最初の二つの節でわたしは、既存の諸理論を若干の新しい観点のもとで分析した。さていまや、わたしは物理学の未解決の基礎的諸問題の解決へ向けた一つの戦略の構想を開始する。もしかすると、なぜわたしが意識―物質あるいは主体―客体といった大昔の問題をその中に取り込むのか、と自問する人がいるかもしれない。しかしわたしは、より狭義の物理学的諸問題へゆく前に、少なくともこの問題に対して量子論がとりうる立場を明らかにしておかねばならない、と信じている。

量子論を理解するためには観測者を取り込まねばならない、とするコペンハーゲン解釈の創始者たちの立論を考慮の外に置くことはわれわれにはできない。

決定可能なオルターナティヴについて話したとき、わたしは、誰がその決定をするのかという問いは、脇に置いたままにしていた。この問いは、この決定をするのが観測者の意識である場合には、この意識は物理学的にどのように行動するのか、というすでに知られている謎を含んでいる。人は、主観性を標示するものである意識といったような概念が、計測のような客観的プロセスの描出の中でそもそも一度たりとも立ち現われてよいのか、と自問することができる。もしあの決定をするものが人間の身体である場合には、その身体は、自らは一つの不可逆的プロセスを成し遂げ、その上でその後のある時点に人間の目によって「読み取られる」ことができるような計測器に取って代わられることも全く同じようにできるはずである。この回答も、またもや二つの困難を含んでいる。

まず、機器の量子力学的、熱力学的な記述は、計測のどの可能的結果のためにも一セットの「客観的確率」へと導くことしかしないし、しかもその際、それら確率間の量子力学的位相関係は等閑視されうる。この描出にあっては、計測の特定の結果が現実に起こったという決定は、観測者が機器の状態について知識を得ようとする行為の事柄とされる。すなわち、算定そのものは単に、知識を得るというこの行為の結果についての確率予測に導くことしかしないのである。もしこの機器の読み取りがなされないなら、確率は、その機器が関与するかもしれない他の事象の算定の中へ前提条件として単にそのまま入ってゆく。そしてもし、何かを読み取るということが全くなされないなら、予測の受け手となりうる相手が誰もいないのであるから、この理論は終始全く何らの事象をも予測することはしない。

第二の困難は、普通の意見に従うなら、熱力学的不可逆性は、マクロ状態のみしか観測できないような観測者にとっての現実的情報（負のエントロピー）の時間的喪失に付与すべきものでしかない、ということである。かりにマックスウェルの魔のような、現在のすべての量子状態を知っている物理学者であれば、シュレーディンガー方程式に従ってラプラスの魔の冠をも戴いているかもしれない。このような存在者なら、状態を未来全体のために予言できるとともに、同じように過去全体のためにも「遡及告知」できる状況にあるかもしれない。しかし、このような全知の精神は、言うならば、不可逆性が意味しているもの、結果的には、計測と決定可能なオルターナティヴとが意味しているもの、つまり、自分を支えてくれている理論が意味しているものを、理解することはもはやないであろう。この困難は決して人為的なものではない。それは、もしわれわれが古典的諸概念の必要性に関するボーア的真理を忘れるなら、整合性をもたせて量子力学を適用しぬくことは、無意味な言葉の遊びへと導くことになるということを具体的に例示しているものである。これもまた、相補性のための一例である。

　わたしは、あらゆる困難は「客体」と「主体」、「主体性」と「客体性」といったきわめて怪しげな諸概念を無批判に適用していることに由来すると信じている。ボーア的分析は、これら無批判な適用がもはや許されないということを示している。しかし、われわれはさらに多くのことを知ろうと欲している。述べてきたことは、意識と、われわれが物質的と標示している諸客体に対する意識の関係とをわれわれが顕現的に記述しようと欲していることを意味するものであるように見える。それゆえわたしは、意識は客観的に記述されうるとする仮説の諸帰結を追ってゆくこととする。これは、決定可能なオルターナティヴと定式化することのできる経験的な問いを意識に関しても提出することが可能であることを意味する。これはさらに、わたしの言っていることがここまでは正しいとするなら、意識が量子論の諸法則に服しているということをも意味しているはずであろう。

この見解は厳格な還元主義であるように見えるし、一定の見地ではそのとおりでもある。問われるのは、もちろん、われわれが還元主義という語をもって何を念頭に置いているかである。それは意識を物質に還元することであるのか。われわれは物質なるものをどう定義しようとしているのか。十分に一般化された物質概念の、意味をもちうる唯一の定義は、たぶん、物質とは物理学の諸法則に服するものである、というものであろう。物理学の諸法則とは、決定可能なオルターナティヴの予測のための諸法則である。もしこのような予測が意識に関して可能であるなら、意識は物質である、という主張は、ほとんど同語反復に帰着する。もしわれわれが現代の数多くの素粒子物理学者たちとともに、根本的には一種類の物質しか与えられていないと想定するなら、われわれはさらに、そもそもどの物質も意識と同一の基礎的本質をもつものであるとまで言いたくなる誘惑に駆られるのではあるまいか。それゆえ、この種の見解は唯物論か、あるいは唯心論なのか、と問うことは無意味である。このような表象は、もちろん、われわれのデカルト的伝統には全く相反する方向へと向かっている。それはむしろ、インド的なプラーナ〔原意は、ヒンドゥー教の聖典、「古い物語」〕＝概念をわたしに想起させるものであるが、そこではプラーナなるものは、一切に浸透してゆく繊細なる素材、そして生命原理であると同時に精神活動のための養分でもあるもの、と記述されるのである。

しかしわたしは、類比〔を指摘する〕だけで遁走してしまうということはしたくない。問われるのは、このような表象が、もう少し種的で科学的な意見を代弁するようにとわれわれを動かすことができるか、である。意識が物質であるとすると、精神的活動のサイバネティックス的モデルというものが与えられうるとの表象は、全く自然であるように見える。とはいえ、このような推定にあっては、われわれは慎重でなければならない。意識と身体は人間にあっては精確に同じ沿革をもっているわけではない。一方では、身体は意識より広範に自己を伸張させているように見える。痛みや、その他の身体的な感じといったもの以外には何らの損傷をも意識の中に呼び起こすことなしに、身体の大きな部分が失われてゆくこともありうる。霊魂にかかわる領域の内部では、霊魂の意識的生活と無意識的生活との間には、一次元的物差しでの描出を認めることすらできないほど数多くの段差を区別しなければならない。意識と無意識の間の区別の構造的定義といったものは与えられうるのか。これらの問いはすべて、意識の方が身体より「小さい」と見せているかのようである。他方では、生物学者と医学者は身体を古典物理学の基盤の上で記述している。そして、既存のサイバネティックス的モデルもすべて古典的なものである。とはいえ、この意味での意識あるいは霊魂なるものが客体化されうるかどうかは、きわめて疑わしい。わたしの見解では、ボーアが相補性のために挙げた非物理学的な例の大部分を霊魂にかかわる領域圏からとったことは決して偶然ではない。それのみか、まさにここにこそ、後に彼が相補性と名付けることとなった構造についての彼の理解の初期の源泉があったのである。

さて、量子論のヒルベルト＝空間は、通常の空間の中で十分に統合可能なすべての関数から成り立っている。意識の科学的描出のために量子論が必要とされる場合には、このことは、意識の方が身体よりもずっと「大きい」と見えてくるはずであることを意味するであろう。ただし、通常の空間の中でのことではないのであるが。

しかし、霊魂にかかわる領域には、古典的記述というものを許す要素が少なくとも一つは与えられている。そして、それは意識的記憶である。記憶というものは、不可逆的な事実データから成り立っている。しかも、それら事実データは、かりにそれらが排除されるとしても、例えばトラウマやノイローゼを生じさせる場合がそうであるように、活動的になることができる。わたしは事実データの不可逆性を、古典論理学が事実データのためには適用できるということのインジケーターであると見なしている。いまや、シャイベによる物理学の「認識的」記述は、物理学的客体に関係づけられている不可逆的で心的な事実データの記述と見なされうる。確定している諸概念の普遍性とは、この記憶領域に属するものなのである。それゆえ、状況を全面的に理解しきっているとは決してまだ言えない仕方においてではあるが、多少先鋭化させて言うことができる。すなわち、古典論理学に従った論理的思考は精神の一活動であるが、精神のこの活動は、ほかでもなく古典論理学に対応しつつ描出することを精神の活動が許す限りで可能なのである、と。

量子論はその古典的極限ケースより多くのものを記述している。しかし、量子論は依然として概念的思考を援用しているし、量子論の諸法則は古典論理学に服してもいる。したがって、量子論は時間に関しての、あるいは例えば精神のような、何らかの時間的なるものに関しての、究極的真理ではない。しかし、量子論は、表現することのできない、この真理への可能な最善の概念的〈接近の試み〉でありうる。いずれにしても量子論は、古典的な論理学と物理学とに対するその固有な関係において、そもそも概念的な〈接近の試み〉なるものがどのように機能しうるかについての一つのモデルを与えてはいる。近似というこの問題は、われわれが宇宙全体(ウニヴェルスム)というものは存在するのかと問うとき、新たな形式を受け取る。

4　宇宙全体(ウニヴェルスム)という概念

ボーアの相補性概念の役割に関する反省をもって始めさせていただきたい。まず、いささか逸話風の思い出を一つ。ボーアはこの概念を量子論と認識論的諸問題一般の理解のための鍵と見なしていた。彼は、この概念が見出すこととなった〈理解の欠如〉には深く〔心を〕乱されていたが、それは、この概念を理解していなければ、両領域において他の何ものをも十分には理解することができないという意見をもっていたからであった。彼の機嫌の悪さは、この概念を適用することをしなかった人々に対してのみでなく、この概念を援用していた人々にも向けられていた。彼の学派内で言われていたところによれば、誰かが相補性に関連づけた諸概念を用いて語り始めると、それが彼の一番忠実な弟子であったとしても、彼の顔は次第に悲しげになってゆき、ついには話し手を中断して、相補性が本当は何を意味するのか、改めて説明し直そうと試みたということである。これら二つの講義の中でわたし自身が行なっている叙述も、おそらくは同じ目に遭ったことであろう。とはいえ、わたしの叙述は、ボーアの反応を理解できるものとするためには役立つものである。最終的なところでは、非両義的言語が与えられているのでないなら、いま述べたこの事実の表現も一義的であることは決してないのである。

　事物あるいは事実データあるいは事象のある客観的総体、宇宙全体(ウニヴェルスム)というものが存在していることは自明であるが、ただ、これを記述するためにはわれわれの言語が十分ではないとして、上で定式化された問題を回避することがしばしば試みられる。ボーアにとって、若いときにも晩年になってからも、晩年のヴィトゲンシュタインに明らかになったと同程度には明らかになっていたと思われる言語哲学の立場からするなら、手近な回答は、このような宇宙全体は単に話の中で話題にされるだけの物にすぎず、したがって、それを記述する際に用いられる言語以上に客観的なものであることも当然ながらできない、というものであった。（ボーアは「われわれは言語の中で宙吊りになっている」〔»wir hängen in der Sprache«〕、»vi haenger i sproget« と口癖のようにオーゲ・ペターセンに言っていた。）しかしわれわれは、事柄に関して可能なかぎり非両義的な言語で、可能なかぎり客観的に話そうと繰り返し、いつも英雄的な努力を重ねていた物理学者ボーアのあとに続かなければならない。われわれは、有限個の、あるいは無限個の量子力学的客体から成り立つ宇宙全体について、言語と、量子論の数学的手段とを用いて、意味ある仕方で話すことができるのか。それができないとするなら、奇妙なことになるであろうが、もしできるとすれば、パラドックスとなるであろう。

量子論の結合法則は、結合の元になっている二つの客体それぞれのヒルベルト空間のクロネッカー積が〈結合された〉客体のヒルベルト空間である場合は、元になった二つの客体は常[illegible]客体と理解されうる、と言っている。われわれはここからは、元になっている二つの客体を部分と、[illegible]体を全体と標示することにする。いまや、存立しているのは、いわゆる〈積の状態〉から[illegible]られた客[illegible]すなわち、部分の各状態がすべてそれらの中で定義されている諸状態からなる全体の諸状態が[illegible]一集合のみでしかない。「物理学の統一」Ⅱ5、要請G〔既出『自然の統一』、第Ⅱ部「物理学の統一」[illegible]章「量子論」、G「客観性の要請」、二六九頁以下〕でわたしは、諸部分が実在する、と意味ある仕方で言うことができるのは、なんらかの〈積の状態〉にある場合のみでしかないことを示そうと試みた。この点こそが、アインシュタイン＝ローゼン＝ポドルスキー＝「パラドックス」の本質的なものなのである。あれは何らパラドックスなどではなく、単に、量子論においては全体というものは現実態的にではなく、ただ可能態的に諸部分から「成り立っている」のみでしかないことを意味している。一つの全体はその構造の破壊によってなら部分へと分解されうるが、その全体が非積状態にある全体である限りは、その全体をそれらの部分から成り立つものと記述することは正確ではないのである。さて、相互作用をしない二つの部分はひとたびなんらかの積の状態の中にあるときには、それらは積の状態のままに留まり続ける。しかし、相互作用が積の状態を非積状態へと変化させるし、測度がゼロになる若干のケースにおいてだけは、再び変化させて積の状態へと戻す。適切な機器が見出されたとして、一度に計測できるのはもちろん諸部分のうちの一つについてのみである。しかもその場合も、計測という事象は、それが実行される瞬間には、当該の全体をそのものの部分へと分解してもいるのである。

さて、すべての事物とすべての観測者とを含んでいるような宇宙全体（ウニヴェルスム）を眼の前に表象してみよう。宇宙全体がよく定義された量子状態にある場合には、事物のどれも、そして観測者の誰もが現実に実在してはいないこととなろう。そのような場合においては、宇宙全体の中の客体のどれ一つといえども、そして観測者の誰によっても、知られていると意味ある仕方では言うことはできないはずである。つまり、比喩的言語を借りて、すべての客体とすべての主体とは、〔宇宙全体という〕この一つの精神の中に消滅してしまつた、と言うことしかできないはずなのである。これを回避するためにわれわれは、宇宙全体は純粋状態にあるのではなく、さまざまな分離された客体の実在を表現しているある混合状態にあり、しかもこれら分離された客体のうちの若干のものは分離された観測者の役割を担わされてもいる、と想定してみることができる。しかしこの混合状態は、形式的にはいまだ分離された観測者たちに何らの意味も与え[illegible]あれら純粋諸状態から成る混合状態のままであろう。それゆえわたしは、ここで立論の[illegible]もの全体を疑わしいものと思っており、量子論におけると同じように、厳密に経験[illegible]端緒から出発する宇宙論を、それも独立の理論としてでなく、量子論の特化したもの[illegible]して構築することを提案する。

人は、宇宙全体（ウニヴェルスム）を経験的に知られうるものの総体と定義づけることができる。もちろん、この定義は包括的に解釈されねばならない。この定義は、ある観測者にとって実際に知られているものを意味するのではなく、少なくとも原理的には互いに結合関係にある任意の数の観測者たちの、正当化可能な推論によって直接にか間接にか知られうるものを意味している。われわれが時間と空間について一定の先行了解をもっている場合にのみ、この概念が厳密なものとなることは、はっきりしている。空間が登場してくるのは、空間が交信の諸条件を決定しているからである。より一般的な言い方をするなら、空間とは多数性原理の最も抽象的な形式なのである。とはいえ、空間の問題は第5節まで留保されたままとなる。ここでは、時間の構造から宇宙論に課せられてくる諸条件に集中する。この目的のために、交信し合っている観測者たち全体について、あたかも彼らが単に一人の「理念的観測者」でもあるかのような言い方で話すことにする。この言語は、関係の中に空間をもともに取り込む際には、直ちに修正しなければならなくなるいくつかの不精確さを包含してはいる。

わたしは、ある時点である一人の観測者がどれほど多くのことを知っているとしても、その人の知っていることは有限の情報量でしかない、と前提する。この前提は、われわれが数多くの観測者を関係の中に取り込んでくる場合も、動揺をきたすことはない。現実態的に無限数の観測者全員によってともに担われているような情報が、観測者の誰もが、任意のどの時点にも使用できる状態にあると想定することが意味をもつとは見えない。われわれは、ある時点における可能的な全情報は、n＝項のオルターナティヴに対する回答の中に含まれうる、と結論づけねばならない。ここでは、nは極めて大きくはあるが、ある有限な数である。このことが無媒介に、量子論にとっての新たな一要請、有限主義という要請へと導く。できあがった理論の中では、このことは次のような形式をとることになろう。すなわち、ある一つの客体のヒルベルト＝空間は、どの時点でも有限個の次元しかもっていない。ドリーシュナーは有限主義という要請をその公理論的量子論のための出発点の一つとして利用した。

以前の諸ケースにおけると同じように、次の一歩をいくつかの異論を検討することで準備する。われわれがある一個の質点をある有限な体積の中に閉じ込めるとしても、その質点のヒルベルト＝空間は、この体積内の位置の二次積分可能なすべての関数から成り立っていて、無限個の次元をもつことになる。あるいは、これをオルターナティヴの言語で表現する場合、わたしがオルターナティヴと標示したものは、量子論学者がたいていはオブザーバブルとしてきたものに対応する。ところで、位置は一個のオブザーバブルであり、無限個の値を認める。わたしの回答は、この記述は経験の諸前提を顧慮しないままにしている、というものである。与えられたある時点における一個の点質量の位置関係についてわたしが知ることができることといえば、その点質量がある一定の小さな、しかし有限な体積の内部にある確率が十分に高いということにつきる。これは有限個のオルターナティヴの決定を通じて検証されうることである。しかし、未来における計測の繊細化にとっては、限界はないのかもしれないということは、わたしも否定しない。一般的に表現するなら、ある理念的観測者にとっていつでも手に入れることのできる知は、nを有限数として、n＝項オルターナティヴによって描出されるが、nが時間的に限界なく増大しうるということはきわめてありうることである。ここでの理念的観測者は有限に数多くの現実的、あるいは潜勢的観測者を描出しているのみでしかないと想定することは人為的であるとの異論にも、対応する回答がなされよう。無限に数多くの観測者が存在しうるのであり、したがって、任意の一観測者は、拡大してゆく情報をいつ何時でも彼らから入手することができるであろう。そして、このことは再び、いずれの時にあっても、ある有限のnを意味しつつ、しかもnの、時間的に限界なき増大を意味しているのである。いまや、これらの回答を、きっかけとなったものからは独立に、時間の構造についての言明の形成に向けて定式化することができる。

過去は事実的である。しかも、どの観測者も、いつでも、ある有限個の事実のみしか知ることができない。未来は開いている。そしてそれはすなわち、ある観測者が知ることのできる事実の個数が限界なく増大しうるということである。次のように言うこともできる。すなわち、決定されたものとして想定されうる〈単純なオルターナティヴ〉（n = 項の n = 2）の個数は、どの時点にあってもある有限数でしかないが、未来のどの時点においても新たなオルターナティヴが与えられることになる。このことは、ヒルベルト＝空間の次元数が、有限でありながら、増大していっているような量子論を包含していることとなろう。このような量子論が現実に練り上げられたことはなかったが、わたしは今それを試みてみたいと思っている。わたしの見解では、このような量子論は既存の理論よりも精密に時間の構造を表現しているはずであり、意味ある宇宙論のための枠組みを提出することもできるはずである。

5　宇宙全体（ウニヴェルスム）と素粒子

何らかの確実性をもってというわけではないが、分析のための見通しとして、今わたしは、前節の末尾で予告した、有限主義的量子論はすでに統一された物理学となっているのかもしれないという見解を提案する。『量子論、さらにその先へ』という本〔本書四七七頁参照〕の中で、この点についても比較的詳細に解説したが、わたしは改めて基礎的、方法論的な諸点に集中したいと思う。そして、そうすることは今は、このような見解がそもそも可能でありうることの諸根拠に集中することを意味する。わたしは、有限主義的量子論なるものはすでに、一般統計熱力学を十分に顧慮している、と信じている。そうなっている場合には、もちろん、さらに三つの理論が展開されねばならないであろう。すなわち、空間論、素粒子論、そして宇宙論である。有限主義的量子論について、わたしなりの〈意味論的に整合的〉な解釈が許されるならば、この量子論はそれ自体すでにこれら三理論を含むことは明らかである、とわたしは信じている。まず、〈意味論的整合性〉という概念を説明しなければならない。

数学的形式論といったもの、例えば量子論のそれのようなものは、まだ何ら物理学的理論ではない。そのような形式論は、その中のどの数学的量がどの物理学的量を描出しているのかを示す物理学的意味論を必要とする。ここで想定されていることは、ある物理学的量が予め知られていて、しかもその物理学的量は、その量の計測がなされる際の手順となりうるプロセスの記述によって定義される、ということである。この記述は、この記述を用いて解釈されるはずの理論より以前に実際に存在している言語でなされねばならない。ただし、その理論の射程は、その理論が自らの物理学的意味論を身に着けるや否や、直ちにその理論自身が、これら物理学的量を定義する際にその手順となっていた計測プロセス自体に自らを関係づけることができるところにまで及んでいる。その場合には、この理論がこのプロセスを以前の記述に則して記述しているか否かは、整合性についての問いとなる。全面的な厳密さでそうなっていなければならないわけではない。理論がプロセスについての以前の解釈を変更するということも起こりうる。真正の科学革命の場合がそうである。こうして、アインシュタインによる同時性の検討は、長さと持続というものの計測の再解釈を必要とした。とはいえ、理論はその究極的形式においてはいずれにしても意味論的に整合的であるはずである。さて、以前のすべての物理学理論は限定された適用領域しか持っていなかった。つまり、以前の物理学理論はすべて、数多くの物理学的事実データを、導出することはせずに、とにかくそのまま受け容れてきていた。しかし、統一された物理学では、意味論的整合性という条件は一切を貫いているはずであり、したがって一つの強烈な要求でもあるはずである。

その場合、有限主義的量子論なるものにおいては空間は何を意味しうるのか。わたしは空間的隔たりというものを、本質的には、さまざまな客体間の相互作用が依存しているパラメーターと捉えている。ここでは、理論のあらゆる細部は脇に置かねばならないので、単に、「古典的」量子論において空間がどのように使用されるかということに関係づけるのみにする。そこでは物理学的空間は、その中で粒子が運動する、予め知られていた三次元的ユークリッド空間として導入されていた。「古典的」量子論のヒルベルト＝空間は、物理学的空間の中における、複素値を含む関数であった。われわれは今、逆の側から問題に接近し、宇宙全体の中のいずれかの客体のヒルベルト＝空間は、そして宇宙全体自体のヒルベルト＝空間も、いつ何時たりとも一個の有限＝次元の複素ベクトル空間である、と前提する。問われるのは、このベクトル空間がどれかある「物理学的空間」における関数の空間として認めているのはどの描出か、である。さて、有限＝次元のヒルベルト＝空間はいずれも、ある有限個の二次元的複素ベクトル空間の、対称化されたクロックナー積という描出を認めている。わたしは、このような二次元的空間の対称群は、われわれが探している物理学的空間の自然な描出として用いることができるはずの（自然的メトリックを伴った）トポロジー空間〔位相空間〕と見なしうるものであることを示しうると信じている。この空間が三次元の球状実空間である。

物理学的空間は三次元のユークリッド的実空間であるという古典的表象は、三つの見地においてある誇張を含んでいる。

第一に、認識論的に慎重な姿勢をとるとして、このような空間においてなら、自然現象は特別に単純な数学的記述を認める、と言うことしかできない。われわれは、他の記述を利用する自由、規約主義が特に強調したあの自由をもっている。例えば、メトリックが崩れているような何らかの空間とか、六次元の位置＝運動量＝空間とか、あるいは3n次元の配位空間とかである。「物理学的空間」とは、若干粗っぽい言い方をするなら、これら認められている諸空間のうちの、相互作用のパラメーター間の隔たりが存在していて、それゆえ、意味論的整合性のために日常的表現を改めて強引に適応させることを必要としていないような空間、まさにそのような空間のことなのである。

第二に、一般相対性理論が、物理学的空間のユークリッド的本性を、単に局地的な近似と見なすことを教えてくれた。アインシュタインや、ド・シッター、フリードマンのそれのような世界モデルは発明されたものであって、それらのモデルの意味論は必ずしも明晰であるわけではないが、それらモデルの多くは、どの時点においてもこの宇宙空間が世界規模で三次元的な球状実空間であると見なしているのである。

第三に、出発点として抽象的量子論をとる場合でも、すべての客体がその「中で」運動しているような共通の「物理学的空間」なるものがそもそも存在せねばならない、と予め明らかになっているわけではない。一般的抽象的量子論において、この概念は、諸客体の相互作用の理論に依存していて、しかも一種の古典的近似としてしか意味をもちえないかもしれないような構図構成なのである。わたしは相互作用の理論を全面的に理解し尽くしたわけではないので（全面的に理解し尽くした者など、今までのところは誰もいない）、これら三つの注記で未解決なままになっている問いに答えることはできない。しかし、わたしは、すべてのオルターナティヴを〈単純なオルターナティヴ〉に（すべてのヒルベルト＝空間を二次元的空間に）分けることによって、相互作用の問題へ接近してゆこうとするわたしの行き方は、物理学的な三次元的球状空間へと確かに導くと主張する。

これらの留保のもとでは、有限主義的量子論は一個の空間論といったものを、その空間のトポロジーと一緒に、すなわち宇宙論の空間的部分と一緒に、大枠では包含している、と言うことができる。この驚愕させるような結果は、最終的には有限主義自体にもとづく、多少耳なれない想定に帰すべきものである。論証の糸は――きわめて大ざっぱに言うと――次のようにつながっている。すなわち、有限主義的世界においては一定の状態は区別不可能である。なぜなら、それらを区別することは、世界を「外から」眺めることを意味することになるはずであるから。このことは諸状態の対称性という法則を内包している。相互作用の法則はこれら対称性に服していなければならない。相互作用の法則の対称群が「物理学的空間」の数学的構造を決定している。

以上は、統一物理学へ向けての一歩である。どのようにして時間をこの物理学的空間と統一したらよいのか。まず、時間自体についての注記を一つ。いかにしたら時間というものを計測できるかを言うことができるのは、相互作用論の中においてでしかない。つまり、この計測は多分、空間における諸客体を使用することを前提している(時計、光信号等々)。それゆえ、この理論はある一定の段階になると、量子論において一般に使用される一次元的実変数という時間の表象の意味論的整合性を検査しなければならなくなる。この表象は、経験するということのための第一の前提条件とわたしが見なしているあの「時間の構造」の必然的帰結では決してない。かつては現在であった過ぎ去った「瞬間」も、現在になるはずの未来の「瞬間」も、デデキントの意味での「実数」のような、直線的に整えられていて、通して数えることができる点集合をもって描出されることを必要とはしない。理論のこの意味での危機的段階にはまだ到達していない。しかし、空間における諸客体の助けをもってする時間計測という表象は、前節で展開された数多くの可能的観測者と彼らの相互作用という表象へと、われわれを導き戻す。彼らのためには同時性ということが作用的に定義されねばならない。そして、そのような考察の中から特殊相対性理論が生まれ出てゆくのを見ても、われわれは驚くことはないであろう。より積極的な言い方をするなら、わたしは今、時間をも含めた宇宙論は、宇宙全体には年齢が増してゆく諸客体が含まれ、しかもそれら客体の個数が増大しているので、宇宙全体は膨張しているとするド・シッター＝宇宙論の一解釈型であると示すことができると信じている。

大きさと内容に則した、宇宙全体のこの膨張は、もちろん、前節の終わりのところで想定されていた、決定可能なオルターナティヴが時間とともに増大してゆくことの無媒介の帰結である。この想定は、〈開いている時間〉を表現するためになされていた。このことをもって、自らを拡長させてゆく宇宙全体は、この理論にあっては、自らが発展〔進化〕のもう一つのケースであることを明らかにしている。この成果は、膨張してゆく世界は、収縮している、あるいは揺れ動いている世界ほどには蓋然性が高くないとする伝統的宇宙論モデルの立場からは、驚かせるものと、あるいは人為的なものと見えるかもしれない。しかし、これらの〔伝統的〕モデルは不可逆性を等閑視している。これらのモデルは、統計的無秩序の可能性を等閑に付していて、乱流の無変流描出と同じくらい真実からは懸け離れたものなのかもしれない。わたしは、同時代の宇宙論的な思弁の大多数の中にある時間対称性は意味のない単なる単純化過多にすぎず、このようなモデルの機能実態の物理学的細部にまで研究が進んでゆけば、消滅してゆくに違いない、と信じている。わたし自身のモデルが正しいものである必要は全くないが、意味論的に整合的な〈宇宙論なるもの〉が、わたしの第I講義の始まりのところで記述した意味での〈発展の科学〉以外の何かでありうるなどとは、わたしにはどうしても考えられない。

ところで、素粒子はどのようにしてこの像の中に入ってくるのか。粒子概念は現在のこの理論では物理学的空間の概念の一帰結である。つまり、粒子概念は、区別可能な客体を物理学的空間の中でわれわれが記述する際に用いている概念なのである。しかし、互いに姿を変え合うことができるのに、さらに小さなものへと分けることはできない素粒子といったものが与えられるはずであるのはなぜなのか。われわれがあるヒルベルト＝空間のベクトルをあるコンパクトで三次元的な物理学的空間における関数と記述しても、それでもなお、そのヒルベルト＝空間は無限に数多くの次元をもっている。物理学的にはこれらの関数は自由粒子の近似値を記述している。とはいえ、基礎を置くものとなるべき理論では相互作用を小さな摂動として導入することはできない。ハイゼンベルクの場の理論のようないくつかのモデルが、有限の静止質量がいかにして素的な（elementaren）相互作用の帰結でありうるのかを示している。自由粒子のある近似値においては、これら粒子は隔たりが小さい場合のカットオフのように、あるいは最小の粒子の有限の直径のように見なされる。この種のモデルは有限＝次元のヒルベルト＝空間の近似値的描出といったものでありうる。わたしは、素場（Elementarfeld）の一理論、それもその素場の状態が〈単純なオルターナティヴ〉に対応する状態から、すなわち、二次元の複素空間におけるベクトルから、構築されているような理論を構築しようと試みたことがある。素粒子物理学の客観的諸困難とわたし自身の限られた数学的力量とが、この理論を検証可能な形態にまでもってくることをこれまでのところ妨げてきた。

　わたしはこれら二つの講義を単純な物理学、すなわち、不可逆的プロセスとしての発展の理論をもって始めた。認識論の長いトンネルを通り抜けてきた道程のあと、素場という提案された理論の中に再び単純な物理学という青い空が見えている、とわたしは信じている。もし経験の前提条件の理論が同時に一個の一般物理学でもあるなら、そうでなければならないのである。

原注

パルメニデス

（1）現時の量子論についてのこの記述では、有限主義についての要求は度外視する。

（2）『形而上学』、1091 b 13,『エウデモス倫理学』、1218 a 19 f.

（3）Krämer, H. J., »Arete bei Platon und Aristoteles«, Heidelberg 1959; Gaiser, K., »Platons ungeschriebene Lehre«, Stuttgart 1963 参照。

（4）Wieland, W., »Die aristotelische Physik«, Göttingen 1962 は、この諸原理＝多元主義を、過度に言語分析的な解釈においてではあるが、見事に描出している。

（5）彼の解釈では、本質的には Picht, G., »Die Epiphanie der ewigen Gegenwart«, in: »Beiträge zur Philosophie und Wissenschaft. Festschrift für Wilhelm Szilasi«, München 1960 に収録、Picht, G., »Wahrheit, Vernunft, Verantwortung«, Stuttgart 1969 に再録）に従う。

（6）顕現的には、例えば、『ソピステス』、241 d 5 に。

（7）こう解釈しているのは、特に Suhr, M., »Platons Kritik an den Eleaten«, Hamburg 1970 である。

（8）Suhr, M. 上掲書、二五—三一頁。

（9）Lynch, W. F., »An aproach to the metaphysics of Plato through the Parmenides«, Georgetown 1959.

（10）ドリーシュナーの公理論では、この事態が基礎的であることが明らかにされる。

（11）この点と、われわれのテクスト全体については、Wyller, E. A., »Platons Parmenides«, Oslo 1960 を参照。

アリストテレス

(1) Wieland, W., »Die aristotelische Physik«, §17. Göttingen 1962.

(2) アリストテレスが、さらに古い哲学的（ピュタゴラス学派の、エレア学派の、プラトンの）、あるいは数学的（ピュタゴラス学派の、エウドクソス的な）捉え方に何を負っているか、あるいはもしかすると、いずれの点において彼らよりも劣ってすらいるか、といったことは、このメモでは脇に置いておかねばならない。

(3) Schramm, M., »Die Bedeutung der Bewegungslehre des Aristoteles für seine beiden Lösungen der zenonischen Paradoxie«, Frankfurt 1962 が、『自然学』第八巻第六章で展開される連続体の表象の中に見出している諸困難のうち、同章の証明過程の不完全性に発しているものは、そのうちの小さな部分のみでしかなく、その大部分は、(a)アリストテレスに適用されるべき数学が直観主義数学であり、しかも(b)ここでは、アリストテレスは終始、数学はしていない、という二つの事実の誤認に発している。Wieland 三〇二頁にある、この章についての確かに多少簡潔ではあるが、ここでの本質的な点に的中してはいる検討を参照。

(4) ここでもまた、われわれは、ゼノン自身の捉え方は位置づけの外に置いておかねばならない。アリストテレスの捉え方と、彼の捉え方についてのわれわれのある程度の理解あるいは誤解が議論の対象となっている。

(5) 体系的諸問題については、Böhme, G., »Über die Zeitmodi«, Göttingen 1966 参照。

(6) これについては、本質的教示を、U・ドゥフロウの口頭レポートと、それについての討論でのG・ピヒトのコメントに負っている。

(7) Picht, G., »Die Erfahrung der Geschichte«, Abschn. VI. Frankfurt 1958.

(8) 相対性理論が、広まっているある意見には反して、いかなる限りにおいてこの事実を触れずに残しているかについて、ここで披瀝することはできない。

(9) Ross, W.D. (ed.), »Aristotele's Physics«, S. 359, Oxford 1936.

(10) 類比する定義の試みに対しては、対応する批判をすでにトマスが行なっている（Maggiolo, Ph. M. [ed.], »S. Thomas Aquinatis in octo libros physicorum Aristotelis expositio«, S. 144, Turin 1954）。ただし、もちろん、これらの定義の試みは、アリストテレスの翻訳と理解されることを期待するものではない（»motus est exitus de potentia in actum

non subito«（「運動とは、突然（不連続）ではない仕方で、可能態の中から現実態へと出てゆくことである」）。そして、これについてトマスは言う。»qui in definiendo errasse inveniuntur, eo quod in definitione motus posuerunt quaedam quae sunt posteriora motu: exitus enim est quaedam species motus...«（「これらの人々は、運動よりも後にくるものを運動の定義の中に置いたことによって誤りを犯したように見える。すなわち、出てゆくこととは運動の一種なのであるから」）。

(11) M・シュラムは前掲書一〇六頁でこう言っている。すなわち、「……その場合、δυνάμει ὄν では、まだ現実化されてはいないものが、ἐντελεχείᾳ ὄν では現実化されているものが表示されているとするなら、……δυνάμει ὄν と ἐντελέχεια とは、ほかでもなく運動の間中はまさに時間的には一緒に起こっていることになり、不器用とは決めつけられないある定義が結果されてくることとなろう……。」

(12) 201 b 31–33 をも参照すること。ἥ τε κίνησις ἐνέργεια μὲν εἶναί τις δοκεῖ, ἀτελὴς δέ· αἴτιον δ᾽ ὅτι ἀτελὲς τὸ δυνατόν, οὗ ἐστιν ἐνέργεια.〔確かに運動は（ある）現実態（ではあるが）、他方では、何か未完成なものであると見える。そしてそれは、（その運動の最終的）現実態である〈なっていることができるその当のもの〉が未完成なことによる。〕

(13) 比較的古い〔時代の〕解釈者はこの点に関しては明晰である。とりわけ、Brentano, F., »Von der manningfachen Bedeutung des Seienden nach Aristoteles«, IV. Kap., 2. Aufl., Darmstadt 1960 におけるきわめて精確な解釈を参照されたい。

(14) 『形而上学』、第八巻 1049 a 4 によるなら、精子は δυνάμει では「まだない」ことになるが、わたしはあえてこの例を認めることにする。つまり、ここでは、次の次の段落で話題になるはずの区別がゲームに加わってきている。

(15) ヴィーラント、前掲書十六節を参照。ただし、もしかすると、言語分析と形而上学的洞察との間の対立を、ヴィーラントが定立する（例えば一三九、一七九頁など）ほどには強く感じとることができない場合の方が、彼の本から読者が得ることができる利益の削られ方は少ないであろう、と注記することが許されているかもしれない。わたしの見るところでは、この対峙は、同書におけるヴィーラントの他の諸洞察の域には達していない。

（1） Plaas, P., »Kants Theorie der Naturwissenschaft«, Göttingen 1965.〔P・プラース『カントの自然科学論』、犬竹正幸・中島義道・松山寿一訳、哲書房〕

（2） この点については、Meyer-Abich, K. M., »Korrespondenz, Individualität und Komplementarität«, Wiesbaden 1965 を参照。

（3） 引用中の強調は一貫してカントのもの。

（4）『形而上学的原理』は *M.A.* とし、アカデミー版での頁数を付して引用する。

（5） IV, 3 参照。〔ただし、この原注は本書の中では意味をもたない。本文で言及される論文は本書二五〇頁に挙げた論文を指す〕

（6） もしかすると、少なくとも次の解説がここに属しているかもしれない。カントは『自然科学の形而上学的原理』の序説におけるこの構図構成の思想の導入にあたっては、彼の作品においてここ以外のどこにも出てこない「形而上学的構図構成」という概念を用いている。プラースに従うと、この ἅπαξ λεγόμενον〔一回かぎり言われしこと〕には、この構図構成の特異な〔単称的〕特徴が対応していて、この構図構成は、運動と物質という連関し合っている両概念のため以外にはいかなる概念のためにも可能ではない。『自然科学の形而上学的原理』は、いかにして物質が外的感覚の前において一個の対象でありうるかを、アプリオリに描出している。そのことをもって、運動の概念を媒介として、物質概念の事物性（実在性）がアプリオリに構成される。空間の中で運動しうるものとしての物質が、経験の一対象と称しうるはずとするなら、その物質は必然的に、そもそも何かが経験の一対象でありうるための条件となっている諸条件に則して規定されている。このような諸条件には、一般形而上学において、ある対象そのものの概念に必要であることが明らかになっている諸規定が属している。それが範疇である。つまり、これらの範疇に従えば、運動しうるものは、すなわち、空間と時間において対象として立ち現われるものは、経験の対象として規定されていなければならない。

（7） Schneeberger, G., »Kants Konzeption der Modalbegriffe«, Basel 1952.

（8） 構成されるべき概念は、まずは運動の概念である。この概念の数学的構成がうまくゆくのは、第一のものとして、速度の概念が構成される中においてである。その限りにおいて速度の概念は、テクストにおいて主張されているように、すべて本来の科学の基本概念である。

アルベルト・アインシュタイン

（1）Aichelburg, P. C. und Sexl, R. U.（Hrsg.）, »Albert Einstein. Sein Einfluß auf Physik, Philosophie und Politik«, Braunschweig, Vierweg 1979 に収録。

ニールス・ボーア

（1）この点については、*Wahrnehmung der Neuzeit*（1983）, S. 121–133 に収録の »Einstein« を参照。

（2）Pais, A., »Subtle is the Lord. The Science and the Life of Albert Einstein«, Oxford 1982, S.416.

（3）Einstein, A., »Autobiographisches«, in: Schilpp, P. A.（Hrsg.）, »Albert Einstein: Philosopher-Scientist«, The Library of Living Philosophers, Vol. VII, Evanston, Ill., 1949, S.46.

（4）Bohr, N., »Discussion with Einstein on Epistemological Problems in Atomic Physics«, in: Schilpp, P. A.（Hrsg.）, »Albert Einstein: Philosopher-Scientist«, The Library of Living Philosophers, Vol. VII, Evanston, Ill., 1949, S.212.

（5）»Symposium on the Foundation of Modern Physics: 50 Years of the Einstein-Podolsky-Rosen-Gedankenexperiment« は、一九八五年六月二〇日、フィンランドのヨエンスにおいて開催された。

ボーアとハイゼンベルク

（1）»maa jeg spórge?« というデンマーク語表現〔のドイツ語への直訳〕。〔ドイツ語の〕「質問していいでしょうか」〔にあたる〕。

（2）»nu« というデンマーク語表現は〔ドイツ語の〕「今こそ」ということ。

訳者あとがき

本書は、著者カール・フリードリヒ・フォン・ヴァイツゼカーの生誕九十周年記念事業の一環として編集・刊行された。編者によると、多方面において活躍し、後半生はむしろ物理学以外の分野で著名となった感のある著者の、本来の「自分の家」は物理学にあったことを改めて想起してもらおうとの意図で編まれたとのことである。それゆえ、当初の構想では、*C. Fr. von Weizsäcker als Physiker*（「物理学者としてのヴァイツゼカー」）といった表題で、編者による物理学におけるその功績を称揚する一文が添えられる予定であったが、編者本人にも詳らかでない事情から刊行が早められ、原著のような形になったという。

こうして刊行された原著は、その大部分が、『物理学の構築』（*Aufbau der Physik*, Carl Hanser, München 1985. 邦訳は西山俊之・森匡史訳、法政大学出版局）および『時と知』（*Zeit und Wissen*, Carl Hanser, München 1992. 以下ZWと略す）という二部作で提示された、自然の統一的理解を目指す物理学構想に至る前提をなす、論考・講演の集成である。すなわち、著者の言う「具体的物理学」あるいは「領域科学としての物理学」を根本的に基礎づけ、「統一物理学」ないし「哲学的物理学」の構築努力に向けて、著者が直接教えを受けたり、書物を介して議論を交わし、自らの省察のための補助線としたり、対決したりした偉大な自然学者、物理学者たちとの「対話」、哲学的論考から成っている。そして、「統一物理学」の基本構想を鳥瞰的に提示する二編の論考を巻頭と巻末に置いて、全体に内容的統一性を与えている。

著者は、物理学は、近代以降、多様化・細分化の道を辿る一方で、少なくとも超一流の物理学者の思索においては、方法と達成度に差異はあったとしても、統一へと向かう傾向を示しており、特に、相対性理論、量子論の発見以降、この傾向は不可逆的なものになっていると主張する。しかも、この統一は、別の前提・様相のもとでではあれ、アリストテレス以前にすでに考究対象となっていたことをも強調する。原著がそのサブタイトルを、概念史的に厳密に、「自然学」(のちの「物理学」)という用語を最初に用いたとされる「アリストテレスから……」としつつも、パルメニデスとプラトンについての章を先行させていることは、著者のこの見解を反映しているものと見ることができよう。

本書は、著者の思索の幾つかの節目を跡づけているものであると同時に、一個の卓越した物理学史、西洋科学哲学史ともなっていると言えよう。特に、アインシュタイン、ボーア、ハイゼンベルクに関する諸章は、量子論のコペンハーゲン解釈に内在する未解決の諸問題の真の核心の闡明や、現代物理学と伝統的哲学の関係についての見方と「科学者の責任」についての考え方、さらには、前記三人に著者をも加えた四者の「戦争と平和」の問題への直接・間接の関わりなどについての、著者の見解を窺い知ることのできる貴重な資料ともなっている。

著者について

一九一二年六月二十八日キールに生まれ、二十一歳で物理学の学位、二十四歳で大学教授資格を取得した著者は、その「自己紹介」(『人間的なるものの庭』山辺建訳、法政大学出版局、七四五−八一二頁。以下『庭』と略す)によると、生涯において物理学(より精確には核物理学)、政治、宗教、古典哲学という四つの分野と関わった。彼自身の述懐によれば、最初の三領域は彼にいわば天性として与えられていたのに対して、古典哲学は、「優れた学校で、新しい言語を学ぶようにして身につけた」とされる(『庭』七八二頁)。とはいえ、「その先を知りたい」、「全体を知りたい」という願望そのものは、少年期にすでに芽生えていたようである。

研究者としては、物理学者、哲学者、平和学者と呼ばれることが多い著者の、それぞれの領域での業績については必ずしも評価が一致しているわけではないかもしれない。哲学面での生涯の友となったG・ピヒト（同じく著者の生誕九十周年を祝って刊行された『時間・量子・情報』［Lutz Castell, Otfried Ischebeck (Eds.): *Time, Quantum and Information*, Springer, Berlin 2003］は、ハイゼンベルク、ボーアとの出会いの年に加えて、ピヒトとの出会いの年を特記している。同書四三五頁）の、「物理学者たちにとってはアウトサイダー、政治家たちにとっては自分たちが管理すべき個別案件の拙劣なる代弁者であり、哲学者たちによっては理解されることのなかった」人物との評言を、前出『時と知』の中で著者自らが引用している（ZW, S. 1153）。他方、著者を精神科学と自然科学の双方に通じた、二〇世紀ドイツを代表する「ユニヴァーサルな学者」と見るマックス・プランク協会の見解（同協会の「追悼の辞」）に異を唱える人は少ないと思われる。

物理学における業績

原著の編集段階で、編者の念頭にあった「称揚文」は、後に別の形で発表された一文、「原子核から宇宙の渦巻へ――物理学者、哲学者、平和学者カール・フリードリヒ・フォン・ヴァイツゼカー生誕九十周年を祝って」（Helmut Rechenberg: *Vom Atomkern zum kosmischen Wirbel–Dem Physiker, Philosophen und Friedensforscher Carl Friedrich von Weizsäcker zum 90. Geburtstag mit herzlichen Wünschen gewidmet*, *Physik Journal* 1 (2002) Nr. 6 S. 59–61. 以下、Rと略す。なお、この論文の英語版とも言えるものが、前出『時間・量子・情報』七五－八一頁に収録されている）に近いものであったとのことである。その中で編者は、著者による「自己紹介」ではほとんどテーマ名が挙げられる程度にしか触れられない研究をも含めて、著者の「（領域科学としての）物理学」における業績を物理学史家の立場から紹介・称揚している。

編者によると、「自己紹介」では軽く触れられただけの「教科書」は、実際には当時の原子核理論全体を総括する最初の単行本（『原子核』、一九三七年）であり、物理学者の世界を超えてヴァイツゼカーの名を一挙に有名にした著作であった（R, S. 60）。

一九三六年、ベルリンの「カイザー・ヴィルヘルム物理学研究所」正所員となった著者は、以前から関心を抱いていた恒星内部のエネルギー源の問題に専念し、A・S・エディントンの恒星内部におけるエネルギー源の説明とされていた核融合についての「構成仮説」を手がかりに、恒星内部における連続的なエネルギー産出モデル（反応サイクル）を考案する。それを一九三七年一月提出、同年公刊の論文第一部と、三八年七月に提出、同年公刊の同第二部とに分けて発表。ただし論文第二部では、第一部の内容に修正を施し、化学元素が、今日知られている姿の恒星が成立する以前に、第一部の記述とは異なるプロセスですでに形成されていた可能性があるとするとともに、普通の恒星と巨大恒星とでは増成の仕方が異なるとする「増成原理」を提案する。そして、第一部で有力と見ていた反応サイクルを撤回、いわゆる「炭素サイクル」（CNOサイクル。水素から炭素、窒素、酸素を経てヘリウムへ）を提案する。

H・ベーテも一九三八年九月提出の論文で、著者の理論と同じ炭素サイクルを数学的により完成度の高い形で発表し、この業績がノーベル物理学賞受賞（一九六七年）につながる。後に「ベーテ＝ヴァイツゼカーのCNOサイクル」と呼ばれるこの理論については、著者自身も、ベーテの業績の方が完成度が高いと認めている（『庭』七五三頁）。

編者は、ベーテの業績を高く評価しつつも、ベーテが一九六六年のあるインタビューの中でヴァイツゼカー論文の第一部を批判した際に、論文の第二部に全く言及していない点をアンフェアとするとともに、第一部の内容についても、恒星エネルギーの問題と宇宙における重い元素の増成の問題についての先駆的業績として、より正当に評価されてしかるべきとしている（R, S. 60）。なお、前出『時間・量子・情報』は、著者の誕生日を祝う二〇〇二年五月二十七日付のベーテの手紙を収録しているが、その中でベーテは、「炭素・窒素サイクル」理論の完成を自分とC・クリッチフィールドの業績と主張しつつも、陽子どうしの融合が恒星における核反応の始まりであろうとする理論の最初の提唱者はヴァイツゼカーであると認めている（三頁）。O・ハーンなどによるウラン核分裂の発見は、理論・実践両面で核物理学者ヴァイツゼカーを強く触発することとなった。

理論面では、ヴァイツゼカーは、当時の通説からは大きく外れていた、超ウランについての、W・ヴェーフェルマイヤー提唱の核モデルが、それまでは不可能と見られていた核分裂のプロセスの説明となっていることを直ちに見てとっている（本書との関連では、核兵器の可能性の認識。本書四三六頁）。

実践面では、著者は、戦争の勃発以降、極秘裡に進められたいわゆる「ウラン＝プロジェクト」に参加し、核反応炉建造の研究の過程で、のちにプルトニウム型爆弾と呼ばれることになる核兵器の製造法を考案している。しかし、他の方法によるものも含めて、数カ月以内に核兵器を製造することはドイツの経済力では不可能との報告が、一九四二年六月ハイゼンベルクによって当局に対してなされ、その結果、核兵器開発の戦時優先順位は下げられる。それも関係してか、同年著者は、シュトラースブルク（現フランス領ストラスブール）大学助教授に転出し、そこで再び天文物理学における学問的基礎的問題と意欲的に取り組み、一九四三年八月には惑星系の成立に関する包括的な論文を発表する（『庭』七五三頁参照）。

一九四四年、戦況の悪化にともない、カイザー・ヴィルヘルム物理学研究所に戻って再び（すでに核兵器開発を目指すものではなくなっていた）核反応炉建造の研究に加わる。一九四五年一月以降は他の研究所員とともに、ヘッヒンゲンやハイガーロッホに疎開して研究を続けるが、同年四月二十三日、ヘッヒンゲンで米軍の捕虜となる。

同年七月、イギリスのファーム・ホールでハイゼンベルクと再会してからは、彼と天文物理学研究の基礎的問題について論じ合い、両者は後にそれぞれ、宇宙に存在するガス渦巻の統計的推移に関する、国際的にも評価された理論を発表する。

一九四六年以降、著者は、当時ゲッティンゲンで再開され、まもなくマックス・プランク物理学研究所と改称された研究所（所長はハイゼンベルク）の理論部門の部長に就任するとともに、ゲッティンゲン大学非常勤教授をも兼任する。そしてこの時期、「渦巻」についての物理学理論にもとづいて宇宙におけるガス塊の自転について研究し、渦巻星雲の大きさを算定するなどの成果を挙げる。これらの研究は、ドイツ戦後世代の物理学者に天文物理学とプラズマ物理学において一つの方向性を示すものであった（以上、R, S. 60–61）。マックス・プランク協会は「追悼の辞」で、この時期の業績についても、当時にあっては時代に先んずるものであったとしている。

哲学的物理学の構想と研究

「この物理学（「領域科学としての物理学」）は……健康的なパンのごとくに、滋養豊富で、活力を与えてくれるものではあった」と述べ、「今日でもなお、自分が物理学者たちのあいだにいるときには、自分の家に帰ったような気がする」（『庭』七五二–五四頁）とも言う著者は、同じ「自己紹介」の「哲学的物理学」の項を、「私が物理学を勉強したのは、量子論を哲学的に理解するためであったことは、明らかであった」という文をもって始め、（領域科学としての）物理学研究の時代を、「二十五年の間、わたしは量子論に関しては、ただ小声でそっと瞑想を続けつつ、かつ、鬱々たる自己非難に責めさいなまれつつ、非哲学的な具体的物理学へと回避していた」と総括している（『庭』七五二頁）。著者は、同時代の物理学的研究の殆どを、真の意味での基礎づけを欠いたままの物理学的作業と見ていた。「量子論が妥当するのはなぜなのか」という問いこそが彼にとっての問いであり、この問いは、時々の濃淡に差はあったとしても、彼の脳裏を離れることはなかった。

すでにシュトラースブルク大学時代に、この問いとの関わりでのそれまでのアプローチの成果を、*Zum Weltbild der Physik*, Hirzel, Leipzig/ Stuttgart 1943（『物理学の世界像に寄せて』）にまとめている。この時期から抑留生活期、戦後のゲッティンゲン時代にかけては、問題に対する歴史的アプローチにかなりの力が注がれる。それには、交流のあった人々からの影響もあったとされるが、より深いところでは、自然のもつ時間構造に関する彼自身の理解が大きな役割を果たしていたと見ることができよう。この方向でのアプローチの最初のまとまった成果は、ゲッティンゲン大学での一連の講義「自然の歴史」（一九四六年）に現われる（この講義は一九四八年同名の単行本として刊行されている。邦訳は西川富雄訳、『自然の歴史』、法律文化社）。

時間を軸に自然を統一的に理解しようとすることは、著者にとっては、西洋古典哲学やキリスト教神学の諸問題を現代物理学の視点から見つめなおすことをも意味した。こうして、領域科学としての物理学に携わりつつも、他方では、歴史的・神学的・哲学的な問題について先人たちと対話を重ね、思索を深め、数々の論考を発表してゆく。そして著者は、この方面での実績を携えて、一九五七年、四十五歳でハンブルク大学哲学教授へと転進し、これらの問題と真正面から取り組むことのできる社会的ステータスを手にする。

この転進は、著者にとって、少年時代からの夢の実現であったのみでなく、彼自身の物理学研究からの内的要請に由来することでもあった。（領域科学としての）物理学で実際に行なわれていることを、二十五年にわたる参加を通して体験した上で、「ここ三世紀来、ゴーサインは出ているが、それは根本的な問題がみな解かれているからではなく、われわれの平常の研究ではそういう問題には触れないでおくことをわれわれが学んだからである」（本書二四〇頁）と看破し、今後、自分は、「領域科学としての物理学」が蔑ろにしているこの根本的な問いに立ち向かうと社会に向けて宣言することを、この転進は意味していた。

古典哲学やキリスト教神学との対話に由来する一つの成果が、一九五九年から六一年まで行なわれた、いわゆるギフオード・レクチャーズのグラスゴー・シリーズでの講義である。この一連の講義の第一シリーズは、『科学の射程——創造と世界生成　両概念の歴史　第一巻』として一九六四年に公刊された（邦訳は野田保之・金子晴勇訳、法政大学出版局）。なお、同講義の第二シリーズは、*Die Tragweite der Wissenschaft*, Stuttgart 1990, S. 201–477に、**Band 2 'Philosophie der modernen Physik'**（第二巻「現代物理学の哲学」）として収録・刊行されている。

著者は、ハイゼンベルクとボーアのもとで、「コペンハーゲン解釈の意味での量子論」を身につけた。そして、

「コペンハーゲン解釈」の前提と言われているものが必ずしも常に、その創始者たちの念頭にあったとおりの意味で理解されているわけでもないこと、「コペンハーゲン解釈」から出てくる諸問題が完全に解決されているわけではないこと、を実感していた。そして、これらの点を闡明するためには、哲学が不可欠と見ていた。著者が自らの研究方向を哲学的物理学と名付ける所以でもあって、それはそのまま、自然全体を統一的に把握する統一物理学とも重なるはずのものと考えられている。

著者は、その哲学的物理学の達成はTh・クーンの言うパラダイム転換を結果する新たな科学革命をもたらすはずと期待していた。見出されるべき新しいパラダイムの内容を、著者は形式的には、ハイゼンベルクの「完結した理論」という用語に倣って、小さな変更によっては改良することができず、全面的に新しい概念の導入を必至とする一方で、単純な要請から導き出しうる理論、とイメージしている（本書一一頁）。

「コペンハーゲン解釈の意味での量子論」をこの意味での「完結した理論」にまでもってくること、それが著者の目標となる。この方向での考察をかなり広範に集成した『自然の統一』が、著者のために設立されたとも言える研究所（後述）に移った翌年の一九七一年に公刊される（邦訳は、斎藤義一・河合徳治訳、法政大学出版局）。同書では、人間が「自然」を理解できるためには、人間にとって自然を「経験する」ことが可能でなければならず、そして人間が自然を経験することができるためには、人間から見て「過去とは変更不可能な事実のことであり、未来とは過去によって開かれた可能性のことである」という時間構造が、人間から見た自然自体に備わっていなければならないとする著者の自然理解が鮮明にされる。この理解の根底にある時間構造理解の端緒となったのが、一九三九年発表の研究である（"Der zweite Hauptsatz und der Unterschied von Vergangenheit und Zukunft", in: *Ann. Physik 1939*, Vol. 428, Issue 3–4, S. 275–283. この論文は『自然の統一』にも収録されている。邦訳一七八－一八九頁）。

他方で著者は、人間が理解しようとする自然にこの時間構造が備わっているのみでなく、自然を理解しようとする人間の知自体がこの時間構造の制約のもとにあることをも強調する。著者は、「われわれは、いま哲学している」というテーゼを好んで口にする（本書三三頁、『庭』二一、五二二、七九三頁など）。このテーゼを理解しておくことは、著者の哲学的物理学の理解のためのみでなく、知的研究と倫理行動との関係についての著者の見解の理解のためにも不可欠であるように思われる。このテーゼはまず何よりも、哲学するということが時間の中でなされる人間の営みである点を明確に意識させている。そしてさらに、人間は無時間的な「久遠の真理」といった高みに一気に到達することは通常はできないという現実、哲学するという人間の営み自体がこの時間構造の表出となっているという現実、に注意を喚起している。人間は未来について決定論の意味での確実な知をもつことはできない。とはいえ、未来についても、自らの経験や先人の知見にもとづいて何が現時点で可能性の範囲にあるかについて、いま言えることがあるし、場合によっては、いま言わねばならないこともある。ところで、いま現に、未来における可能性として与えられていることをいま精確に把握するために、先人の知見をも精確に把握するということ（「わたしは、自分自身が近代的な物理学と精神科学との、さらには近代哲学の概念的な諸伝統の中で把握不可能な諸点に突き当たらなかったならば、古代哲学の勉強と取り組むことはなかったであろう」、本書一〇八頁）が必須であるが、その間に横たわる時間的文化的隔たりのゆえに実際にはほとんど不可能であることが少なくない（本書三三頁）。いま哲学するとは、これらの問題をすべて背負うことをも含めて、いま苦闘することを意味する。

哲学的物理学の構築努力に戻る。量子論が正しいとすれば、量子論的に厳密に考える場合、「在る」のは、主客の区別も不可能な万有（Weltall）のみとなり、この万有を客体と認識する主体も存在しえないことになる。（ちなみに、この結論は、プラトンが出した「一については何も言えない」という結論と重なるものと著者は見ている。本書五〇頁参照）。自然が「一（つのもの）」でありながら、われわれが見ているような多彩な様相を示すことができ、歴史をもつことができるためには、自然は（人間から見て）どのようなものでなければならないかを説明する新たなパラダイムとなりうる理論の構築が著者の哲学的物理学の緊切の課題となる。出発点とされるのは、「時間の不可逆性という要請によって確率概念を拡大した一般理論」という意味での、「数学化され法典化される以前の」「抽象的量子論」（ないし「純粋量子論」）（本書三七四—七五頁）という著者の量子論理解である。

この量子論理解を根底に置いて、いわば「哲学的素粒子論」とでも名付けることができそうな仮説が構想される。「量子論が……前提するのは、単に決定可能なオルターナティヴのみである」（本書四八〇頁）。元来は「もう一つの選択肢」を意味する「オルターナティヴ」という語を、著者はその構想を具現化するための「新たな概念」として援用する。それは、仮訳するなら、「択一」、のちには「原＝択一」、さらには認識主体をも仮説に全面的に組み込んだ概念であることをより明確に前面に出して「主＝客体」と言い換えうるものと考えられ、著者の哲学的物理学において、「認識されているとともに、認識してもいる自然全体」の理論的な究極的構成単位として仮説的に導入されている概念である。そして著者は、この概念から場と粒子という両概念を導き出し、さらにそれらから三次元空間の導出をも試みている。この構想全体から逆に、量子論とは、第一義的には物質に関する理論ではなく、情報に関する、より精確には「時間の中におけるビットに関する」理論なのであるとも主張される（本書四三三頁）。

ここで「時間の中におけるビット」と呼ばれている「オルターナティヴ」を究極的構成要素としつつ、時間構造の表出としての「自然の統一」（＝「自然の歴史」）と、そのような歴史をもつ自然を可能としている「自然の統一」（＝「自然の構造仮説」）を一つにまとめて体系的に提示したものが『物理学の構築』であり、そのような物理学を可能としている人間（の知）と自然の関係を包括的に提示しようとしているのが『時と知』である。両書は相まって、著者の哲学的物理学の研究成果について、「現時点（一九八〇年代後半から九〇年代初頭）では物理学的、哲学的にここまで言うことができる」とされたことをまとめたものと言えよう。

両書で提示される個々の理論と仮説が物理学者の世界でどう評価されているかについては、まだ判断材料が出揃っていないようである（上記の「三次元空間の概念を抽象的量子論から導き出すこと」についても、今のところはまだそれ以上は言えないようである）。

同様に、本当は自分は哲学を専攻したいのかもしれないと書き送った著者に応えるハイゼンベルクの助言（本書四二三−二四頁）に従って物理学から入った著者が、ハイゼンベルクの認識論を解説しつつ、「認識論のこの交代は、量子論が強要している、存在論の交代と結びつけることができるものである」（本書四一四頁）とし、さらにアリストテレス以来の西欧の存在論全般を総括して、「古典的存在論は、自らを適用することが自分自身の誤謬性を前提するものであるとは認識していない」（本書五七頁）とする著者の強烈なメッセージも、哲学者、神学者たちに十分に届いているとは言えないように観察される。

戦後における活動の広がり

「ウラン＝プロジェクト」への参加は、政治に対する関心という天性とも相まって、著者が戦後、物理学における問題の研究のさらなる推進、その後の哲学的物理学の完結という目標以外の領域にも、活動の幅を広げる大きな要因となった。彼は、当時の西ドイツという国の置かれた地政学的位置も手伝って、東西問題、核兵器の危険などについても比較的早い時期から発言し、数多くの著作を公にしているだけでなく、政治的に公的と言える行動にも出ている。具体的政策に関わる直接行動としては、西ドイツ国防軍の核兵器装備が緊切の問題であった時期に出された二つの文書を挙げるべきであろう。まず、西ドイツの代表的科学者たちとともに核兵器開発への非協力を宣言したゲッティンゲン宣言（一九五六年）がある。これは、「原子物理学者の協力がなければ核兵器をつくることはできない」という持論（本書四四一頁参照）が具体的な形をとったものと言える。ついで、ヨーロッパ全体の平和（とドイツ再統一）を念頭に、連邦軍の核装備反対とオーダー・ナイセ・ラインの承認とを連邦議会議員に提言したテュービンゲン覚書（一九六一年十一月）が挙げられる。こちらは、外政的には東西冷戦が新たな局面を迎えていた時期、内政的には東欧旧ドイツ領からの避難民・被追放民のあいだで父祖の地への復帰運動が一つのピークを迎えようとしていた時期にとられた行動であった。

より包括的、基礎的な貢献としては、一九七〇年シュターンベルクに設立された研究所での活動を挙げることができよう。いわば著者のために設立されたとも言える「科学的＝技術的世界の生存条件研究のためのマックス・プランク研究所」で、「グロバリゼーション」、「世界＝内政」といったキーワードを軸に、東西問題、核戦争の脅威、環境問題、南北問題など差し迫った世界規模での問題を分析し、解決策を探る一方、この研究所を拠点に哲学的物理学構想のさらなる推進に向けても努力を続けたのである（同じ年に、ミュンヘン大学の非常勤教授にも就任し、ここでも講義を担当した）。

「自己紹介」には、「一九七二年には、退官し、それまで考察をめぐらしてきたことの一切を一冊の書物にとにかくまとめて書いてみる心構えが私にはあった。そのためにもう一度、論理学の土台を調べなおしてみた際の勉強は、時間的言明の論理学はある一定の意味においては数学的論理学の土台でもあるとの私の確信を安定させることとなった……。このことは同時に、物理学の土台という点でも新たな刺激を私に与えることとなり、そしてその結果、あの書物は書かれることなく、物理学的な面での調査が再び熱心に開始されることとなった」（『庭』七五九―六〇頁）とある。プラトンは、「国家をよく統治できるためには、人は天文学を学んでいなければならない」と言って聞く人を驚かせたとのことであるが（本書七〇頁）、多面的な活躍をした著者も、物理学が彼にとって果たしていた役割について、「わたしが何とか物理学者と言える者にならなかったとすれば、哲学面でのわたしの参加も、倫理＝政治面でのわたしの参加も、土台を欠いたままだったであろう」と述懐している（本書三八八頁）。祖父がヴュルテンベルク王国（最後の）首相、父がナチス時代の外務次官（ドイツ敗戦を挟んだ時期は駐ヴァチカン大使）、弟が第六代ドイツ連邦共和国大統領と聞くだけでも、政治家としての資質を強く窺わせる著者であるが、一九七九年、時の連邦首相H・シュミットより連邦大統領選挙への出馬要請を受けた際には、「研究に専念したい」との理由でその要請を断っている。（その哲学的物理学の集大成と言える前出の二部作が公刊されるのは、その後のことである。）

知は責任を生む。新たなる知は新たなる責任を生む。核兵器製造への一切の協力を拒否した前出のゲッティンゲン宣言は、原子力の平和利用については、その必要性を強調するとともに、その分野では積極的に協力することを明言している。しかし、その約三十年後、著者は姿勢を大きく転換する。Meyer-Abich, K. M., Schefold, B.: *Die Grenzen der Atomwirtschaft* ——*Die Zukunft von Energie, Wirtschaft u. Gesellschaft*, Beck, München 1986（『原子力経済の限界——エネルギー、経済、社会の将来』）に一九八五年十一月三十日付の序言を寄せ、その中で、彼は、四十年来原子力の平和利用に積極的に賛同してきたと明言するとともに、太陽エネルギー利用技術の進歩に触発され、この姿勢を撤回し、二十一世紀には、省エネ技術をさらに進める一方、主要エネルギー源としては太陽エネルギーの利用を考えるべきであり、核エネルギーを主要エネルギー源とし続けることには断固反対すると述べている。チェルノブイリの原発事故に数カ月先立ってなされていた著者のこの転向声明は、同事故後改めて、社会の大きな注目を集めることとなった。

最後に宗教と関わりのある側面の進展にも触れておくべきであろう。著者は、歴史的研究からだけでなく、量子論の研究そのものからも、「一との合一」という宗教的神秘思想の「真正性」についても人はある種のセンスをもつことができると見ていた。それもあってか、キリスト教の既成形態に対しても、ある時期からは一定の理解をもって臨み、ルター派教会関係の組織面でのさまざまな役職も引き受けていた。さらに、「ドイツ開発援助奉仕公社」（DED）の理事長の職務を引き受けたこと（一九六九‐七四年）が契機となって東洋との関係を深めることになるが、以後、ヒンドゥー教や仏教の根本思想に対する共感を一層深めてゆく。この「出会い」は、前々から瞑想に親しんでいた著者に、「瞑想抜きには生きることができなくなっている」という趣旨の発言（『庭』八〇一頁）をさせるまでの宗教的深みを与えることになる。宗教的神秘思想についての高い評価と瞑想の実践は、一部の人々から、科学者に相応しくない姿勢と評されるほどであった（『庭』七四一‐四二頁）。

ちなみに、一九九三年来日の際、著者を囲んだある席でたまたま訳者が耳にした言葉を、別の折に、日本では時として、「物理学者は物理学固有の内在的論理にもとづいて論を進めるべきだ」とする声を耳にすることがあるが、という質問の形で著者に向けてみたことがある。「おそらく西洋の物理学は、自らの道をとことん歩み抜いたとき、初めて東洋思想の対等の対話パートナー（gleichwertiger Gesprächspartner）となることができるのだと思う」という答が返ってきた。

一九八〇年、シュターンベルクの研究所長職を退いてからも哲学的物理学に当面の形を与えるべく努力を重ねるとともに、多彩な執筆・講演活動を展開するが、二〇〇〇年二月に夫人を亡くして以降、世事からはほぼ全面的に退き、ごく限られた人々としか直接接することはなく、思索三昧の日々を過ごすことが多かったとのことである。長い闘病生活のあと、当時すでにシュターンベルク市に編入されていたゾェッキングで二〇〇七年四月二十八日に永眠、墓所も同地にある。

著者がその後半生を捧げたとも言える「科学者の責任」、「核時代の倫理」という問題は、一九九四年彼のもとに集まった勉強グループを母体として著者の生前に設立された「カール・フリードリヒ・フォン・ヴァイツゼカー協会」（Carl Friedrich von Weizsäcker Gesellschaft）によって、「知と責任」という主導理念のもと、研究の振興と人々の意識転換への貢献が図られている。

著者は生前、テュービンゲン大学カトリック神学部（一九七七年）などから名誉学位を授与されているほか、ゲッティンゲン科学アカデミー会員（一九五〇年）、ドイツ物理学会マックス・プランク＝メダル（一九五七年）、科学芸術プール・レ・メリット会員（一九六一年）、テオドール・ホイス賞（一九七八年）など数多くの称揚を受けている。

なお、レオポルディーナ・ドイツ自然科学アカデミーはドイツ科学振興協会と共同で、「科学と社会」という問題領域に功績のあった研究者（ないし研究者グループ）に、二〇〇九年以降一年おきに、著者の名を冠した「カール・フリードリヒ・フォン・ヴァイツゼカー賞」（賞金五万ユーロ）を授与している。

編者について

本書の編者ヘルムート・レッヒェンベルク（Helmut Rechenberg）は、量子論史と素粒子論史の研究者として著名で、原著刊行時、マックス・プランク物理学研究所（ミュンヘン）理論部門の研究員であった。一九三七年ベルリンに生まれ、ミュンヘン大学でヴァルター・ゲアラッハのもとで実験物理学を、W・ハイゼンベルクのもとで理論物理学を学ぶ。その後オースティン大学（テキサス）のジョージ・スダルシャンのもとで素粒子論を研究。J・メーラと共著で『量子論史』（*Historical Developement of Quantum Theory*, Springer-Verlag, New York 1982–2001, 六巻九分冊）を、L・ブラウンと共著で、ハイゼンベルクと湯川秀樹の業績を中心に素粒子論の成立期についての著作『原子力概念の起源』（*On the Origin of the Concept of Nuclear Forces*, IOP Bristol, 1996）を、発表した。この関連で一九九〇年に来日している。他に、W・ハイゼンベルク『全集』（Springer-Verlag, Berlin und R. Piper Verlag, München 1984–93, 九巻）などを編集刊行し、現在もハイゼンベルク全著作の編集刊行に専念している。

編者レッヒェンベルク氏は、訳者の、原著誤植の訂正、訳注の作成などについての三十回近くにわたる執拗な照会に対して、最後まで懇切な助力と協力を惜しまれなかった。また、本あとがきは、編者による「称揚文」に拠りつつ、執筆したことを申し添え、衷心より謝意を表したい。

二〇一一年一二月一五日

山辺　建

senschaft〔「今日の自然科学における連続性原理」〕, *G. W. Leibnitz*, Hamburg 1946, S. 201–221.

デカルト—ニュートン—ライプニッツ—カント　Decartes, Newton, Leibniz, Kant, ジフォード・レクチャーズ第7講義, *Die Tragweite der Wissenschaft*, Stuttgart, 1964, S. 118–134.〔『科学の射程』164–183頁,「デカルト, ニュートン, ライプニッツ, カント」〕

イマヌエル・カント　Kants Theorie der Naturwissenschft nach P. Plaas〔「P・プラースによるカントの自然科学論」〕, *Kant-Studien* 56, 1964, S. 528–544.〔『自然の統一』434–459頁,「P・プラースによるカントの自然科学論」〕

ヨハン・ヴォルフガング・ゲーテ　Einige Begriffe aus Goethes Naturwissenschaft〔「ゲーテの自然科学における若干の概念」〕, *Johann Wolfgang Goethe*, Hamburger Ausgabe, Bd. 13, Naturwissenschaftliche Schriften Ⅰ, 1994の「あとがき」.

ロベルト・マイヤー　Die Auswirkung des Satzes von der Erhaltung der Energie in der Physik〔「エネルギー保存法則の物理学における影響」〕, *Robert Mayer und das Energieprinzip*, Berlin, 1942.

アルベルト・アインシュタイン　Das Prinzip der höheren Einheit, Albert Ein stein zum hundersten Geburtstag〔「より高き統一の原理, アルベルト・アインシュタイン生誕100周年に寄せて」〕, *Frankfurter Allgemeine Zeitung*, 10. März 1979.

ニールス・ボーア　Niels Bohr, *Zeit und Wissen*〔『時と知』〕, München 1992, S. 769–788. 1985年, ミュンヘンで開催された第49回物理学会における総会特別講演.

ポール・アドリエン・モーリス・ディラック　Paul Adrien Maurice Dirac, *Die Zeit*, November 1984.

ボーアとハイゼンベルク。一九三二年のある思い出　Bohr und Heisenberg〔「ボーアとハイゼンベルク」〕, *Wahrnehmung der Neuzeit*〔『近代の知覚』〕, München 1983, S. 134–146.

ヴェルナー・ハイゼンベルク　Werner Heisenberg, 1976年7月, トゥッツィングで開催された「量子論と時空構造」第2回研究集会での講演.

ハイゼンベルク, 物理学者にして哲学者　Heisenberg als Physiker und Philosoph, 1991年のハイゼンベルク生誕90周年記念式典での記念講演原稿として送付されたもの. B. Geyer, H. Herwig u. H. Rechenberg (Hrg.): *Werner Heisenberg als Physiker und Philosoph*. Spektrum Akademischer Verlag, Heidelberg 1993, S. 13–24.〔本稿の出典は編者の指示にもとづいて差し換えてある〕

現代物理学の哲学的解釈　*Die philosophische Interpretation der modernen Physik*, *Nova Acta Leopoldina*, 207/37/2, Leipzig 1972, S. 7–39.

初 出 一 覧

緒論　自然の統一——物理学の統一　原題〔以下同じ〕Einheit der Physik〔「物理学の統一」〕. 1966年ミュンヘンでの講演. *Physikalische Blätter* 23 (1967), S. 4–14.〔邦訳：『自然の統一』齋藤義一・河井徳治訳, 法政大学出版局, 216–233頁, 「物理学統一の構想」〕

パルメニデス　Parmenides und die Quantentheorie〔「パルメニデスと量子論」〕, *Die Einheit der Natur*, München 1971, S. 466–491. 執筆は1970年.〔同上, 505–534頁〕

プラトン　Platonische Naturwissenshaft im Laufe der Geschichte〔「歴史の推移の中でのプラトン的自然科学」〕. ハンブルクのヨアヒム・ユンギウス科学協会での講演, 1970年11月.〔『人間的なるものの庭』山辺建訳, 法政大学出版局, 405–441頁, 「歴史推移のなかでのプラトン的自然科学」〕

アリストテレス　Möglichkeit und Bewegung. Eine Notiz zur aristotelischen Physik〔「可能性と運動—アリストテレス自然学についてのメモ」〕, *Festschrift für Josef Klein zum 70. Geburtstag*〔『ヨーゼフ・クライン生誕70周年記念論集』〕, Göttingen 1967.〔『自然の統一』460–474頁, 「可能態と運動—アリストテレスの自然学に関する覚え書」〕

コペルニクス—ケプラー—ガリレイ　Kopernikus, Kepler, Galilei, *Einsichten*. Gerhard Krüger zum 60. Geburtstag〔『洞察』ゲルハルト・クリューガー生誕60周年記念論集〕, hg. von Klaus Oehler, Richard Schaeffler, Frankfurt/M. 1962, S. 376–394.〔『科学の射程』野田保之・金子晴勇訳, 法政大学出版局, 137–163頁, 「コペルニクス, ケプラー, ガリレイ」.〔なお, ここで挙げられている『科学の射程』の原典は、原著者のいわゆる「ジフォード・レクチャーズ」の第1シリーズを収録したものだが, 他に, *Die Tragweite der Wissenschaft*, Stuttgart, 1990があり, その201–477頁には, 本書でも言及される第2シリーズの諸講義が, Band 2, *Philosophie der modernen Physik*（『科学の射程』第2巻「近代物理学の哲学」）として収録されている〕

ガリレオ・ガリレイ　Galileo Galilei, *Universität und Christ*〔『大学とキリスト者』〕, Zürig 1960, S. 43–62.

ルネ・デカルト　Descartes und die neuzeitliche Naturwissenschaft〔「デカルトと近代自然科学」〕, 1957年11月13日, ハンブルク大学での講話.

ゴットフリート・ヴィルヘルム・ライプニッツ　「一　自然法則と弁神論」は, Naturgesetz und Theodizee〔「自然法則と弁神論」〕, *Archiv für Philosophie* 2, 1948.「二　連続性原理」は, Das Kontinuitätsprinzip in der heutigen Naturwis-

ルーズベルト　Roosevelt, Franklin Delano 342,352,357
ルター　Luther, Martin　180
レウキッポス　Leuchippos　4
ロス　Ross, William D.　103
ローゼン　Rosen, Nathan　371,372,489
ローゼンフェルト　Rosenfeld, Leon　401
ローレンツ，コンラート　Lorenz, Konrad 74,75
ローレンツ，ヘンドリク　Lorentz, Hendrik Antoon　345
ローレンツェン　Lorenzen, Paul　94

ワ　行

ワイスコップ　Weisskopf, Victor　437
ワイツマン　Weizmann, Chaim　342
ワイヤストラス　Weierstras, Karl Theodor Wilhelm　94,214
ワイル　Weyl, Herrmann　94

ヘーゲル　Hegel, Georg Wilhelm Friedrich　157,287
ペターセン　Petersen, Aage　372,489
ベッケンバウアー　Beckenbauer, Franz　359
ベッソー　Besso, Michaele　351
ヘラクレイトス　Herakleitos　282
ベラルミーノ　Bellarmino, Roberto　131,132,152,154
ヘルムホルツ　Helmholtz, Herrmann von　308
ベントリ　Bentley, Richard　218,227
ボーア，クリスティアン　Bohr, Christian〔ニールスの父〕355
ボーア，クリスティアン　Bohr, Christian〔息子〕391
ボーア，ニールス　Bohr, Niels　56,98,179,210,240-242,261-263,265,320,324,325,338,348,349,354-381,385-387,389-391,393,394,397-404,407,410,411,413,420,421,428,439-443,472,478-482,486-489
ボーア，ハラルド　Bohr, Harald〔弟〕355,360
ポアンカレ　Poincare, Henri　346
ホイヘンス　Huygens, Christiaan　121,142,220,300
ボーテ　Bothe, Walter　321,366
ホーフディング　Høffding, Harald　355
ポドルスキー　Podolsky, Boris　371,372
ポパー　Popper, Karl　16,406,452-454
ポピエルシュコ　Popielusko, Jerzy　379
ホフマン　Hoffmann, B.　338
ボルツマン　Boltzmann, Ludwig　7,363,428
ボルン　Born, Max　239,367,368,407,408

マ　行

マイケルソン　Michelson, Albert　345
マイヤー　Mayer, Julius Robert　298,299,303,304,307,326-328,330,335
マイヤー＝アービヒ　Meyer-Abich, Klaus Michael　364,366,376,394,480
マースデン　Marsden, Ernest　355
マックスウェル　Maxwell, James Clerk　345
マッハ　Mach, Ernst　230,253,345,347,432,455
マハデヴァン　Mahadevan, T. M. P.　41
ミケランジェロ　Michelangelo, Buonarroti　135
ミッター　Mitter, Heinrich　404
ミルネ　Milne, Edward Arthur　400

ヤ　行

ヤスパース　Jaspers, Karl　168
ユング　Jung, Carl Gustav　68
ヨリー　Jolly, Philipp Gustav von　9
ヨルダン　Jordan, Ernst Pascual　239,267

ラ　行

ライプニッツ　Leibnitz, Gottfried Christoph　179,183-186,188,190,195-205,208,212,213,215,218,229-232,234,300-302,345,347,363,455
ラヴォアジェ　Lavoisier, Antoine Lous　313,459
ラグラーンジュ　Lagrange, Josef Louis　458
ラザフォード　Rutherford, Ernest　355,356,365
ラッセル　Russel, Bertrand　342,353
ラプラス　Laplace, Pierr Simon　233
ランダウ　Landau, Lew Dawidowitsch　325,399
リヒテンベルク　Lichtenberg, Georg Christoph　268
リーマン　Riemann, Bernhard　347
リンチ　Lynch, Willam F.　46
ルスト　Rust, Bernhard　440

142,144,156,162,172,175,178,199,200,218,220,224-227,229-234,247,259,268,269,284,343-347,410,462,464
ノイマン　Neumann, Johann von　239,374,381
ノールンド　Norlund, Margarethe　355

ハ　行

パイス　Pais, Abraham　364
ハイゼンベルク，ヴェルナー　Heisenberg, Werner　3,19,52,58-63,67,82,89-91,98,209,210,239-241,263,323,348,356,358-361,365-368,370,371,374,379-382,385-394,397,398,403-443,459,499
ハイゼンベルク，ヴォルフガング　Heisenberg, Wolfgang〔息子〕　426
ハイゼンベルク，エリザベート　Heisenberg, Elisabeth〔夫人〕　419
ハイデガー　Heidegger, Martin　36,78,178,247
パウリ　Pauli, Wolfgang　325,356,361,382,393,398,401,410,429
パスカル　Pascal, Blaise　178
パッツィヒ　Patzig, Günther　238
バッハ　Bach, Johann Sebastian　119,408
バートン　Barton, Derek Harold Richard　405
ハービヒト　Habicht, Conrad　363,428
ハミルトン　Hamilton, William Rowan　458
ハムスン　Hamsun, Knut　385
パルメニデス　Parmenides　23,28-30,32,34,37-43,45,46,56,57,101
ハワード　Howard, Ebenezer　272
ハーン　Hahn, Otto　436
ヒッパルコス　Hipparchos　109,118,150
ヒトラー　Hitler, Adolf　342,352,353,438
ピヒト　Picht, Georg　37,38,41,106,391,436
ピュタゴラス　Pythagoras　64
ヒューム　Hume, David　12-14,16,452,453,464,465,467,475
ビョルンソン　Björnson, Bjornstjerne　385
ヒルベルト　Hilbert, David　215,216,409
ファインマン　Feynman, Richard Phillips　383
ファン・デル・ヴェルデン　Waerden, Bartel Leendert van der　87
フィンケルシュタイン　Finkelstein, D.　415
フェインベルグ　Feinberg, Eugen〔=Jewgeni L. Feinberg〕　440,442
フェルマー　Fermat, Pierre de　164,188-191,196,197
フェルミ　Fermi, Enrico　383
フォン・ミュラー　Müller, Friedrich von　292
ブッフハイム　Buchheim, Wolfgang　425
プトレマイオス　Ptolemäus　109,110,114-118,130,150-152
ブラウワー　Brouwer, Luitzen Egbertus Jan　94,409
ブラーエ　Brahe, Tycho　65,115,118
プラース　Plaas, Peter　237,238,243,244,249-254,259,260,265
プラトン　Platon　5,29-32,34,35,40-48,50-64,66-91,108,125,126,144,145,230,234,238,269,278,279,363,392,415,423,424,433,434,452
フランク　Franck, James　357
プランク　Planck, Max　8,9,242,317,338,355,356,363-365,428
フリードマン　Friedman, Alexander　496
フレーゲ　Frege, Gottlob　94
ブロッホ，フェリックス　Bloch, Felix　391,401,429
ブロッホ，ヘルマン　Broch, Hermann　350
プロティノス　Plotinos　34
フント　Hund, Friedrich　425

クーン　Kuhn, Thomas　406,430,431,454-459,466
ゲオルゲ　George, Stefan　435
ゲーテ　Goethe, Johann Wolfgang　204, 267-297,384,400
ケーニッヒ　König, Josef　202,250
ケプラー　Kepler, Johannes　63,65-67,85, 88,98,109,117-121,130,155,161,162,219, 223,225,226,269,461
コペルニクス　Kopernikus, Nikolaus　109, 114-118,126-131,146,147,149-152,161, 269
コロンブス　Kolumbus, Christoph　241, 407
コンプトン　Compton, Arthur H.　321, 366

サ　行

サイモン　Simon, Alfred W.　321,366
ジェームズ　James, William　376,394,395, 397
シェリング　Schelling, Friedrich Wilhelm Josef von　287
シャイベ　Scheibe, Erhard　364,480,487
シャノン　Shannon, Claude Elwood　449
シュネーベルガー　Schneeberger, Guido 254
シュラム　Schramm, Matthias　98
シュレーディンガー　Schrödinger, Erwin 52,210,211,239,367,368
シュワルツ　Schwartz, Laurent　381
ショルツ　Scholz, Heinrich　180,184,188
シラー　Schiller, Friedrich　263,276-278, 296
シラード　Szilard, Leo　342,352,353,437
ジルソン　Gilson, Etienne　169
ジーンズ　Jeans, James Hopwood　400
スピノザ　Spinoza, Baruch de　349,350, 376
ズール　Suhr, Martin　46
スレイター　Slater, John Clarke　320,324, 366,368
ゼノン　Zenon　96
ソクラテス　Sokrates　60,68-70,376
ゾンマーフェルト　Sommerfeld, Arnold 356,365,368,403,404,416

タ　行

ダーウィン　Darwin, Charles　75,206,284, 446,456,457
ダルトン　Dalton, John　459
タルビッツァー　Thalbitzer, Froken　398
チャーチル　Churchill, Winston　357
チャドウィック　Chadwick, James　393
ティマイオス　Timaios　60,70,120
ディラック　Dirac, Paul Adrien Maurice 239,361,379-384,398
デカルト　Descartes, Rene　117,120,124, 157-182,218-224,226,227,232,233,237,240, 300,301,344
デデキント　Dedekind, Richard　94,497
デモクリトス　Demokritos　4-6,120
テラー　Teller, Edward　429
デルブリュック　Delbrück, Max　400
ドゥーカス　Dukas, Helene　338,354
ド・サンティリャーナ　Santillana, Georges de　129,148
ド・シッター　Sitter, Willem de　496,497
ド・ブローイ　Broglie, Louis de　318
トマス　Thomas, Aquinas　169
トムソン　Thomson, Joseph John　355
ドリーシュナー　Drieschner, Michael 474,477,491
トリチェッリ　Torricelli, Evangelista　123, 143

ナ　行

ニーチェ　Nietzsche, Friedrich　392
ニュートン　Newton, Isaac　121,124,135,

人名索引

ア 行

アインシュタイン，アルベルト　Einstein, Albert　90,230,241,253,310,337-356,363-376,379,380,405,411,412,420,428,431,432,455,489,494,496
アインシュタイン，エルザ　Einstein, Elsa　341
アウグスティヌス　Augustinus, Aurelius　102,170
アードラー　Adler, Ellen　355
アリスタルコス　Aristarchos　109,113,114,150
アリストテレス　Aristoteles　30,34-36,45,46,57,64,79,80,82,93-108,110,117,118,121-123,125,142,143,144,151,173,192,193,230,244,344,345,363,457,468
アルキメデス　Archimedes　121,142
アンセルムス　Anselmus von Canterbury　169,180
イェッシェ　Jaesche, Gottlieb Benjamin　254
イプセン　Ibsen, Henrik　385
ヴィーコ　Vico, Giambattista　178
ヴィトゲンシュタイン　Wittgenstein, Ludwig　488
ヴィーラント　Wieland, Wolfgang　94,95,99,100,103,104
ウィリアムズ　Williams, Evan James　362,399
ウォーカー　Walker, Mark　439,440
ヴォルフ　Wolf, Hugo　392
エウドクソス　Eudoxos　113
エディントン　Eddington, Arthur Stanley　341,400
エーレンフェスト　Ehrenfest, Paul　398
オイラー　Euler, Leonhard　194,458
オッカム　Ockam, William　111,117

カ 行

ガイガー　Geiger, Hans　321,355,366
ガイザー　Gaiser, Konrad　82
ガウス　Gauß, Carl Friedrich　93
カシミール　Casimir, Hendrik　360,438
カステル　Castell, Lutz　383
カッシーラー　Cassirer, Ernst　262
ガモフ　Gamow, George〔=Gamov, Georgiy A.〕　361
ガリレイ　Galilei, Galileo　63-65,67,85,88,109-132,135,136,141-149,152,153,155,156,161,163,175,178,221,228,229,241,244,245,269,301
ガンディー，インディラ　Gandhi, Indira　379
ガンディー，マハトマ　Gandhi, Mahatma　337
カント　Kant, Immanuel　16,17,27,92,93,95,120,162,197,218,229,232-235,237-265,278,345,363,376,413,414,433,452,465,466
カントール　Cantor, Georg　94
キルケゴール　Kierkegaard, Søren　376
クラーク　Clarke, Samuel　230-232
クラーマース　Kramers, Hendrick A.　320,324,366,368,403
クリスティーネ女王　Christine, Königin von Schweden　157
クレーマー　Krämer, Hans　82
クロムウェル　Cromwell, Oliver　346
クーロン　Coulomb, Charles Augustin de　365

大物理学者
パルメニデスからハイゼンベルクまで

2013年8月30日　初版第1刷発行

カール・フリードリヒ・フォン・ヴァイツゼカー
山辺 建 訳
発行所　財団法人　法政大学出版局
〒102-0071 東京都千代田区富士見2-17-1
電話03(5214)5540 振替00160-6-95814
印刷：三和印刷　製本：積信堂

Printed in Japan

ISBN 978-4-588-73201-0

著　者

カール・フリードリッヒ・フォン・ヴァイツゼカー
(Carl Friedrich von Weizsäcker)
1912年ドイツ・キール市に生まれる．ベルリン，ゲッティンゲン，ライプツィヒ各大学で数学，物理学，天文学を学び，1933年ハイゼンベルクのもとで学位取得，1936年教授資格取得．同年カイザー・ヴィルヘルム物理学研究所（のちのマックス・プランク物理学研究所）研究員．シュトラースブルク，ゲッティンゲン両大学でも理論物理学を講じた後，1957–69年ハンブルク大学哲学正教授，1970–80年「科学＝技術世界の生存条件研究のためのマックス・プランク研究所」(シュターンベルク）所長，その間ミュンヘン大学哲学教授を兼任．74年，89年，92年の３回にわたって来日している．2007年シュターンベルク・ゾェッキングで死去．著書に，『原子核』(1937)，『自然の歴史』(48)，『科学の射程』(64/90)，『自然の統一』(71)，『世界政治への問い』(76)，『人間的なるものの庭』(77)，『物理学の構築』(85)，『意識の変遷』(88)，『時と知』(92）など．

訳　者

山辺　建（やまべ・けん）
1936年長野県上田市に生まれる．上智大学文学部卒．ミュンヘン大学カトリック神学部終了．上智大学文学・神学修士，ミュンヘン大学 Dr. theol. 京都産業大学名誉教授．訳書に，本書著者の『人間的なるものの庭』(法政大学出版局)，R. グァルディーニ『祈るとは……』(エンデルレ書店)，F. スアレス『フランシスコ・スアレス「法律についての、そして立法者たる神についての論究」』(『中世思想原典集成20　近世のスコラ学』平凡社，所収）など．